HISTOIRE NATURELLE
DES
ANIMAUX SANS VERTÈBRES.

TOME ONZIÈME.

OUVRAGES DE LAMARCK

QUI SE TROUVENT CHEZ J.-B. BAILLIÈRE.

Imprimé chez PAUL RENOUARD, rue Garancière, 5.

HISTOIRE NATURELLE

DES

ANIMAUX SANS VERTÈBRES,

PRÉSENTANT

LES CARACTÈRES GÉNÉRAUX ET PARTICULIERS DE CES ANIMAUX, LEUR DISTRIBUTION, LEURS CLASSES, LEURS FAMILLES, LEURS GENRES, ET LA CITATION DES PRINCIPALES ESPÈCES QUI S'Y RAPPORTENT;

PRÉCÉDÉE

D'UNE INTRODUCTION

Offrant la Détermination des caractères essentiels de l'Animal, sa Distinction du végétal et des autres corps naturels; enfin, l'Exposition des principes fondamentaux de la Zoologie.

PAR J. B. P. A. DE LAMARCK,

MEMBRE DE L'INSTITUT DE FRANCE, PROFESSEUR AU MUSÉUM D'HISTOIRE NATURELLE.

Nihil extrà naturam observatione notum.

DEUXIEME ÉDITION.

REVUE ET AUGMENTÉE DE NOTES PRÉSENTANT LES FAITS NOUVEAUX DONT LA SCIENCE S'EST ENRICHIE JUSQU'A CE JOUR;

Par MM.

G. P. DESHAYES ET H. MILNE EDWARDS.

TOME ONZIÈME.

HISTOIRE DES MOLLUSQUES. — TABLE GÉNÉRALE.

A PARIS,

CHEZ J.-B. BAILLIÈRE,

LIBRAIRE DE L'ACADÉMIE ROYALE DE MÉDECINE,

RUE DE L'ÉCOLE-DE-MÉDECINE, N. 17.

A LONDRES, CHEZ H. BAILLIÈRE, 219, REGENT-STREET.

1845.

HISTOIRE NATURELLE

DES

ANIMAUX SANS VERTÈBRES.

CONE. (Conus.)

Coquille turbinée ou en cône renversé, roulée sur elle-même. Ouverture longitudinale, étroite, non dentée, versante à sa base.

Testa turbinata seu inversè conica, convoluta. Apertura longitudinalis, angusta, edentula, basi effusa.

Observations. — Le genre cône est le plus beau, le plus étendu, et le plus intéressant de ceux qui embrassent les univalves en spirale et uniloculaires. C'est celui qui renferme les coquilles les plus précieuses et en même temps les plus remarquables, soit par la régularité de leur forme, soit par l'éclat et l'admirable variété de leurs couleurs. La beauté, et surtout l'excessive rareté de certaines d'entre elles, leur ont donné en effet une grande célébrité, et les font rechercher des amateurs, même à de très hauts prix.

Le caractère le plus remarquable des coquilles de ce genre est d'avoir les tours de leur spire comme comprimés, et roulés en cornet sur eux-mêmes, de manière à ne laisser voir en entier que le tour extérieur, et seulement le bord supérieur des tours internes. Ce sont les portions découvertes de ces derniers qui forment ce qu'on nomme la spire de la coquille, et ce que d'autres appellent sa clavicule. Il résulte de la forme générale de la coquille dont il s'agit, que sa cavité en spirale, dans laquelle l'animal est contenu, est comprimée dans toute sa longueur. Enfin, comme la partie la plus large de la coquille se trouve toujours dans le voisinage de la spire, et que, dans la position convenue de toute coquille univalve, cette spire doit être constamment en haut, il s'ensuit que les cônes sont des coquilles véritablement turbinées, s'atténuant vers leur base, et s'élargissant jusqu'à la spire. Celle-ci est en général courte, tantôt aplatie, tantôt un peu convexe, et tantôt légèrement conoïde.

Le genre cône est très naturel, très facile à distinguer, et comprend un nombre fort considérable d'espèces. Celles-ci vivent dans les mers des pays chauds, à dix ou douze brasses de profondeur.

Comme les espèces de ce genre ont été décrites par Bruguières, avec les plus grands détails, dans son Dictionnaire des Vers, qui fait partie de l'Encyclopédie, et que les déterminations de ces espèces sont en général très bonnes, il serait superflu d'en donner ici de nouvelles descriptions. Je me contenterai donc d'ajouter à la citation des espèces déterminées par Bruguières quelques notes d'éclaircissement, et certaines rectifications qui sont indispensables; enfin j'exposerai succinctement les caractères des espèces que ce savant n'a point connues.

Je puis en outre rendre un service essentiel relativement aux déterminations des espèces établies par Bruguières. En effet, quoique ce zoologiste ait donné la synonymie de celles qu'il a caractérisées, il était nécessaire d'en avoir de nouvelles figures. En conséquence, M. Hwass fit dessiner avec le plus grand soin et par les meilleurs artistes les coquilles mêmes qui avaient servi aux descriptions de Bruguières; mais ces figures bien gravées ne purent être citées dans l'ouvrage de ce dernier. Elles furent publiées après sa mort, parmi celles de l'Encyclopédie, sans discours et sans la citation des objets qu'elles représentent; en sorte que la plupart d'entre elles, et surtout celles des variétés et des espèces nouvelles ou très rares, ne peuvent être que très difficilement rapportées au texte qui les concerne. Étant à portée de suppléer à ce que Bruguières n'eut pas le temps d'exécuter lui-même, j'indiquerai donc les figures des originaux, d'après lesquels les espèces du genre Cône ont été déterminées.

Les animaux du genre dont il est ici question ne respirent que par des branchies, et ont la tête munie de deux tentacules qui portent les yeux près de leur sommet. Ils ont un manteau étroit, et un tube au-dessus de la tête, par lequel arrivé l'eau qu'ils respirent. Ils sont tous marins.

[Depuis la publication de l'ouvrage de Lamarck, on a entrepris un assez grand nombre de travaux sur le grand genre Cône. Comme il est facile de s'en assurer par la lecture du court préambule qui précède, Lamarck n'a donné aucun renseignement positif sur l'animal des Cônes, qui, à cette époque, était connu par une figure détestable de d'Argenville et par une excellente description d'Adanson. Lamarck ne retrace aucune partie de l'histoire du genre, et il se borne à mentionner un très petit nombre d'espèces fossiles, quoique à l'époque où il écrivait, on en connût beaucoup plus. On s'est déjà demandé quelle place les Cônes doivent occuper dans la méthode; en présence des faits zoologiques et anatomiques que nous allons exposer, cette question reviendra naturellement, et nous verrons alors si le genre qui nous occupe doit rester dans la famille des *Enroulés*, ou s'il doit prendre place dans une autre famille.

Tous les naturalistes, depuis Belon jusqu'à Lister, ont mentionné les Cônes et les ont parfaitement distingués. Lister, lui-même, dans son grand ouvrage, en a réuni un grand nombre dans une série de planches, mais ils y sont souvent mélangés avec des Olives, ce qui annonce que chez ce grand conchyliologue, les Cônes n'avaient pas été nettement distingués de toutes les autres coquilles. Ceci ne peut s'appliquer à Gualtieri et aux autres auteurs qui ont précédé Linné, car ils avaient nettement distingué les Cônes et les avaient rassemblés en un genre naturel. Lorsque Linné caractérisa le genre *Conus*, il se trouvait tout préparé; aussi, dans le *Systema naturæ*, il est l'un des plus naturels que l'on y rencontre. Dans l'ordre méthodique, les Cônes sont à côté des Porcelaines, et tout porte à croire que cette opinion de Linné a commandé celle de ses successeurs, à commencer par Bruguières. Tout le monde sait que l'on doit à ce dernier naturaliste une monographie très bien faite des Cônes, dans le 1re volume des *Vers* de l'Encyclopédie. Cette monographie entreprise sur la collection d'un riche amateur, M. Hwass, était restée incomplète sous le rapport des figures, de telle sorte que Bruguières mourut avant que les planches fussent exécutées. Tout le mérite des descriptions et des déterminations spécifiques appartient incontestablement à Bruguières, et cependant dans des travaux récens, publiés en Allemagne et en Angleterre, le nom de Bruguières a disparu et a été remplacé par celui de Hwass. Il est vrai que Bruguières lui-même a cité un grand nombre des espèces nouvelles qu'il a décrites, sous le nom de l'amateur, dont la collection avait été mise généreusement à sa disposition; néanmoins, dans tout ce grand travail descriptif, M. Hwass n'a eu d'autre mérite que d'être le possesseur d'une très belle collection de Cônes, et de l'avoir mise à la disposition d'un savant, plein de zèle et d'érudition, qui en a tiré parti en faveur de la science; il ne serait donc pas juste de déposséder Bruguières du mérite de son travail pour l'attribuer en grande partie à un homme, qui n'y a participé que d'une manière indirecte.

Comme nous le disions, plusieurs travaux considérables ont été entrepris sur les Cônes. Ce genre jouit toujours du privilége de faire l'ornement des collections; il est recherché des voyageurs, et le nombre des espèces s'est accru d'une manière notable depuis Linné; pour en donner une idée, il nous suffit de rappeler que l'on compte 35 espèces dans Linné, 146 dans Bruguières, 181 dans Lamarck, et enfin que M. Reeve, dans la monographie qu'il vient de publier et qui fait partie de son *Concologia Iconica*, en compte 286 espèces. Des résultats plus précieux ont été acquis par les voyageurs naturalistes; MM. Quoy et Gaimard, les premiers, ont publié, dans leur voyage, de très bonnes figures d'un assez grand nombre d'espèces de Cônes, et ont donné sur ces Mollusques des détails anatomiques d'un grand intérêt; plus tard M. Ehrenberg, dans ses *Symbolæ physicæ*, a fait représenter plusieurs espèces de Cônes de la Mer-Rouge, dont les figures ont été reproduites par M. Küster, dans sa nouvelle édition de *Conchylien Cabinet* de Chemnitz. Il résulte des observations de ces naturalistes que l'animal des Cônes est un Gastéropode, à pied très étroit, tronqué en avant, arrondi en arrière, et portant à l'extrémité postérieure, un opercule corné, étroit, rudimentaire, sub-écailleux, tout-à-fait insuffisant pour fermer la longue ouverture de la coquille; le bord antérieur du pied s'élargit de chaque côté, en forme d'oreillette, un peu comme cela a lieu dans la plupart des Buccins. Ce bord est composé de deux lèvres, au-dessous desquelles on distingue très nettement une ouverture subcirculaire, fort petite, donnant entrée aux canaux aquifères qui se répandent dans l'épaisseur du pied. La tête est grosse, tantôt cylindracée, quelquefois ovalaire, toujours proboscidiforme, et terminée en avant par des lèvres ordinairement frangées; à la base de cette trompe et sur ses parties latérales, s'élève de chaque côté un tentacule conique, assez grêle, portant les yeux vers l'extrémité antérieure; à partir de l'insertion du point oculaire, le tentacule diminue subitement, à la manière des Pourpres, et mieux encore, comme cela a lieu dans les Strombes. Le manteau qui revêt l'intérieur de la coquille, est court et n'en dépasse pas les bords; en cela les Cônes sont bien différens des Porcelaines, des Olives et des Ancillaires, car au lieu de polir leur coquille au moyen du manteau, ils la recouvrent d'un épiderme plus ou moins épais, toujours très tenace et quelquefois dense et serré, de manière à cacher toute la surface extérieure du test; comme dans tous les Mollusques à coquille échancrée, le manteau se prolonge en avant en un canal charnu, cylindrique, quelquefois infundibuliforme à son extrémité, et se renversant vers le dos de la coquille, lorsque l'animal marche. Ce canal est destiné à porter l'eau dans une cavité branchiale, assez considérable, qui occupe la plus grande partie du dernier tour de la coquille. L'organisation intérieure des Cônes est assez simple, elle ressemble à celle des autres Mollusques gastéropodes déjà connus; cependant MM. Quoy et Gaimard ont dévoilé un fait très curieux; ils ont découvert dans la cavité buccale une langue armée de nombreux crochets subcornés, dont l'extrémité libre ressemble assez exactement à un fer de flèche; ces crochets sont relativement très grands, et ont pour usage de lacérer la matière alimentaire et de la rendre accessible à un système digestif, très étroit, et dans lequel l'estomac se réduit à un renflement d'un très petit diamètre.

Cuvier, aussi bien que Lamarck, à l'imitation de Linné, ont rangé les Cônes dans le voisinage des Porcelaines et des Olives; M. de Blainville, dans son *Manuel de Malacologie,* proposa de rapprocher les Cônes des Strombes, et il appuya cette opinion sur la ressemblance qui se montre entre les Cônes et les Strombes encore jeunes. La ressemblance entre les coquilles a quelque chose de séduisant; cependant il faut dire que, pour assurer les rapports naturels entre les genres, on doit les comparer, lorsqu'ils sont parvenus à l'état adulte. Au reste, cette comparaison n'avait rien que de superficiel, car la connaissance des animaux des Cônes ne l'a point justifiée; à mes yeux, elle l'a rendue impossible. Il reste donc à discuter les caractères des Cônes et à déterminer la place que ce genre doit occuper dans la méthode. Il y a bien peu de Mollusques dont la tête soit prolongée en muffle; nous trouvons les *Strombes*, les *Struthiolaires* et les *Apporhaïs*. Les Porcelaines se rapprochent à cet égard des genres que nous venons de mentionner, et il en est de même des Vis et de plusieurs autres genres de Mollusques appartenant à cette série dont la coquille est entière. M. de Férussac, dans ses *Tableaux systématiques,* avait proposé pour les Cônes une petite famille, qui, dans sa méthode, sert de lien entre celle des *Strombes* et celle des *Enroulés ;* nous pensons qu'il serait utile de modifier l'opinion de M. de Férussac, en rapprochant davantage les Cônes des Vis et des Buccins, pour les rattacher aux Pleurotomes par un embranchement latéral; car on n'a pas oublié sans doute qu'un certain nombre d'espèces de ce dernier genre se rapprochent des Cônes par la forme générale de la coquille et les caractères du bord droit.

Les Cônes sont des Mollusques littoraux qui vivent en grande abondance, principalement dans les mers des pays chauds; il y a des espèces qui s'attachent aux rochers et y vivent à la manière des autres Mollusques gastéropodes; d'autres espèces et en assez grand nombre, se trouvent à une plus grande profondeur, et presque toujours dans le sable ou dans la vase. En général ce sont des coquilles d'un médiocre volume; quelques espèces seulement acquièrent une taille plus considérable et alors elles deviennent lourdes et solides, parce que leur test acquiert une grande épaisseur. Il ne faudrait pas croire cependant que la coquille reste également épaisse dans l'intérieur de la spire, à mesure qu'elle s'accroît; l'animal jouit de cette singulière propriété, que l'on remarque d'ailleurs dans un assez grand nombre d'autres Mollusques, de dissoudre une grande partie de son test, de l'amincir en dedans de la spire, sans doute pour laisser aux organes plus de place sous un même volume; il suffit d'user un Cône avec quelque précaution, pour s'apercevoir combien les tours de la spire ont été amincis.

Pendant long-temps on a cru que les Cônes fossiles ne dépassaient pas la limite des terrains tertiaires; M. Dujardin, le premier, dans son excellent travail sur les *Fossiles de la Touraine*, a décrit et figuré une très belle espèce de Cône appartenant aux terrains crétacés inférieurs; depuis, M. Deslongchamps a découvert le genre dont nous parlons dans une couche appartenant au Lias de Normandie, mais peut-être ne faut-il pas admettre sans un examen ultérieur, les espèces de M. Deslongchamps parmi les Cônes fossiles, car leur ouverture paraît plutôt entière, et en cela ressemblerait beaucoup plus à celle des Conovules. Nous pensons que malgré son extrême richesse, le genre Cône est destiné à s'accroître encore; aujourd'hui nous y comptons plus de 300 espèces, tant vivantes que fossiles.]

ESPÈCES.

[*Coquille couronnée.*]

1. Cône damier. *Conus marmoreus*. Lin.

C. testâ oblongo-turbinatâ, nigrâ; maculis albis subtrigonis; spirâ tuberculis coronatâ, obtusâ: anfractibus concavo-canaliculatis.

Conus marmoreus. Lin. Syst. nat. éd. 12. p. 1165. Gmel. p. 3374. n° 1.
Lister. Conch. t. 787. f. 39.
Bonanni. Recr. 3. f. 123.
Rumph. Mus. t. 32. fig. N.
Petiv. Gaz. t. 47. f. 11.
Gualt. Test. t. 22. fig. D.
D'Argenv. Conch. pl. 12. fig. O.
Favanne. Conch. pl. 14. fig. E. 4.
Seba. Mus. 3. t. 46. f. 1-4. 13-19. et t. 47. f. 1.
Knorr. Vergn. 1. t. 15. f. 2.
Martini. Conch. 2. t. 62. f. 685.

Conus marmoreus. Brug. Dict. n° 4.
Encycl. pl. 315 f. 4 et pl. 317. f. 5.
Conus marmoreus. Ann. du Mus. vol. 15. p. 29. n° 1.
[*b*] *Var. testâ minore, granulatâ.* Mon cab.
Encycl. pl. 317. f. 10.
[*c*] *Var. testâ nigro-bizonatâ.*
Rumph. Mus. t. 32. f. 1.
Seba. Mus. 3. t. 47. f. 5. 6.
Encycl. pl. 317. f. 6.
[*d*] *Var. testâ lineis duabus albis cinctâ.*
Chemn. Conch. 10. t. 138. f. 1279.
[*e*] *Var. testâ maculis albis longitudinalibus subfasciatâ.*
Encyl. pl. 317. f. 8.
* Lin. Syst. Nat. éd. 10. p. 712.
* Lin. Mus. Ulric. p. 550.
* Mus. Gottw. pl. 14. f. 104. a. b.
* Regenf. Conch. t. 1. pl. 5. f. 55.
* Valentyn. Amboina. pl. 3. f. 25 (*Var. puncticulata*).
* Herbst. Hist. Verm. pl. 43. f. 1.
* Perry. Conch. pl. 24. f. 4.
* Brookes. Introd. of Conch. pl. 5. f. 59.
* Roissy. Buf. Moll. t. 5. p. 405. n° 2. pl. 56. f. 2.
* Schum. Nouv. syst. p. 204.
* Born. Mus. Cœs. Test. p. 146. *Var.* γ *exclus.*
* Schrot. Einl. t. 1. p. 22. n° 1.
* *Var. lutea. Conus nobilis.* Lin. Syst. nat. éd. 10. p. 714.
* Dillw. Cat. t. 1. p. 352. n° 1. *Exclus. var.* G.
* Wood. Ind. Test. pl. 14. f. 1.
* Quoy et Gaim. Voy. de l'Astr. t. 3. p. 88. pl. 52. f. 4.
* Sow. jun. Conch. ill. pl. 19. f. 120. pl. 20. f. 120.
* Reeve. Concologia Icon. pl. 14. f. 74.
* Küster. Conch. Cab. p. 60. no 45. pl. 9. f. 4. pl. 18. f. 3. 10.
* Kiener. Spec. des Coq. pl. 2. f. 1.

Habite les mers de l'Asie. Mon cabinet. Coquille assez grande, pesante, marquée d'une multitude de taches blanches et trigones, sur un fond noir. Elle est fort belle, et n'est point rare. Longueur : 3 pouces 5 lignes.

2. Cône de Banda. *Conus bandanus.* Brug.

C. testâ turbinatâ, nigritante; maculis parvis albis trigono-cordatis roseo cæruleoque tinctis; spirâ depressâ, tuberculis coronatâ.

Seba. Mus. 3. t. 55. f. 2. 3.

Knorr. Vergn. 1. t. 7. f. 4.
Conus bandanus. Brug. Dict. n° 5.
Encycl. pl. 318. f. 5.
Conus bandanus. Ann. ibid. n° 2.
* *Conus marmoreus*. *Var*. G. Dillw. Cat. t. 1. p. 353.
* Quoy et Gaim. Voy. de l'Astr. t. 3. p. 86. pl. 52. f. 7.
* Sow. jun. Conch. ill. pl. 19. f. 121.
* Reeve. Conch. Icon. pl. 8. f. 43.
* *Conus marmoreus*. *Var*. γ. Born. Mus. Cæs. Test. p. 146.
* Quoy et Gaim. Voy. de l'Uranie. Zool. pl. 69. f. 7 à 10.
* Kiener. Spec. des Coq. pl. 4. f. 1.

Habite les mers des Moluques. Mon cabinet. Ses taches sont plus petites, plus serrées, teintes de rose et souvent de violet bleuâtre. Vulg. le *Damier rose*. Longueur: 3 pouces et demi.

3. Cône nocturne. *Conus nocturnus*. Brug.

C. testâ turbinatâ, nigrâ; maculis albis cordiformibus connatis fasciatim digestis; spirâ obtusâ, coronatâ.

Seba. Mus. 3. t. 46. f. 5. 6.
Favanne. Conch. pl. 14. fig. E 3. *Mala*.
Martini, Conch. 2. t. 62. f. 687. 688.
Conus nocturnus. Brug. Dict. n° 6.
Encycl. pl. 318. f. 1.
Conus nocturnus. Ann. ibid. p. 30. n° 3.
[*b*] *Var. maculis laxioribus.*
Encycl. pl. 318. f. 6.
[*c*] *Var. testâ infernè granulosâ.*
Encycl. pl. 318. f. 2.
* *Conus marmoreus*. *Var*. Lin. Mus. Ulric. p. 550.
* *Conus marmoreus*. *Var*. γ Born. Mus. pl. 146.
* *Id*. Schrot. Einl. t. 1. p. 23.
* *Cornus marmoreus*. *Var*. β. Gmel. p. 3374.
* Crouch. Lamk. Conch. pl. 20. f. 4.
* *Conus nocturnus*. Dillw. Cat. t. 1. p. 353. n° 2.
* Sow. Conch. Mus. f. 459.
* Sow. jun. Conch. ill. pl. 19. 20. f. 122. 123.
* Reeve. Conch. Icon. pl. 8. f. 42.
* Küster. Conch. Cab. p. 96. n° 85. pl. 18. f. 4. 5.
* Kiener. Spec. des Coq. pl. 2. f. 2.

Habite les mers de l'Inde et des Moluques. Mon cabinet. Ici, la partie noire du fond, dans deux espaces du milieu, est moins chargée de taches blanches, ce qui fait paraître ce cône comme ayant deux fascies noires. Il est quelquefois granuleux inférieurement. Vulg. le *Damier à bandes*. Longueur : 22 lignes.

4. Cône de Nicobar. *Conus nicobaricus*, Brug. (1)

C. testâ turbinatâ; nigricante, maculis albis numerosis furvo inclusis reticulatâ, subbifasciatâ; spirâ depressâ, mucronatâ, coronatâ : anfractibus concavo-canaliculatis; fauce luteâ.

Chemn. Conch. 10. t. 139. f. 1292.

Conus nicobaricus. Brug. Dic. n° 7.

Encycl. pl. 318. f. 9.

Conus nicobaricus. Ann. ibid. n° 4.

* Sow. jun. Conch. ill. pl. 20. f. 124.

* Reeve. Conch. Icon. pl. 8. f. 41.

* *Conus monstrosus*. Chemn. Conch. t. 10. p. 31. pl. 139. f. 1290. 1291.

* *Id*. Küster. Conch. Cab. p. 77. n° 61. pl. 12. f. 5. 6.

* *Conus marmoreus*, *Var.* δ. Gmel. p. 3374.

* Dillw. Cat. t. 1. p. 354. n° 3.

* Wood. Ind. Test. pl. 14. f. 2.

* *Conus nicobaricus*. Küster. Conch. Cab. p. 78. n° 62. pl. 12. f. 9.

Habite les mers des Grandes-Indes. Mon cabinet. Ses taches blanches, petites et très nombreuses, sont groupées par zones irrégulières sur un fond noir. Vulg. le *Damier à réseau*. Longueur : 19 lignes et demie.

5. Cône esplandian. *Conus araneosus*. Brug. (2)

C. testâ turbinatâ, albidâ, furvo-fasciatâ, filis fuscis araneosis reticulatâ; spirâ convexo-obtusâ, mucronatâ, tuberculis coronatâ.

D'Argenv. Conch. Append. pl. 1. fig. T.

Favanne. Conch. pl. 17. fig. P.

Knorr. Vergn. 6. t. 4. f. 4.

Martini. Conch. 2. t. 61. f. 676.

Conus araneosus. Brug. Dict. n° 8.

Conus arachnoideus. Gmel. p. 3388. n° 34.

---

(1) Le *Conus monstrosus* de Chemnitz conservé par M. Küster ne nous paraît pas une espèce distincte et constante; nous pensons qu'elle a été établie sur un individu du *Conus nicobaricus* accidentellement déformé.

(2) L'exemple de Dillwyn doit être suivi à l'égard de cette espèce; il convient de lui rendre le nom d'*Arachnoideus*, car il est le premier dans l'ordre chronologique.

Encycl. pl. 318. f. 8.
Conus araneosus. Ann. ibid. no 5.
[*b*] *Var. testâ fusco-bizonatâ.*
Conus peplum. Chemn. Conch. 10. t. 144. a. fig. C. D.
Encycl. pl. 318. f. 7.
* Schrot. Einl. t. 1. p. 69. *Conus.* n° 42.
* Dillw. Cat. t. 1. p. 354. n° 4. *Conus arachnoideus.*
* Wood. Ind. Test. pl. 14. f. 3.
* Sow. jun. Conch. ill. pl. 19. 20. f. 125. 126.
* Reeve. Conch. Icon. pl. 8. f. 44.
* Küster. Conch. Cab. p. 65. no 51. pl. 10. f. 5. 6. pl. 28. f. 7.
* Kiener. Spec. des Coq. pl. 6. f. 1.
Habite les mers des Grandes-Indes et des Moluques. Mon cabinet. Belle coquille non commune. Elle est ornée d'un réseau délicat et très fin, que l'on a comparé à une toile d'araignée. Longueur : 2 pouces et demi.

6. Cône zonal. *Conus zonatus.* Brug.

C. testâ turbinatâ, coronatâ, violaceo-cæsiâ, tessulis albis alternatìm zonatâ; filis transversis croceis parallelis; spirâ plano-obtusâ, truncatâ.
Favanne. Conch. pl. 14. fig. E 1. *Mala.*
Chemn. Conch. 10. t. 139. f. 1286-1288.
Conus zonatus. Brug. Dict. n° 9.
Encycl. pl. 318. f. 4.
Conus zonatus. Ann. ibid. no 6.
[*b*] *Var. maculis albis vermiformibus.*
* Küster. Conch. Cab. p. 75. no 59. pl. 12. f. 1. 2. 3.
* Kiener. Spec. des Coq. p. 3. f. 3.
* *Conus coronatus. Var.* δ. et ε. Gmel. p. 3389.
* Dillw. Cat. t. 1. p. 355. n° 5.
* Wood. Ind. Test. pl. 14. f. 4.
* Sow. jun. Conch. ill. pl. 20. f. 127.
* Reeve. Conch. Syst. pl. 1. f. 4.
Habite l'Océan Indien. Mon cabinet. Espèce rare et très belle, remarquable par sa couleur d'un brun olivâtre et violâtre, par ses taches blanches, et par ses lignes transversales colorées et un peu distantes entre elles. Longueur : 15 lignes. Mais il devient beaucoup plus grand.

7. Cône impérial. *Conus imperialis.* Lin.

C. testâ oblongo-turbinatâ, albidâ; fasciis olivaceo-flavis; lineis trans-

versis albo fuscoque articulatis; spirâ obtusâ, depressâ, tuberculis majusculis coronatâ.

Conus imperialis. Lin. Syst. nat. éd. 12. p. 1165. Gmel. p. 3374. n° 2.
Lister. Conch. t. 766. f. 15.
Gualt. Test. t. 22. fig. A.
Klein. Ostr. t. 4. f. 84.
D'Argenv. Conch. pl. 12. fig. F.
Favanne. Conch. pl. 14. fig. A 3.
Seba. Mus. 3. t. 47. f. 21.
Knorr. Vergn. 2. t. 11. f. 2.
Martini. Conch. 2. t. 62. f. 690. 691.
Conus imperialis. Brug. Dict. n° 10.
Encycl. pl. 319. f. 1.
Conus imperialis. Ann. ibid. n° 7.
[*b*] *Var. spirâ elevatâ.*
Rumph. Mus. t. 34. fig. H.
Petiv. Amb. t. 7. f. 6.
Seba. Mus. 3. t. 47. f. 18-20.
Encycl. pl. 319. f. 2.
* Lin. Syst. nat. éd. 10. p. 712.
* Lin. Mus. Ulric. p. 550.
* Blainv. Malac. pl. 26. f. 5.
* Roissy. Buf. Moll. t. 5. p. 406. n° 3.
* Born. Mus. Cœs. Vind. Test. p. 147.
* Schrot. Einl. t. 1. p. 23. n° 2.
* Dillw. Cat. t. 1. p. 356. n° 6.
* Wood. Ind. Test. pl. 14. f. 5.
* Sow. jun. Conch. ill. pl. 21. 22. f. 128. 129.
* Reeve. Conch. Syst. t. 2. p. 271. pl. 294. f. 129.
* Reeve. Conch. Icon. pl. 12. f. 60.
* Küster. Conch. Cab. p. 99. n° 87. pl. 18. f. 8. 9. pl. 24. f. 1.
* Kiener. Spec. des Coq. pl. 5. f. 1.

Habite l'Océan des Grandes-Indes et des Moluques. Mon cabinet. Belle coquille, qui n'est point rare. Vulg. la *Couronne impériale.* Longueur : 2 pouces 9 lignes.

8. Cône maure. *Conus fuscatus.* Born.

C. testâ oblongo-turbinatâ, coronatâ, fusco-virescente, albo-maculatâ; filis transversis nigris; spirâ planissimâ, truncatâ; aperturâ basi fuscâ.

Conus fuscatus. Brug. Dict. n° 11. [var. c.]
Encycl. pl. 319. f. 7.

Conus fuscatus. Ann. ibid. p. 31. n° 8.

[*b*] *Var. spirâ convexâ.*

Encycl. pl. 319. f. 4.

* Petiv. Amb. pl. 15. f. 17.

* Valentyn. Amb. pl. 3. f. 26.

* Martini. Conch. t. 2. pl. 62. f. 692. 693.

* Dillw. Cat. t. 1. p. 356. n° 7. *Exclus. var.*

* Wood. Ind. Test. pl. 14. f. 6.

* Sow. jun. Conch. ill. pl. 21. f. 130. 131.

* Reeve. Conch. Syst. t. 2. p. 271. pl. 294. f. 130. 131.

* Born. Mus. Cæs. Vind. Test. p. 147.

* *Conus imperialis. Var.* β. Gmel. p. 3375.

* Fav. Conch. pl. 14. f. A 4.

* Rumph. Amb. pl. 34. f. I.

* Reeve. Conch. Icon. pl. 33. f. 184.

Habite l'Océan Méridional. Mon cabinet. Ce Cône, très distinct du précédent, a le fond de sa couleur d'un brun verdâtre. Ses lignes transverses ne sont point articulées. Longueur : 23 lignes.

9. Cône verdâtre. *Conus viridulus.* Lamk.

C. testâ oblongo-turbinatâ, coronatâ, luteo-virescente, albo-maculatâ, filis transversis albo fuscoque articulatis; spirâ planâ, obtusâ.

Conus imperialis. Chemn. Conch. 10. t. 139. f. 1289.

Conus fuscatus. Brug. Dict. n° 11. [var. b.]

Encycl. pl. 319. f. 3.

Conus viridulus. Ann. ibid. n° 9.

* Regenf. Conch. t. 1. pl. 3. f. 35.

* *Conus fuscatus. Var.* Dillw. Cat. p. 357.

* Sow. jun. Conch. ill. pl. 21. f. 132.

* Reeve. Conch. Syst. t. 2. p. 271. pl. 294. f. 132.

* Reeve. Conch. Icon. pl. 33. f. 182.

* Küster. Conch. Cab. p. 76. n° 60. pl. 12. f. 4.

Habite l'Océan Austral. Mon cabinet. Cette espèce, très voisine de la précédente, a constamment le fond d'un jaune verdâtre, et offre des lignes transverses brunes, articulées de points blancs. Ses taches blanches sont ponctuées et disposées en flammes ou masses longitudinales. La spire, dans les jeunes individus, est convexe-obtuse, et plane dans les vieux. Longueur : 2 pouces et demi.

10. Cône royal. *Conus regius.* Chemn. (1)

C. testâ oblongo-turbinatâ, coronatâ, roseâ; lineis purpureo-fuscis longitudinalibus subramosis; spirâ convexâ.

---

(1) Voici encore un nom linnéen changé inutilement, mais

Conus princeps. Lin. Syst. Nat. 2. p. 1167. n° 297.
Favanne. Conch. pl. 17. fig. B.
Conus regius. Chemn. Conch. 10. t. 138. f. 1276.
Conus regius. Brug. Dict. n° 12.
Encyclop. pl. 318. f. 3.
Conus regius. Ann. ibid. n° 10.
* Lin. Mus. Ulric. p. 552.
* Lin. Syst. Nat. éd. 10. p. 714.
* Reeve. Conch. Icon. pl. 7. f. 36. a. b. c.
* Küster. Conch. Cab. p. 59. n° 44. pl. 9. f. 3.
* Brod. Proc. Zool. 1833. p. 55.
* Muller. Synop. Test. p. 122. *b.*
* Sow. jun. Conch. ill. pl. 5. f. 30. a. b.
* *Conus princeps. Var.* γ. Gmel. p. 3378.
* *Id.* Dillw. Cat. t. 1. p. 368. n° 28.
* *Id.* Wood. Ind. Test. pl. 14. f. 25.
* *Id.* Swains. Zool. ill. 1re sér. t. 2. pl. 86.
* Kiener. Spec. des Coq. pl. 3. f. 2.

Habite l'Océan Asiatique. Coquille très rare, précieuse, rougeâtre, avec des flammules longitudinales étroites et d'un pourpre brun. Je l'ai vue, mais ne la possède pas.

11. Cône cédonulli. *Conus cedonulli.* Lin.

C. testâ turbinatâ, coronatâ; maculis albis disjunctis aut confluentibus; lineis transversis fusco niveoque articulatis; spirâ concavo-acutâ.
Conus cedonulli. Brug. Dict. n° 1.

---

cette fois c'est Chemnitz qu'il en faut accuser. Lamarck aurait dû, dans l'intérêt de la nomenclature, restituer à l'espèce son premier nom. Nous croyons, malgré l'habitude, qu'il conviendra désormais de nommer cette coquille *Conus princeps.* Dillwyn joint à tort à la synonymie de cette espèce la figure 138 de Bonanni. Cette figure en effet représente une variété du *Conus vermiculatus.* Schröter prend pour l'espèce de Linné une coquille fort différente, qui n'a point la spire couronnée; c'est en un mot le *Conus sumatrensis.* Quant à Gmelin, il confond sous le nom de *Princeps* non-seulement le *Sumatrensis,* mais encore le *Vermiculatus,* une variété de l'*Hebræus,* de sorte que le véritable *Princeps* est relégué à la fin de la synonymie comme une simple variété.

Conus cedonulli. Ann. ibid. n° 11.

[*a*] *Cedonulli verus seu principalis; testâ aurantio-cinnamomeâ, maculis irregularibus albo-cœsiis fusco circumvallatis; medio transversim bifasciatâ, seriis quatuor margaritarum lineisque numerosis niveo et fusco articulatim punctatis cinctâ; spirâ concavo-acutâ, albo et aurantio variegatâ.* Mon cabinet.

Conus amiralis cedonulli. Lin. Syst. Nat. 2. p. 1167. n° 298. [var. e.]

D'Argenv. Conch. Append. pl. 1. fig. H.

Favanne. Conch. pl. 16. fig. D 5. D 8.

Seba. Mus. 3. t. 48. f. 8.

Knorr. Vergn. 6. t. 1. f. 1.

Martini. Conch. 2. t. 57. f. 633.

Cedonulli amiralis. Brug. [var. a.]

Encycl. pl. 316. f. 1.

[*b*] *Cedonulli mappa; testâ fusco-aurantiâ; maculis albis confluentibus; lineis punctatis.* Mon cabinet.

Knorr. Vergn. 1. t. 8. f. 4.

Favanne. Conch. pl. 16. fig. D 7.

Martini. Conch. 2. t. 62. f. 682.

Cedonulli mappa. Brug. [var. b.]

Encycl. pl. 316. f. 7.

[*c*] *Cedonulli curassaviensis; testâ fulvo-citrinâ, albo-maculatâ; lineis punctatis.*

D'Argenv. Conch. Append. pl. 1. fig. X.

Favanne. Conch. pl. 16. fig. D 1.

Cedonulli curassaviensis. Brug. [var. c.]

Encycl. pl. 316. f. 4.

[*d*] *Cedonulli trinitarius; testâ olivaceâ, maculis margaritisque albis zonatâ, lineis, furvis punctatâ.*

Favanne. Conch. pl. 16. fig. D 6.

Cedonulli trinitarius. Brug. [var. d.]

Encycl. pl. 316. f. 2.

[*e*] *Cedonulli martinicanus; testâ castaneâ; fasciâ albâ bipartitâ; lineis punctatis.*

Knorr. Vergn. 1. t. 24. f. 5.

Cedonulli martinicanus. Brug. [var. e.]

Encycl. pl. 316. f. 3.

[*f*] *Cedonulli dominicanus; testâ croceâ; fasciâ latâ cærulescente interruptâ; lineis punctatis.*

An regina australis? Chemn. Conch. 10. t. 141. . 1306.

Cedonulli dominicanus. Brug. [var. f.]

Encycl. pl. 316. f. 8.

[g] *Cedonulli surinamensis; testâ ochraceâ, albo fuscoque variegatâ; lineis punctatis.*

Favanne. Conch. pl. 16. fig. D 3.

Conus solidus. Chemn. Conch. 10. t. 141. f. 1310.

Cedonulli surinamensis. Brug. [var. g.]

Conus solidus. Gmel. p. 3389. n° 69.

Encycl. pl. 316. f. 9.

[h] *Cedonulli granadensis; testâ luteâ; maculis albidis; lineis rufis punctatis.*

Martini. Conch. 2. t. 62. f. 683.

Cedonulli granadensis. Brug. [var. h.]

Conus insularis. Gmel. p. 3389. n° 38.

Encycl. pl. 316. f. 5.

[i] *Cedonulli caracanus; testa albidâ; maculis furvo-nigricantibus longitudinalibus; lineis punctatis.* Mon cabinet.

Cedonulli caracanus. Brug. [var. i.]

Encycl. pl. 316. f. 6.

* Herbst. Hist. Verm. pl. 43. f. 2.

* Perry. Conch. pl. 24. f. 1.

* Roissy. Buf. Moll. t. 5. p. 404. n° 1.

* Dillw. Cat. t. 1. p. 374. n° 38.

* Wood. Ind. Test. pl. 14. f. 35.

* Schub. et Wagn. Suppl. à Chemn. p. 32. pl. 220 f. 3053. 3054. 3055.

* Delessert. Recueil de Coq. pl. 401. f. 1 à 9.

* Reeve. Conch. Icon. pl. 9. f. 46 a. à g.

* Küster. Conch. Cab. p. 14. pl. 2. f. 4. 5. 6. pl. 4. f. 1. 8. pl. 17. f. 3. pl. 18. f. 2.

Habite les mers de l'Amérique Méridionale et des Antilles. C'est de toutes les espèces de ce genre la plus recherchée et la plus renommée dans les collections. Elle offre un assez grand nombre de variétés qui diffèrent beaucoup entre elles, et dont la première est la plus importante de toutes.

Le vrai *Cedonulli* [coq. a.] est la plus rare et la plus précieuse de toutes les coquilles connues. Il n'en existe dans les collections que trois ou quatre individus, parmi lesquels celui que je suis parvenu à me procurer est un des plus beaux, des mieux conservés, des plus frais, en un mot, des plus parfaits dans la pureté et la symétrie de ses couleurs. Il offre, sur le milieu de son dernier tour, deux fascies transverses et composées de taches irrégulières d'un blanc légèrement bleuâtre, circonscrites de brun, dont quelques-unes sont un peu allongées longitudinalement. De plus, outre ses lignes ponctuées, il a quatre cordonnets perlés, élégamment exprimés, dont un au-dessus des deux fascies et les trois autres au-dessous. L'angle du dernier tour et la base de la coquille sont aussi tachetés de blanc. Quant à la spire, elle est panachée de blanc et d'orangé. Longueur de ce bel individu: 19 lignes et demie.

Je possède également l'exemplaire de *Favanne* [Encycl. pl. 16. fig. D 5], lequel, quoique plus grand que l'individu ci-dessus mentionné, est moins beau, moins frais et moins parfaitement coloré. Sa longueur est de 22 lignes 3 quarts.

Ces deux coquilles rarissimes, surtout la première, sont les plus précieuses de ma collection.

12. Cône écorce-d'orange. *Conus aurantius.* Brug.

C. testâ oblongo-turbinatâ, coronatâ, granulatâ, aurantiâ vel citrinâ aut fulvo-rufescente, albo-maculatâ; lineis transversis punctatis; spirâ acutâ.

Lister. Conch. t. 775. f. 21.
Gualt. Test. t. 20. fig. L.
Favanne. Conch. pl. 16. fig. D 4.
Martini. Conch. 2. t. 61. f. 679.
Conus aurantius. Brug. Dict. n° 2.
Encycl. pl. 317. f. 7.
Conus aurantius. Ann. ibid. p. 33. n° 12.
* Born. Mus. p. 161. *Conus varius. Var.* β.
* Schrot. Einl. t. 1. p. 46.
* Kamm. Rudols. Cab. p. 76. *Conus varius.*
* Gmel. p. 3386. *Conus varius, pars.*
* *Conus aurantius.* Dillw. Cat. t. 1. p. 376. n° 39.
* Wood. Ind. Test. pl. 14. f. 36.
* Reeve. Conch. Icon. pl. 14. f. 73.
* Küster. Conch. Cab. p. 104. n° 95. pl. 20. f. 6.

Habite l'Océan Asiatique. Mon cabinet. Ce cône avoisine beaucoup les variétés du faux Cédonulli; mais il est plus allongé, plus granuleux, et n'a point ses tours de spire canaliculés. Le fond de sa couleur est tantôt citron, tantôt orangé et tantôt roussâtre ou ferrugineux. Longueur: 2 pouces 2 lignes.

13. Cône papier-marbré. *Conus nebulosus.* Soland (1).

C. testâ turbinatâ, coronatâ, crassâ, interdùm granulatâ, luteo-fuscâ, maculis albis marmoratâ; lineis transversis fuscis; spirâ acutâ.

---

(1) Il est certain que cette espèce a d'abord été nommée par Gmelin *Conus leucostictus*, et nonobstant la réforme qu'il faut

Seba. Mus. 3. t. 44. f. 17.
Favanne. Conch. pl. 16, fig. E 4.
Martini. Conch. 2. t. 62. f. 684.
Conus nebulosus. Brug. Dict. n° 3.
Encycl. pl. 317. f. 1.
[*b*] *Var. testâ fulvâ; lineis albo-punctatis.*
Guall. Test. t. 21. fig. Q.
D'Argenv. Conch. Append. pl. 1. fig. R.
Favanne. Conch. pl. 16. fig. E 5.
Martini. Conch. 2. t. 61. f. 677.
Encyclop. pl. 317. f. 3.
[*c*] *Var. testâ luteâ; maculis albis.*
Gual. Test. t. 21. fig. L.
Knorr. Vergn. 5. t. 24. f. 3. et 6. t. 1. f. 2. et t. 13. f. 5.
Martini. Conch. 2. t. 61. f. 678.
Encycl. pl. 317. f. 9.
[*d*] *Var. testâ granosâ, fulvâ ; maculis albis.*
Favanne. Conch. pl. 16. fig. E 2.
Encycl. pl. 317. f. 2.
[*e*] *Var. testâ citrinâ, immaculatâ, basi muricatâ.*
Lister. Conch. t. 759. f. 4.
Encycl. pl. 317. f. 4.
Conus nebulosus. Ann. ibid. n° 13.
* *Conus leucostictus.* Gmel. p. 3388. *Exclus. varietatibus.*
* *Conus ammiralis americanus. Var. c.* Gmel. 3379.
* Schrot. Einl. t. 1. p. 70. n° 46.
* *Conus ammiralis regius. Var. b.* Gmel. p. 3379.
* *Conus leucosticus.* Dillw. Cat. t. 1. p. 379. n° 40.
* *Conus leucostictus.* Wood. Ind. Test. pl. 14. f. 37.
* *Conus nebulosus.* Reeve Conch. Icon. pl. 10. f. 51.
* Küster. Conch. Cab. p. 97. n° 86. pl. 18. f. b. pl. 2. f. 4. 5.

Habite l'Océan Américain et celui des Grandes-Indes. Mon cabinet. Ce cône n'est point rare, et est en général marbré de blanc sur un fond

---

apporter dans la synonymie de cet auteur, le nom spécifique qu'il a proposé doit être préféré. Nous ferons remarquer dans Gmelin un singulier double emploi. En effet, toute la synonymie du *Leucostictus* se retrouve littéralement pour la variété C. du *Conus ammiralis americanus*, de sorte que la même coquille est à-la-fois variété d'une espèce et espèce distincte.

de couleur marron, ou d'un roux brun, ou d'un jaune fauve. Longueur : 2 pouces 7 lignes.

14. Cône papier-turc. *Conus minimus*. Lin. (1)

C. testâ turbinatâ, coronatâ, glaucinâ, fulvo-maculatâ; lineis transversis fusco et albo articulatis; spirâ brevi, obtusâ.

Conus minimus. Lin. Syst. nat. éd. 12. p. 1168. Gmel. p. 3382. n° 17.
Martini. Conch. 2. t. 63. f. 703-705.
Conus minimus. Brug. Dict. n° 13.
Conus minimus. Lam. ibid. n° 14.
Encycl. pl. 322. f. 2.
* Lin. Syst. nat. éd. 10. p. 714.
* Lin. Mus. Ulric. p. 556.
* Born. Mus. Cœs. Vind. Test. p. 156. *Syn. plur. excl.*
* Schrot. Einl. t. 1. p. 40. n° 16.
* Valentyn. Amb. pl. 3. f. 24.
* *Conus coronatus*. Dillw. Cat. t. 1. p. 403. n° 91.
* *Id.* Wood. Ind. Test. pl. 15. f. 87.
* *Conus tiaratus*. Brod. Proc. of Zool. Soc. 1833. p. 52.

---

(1) Si Linné n'avait donné une courte description de cette espèce dans le Musée de la princesse Ulrique, il aurait été impossible de la reconnaître d'après les indications beaucoup trop courtes de la 10e et de la 12e édition du *Systema naturæ*. Il n'est pas douteux que l'espèce de Bruguières et de Lamarck est bien la même que celle de Linné. Lamarck rapproche à tort dans sa synonymie le *Conus minimus* de Gmelin. En effet, sous la phrase caractéristique qu'il emprunte à Linné, Gmelin met une partie de la synonymie du *Conus achatinus*, tandis qu'il cite une figure du vrai *Minimus* dans la synonymie du *Conus coronatus*. Cette confusion de Gmelin a sans doute entraîné Dillwyn à en échapper une d'une autre espèce. Dillwyn considère le *Conus minimus* de Linné comme une variété du *Figulinus*, et adoptant le *Conus coronatus* de Gmelin, il en rejette toute la synonymie pour y substituer toute celle du *Minimus* de Linné. D'après M. Reeve, le *Conus tiaratus* de M. Broderip ne serait qu'une variété du *Minimus*. Nous le rapportons dans notre synonymie, en nous appuyant de l'autorité de M. Reeve, car nous n'avons pas sous les yeux la variété en question.

* *Id.* Muller. Synop. Test. p. 118. n° 1.
* Sow. jun. Conch. ill. f. 10.
* Reeve. Conch. Icon. pl. 26. f. 143.
Habite les mers des Grandes-Indes. Mon cabinet. Coquille petite, courte, grossie antérieurement, tachetée de roux-brun, et ornée de lignes transverses articulées, sur un fond d'un blanc rosé ou teint de violet. Longueur : 14 lignes un quart.

15. Cône cannelé. *Conus sulcatus*. Brug. (1)

C. testâ turbinatâ, coronatâ, transversìm sulcatâ, albâ; spirâ obtusâ.
Conus sulcatus. Brug. Dict. n° 14.
Encycl. pl. 321. f. 6.
Conus sulcatus. Ann. ibid. n° 15.
* *Conus costatus*. Kiener. Spec. des Coq. pl. 6. f. 2.
* Dillw. Cat. t. 1. p. 410. n° 109.
* Wood. Ind. Test. pl. 15. f. 104.
* Reeve. Conch. Icon. pl. 18. f. 99.
* *Conus asper*. Küster. Conch. Cab. p. 90. n° 77. pl. 16. f. 1. 2. 3.
Habite les mers des Indes Orientales. Cette coquille est blanche, et n'a que 10 ou 11 lignes de longueur.

16. Cône hébraïque. *Conus hebræus*. Lin. (2)

C. testâ turbinatâ, coronatâ, albâ; maculis nigris subquadratis fasciatìm digestis; striis transversis; spirâ convexo-obtusâ.

---

(1) Une variété de cette coquille a été inscrite au n. 44 sous le nom de *Conus asper*; il devient nécessaire de faire disparaître ce double emploi déjà signalé par M. Reeve. Ce *Conus asper* avait été nommé *Costatus* par Chemnitz, mais en réunissant ces coquilles sous un nom commun, il faut se souvenir que le 1er volume des *Vers* de l'Encyclopédie est de 1792, tandis que le tome 11 de Chemnitz est de 1795, le nom de Bruguières doit donc rester à l'espèce.

(2) D'après MM. Quoy et Gaimard, l'animal de ce Cône serait absolument semblable à celui du suivant, *Conus Vermiculatus*; cependant ces naturalistes, à cause des différences qui se montrent constamment entre les coquilles, n'osent pas trancher la question et laissent subsister les deux espèces dans leur ouvrage, la Zoologie de l'Astrolabe. M. Reeve plus hardi, propose de réunir le *Vermiculatus* à l'*Hebræus*, à titre de variété ; nous

Conus hebræus. Lin. Syst. Nat. éd. 10. p. 1169. Gmel. p. 3384. n° 22
Lister. Conch. t. 779. f. 25.
Bonanni. Recr. 3. f. 122.
Rumph. Mus. t. 33. fig. BB.
Petiv. Gaz. t. 99. f. 12. et Amb. t. 9. f. 12.
Gualt. Test. t. 25. fig. T.
D'Argenv. Conch. pl. 12. fig. G.
Favanne. Conch. pl. 14. fig. B 2.
Seba. Mus. 3. t. 47. f. 28. 29.
Knorr. Vergn. 3. t. 6. f. 2.
Adans. Seneg. pl. 6. f. 5. le Coupet.
Martini. Conch. 2. t. 56. f. 617.
Conus hebræus. Brug. Dict. n° 15.
Encycl. pl. 321. f. 9.
Conus hebræus. Ann. ibid. p. 34. n° 16.
[*b*] *Var. testâ albido-roseâ; maculis et punctis nigris transversis.*
Chemn. Conch. 10. t. 144. a. fig. Q. R.
Encycl. pl. 321. f. 2.
* Lin. Syst. Nat. éd. 10. p. 715.
* Lin. Mus. Ulric. p. 558.
* Mus. Gottw. pl. 14. f. 104. c. d
* Valentyn. Amboina. pl. 11. f. 96.
* Perry. Conch. pl. 24. f. 5.
* Born. Mus. Cœs. Ind. Test. p. 159.
* Schrot. Einl. t. 1. p. 44. n° 21.
* Burrow. Elem. of Conch. p. 13. f. 2.
* *Conus ebræus.* Dillw. Cat. t. 1. p. 398. n° 81. *Excl. var.*
* *Id.* Wood. Ind. Test. pl. 15. f. 77.
* *An Varietas Conus scabriusculus.* Chemn. Conch. t. 11. p. 56, pl. 182. f. 1768. 1769.
* *Id.* Dillw. Cat. t. 1. p. 406. n° 98.
* Quoy et Gaim. Voy. de l'Astr. t. 3. p. 91. pl. 52. f. 5. 5.
* Küster. Conch. Cab. p. 68. n° 54. pl. 10. f. 10. 11. pl. 23. f. 1.
* Kiener. Spec. des Coq. pl. 4. f. 2.

Habite les mers des climats chauds de l'Asie, de l'Afrique et l'Amérique.
Mon cabinet. Il offre, sur un fond blanc, des taches noires carrées ou

---

serions porté à suivre son exemple, mais malgré tous nos soins, nous n'avons jamais rencontré de variétés intermédiaires, quoique nous les ayons recherchées avec beaucoup de soin.

en carré long, et disposées par zones. Il n'est point rare. Longueur : près de 16 lignes.

17. Cône vermiculé. *Conus vermiculatus.* Lamk.

C. testâ turbinatâ, coronatâ, albâ; flammis nigris longitudinalibus perangustis; striis transversis; spirâ convexâ.

Lister. Conch. t. 779. f. 26.
Bonanni. Recr. 3. f. 138.
Gualt. Test. t. 25. fig. Q.
Seba. Mus. 3. t. 47. f. 30. 31.
Knorr. Vergn. 3. t. 4. f. 2.
Favanne. Conch. pl. 14. fig. B 3.
Martini. Conch. 2. t. 63. f. 699. 700.
Conus hebræus. Brug. Dict. n° 15. [var. c.]
Encycl. pl. 321. f. 1 et 8.
Conus vermiculatus. Ann. ibid. n° 17.
[*b*] *Var. testâ granulatâ.*
Encycl. pl. 321. f. 7.
* *Conus princeps.* Born. Mus. p. 153 (1).
* *Conus ebræus. Var.* C. D. Dillw. Cat. t. 1. p. 391.
* Quoy et Gaim. Voy. de l'Astr. t. 3. p. 92. pl. 52. f. 6.
* Küster. Conch. Cab. p. 102. n° 91. pl. 19. f. 10. 11

Habite les mêmes mers que le précédent. Mon cabinet. Celui-ci est constamment distinct du *C. hebræus* par ses raies ou flammules noires longitudinales, anguleuses et souvent rameuses. Longueur : environ 16 lignes.

18. Cône piqûre-de-mouches. *Conus arenatus.* Brug. (2)

C. testâ turbinatâ, coronatâ, albâ, punctis nigris aut rubris acervatim conspersâ; spirâ convexo-planulatâ, mucronatâ.

---

(1) Born croit retrouver dans cette espèce le *Conus princeps* de Linné, mais il est dans l'erreur, car la description de Linné ne s'accorde pas avec les caractères du *Conus Vermiculatus.* Tous les conchyliologistes s'accordent à retrouver le *Conus princeps* de Linné dans le *Regius* de Chemnitz, Bruguières, Lamarck, etc.

(2) Dillwyn rapporte à cette espèce et à juste titre une partie de la synonymie du *Conus stercus muscarum* de Linné ; en effet, Linné confondait sous ce nom deux espèces toujours distinctes, l'une couronnée, c'est celle-ci ; l'autre qui ne l'est jamais, et à laquelle on est convenu de laisser le nom de *Stercus-muscarum.*

Lister. Conch. t. 761. f. 10.
Rumph. Mus. t. 33. fig. AA.
Petiv. Amb. t. 15. f. 20.
Gualt. Test. t. 25. fig. P.
Favanne. Conch. pl. 15. fig. F 2.
Martini. Conch. 2. t. 63. f. 696.
Conus arenatus. Brug. Dict. n° 16.
Encycl. pl. 320. f. 6.
Conus arenatus. Ann. ibid. n° 18.
[*b*] *Var. punctis minutissimis; spirâ acutâ.*
Seba. Mus. 3. t. 55. f. 1.
Favanne. Conch. pl. 15. fig. F 3.
Martini. Conch. 2. t. 63. f. 697.
Encycl. pl. 320. f. 3 et 7.
[*c*] *Var. granulosa.*
Encycl. pl. 320. f. 4.
* Mus. Gottw. pl. 12. f. 88. c.
* *Conus stercus muscarum. Var.* β. Born. Mus. Cœs. Vind. Test. p. 161. pl. 7. f. 12.
* *Id. Var.* γ. Gmel. p. 3385.
* *Conus arenatus.* Dillw. Cat. t. 1. p. 400. n° 83.
* *Id.* Wood. Ind. Test. pl. 15. f. 79.
* Savigny. Egyp. Coq. pl. 6. f. 12.
* Quoy et Gaim. Voy. de l'Astr. t. 3. p. 94. pl. 52. f. 9.
* Reeve. Conch. Icon. pl. 17. f. 92.
* Ehrenb. Symb. Phys. Moll. pl. 2. f. 5.
* Küster. Conch. Cab. p. 115, n° 106. pl. 22. f. 6. 7. et pl. A. f. 4. 5.

Habite l'Océan Asiatique et celui des Philippines. Mon cabinet. Cette espèce n'est point rare, et présente différentes variétés, tant pour la grosseur des points que pour la forme générale de la coquille. Longueur : 2 pouces.

19. Cône morsure-de-puces. *Conus pulicarius.* Brug. (1)

C. testâ turbinatâ, coronatâ, albâ; punctis, majusculis fuscis; zonâ duplici aurantiâ; spirâ subdepressâ, mucronatâ.

Cette même confusion se répète dans le plus grand nombre des auteurs linnéens tels que Born, Schrœter, Gmelin.

(1) Comme Dilwyn, le premier en a donné l'exemple, cette espèce et la suivante doivent être réunies. Fondées sur des va-

Lister. Conch. t. 774. f. 20.
Martini. Conch. 2. t. 63. f. 698. 698. a.
Conus pulicarius. Brug. Dict. n° 17.
Encycl. pl. 320. f. 2.
Conus pulicarius. Ann. ibid. n° 19.
* *Conus pulicarius*. Dillw. Cat. t. 1. p. 400. n° 84.
* *Id*. Wood. Ind. Test. pl. 15. f. 80.
* Quoy et Gaim. Astr. t. 3. p. 93. pl. 52. f. 8. 8.
* Reeve. Conch. Icon. pl. 17. f. 94.
* Küster. Conch. Cab. p. 101. n° 90. pl. 19. f. 8. 9.
Habite l'Océan Pacifique. Mon cabinet. Coquille blanche, ornée de gros points d'un brun rougeâtre, groupés par places. Elle est échancrée à sa base, ainsi que la précédente. Bruguières en cite une variété granuleuse. Longueur : 23 lignes.

20. Cône fustigé. *Conus fustigatus*. Brug.

C. testâ turbinatâ, coronatâ, albâ; guttis nigris aut fusco-cinnamomeis difformibus; spirâ subdepressâ, mucronatâ.
Rumph. Mus. t. 33. f. 2.
Petiv. Amb. t. 21. f. 15.
Gualt. Test. t. 21. fig. G.
Favanne. Conch. pl. 15. fig. F 5.
Conus fustigatus. Brug. Dict. n° 18.
Encycl. pl. 320. f. 1.
Conus fustigatus. Ann. ibid. p. 35. n° 20.
* *Conus pulicarius*. *Var*. β. Reeve. Conch. Icon. n° 94.
Habite les mers de l'Inde et des Moluques. Mon cabinet. Il a de gros points rougeâtres ou d'un brun cannelle, la plupart allongés transversalement. Longueur de la coquille : 18 lignes.

21. Cône civette. *Conus obesus*. Brug. (1)

C. testâ turbinatâ, coronatâ, niveo-roseâ, maculis punctis et nubeculis violaceis undulatâ; spirâ concavo-obtusâ, mucronatâ.

---

riétés de coloration, ces deux espèces se confondent par des variétés nombreuses, et il suffit d'une vingtaine d'individus pour établir toutes les nuances, au moyen desquelles les deux espèces se réunissent.

(1) Chemnitz le premier a fait connaître cette espèce sous le nom de *Conus ceylonicus*; il est donc juste de le lui rendre, car il n'aurait pas dû le perdre.

Conus ceylonicus. Chemn. Conch. 10. t. 142. f. 1318.
Conus obesus. Brug. Dict. n° 19.
Conus zeylanicus. Gmel. p. 3389. n° 41.
Encycl. pl. 320. f. 8.
Conus obesus. Ann. ibid. n° 21.
[*b*] *Var. maculis sive punctis triangularibus transversis.*
Encycl. pl. 320. f. 5.
* *Conus obesus*. Dillw. Cat. t. 1. p. 401. n° 85.
* *Conus zeylanicus*. Wood. Ind. Test. pl. 15. f. 81.
* *Conus obesus*. Reeve. Conch. Icon. pl. 7. f. 37.
* Küster. Conch. Cab. p. 33. n° 21. pl. 5. f. 4. *Mala.*

Habite les mers des Indes Orientales. Mon cabinet. Ce Cône est tres beau et fort recherché. Il a des mouchetures brunes et violettes sur un fond blanc nuancé de rose. Vulg. la *Peau-de-Civette*. Longueur : 23 lignes.

22. Cône chagrin. *Conus varius*. Lin. (1)

C. testâ oblongo-turbinatâ, coronatâ, granoso-muriculatâ, albâ, castaneo-maculatâ; spirâ acutâ.
Conus varius. Lin. Syst. Nat. 2. p. 1170. n° 312.
D'Argenv. Conch. pl. 12. fig. R.
Favanne. Conch. pl. 16. fig. E 3.
Seba. Mus. 3. t. 48. f. 26-28.
Chemn. Conch. 10. t. 138. f. 1284.
Conus varius. Brug. Dict. n° 20.
Encycl. pl. 321. f. 3.
Conus varius. Ann. ibid. n° 22.

---

(1) Il est bien facile de reconnaître cette espèce dans les ouvrages de Linné, car depuis la 10e édition, il n'a jamais cité que la seule figure R de la pl. 15 de d'Argenville. Gmelin, selon son habitude, jette beaucoup de confusion en réunissant sous le nom de *Varius* plusieurs autres espèces, et il considère comme variété ce qui est le véritable *Varius* de Linné. M. Reeve ajoute comme variété une coquille que les autres conchyliologues anglais ont considérée comme une espèce distincte. M. Gray l'a nommé *Conus pulchellus*, dans Wood, et M. Sowerby jun. *Conus interruptus*, quoiqu'il y ait déjà un *Pulchellus* dans Swainson. Nous partageons l'opinion de M. Reeve, et nous réunissons cette coquille au *Conus varius*.

[b] *Var. testâ supernè læviusculâ, basi granulatâ.* Mon cabinet.
Encycl. pl. 321. f. 4.
* Lin. Syst. Nat. éd. 10. p. 715.
* Lin. Mus. Ulric. p. 559.
* Born. Mus. Cœs. Vind. Test. p. 161.
* Schrot. Einl. t. 1. p. 46. n° 23.
* *Conus varius. Var.* β. Gmel. p. 3386.
* Dillw. Cat. t. 1. p. 402. n° 88.
* Wood. Ind. Test. pl. 15. f. 84. Suppl. pl. 3. f. 2.
* *Conus pulchellus.* Sow. Proc. Zool. Soc. 1834. p. 19.
* *Id.* Mull. Synop. Test. p. 123. n° 16.
* *Id.* Sow. jun. Conch. ill. pl. 9. f. 61.
* Reeve. Conch. Icon. pl. 12. f. 58. et pl. 41. f. 58.
* *Conus pulchellus.* Sow. jun. Conch. ill. pl. 9. f. 61.
* Küster. Conch. Cab. p. 63. n° 48. pl. 9. f. 9.
Habite les mers des climats chauds. Mon cabinet. La surface de ce Cône est hérissée de grains saillans. Vulg. la *Peau-de-Chagrin.* Longueur : environ 16 lignes.

23. Cône tulipe. *Conus tulipa.* Lin.

C. testâ oblongâ, obsoletè coronatâ, rufescente albo et cæruleo undatâ; lineis transversis fuscis albo-punctatis; spirâ brevi, obtusiusculâ; aperturâ patente.
Conus tulipa. Lin. Syst. nat. éd. 12. p. 1172. *Exclus. pl. Syn.* Gmel. p. 3395. n° 64.
Lister. Conch. t. 764. f. 13.
Gualt. Test. t. 26. fig. G.
Seba. Mus. 3. t. 42. f. 16-20.
Knorr. Vergn. 3. t. 11. f. 4. et 5. t. 20. f. 1. 2.
Adans. Seneg. pl. 6. f. 8. le Salar.
Favanne. Conch. pl. 19. fig. L 2. *Summo tabulæ ad dextram.*
Martini. Conch. 2. t. 64. f. 718. 719. et t. 65. f. 720. 721.
Conus tulipa. Brug. Dict. n° 21.
Encycl. pl. 322. f. 11.
Conus tulipa. Ann. ibid. n° 23.
* Lin. Syst. Nat. éd. 10. p. 717.
* Born. Mus. Cœs. Vind. Test. p. 168.
* Schrot. Einl. t 1. p. 57. n° 34.
* Burrow. Elem. of Conch. pl. 13. f. 4.
* Regenf. Conch. pl. 2. f. 20.
* Dillw. Cat. t. 1. p. 434. n° 159.
* Wood. Ind. Test. pl. 16. f. 154.

* Quoy et Gaim. Astr. t. 3. p. 95. pl. 53. f. 1 à 14.
* Sow. jun. Conch. ill. pl. 13. f. 92. 93.
* Reeve. Conch. Icon. pl. 23. f. 128.
* Küster. Conch. Cab. pl. 21. f. 8. 9. pl. 23. f. 2. 3. p. 120. nº 109.
* Kiener. Spec. des Coq. pl. 12. f. 2.

Habite les mers de l'Inde, de l'Afrique et de l'Amérique. Mon cabinet. Il a des rapports avec le suivant et avec le Cône bullé. Ce Cône est oblong et varié de fauve, de rose et de violet-bleu, sur un fond blanchâtre. Longueur : 2 pouces 5 lignes.

24. Cône brocard. *Conus geographus*. Lin.

C. testâ oblongâ, coronatâ, tenui, albo fulvoque nebulatâ; spirâ concavo-obtusâ, mucronatâ ; aperturâ dehiscente.

Conus geographus. Lin. Syst. nat. éd. 12. p. 1172. Gmel. p. 3396. nº 65.
Lister. Conch. t. 747. f. 41.
Bonanni. Recr. 3. f. 319.
Rumph. Mus. t. 31. fig. G.
Petiv. Gaz. t. 98. f. 8. et Amb. t. 15. f. 3 a.
Gualt. Test. t. 26. fig. E.
Klein. Ostr. t. 5. f. 90.
D'Argenv. Conch. pl. 13. fig. A.
Favanne. Conch. pl. 19. fig. L 1. *Summo tabulæ ad sinistram.*
Seba. Mus. 3. t. 42. f. 1—4.
Knorr. Vergn. 3. t. 21. f. 2.
Martini. Conch. t. 2. p. 64. f. 717.
Conus geographus. Brug. Dict. nº 22.
Encycl. pl. 322. f. 12.
Conus geographus. Ann. ibid. nº 24.
[*b*] *Var. testâ albo fuscoque reticulatâ.*
Knorr. Vergn. 6. t. 17. f. 3.
* Mus. Gottw. pl. 12. f. 85. I. 85. H.
* Lin. Syst. nat. éd. 10. p. 718.
* Lin. Mus. Ulric. p. 563.
* Karsten. Mus. Lesk. t. 1. pl. 4. f. 2.
* *Utriculus geographus.* Schum. Nouv. Syst. p. 203.
* Born. Mus. Cœs. Vind. Test. p. 169. 819. f. d.
* Schrot. Einl. t. 1. p. 58. nº 35.
* *Conus geographicus.* Dillw. Cat. t. 1. p. 434. nº 160.
* *Id.* Wood. Ind. Test. pl. 16. f. 155.
* Sow. Conch. Man. f. 462.
* Var. *Nana, rosea.* Brod. Proc. Zool. soc. 1833. p. 55.

* *Id.* Mull. Synop. Test. p. 121. *a.*
* Sow. jun. Conch. ill. pl. 4. f. 26. pl. 5. f. 33. pl. 13. f. 95.
* Reeve. Conch. icon. pl. 23. f. 130.
* *Conus intermedius.* Reeve. Conch. icon. pl. 23. f. 129.
* Kuster. Conch. Cab. p. 111. n° 102. pl. 21. f. 7.
* Kiener. Spec. des Coq. pl. 12. f. 1.

Habite les mers des Grandes-Indes. Mon cabinet. Belle et grande coquille, mince relativement à sa taille, et à ouverture lâche. Elle offre des nébulosités de fauve, de marron, de couleur de chair et de bleuâtre, sur un fond blanchâtre. Longueur : 4 pouces et demi.

25. Cône ponctué. *Conus punctatus.* Brug. (1)

C. testâ turbinatâ, obsoletè coronatâ, helvaceâ, albo-zonatâ; striis transversis elevatis fusco-punctatis; spirâ obtusâ, albo fuscoque maculatâ.

Chemn. Conch. 10. t. 139. f. 1294.
Conus punctatus. Brug. Dict. n° 23.
Encycl. pl. 319. f. 8.
Conus punctatus. Ann. ibid. p. 36. n° 25.
* *Conus piperatus.* Dillw. Cat. t. 1. p. 401. n° 86.

---

(1) Gmelin, avant Bruguières, avait donné le nom de *Punctatus* à une autre espèce que celle-ci ; ce *Punctatus* est le *Conus Augur.* Si cette espèce doit reprendre ce nom de Gmelin, il faut à l'exemple de Dillwyn, changer le nom spécifique du *Punctatus* de Bruguières, et lui imposer celui de *Piperatus,* proposé par le conchyliologue anglais. Nous admettons avec doute la figure de MM. Schubert et Wagner, parce quelle représente une coquille non couronnée, tandis que l'espèce l'est toujours. M. Reeve laisse à l'espèce le nom de *Punctatus,* et conduit par des variétés qui nous sont inconnues, il propose de joindre à cette espèce une autre coquille qui ne semble avoir avec celle-ci aucune analogie, c'est du *Conus hyæna* dont il s'agit. Nous avions toujours regardé le *Conus hyæna* comme voisine du *Vexillum* et du *Sumatrensis.* Avant de se prononcer, il est nécessaire de rassembler un grand nombre de variétés de ces deux espèces. M. Reeve sera également obligé de changer le nom d'une espèce de Cône qui n'a aucun rapport avec celui-ci et auquel il a donné le nom de *Piperatus,* déjà employé par Dillwyn, comme nous venons de le voir.

* *Conus punctatus.* Wood. Ind. Test. pl. 15. f. 82.
* Schub. et Wagn. Suppl. à Chemn. p. 49. pl. 222. f. 3068?
* Küster. Conch. Cab. p. 23. n° 13. pl. 3. f. 3. pl. 12. f. 8.
Habite l'Océan Africain. Mon cabinet. Sa couleur est d'un fauve pâle, un peu rosé. Longueur : 22 lignes.

26. Cône rubané. *Conus tæniatus.* Brug.

C. testâ turbinatâ, coronatâ, albâ, amethystino-zonatâ ; lineis fusco alboque articulatis ; spirâ obtusâ.
Lister. Conch. t. 763. f. 12.
Martini. Conch. 2. t. 57. f. 632.
Chemn. Conch. 10. t. 144 a. fig. M. N.
Conus tæniatus. Brug. Dict. n° 24.
Encycl. pl. 319. f. 5.
Conus tæniatus. Ann. ibid. n° 26.
* Schum. Nouv. Syst. p. 204.
* Petiver. Gaz. pl. 15. f. 11?
* Dillw. Cat. t. 1. p. 382. n° 50.
* Wood. Ind. Test. pl. 14. f. 47.
* Reeve. Conch. Icon. pl. 19. f. 107.
* Ehrenb. Symb. phy. Moll. pl. 2. f. 3.
* Küster. Conch. Cab. p. 69. n° 55. pl. 10. f. 14. 15. pl. 17. f. 9? et pl. A. f. 6.
Habite les mers de la Chine. Mon cabinet. Petite coquille fort jolie et peu commune. Ses petites taches noires et carrées, disposées par lignes transverses, ont été comparées à des notes de musique. Longueur : 11 lignes trois quarts.

27. Cône musique. *Conus musicus.* Brug.

C. testâ turbinatâ, coronatâ, albâ ; zonâ cæruleâ ; lineis transversis fusco-punctatis ; spirâ obtusâ, nigro-maculatâ ; fauce violaceâ.
Conus musicus. Brug. Dict. n° 25.
Encycl. pl. 322. f. 4.
Conus musicus. Ann. ibid. n° 27.
* Dillw. Cat. t. 1. p. 383. n° 51.
* Wood. Ind. Test. pl. 14. f. 48.
* Reeve. Conch. icon. pl. 20. f. 113.
Habite sur les côtes de la Chine. Mon cabinet. Petite coquille, peu recherchée, à zones bleuâtres, avec des lignes transverses de points bruns, sur un fond blanchâtre. Longueur : près de 9 lignes.

28. Cône miliaire. *Conus miliaris.* Brug.

C. testâ turbinatâ, coronatâ, carneâ, albo-zonatâ ; fasciis duabus lividis ; lineis transversis fusco-punctatis ; spirâ obtusâ.

Conus miliaris. Brug. Dict. n° 26.
Encycl. pl. 319. f. 6.
Conus miliaris. Ann. ibid. n° 28.
[*b*] *Var. punctis sparsis*. Mon cabinet.
* Dillw. Cat. t. 1. p. 383. n° 52.
* Wood. Ind. Test. pl. 15. f. 49.
* Sow. jun. Conch. ill. pl. 11. f. 81.
* Reeve. Conch. icon. pl. 36. f. 198.
Habite sur les côtes de la Chine. Coquille peu commune, ornée partout de très petits points bruns sur un fond couleur de chair, avec deux zones pâles, jaunâtres ou livides. Longueur de la coquille [b], qui est la seule que je possède : 18 lignes et demie.

29. Cône souris. *Conus mus*. Brug.

C. testâ ovato-turbinatâ, coronatâ, cinereâ, albo-fasciatâ; maculis fulvis longitudinalibus; striis transversis elevatis; spirâ variegatâ, acutâ.

Gualt. Test. t. 20. fig. R.
Conus mus. Brug. Dict. n° 27.
Encyclop. pl. 320. f. 9.
Conus mus. Ann. ibid. n° 29.
* Lister. Conch. pl. 784. f. 31 ?
* Mus. Gottw. pl. 12. f. 93. b. c.
* Dillw. Cat. t. 1. p. 388. n° 63.
* *Id*. Wood. Ind. Test. pl. 15. f. 59.
* Schub. et Wagn. Suppl. à Chemn. p. 59. pl. 222. f. 3074.
* Reeve. Conch. icon. pl. 19. f. 103.
* Küster. Conch. Cab. p. 28. n° 16. pl. 3. f. 9.
Habite l'Océan des Antilles, sur les côtes de la Guadeloupe. Mon cabinet. Il est strié, varié de flammes fauves et d'un peu de blanc. Ce cône n'est point rare. Longueur : 15 lignes.

30. Cône livide. *Conus lividus*. Brug. (1)

C. testâ turbinatâ, coronatâ, infernè granoso-muriculatâ, livido-virescente, basi subcæruleâ; zonâ albidâ; spirâ albâ, obtusâ.

---

(1) D'après MM. Quoy et Gaimard, la variété C de cette espèce doit être séparée et constituer une espèce distincte. En effet, l'animal est bien différemment coloré que le *Lividus* proprement dit; l'animal est d'un rouge sanguinolent; aussi MM. Quoy et Gaimard ont proposé de l'inscrire sous le nom de *Conus sangui-*

Knorr. Vergn. 4. t. 13. f. 3.
Favanne. Conch. pl. 15. fig. M.
Conus lividus. Brug. Dict. n° 28.
Encycl. pl. 321. f. 5.
Conus lividus. Ann. ibid. n° 30.
[*b*] *Var. testâ lævi, fulvidâ*. Mon cabinet.
Martini. Conch. 2. t. 63. f. 694.
[*c*] *Var. testâ luteâ, basi granosâ*.
Martini. Conch. 2. t. 61. f. 681.
Conus citrinus. Gmel. p. 3389. n° 37.
* *Conus rusticus*. Var. β. Gmel. p. 3383.
* *Conus lividus*. Dillw. Cat. t. 1. p. 388. n° 62.
* *Id*. Wood. Ind. Test. pl. 15. f. 58.
* Schub. et Wagn. Suppl. à Chemn. p. 51. pl. 222. f. 3071.
* Quoy et Gaim. Astr. t. 3. p. 98. pl. 53. f. 19-21.
* Reeve. Conch. Icon. pl. 38. f. 211.
* Küster. Conch. Cab. p. 108. n° 99. pl. 3. f. 4. pl. 20. f. 11. pl. 21. f. 4.
* *Conus sanguinolentus*. Quoy et Gaim. Astr. t. 3. p. 99. pl. 53. f. 18.

Habite l'Océan des Grandes-Indes. Mon cabinet. Coquille d'un jaune verdâtre ou livide, ceinte d'une zone blanchâtre sous son milieu, avec quelques stries granuleuses vers sa base, qui est d'un brun violâtre. Vulg. le *Fromage vert*. Longueur : 17 lignes ; de la var. [b], 21.

31. Cône gourgouran. *Conus barbadensis*. Brug.

C. testâ turbinatâ, coronatâ, roseâ aut rufescente; lineis transversis fusco alboque articulatis ; fasciis duabus albidis ; spirâ obtusâ.

Conus barbadensis. Brug. Dict. n° 29.
Encycl. pl. 322. f. 8.
Conus barbadensis. Ann. ibid. p. 37. n° 31.
* Dillw. Cat. t. p. 404. n° 92.
* Wood. Ind. Test. pl. 15. f. 88.
* Sow. jun. Conch. Ill. pl. 15. f. 105.
* Reeve. Conch. Syst. t. 2. p. 276. pl. 292. f. 105.
* Reeve. Conch. icon. pl. 10. f. 49.

---

nolentus. Cette dénomination ne peut être acceptée, puisque longtemps auparavant, Gmelin avait établi un *Conus citrinus* pour cette même espèce; il suffira donc de la rétablir dans les catalogues.

Habite les mers des Antilles. Mon cabinet. Coquille agréable par sa coloration, et dont la base est un peu granuleuse. Longueur: 14 lignes

32. Cône rosé. *Conus roseus.*

C. testâ turbinatâ, coronatâ, transversìm sulcatâ, roseâ ; fasciâ albidâ ; spirâ obtusâ.

Martini. Conch. 2. t. 63. f. 707.

Encycl. pl. 322. f. 7.

Conus roseus. Ann. ibid. n° 32.

* Dillw. Cat. t. 1. p. 404. n° 93.

* Wood. Ind. Test. pl. 15. f. 89.

* Reeve. Conch. icon. pl. 33. f. 186.

Habite les mers des Antilles. Mon cabinet. Ce cône est très distinct du précédent, parce qu'il est sillonné transversalement, qu'il n'offre point de lignes colorées, et qu'il n'est point granuleux inférieurement. La base de sa columelle est tachée de pourpre brun. Longueur : 13 lignes et demie.

33. Cône cardinal. *Conus cardinalis.* Lamk. (1)

C. testâ turbinatâ, coronatâ, granulosâ, coccineâ; fasciâ albâ, fusco-maculatâ ; spirâ depressâ.

Knorr. Vergn. 5. t. 17. f. 5.

Favanne. Conch. pl. 16. fig. I.

Martini. Conch. 2. t. 61. f. 680.

Conus cardinalis. Brug. Dict. n° 30.

Encycl. pl. 322. f. 6.

Conus cardinalis. Ann. ibid. n° 33.

* *Conus coccineus.* Pars. Dillw. Cat. t. 1. p. 404. n° 94.

* *Conus coccineus.* Wood. Ind. Tes. pl. 15. f. 90.

* *Conus cardinalis.* Reeve. Conch. Icon. pl. 18. f. 102.

* Küster. Conch. Cab. p. 107. n° 98. pl. 20. f. 10.

Habite l'Océan Indien et Américain. Mon cabinet. Ce cône est petit, et remarquable par sa couleur incarnate ou d'un rouge de corail. Il a quelquefois deux zones blanches tachetées de brun, au lieu d'une seule. Longueur : 10 lignes.

---

(1) Dillwyn confond avec cette espèce le *Conus coccineus* de Gmelin qui est toujours distinct, en conséquence le nom de *Cardinalis* doit être conservé.

34. Cône magellaniqne. *Conus magellanicus*. Brug. (1)

C. testâ turbinatâ, coronatâ, aurantiâ; fasciâ albo fulvoque punctatâ; spirâtâ truncatâ.

Favanne. Conch. pl. 16. fig. H.

Conus magellanicus. Brug. Dict. n° 31.

Encycl. pl. 322. f. 3.

Conus magellanicus. Ann. ibid. p. 38. n° 34.

* *Conus citrinus*. Var. B. Dillw. Cat. t. 1. p. 405. n° 95.

Habite les parages du détroit de Magellan.

35. Cône memnonite. *Conus distans*. (2)

C. testâ turbinatâ, coronatâ, flavescente, basi subviolaceâ; lineis transversis impressis distantibus; spirâ convexâ, albo fuscoque maculatâ.

Conus memnonitarum. Chemn. Conch. 10. t. 138. f. 1281.

Conus distans. Brug. Dict. n° 32.

Encycl. pl. 321. f. 11.

Conus distans. Ann. ibid. n° 35.

* Dillw. Cat. t. 389. n° 64. *Excl. plur. synony.*

* Wood. Ind. Test. pl. 16. f. 60.

* Reeve. Conch. Icon. pl. 31. f. 174.

* Küster. Conch. Cab. p. 61. n° 46. pl. 9. f. 5.

* Kiener. Spec. des Coq. pl. 3. f. 1.

Habite l'Océan Pacifique, les côtes de la Nouvelle-Zélande. Mon cabinet. Grande coquille, d'un blanc jaunâtre, sans élégance, mais remarquable par ses caractères. Longueur : environ 3 pouces.

---

(1) Dillwyn considère cette espèce comme une variété du *Conus citrinus* de Gmelin, mais cette opinion ne saurait être adoptée, puisque le *Citrinus* est une variété du *Lividus*; il doit rentrer dans sa synonymie, à moins qu'on ne le rétablisse d'après les indications de MM. Quoy et Gaimard. M. Reeve, dans son *Conchologia iconica*, ne mentionne ce Cône ni sous le nom de *Citrinus*, ni sous celui de *Magellanicus*; il paraît l'avoir oublié dans sa monographie des Cônes.

(2) La Synonymie que Dillwyn donne à cette espèce est défectueuse; il y rapporte la variété B du *Conus Virgo* de Gmelin, il renvoie au n° 72 de Schröter, et ces deux auteurs mentionnent des espèces distinctes entre elles et toutes deux différentes du *Conus distans*.

36. Cône pontifical. *Conus pontificalis.* Lamk.

C. testâ ovato-turbinatâ, coronatâ, transversìm subtilissimè sulcatâ-albâ; epidermide luteo-virescente; spirâ elevatâ, conicâ.

Conus pontificalis. Ann. ibid. n° 36.

* Delessert. Recueil de Coq. pl. 40. f. 15. a. b.

* Reeve Conch. Icon. pl. 4. f. 15.

Habite les parages de la terre de Diémen. Mon cabinet. Ce cône, découvert et rapporté par Péron, est d'un blanc de lait, mais recouvert d'un épiderme d'un vert jaunâtre qui se détache aisément. Ses sillons transverses sont très fins, marqués de points enfoncés. Sa spire élevée, conique et tuberculeuse, ressemble à une thiare pontificale. Longueur : 15 lignes.

37. Cône calédonien. *Conus caledonicus.* Brug.

C. testâ turbinatâ, coronatâ, aurantiâ, filis rufis tenuissimis parallelis contiguis cinctâ; spirâ acutâ.

Conus caledonicus. Brug. Dict. n° 33.

Encyclop. pl. 321. f. 10.

Conus caledonicus. Ann. ibid. n° 37.

* Reeve. Conch. Icon. pl. 33. f. 181.

* Küster. Conch. Cab. p. 12. n° 5. pl. 2. f. 1.

* Dillw. Cat. t. 1. p. 389. n° 65.

* Wood. Ind. Dest. pl. 16. pl. 61.

* Schub. et Wagn. Suppl. à Chemn. t. 12. p. 29. pl. 220. f. 3050.

Habite la mer Pacifique, sur les côtes de la Nouvelle-Calédonie. Il est d'un jaune orangé, et garni de fils circulaires roussâtres, dont les inférieurs sont un peu granuleux. Ce cône est très rare.

38. Cône époux. *Conus sponsalis.* Brug.

C. testâ ventriçosâ, coronatâ, infernè granulatâ, luteâ, maculis fulvis oblongis distinctis bifasciatâ; spirâ convexo-acutâ; fauce violaceo-nigricante.

Conus sponsalis. Brug. Dict. n° 34.

Conus sponsalis. Chemn. Conch. 11. t. 182. f. 1766. 1767.

Encycl. pl. 322. f. 1.

Conus sponsalis. Ann. ibid. n° 38.

* Dillw. Cat. t. 1. p. 405. n° 96.

* Vood. Ind. Test. pl. 15. f. 92.

* Reeve. Conch. Icon. pl. 20. f. 109.

* Küster. Conch. Cab. p. 86. n° 71. pl. 14. f. 7. 8.

Habite la mer Pacifique, dans les parages des îles Saint-Georges. Petite coquille ventrue, jaunâtre, avec des flammes onduleuses fauves ou roses.

39. Cône piqué. *Conus puncturatus.* Brug.

C. testâ turbinatâ, coronatâ, lividâ, supernè albo-zonatâ; sulcis subtilissimè puncturatis; spirâ obtusâ, apice roseâ; fauce amethystinâ.

Conus puncturatus. Brug. Dict. n° 35.

Encyclop. pl. 322. f. 9.

Conus puncturatus. Ann. ibid. n° 39.

* Dillw. Cat. t. 1. p. 406. n° 99.

* Wood. Ind. Test. pl. 15. f. 95?

* Reeve. Conch. Icon. pl. 47. f. 261.

Habite les mers de la Nouvelle-Hollande. Ce petit cône semble avoir quelques rapports avec le *C. pontificalis.*

40. Cône chingulais. *Conus ceylanensis.* Brug.

C. testâ turbinatâ, coronatâ, basi granosâ, flavidâ; fasciâ intermediâ ramosâ, pallidè cæsiâ; supernè zonâ albâ, lineis fulvo-punctatis distinctâ; spirâ obtusâ; fauce violaceâ.

Conus ceylanensis. Brug. Dict. n° 35 *bis.*

Encyclop. pl. 322. f. 10.

Conus ceylanensis. Ann. ibid. p. 39. n° 40.

* Dillw. Cat. t. 1. p. 407. n° 100

* Wood. Ind. Test. pl. 15. f. 96.

* Reeve. Conch. Icon. pl. 37. f. 199.

Habite sur les côtes de l'île de Ceylan.

41. Cône lamelleux. *Conus lamellosus.* Brug.

C. testâ turbinatâ, coronatâ, subsulcatâ, basi granulatâ, albâ, roseomaculatâ; anfractibus excavatis lunato-lamellosis; spirâ acutâ.

Conus lamellosus. Brug. Dict. n° 36.

Encycl. pl. 322. f. 5.

Conus lamellosus. Ann. ibid. n° 41.

* Dillw. Cat. t. 1. p. 408. n° 103.

* Wood. Ind. Test. pl. 15. f. 98.

Habite les côtes de l'île de Ceylan. Petite coquille blanche, avec des taches roses.

42. Cône nain. *Conus pusillus.* Chemn. (1)

C. testâ turbinatâ, subcoronatâ, albâ, maculis aurantio-fuscis varie-

(1) M. Reeve fait judicieusement observer que le *Conus pusillus* de Lamarck n'est pas le même que celui de Chemnitz, c'est ce dernier qui doit être conservé comme type et auquel se rapporte la synonymie.

gatâ; lineis transversis albo fulvoque articulatis; spirâ convexo-acutâ; fauce subviolaceâ.

Conus pusillus. Chemn. Conch. 11. t. 183. f. 1788. 1789.

Conus pusillus. Ann. ibid. n° 42.

* Küster. Conch. Cab. p. 103. n° 93. pl. 19. f. 14. 15.

* Dillw. Cat. t. 1. p. 407. n° 102.

* Wood. Ind. Test. pl. 15. f. 97?

* Reeve. Conch. Icon. pl. 27. f. 154.

Habite les parages de la Guinée. Mon cabinet. Il est panaché de blanc et d'une couleur orangée plus ou moins brune. Longueur : 9 lignes un quart.

43. Cône exigu. *Conus exiguus.* Lamk.

C. testâ oblongo-turbinatâ, coronatâ, albâ; maculis fuscis longitudinalibus; striis transversis laxis; spirâ convexo-acutâ.

Conus exiguus. Ann. ibid. n° 43.

* Dillw. Cat. t. 1. p. 407. n° 101.

Habite les mers de l'Asie. Mon cabinet. Petit Cône de la forme et de la taille du *C. ceylanensis*, mais offrant d'autres caractères. Il n'a ni zone ni lignes ponctuées, et ses stries transverses sont écartées les unes des autres. Longueur : 8 lignes.

44. Cône rude. *Conus asper.* Lamk. (1)

C. testâ turbinatâ, coronatâ, transversìm sulcatâ, albido-luteâ; sulcis elevatis scabris; spirâ convexo-acutâ; labro denticulato.

Conus costatus. Chemn. Conch. 11. t. 181. f. 1745–1747.

Conus asper. Ann. ibid. n° 44.

Habite les mers de la Chine. Ce Cône est remarquable par ses sillons transverses, élevés et plus ou moins scabres. Les tours de sa spire sont canaliculés, striés et noduleux.

[*Coquille non couronnée.*]

45. Cône tigre. *Conus millepunctatus.* Lamk.

C. testâ turbinatâ, albâ, maculis fuscis aut nigris seriatìm cinctâ; spirâ plano-obtusâ : anfractibus subcanaliculatis.

---

(1) Cette coquille, à laquelle Lamarck a eu le tort de donner un nom nouveau, quoiqu'elle en eût déjà reçu un de Chemnitz, ne devra pas rester dans les catalogues, elle constitue une variété du *Conus sulcatus* de Bruguières et la synonymie doit passer à cette espèce.

Conus litteratus. Brug. Dict. n° 38. [Var. i.]
Encycl. pl. 323. f. 5.
Conus litteratus. Ann. ibid. p. 40. n° 45.
[*b*] *Var. testâ albâ; maculis sublunatis fulvo-cæsiis.*
Martini. Conch. 2. t. 60. f. 666.
Brug. [Var. g.]
Encycl. pl. 323. f. 3.
[*c*] *Var. testâ rubescente; maculis rufis angulatis.*
Favanne. Conch. pl. 18. fig. A 1.
Martini. Conch. 2. t. 60. f. 667.
Brug. [Var. e.]
Encycl. pl. 323. f. 2.
[*d*] *Var. testâ maculis oblongis subquadratis cæruleo-nigris per series transversas scriptâ, aliisque minoribus punctiformibus seriatim interpositis cinctâ.*
Seba. Mus. 3. t. 45. f. 1.
Brug. [Var. d.]
Encycl. pl. 324. f. 4.
[*e*] *Var. testâ maculis fulvis rotundatis notatâ; spirâ acutiusculâ.*
Brug. [Var. c.]
Encycl. pl. 324. f. 3.
* Aldrov. de Test. p. 352. f. 2. *An Codam polita?* f. 1.
* Mus. Gottw. pl. 14. f. 103.
* Regenf. Conch. t. 2. pl. 3. f. 29.
* *Conus litteratus. Var.* B. C. Dillw. Cat. t. 1. p. 357.
* *Id.* Wood. Ind. Test. pl. 14. f. 7.
* Reeve. Conch. Icon. pl. 32. f. 178.
* Küster. Conch. Cab. p. 72. n° 57. pl. 11. f. 2. 3.

Habite l'Océan Asiatique. Mon cabinet. Grande et belle coquille, épaisse, pesante, n'ayant jamais de zones colorées, remarquable par ses points nombreux, disposés par séries transverses, sur un fond ordinairement blanc, et par sa spire obtuse, peu élevée. Le bord supérieur du dernier tour est anguleux, ce qui distingue cette espèce du Cône tine, qui est tacheté de la même manière, mais autrement coloré. Vulg. le *Millepoints*. Longueur : 4 pouces 2 lignes; mais il devient beaucoup plus grand.

46. Cône arabe. *Conus litteratus*. Lin.

C. testâ turbinatâ, albâ, maculis fuscis aut nigris seriatim cinctâ; zonis tribus luteo-aurantiis; spirâ planâ, truncatâ : anfractibus canaliculatis.

Conus litteratus. Lin. Syst. nat. éd. 12. p. 1165. Gmel. p. 3375. n° 3.

Bonanni. Recr. 3. f. 363.
Gualt. Test. t. 21. fig. O.
Favanne. Conch. pl. 18. fig. A 3.
Martini. Conch. 2. t. 60. f. 668.
Conus litteratus. Brug. Dict. n° 38. [Var. a.]
Encycl. pl. 323. f. 1.
Conus arabicus. Ann. ibid. n° 46.
[*b*] *Var. testâ roseâ; maculis superioribus majoribus oblongo-quadratis fuscatis : infimis angustioribus irregularibus.*
Conus litteratus. Brug. [Var. f.]
Encycl. pl. 323. f. 4.
[*c*] *Var. maculis fuscis contiguis instar litterarum inscriptis.*
Lister. Conch. t. 770. f. 17. c.
Rumph. Mus. t. 31. fig. D.
Petiv. Amb. t. 2. f. 5.
Favanne. Conch. pl. 18. fig. A 2.
Conus litteratus. Brug. [Var. h.]
Encycl. pl. 324. f. 5.
[*d*] *Var. testâ minore, albidâ; maculis rufis transversìm elongatis.*
Conus litteratus. Brug. [Var. b.]
Encycl. pl. 324. f. 6.
* Lin. Syst. Nat. éd. 10. p. 712.
* Lin. Mus. Ulric. p. 551.
* Knorr. Délic. Nat. Séléc. t. 1. Coq. pl. B III. f. 4.
* Mus. Gottw. pl. 14. f. 101. c. o. c. x.
* Regenf. Conch. t. 1. pl. 4. f. 46.
* Schum. Nouv. Syst. p. 204.
* Born. Mus. Cœs. Vind. p. 148. Vign. f. 2.
* Schrot. Einl. t. 1. p. 24. n° 3.
* *Conus litteratus. Var.* A. Dillw. Cat. t. 1. p. 357. n° 8.
* Reeve. Conch. Icon. pl. 33. f. 183.
* Küster. Conch. Cab. p. 73. n° 58. pl. 11. f. 5.

Habite l'Océan Asiatique. Mon cabinet. Cette espèce, que l'on a considérée comme une variété de la précédente, en est constamment distincte : 1° parce qu'elle lui est toujours très inférieure en taille; 2° que sa spire est plane, comme tronquée; 3° parce qu'elle offre ordinairement trois zones d'un jaune orangé, plus ou moins apparentes, qui ne se trouvent jamais sur la première. Vulgairement le *Tigre à bandes* ou le *Tigre arabe*. Longueur : 3 pouces 2 lignes.

47. Cône pavé. *Conus eburneus.* Brug.

C. testâ turbinatâ, basi sulcatâ, albâ, maculis fulvis aut nigris subqua-

dratis seriatim cinctâ; fasciis luteo-aurantiis subternis; spirâ obtusâ, striatâ, acuminatâ.
Lister. Conch. t. 774. f. 20.
Bonanni. Recr. 3. f. 128.
Gualt. Test. t. 22. fig. F.
Knorr. Vergn. 1. t. 17. f. 4. et 3. t. 3. f. 2.
Martini. Conch. 2. t. 61. f. 674.
Conus eburneus. Brug. Dict. n° 39.
Encycl. pl. 324. f. 1.
Conus eburneus. Ann. ibid. p. 263. n° 47.
[*b*] *Var. maculis cinnamomeis subrotundis seriatis.*
Encycl. pl. 324. f. 2.
* Mus. Gottw. pl. 14. f. 101. d o. d x.
* Dillw. Cat. t. 1. p. 358. n° 9.
* Wood. Ind. Test. pl. 14. f. 8.
* Sow. jun. Conch. ill. pl. 14. f. 101.
* Reeve. Conch. Icon. pl. 19. f. 106.
* Küster. Conch. Cab. p. 105. n° 96 pl. 20. f. 9.
* Kiener. Spec. des Coq. pl. 17. f. 2.
Habite les mers des Indes Orientales. Mon cabinet. Celui-ci n'a que deux zones complètes. Longueur : 17 lignes.

48. Cône mosaïque. *Conus tessellatus.* Brug.

C. testâ turbinatâ, albâ; maculis coccineis quadrangulis seriatis; basi sulcatâ, violaceâ; spirâ plano-obtusâ, acuminatâ.
Lister. Conch. t. 767. f. 17.
Gualt. Test. t. 21. fig. H.
Seba. Mus. 3. t. 55. f. 4-6.
Knorr. Vergn. 2. t. 12. f. 3. et 6. t. 11. f. 4.
Favanne. Conch. pl. 16. fig. A 2.
Martini. Conch. 2. t. 59. f. 653. 654.
Conus tessellatus. Brug. Dict. n° 40.
Encycl. pl. 326. f. 7.
Conus tessellatus. Ann. ibid. n° 48.
[*b*] *Var. maculis informibus miniatis.*
Seba. Mus. 3. t. 55. f. 7.
Encycl. pl. 326. f. 9.
* Regenf. Conch. t. 1. pl. 8. f. 19.
* Valentyn. Amboina. pl. 8. f. 75.
* *Conus tessellatus.* Born. Mus. p. 151.
* Dillw. Cat. t. 1. p. 358. n° 10.
* Wood. Ind. Test. pl. 14. f. 9.

* Sow. jun. Conch. ill. pl. 14. f. 97. 98.
* Reeve. Conch. Icon. pl. 28. f. 163.
* Küster. Conch. Cab. p. 78. nº 62. pl. 13. f. 1. 2.
* Kiener. Spec. des Coq. pl. 17. f. 1.
Habite l'Océan des Grandes-Indes. Mon cabinet. Coquille remarquable par ses rangées transverses de taches d'un beau rouge et quadrangulaires. Elle n'est point rare. Longueur : 2 pouces 2 lignes.

49. Cône flamboyant. *Conus generalis*. Lin. (1)

C. testâ oblongo-turbinatâ, fuscâ vel citrino-aurantiâ, basi nigrâ; fasciis albis interruptis; spirâ planâ, marginatâ, apice acuminatâ.
Conus generalis. Lin. Syst. nat. 2. p. 1166. nº 293.
Lister. Conch. t. 786. f. 35.
Rumph. Mus. t. 33. f. Y.
Petiv. Amb. t. 3. f. 9.
Seba. Mus. 3. t. 54. f. 13.
Knorr. Vergn. 3. t. 17. f. 4. 5.
Favanne. Conch. pl. 14. fig. K 2.
Conus generalis. Brug. Dict. nº 41.
Encycl. pl. 325. f. 4.
Conus generalis. Ann. ibid. nº 49.
[*b*] *Var. testâ citrinâ; fasciis albis, fusco-maculatis.*
Petiv. Gaz. t. 27. f. 11.
Gualt. Test. t. 20. fig. G.
Knorr. Vergn. 2. t. 5. f. 2 et 3. t. 18. f. 3. 4.
Martini. Conch. 2. t. 58. f. 649-652.
Encycl. pl. 325. f. 2.
[*c*] *Var. testâ castaneâ; fasciâ albâ, fusco-punctatâ.*
Encycl. pl. 325. f. 3.
[*d*] *Var. fasciâ albâ lineâ fuscâ lateribus ramosâ per medium divisâ.*
Encycl. pl. 325. f. 1.
* Mus. Gottw. pl. 13. f. 100. 100 a.
* Regenf. Conch. t. 1. pl. 6. f. 65.

---

(1) La plupart des conchyliologues confondent en une seule espèce celle-ci et la suivante, mais tous jusqu'aujourd'hui ont distingué du *Generalis* le *Conus monile*. M. Küster a une autre opinion; il propose, dans sa nouvelle édition de Chemnitz, de joindre encore cette espèce à la précédente, ce qui sans doute ne sera point admis.

* Blainv. Malac. pl. 26. f. 1.
* Valentyn. Amboina. pl. 1. f. 9.
* Born. Mus. Cœs. Vind. Test. p. 149.
* Schrot. Einl. t. 1. p. 26. n° 4.
* Dillw. Cat. t. 1. p. 359. n° 11.
* Wood. Ind. Test. pl. 14. f. 10.
* Swains. Zool. ill. 1re série t. 1. pl. 118.
* Sow. jun. Conch. ill. pl. 17. f. 113.
* Reeve. Conch. Icon. pl. 10. f. 48.
* Küster. Conch. Cab. p. 118. n° 108. pl. 22. f. 9 à 12.

Habite l'Océan des Grandes-Indes. Mon cabinet. Belle coquille, à couleurs vives et tranchées, remarquable par sa forme étroite, allongée, et surtout par sa spire fortement acuminée. Ce Cône n'est point rare. Longueur : 2 pouces 4 lignes et demie.

50. Cône des Maldives. *Conus maldivus.* Brug. (1).

C. testâ oblongo-turbinatâ, fusco-rubiginosâ, basi nigrâ; maculis albis subtrigonis lineisque numerosis fuscis albo-punctatis; spirâ canaliculatâ : apice acuminato.

Conus maldivus, Brug. Dict. n° 42.
Encycl. pl. 325. f. 5.
Conus maldivus, Ann. ibid. p. 264. n° 50.
[*b*] *Var. lineis fuscis transversalibus distantibus.*
Favanne. Conch. pl. 15. fig. C.
Encycl. pl. 325. f. 6.
* Swains. Zool. illus. 1re série. t. 3. pl. 127. 128.
* Sow. jun. Conch. ill. pl. 17. f. 114.
* Reeve. Conch. Icon. pl. 33. f. 185.

Habite l'Océan des Grandes-Indes. Mon cabinet. Il est très voisin du précédent par ses rapports. Cependant ses zones sont constamment plus étroites; il est moins tacheté et en général d'une couleur plus obscure. Longueur : 2 pouces 10 lignes.

---

(1) Nous pensons avec Dillwyn que le *Conus maldivus* n'est qu'une variété de l'espèce précédente. Le *Maldivus* se distingue par des lignes brunes transverses et des lignes ponctuées à la base. Nous possédons un individu dans lequel une moitié du dernier tour porte ces caractères et l'autre offre ceux du *Conus generalis*. Ce fait prouve que le *Maldivus* n'est en réalité qu'une variété du *Generalis*.

51. Cône de Malacca. *Conus malaccanus*. Brug. (1)

C. testâ oblongo-turbinatâ, basi sulcatâ, albâ, helvaceo-fasciatâ; maculis et lineis paucis albo fulvoque articulatis concatenatis; spirâ convexiusculâ, marginatâ, apice mucronatâ.

Conus malaccanus. Brug. Dict. n° 43.
Conus canaliculatus. Chemn. Conch. 11. t. 181. f. 1748. 1749.
Encycl. pl. 325. f. 9.
Conus malaccanus. Ann. ibid. n° 51.
* *Conus canaliculatus*. Dillw. Cat. t. 1. p. 360. n° 13.
* Wood. Ind. Test. pl. 14. f. 11.
* Reeve. Conch. Icon. pl. 10. f. 49.
* Küster. Conch. Cab. p. 91. n° 79. pl. 16. f. 6. 7.

Habite près le détroit de Malacca. Mon cabinet. Coquille agréablement panachée de blanc, de fauve et de petites flammes d'un roux brun, avec des lignes transverses articulées. Les tours de sa spire sont un peu aplatis, striés et marginés. Longueur : 2 pouces.

52. Cône fileur. *Conus lineatus*. Chemn.

C. testâ oblongo-turbinatâ, basi granosâ, albâ; maculis fuscis longitudinalibus filisque numerosis transversis interruptis; spirâ obtusâ.

Conus lineatus. Chemn. Conch. 10. t. 138. f. 1285.
Conus lineatus. Brug. Dict. n° 44.
Encyclop. pl. 326. f. 2.
Conus lineatus. Ann. ibid. n° 52.
* Dillw. Cat. t. 1. p. 394. n° 73.
* Wood. Ind. Test. pl. 15. f. 69.
* *Var. pallida*. Le Fileur d'Or. Fav. Conch. pl. 15. f. K.
* Reeve. Conch. Icon. pl. 23. f. 131.
* Küster. Conch. Cab. p. 64. n° 49. pl. 9. f. 10.

Habite l'Océan Asiatique. Mon cabinet. Ses taches d'un brun marron sont disposées par zones sur un fond blanc. Longueur : 18 lignes.

53. Cône faisan. *Conus monile*. Brug.

C. testâ oblongo-turbinatâ, albo-rubellâ; lineis maculisque rufis trans-

---

(1) Dillwyn a eu tort de préférer pour cette espèce le nom de *Canaliculatus* que lui donna Chemnitz. En effet, le tome 11 de Chemnitz est de 1795, tandis que le 1er volume des Vers de l'Encyclopédie de Bruguières est de 1792. Le nom de *Malaccanus* doit donc rester à cette espèce.

versìm seriatis; fasciâ albâ, punctatâ; spirâ planâ, canaliculatâ, apice acuminatâ.

Knorr. Vergn. 3. t. 6. f. 3.

Chemn. Conch. 10. t. 140. f. 1301-1303.

Conus monile. Brug. Dict. n° 45.

Encycl. pl. 325. f. 7.

Conus monile. Ann. ibid. n° 53.

[*b*] *Var. testâ majore, maculis oblongis irregularibus biseriatìm pictâ.*

Encycl. pl. 325. f. 8.

* Crouch. Lamk. Conch. pl. 20. f. 4 *a*.

* *Conus ammiralis regius. Var.* C. Gmel. p. 3379.

* Schrot. Einl. t. 1. p. 86. n° 133.

* Dillw. Cat. t. 1. p. 360. n° 12.

* Sow. jun. Conch. ill. pl. 18. f. 118. 119.

* Reeve. Conch. Syst. t. 2. p. 271. pl. 293. f. 118. 119.

* Reeve. Conch. Icon. pl. 12. f. 61.

* *Conus generalis. Var.* A. Küster. Conch. Cab. p. 119. pl. 1. f. 7. 8. pl. 6. f. 9. 10. 11.

Habite l'Océan Asiatique. Mon cabinet. Coquille allongée et étroite, offrant, sur un fond blanc nué d'une teinte rougeâtre ou fauve, des rangées transverses de points roux et de taches rousses ou orangées. Vulgairement la *Queue-de-Faisan*. Longueur : 2 pouces 9 lignes.

54. Cône centurion. *Conus centurio.* Born.

C. testâ turbinatâ, supernè dilatatâ, basi sulcatâ, albâ; fasciis tribus rufo-fuscis ramosis undulatis; spirâ concavo-convexâ.

Conus centurio. Born. Mus. t. 7. f. 10.

Favanne. Conch. pl. 14. fig. K 1.

Martini. Conch. 2. t. 59. f. 655.

Conus centurio. Brug. Dict. n 46.

Conus tribunus. Gmel. p. 3377. n° 7.

Ejusd. Conus bifasciatus. p. 3392. n° 54.

Encycl. pl. 326. f. 1.

Conus centurio. Ann. ibid. p. 265. n° 54.

* Schrot. Einl. t. 1. p. 68. n° 40. et p. 150. n° 90.

* Dillw. Cat. t. 1. p. 365. n° 23.

* Sow. jun. Conch. ill. pl. 15. f. 103.

* Reeve. Conch. Icon. pl. 4 et pl. 28. f. 21.

* Reeve. Conch. Syst. t. 2. p. 269. pl. 292. f. 103.

* Küster. Conch. Cab. p. 79. n° 64. pl. 13. f. 3.

Habite les mers des Antilles. Mon cabinet. Coquille rare, offrant, sur un fond blanc, des bandes fauves variées de marron, et des lignes flexueuses de même couleur qui la rendent très remarquable. Longueur : 16 lignes et demie.

55. Cône vitulin. *Conus vitulinus*. Brug.

C. testâ oblongo-turbinatâ, basi granosâ, fulvâ; maculis flammeis fuscis fascias albas longitudinaliter intersecantibus; spirâ obtusâ, fusco-maculatâ.

Favanne. Conch. pl. 15. fig. R. *Mala.*
Conus vitulinus. Brug. Dict. n° 47.
Encycl. pl. 326. f. 3.
Conus vitulinus. Ann. ibid. n° 55.
* Dillw. Cat. t. 1. p. 377. n° 41.
* Wood. Ind. Test. pl. 14. f. 39.
* Swains. Zool. ill. 1re série. t. 3. pl. 126.
* Reeve. Conch. Icon. pl. 23. f. 132.
* *Conus vulpinus*. Schub. et Wagn. Suppl. à Chemn. p. 56. pl. 222. f. 3073.
* *Id.* Küster. Conch. Cab. p. 29. n° 17. pl. 3. f. 7.

Habite l'Océan Asiatique. Mon cabinet. Ce Cône roussâtre ou marron n'a que deux zones blanches que traversent des lignes rousses et onduleuses. Longueur : 21 lignes.

56. Cône renard. *Conus vulpinus*. Brug. (1)

C. testâ turbinatâ, rufâ, pallidè fasciatâ, basi fuscatâ; filis fulvis obsoletis; inferioribus subgranosis; spirâ obtusâ, striatâ, fusco-maculatâ.

---

(1) Gmelin, Dillwyn et quelques autres naturalistes rapportent au *Conus senator* de Linné, une variété de celui-ci. Je pense que ce *Conus senator* est trop mal connu pour qu'il soit possible de le rapporter à une espèce quelconque ; en lisant avec la plus grande attention la trop courte description de Linné, en pesant chaque mot, on s'apercevra bientôt que cette description pourrait s'appliquer à plusieurs espèces entre lesquelles il est impossible de choisir, puisque Linné ne joint aucune citation synonymique qui peut guider dans la recherche de l'espèce. Comme le témoigne la synonymie de Lamarck, ce Cône avait déjà reçu un nom de Born, long-temps avant que Bruguières lui en donnât un autre. Il faut donc rendre à cette espèce son premier nom de *Conus planorbis*. On remarquera pour cette espèce un double emploi de Gmelin que Dillwyn a également reproduit ;

Conus planorbis. Born. Mus. t. 7. f. 13.
Conus vulpinus. Brug. Dict. n° 48.
Conus polyzonias. Gmel. p. 3392. n° 53.
Encycl. pl. 326. f. 6.
Conus vulpinus. Ann. ibid. n° 56.
[*b*] *Var. testâ penitùs granulosâ, albo-maculatâ*,
Encycl. pl. 326. f. 8.
[*c*] *Var. testâ infernè granulosâ, ferrugineâ; fasciâ albidâ; filis fulvis obsoletis.*
Lister. Conch. t. 784. f. 31.
Knorr. Vergn. 6. t. 15. f. 2.
Martini. Conch. 2. 59. f. 659.
Conus ferrugineus. Brug. Dict. n° 49.
Conus senator. Gmel. p. 3381. n° 12.
Encycl. pl. 326. f. 4.
* Mus. Gottw. pl. 13. f. 99. f? h?
* *Conus senator*. Schrot. Einl. t. 1. p. 36. n° 11.
* *Conus planorbis*. Dillw. Cat. t. 1. p. 378. n° 42.
* *Conus senator*. *Id.* Loc. cit. n° 43.
* *Id.* Wood. Ind. Test. pl. 14. f. 40.
* *Conus senator*. Reeve. Conch. Icon. pl. 36. f. 197.
* *Conus vulpinus*. *Var.* C. Kuster. Conch. Cab. p. 30. pl. 13. f. 7.

Habite les côtes de la Guinée. Mon cabinet. Ce Cône est presque généralement roux, à l'exception de sa spire qui est bien maculée. Il est obscurément fascié de blanc jaunâtre. Longueur : 2 pouces.

57. Cône blondin. *Conus flavidus*. Lamk. (1)

C. testâ turbinatâ, flavo-rubente, fasciis duabus albis cinctâ, basi fusco-

---

on trouve à-la-fois un *Conus planorbis* et une de ses variétés sous le nom de *Senator*. Mais à l'exemple de Lamarck, ces deux coquilles doivent être réunies sous la dénomination de *Planorbis*, comme nous l'avons dit. MM. Schubert et Wagner, et après eux M. Küster confondent en une seule espèce le *Vitulinus* et le *Vulpinus*, quoique ces espèces se distinguent par des caractères constans. L'erreur de MM. Schubert et Wagner se reconnaît avec facilité puisqu'ils ont copié la figure 3 de la planche 326 de l'Encyclopédie, figure que Lamarck et tous les autres conchyliologues rapportent exclusivement au *Conus vitulinus*.

(1) Bien distincte de l'espèce précédente avec laquelle Lamarck

violaceâ; striis transversis, inferioribus subgranosis; spirâ obtusâ, immaculatâ.

Conus flavidus. Ann. ibid. n° 57.

* *Conus virgo. Var.* Dillw. Cat. t. 1. p. 362.

* Reeve. Conch. Icon. pl. 38. f. 207.

Habite... Mon cabinet. Il se distingue du précédent par sa spire non maculée, et par la tache violâtre de sa base. Longueur : 2 pouces 4 lignes.

58. Cône vierge. *Conus virgo*. Lin.

C. testâ turbinatâ, pallidè luteâ, basi cæruleo-violacescente; striis transversis tenuissimis obsoletis; spirâ plano-convexâ, obtusâ.

Conus virgo. Lin. Syst. Nat. éd. 12. p. 1166. Gmel. p. 3376. n° 5.

Lister. Conch. t. 754. f. 2.

Rumph. Mus. t. 31. fig. E.

Petiv. Amb. t. 8. f. 9.

Gualt. Test. t. 20. fig. A. B.

Klein. Ostr. t. 4. f. 83.

Seba Mus. 3. t. 47. f. 8. 9.

Knorr. Vergn. 3. t. 22. f. 1.

Favanne. Conch. pl. 15. fig. P. Q. *Mala.*

Martini. Conch. 2. t. 53. f. 585. 586.

Conus virgo. Brug. Dict. n° 50.

Encycl. pl. 326. f. 5.

Conus virgo. Ann. ibid. p. 266. n° 58.

* Lin. Syst. nat. éd. 10. p. 713.

* Lin. Mus. Ulric. p. 551.

* Born. Mus. Cœs. Vind. p. 151.

* Schrot. Einl. t. 1. p. 27. n° 5.

* Burrow. Elem. of Conch. pl. 13. f. 1.

* Dillw. Cat. t. 1. p. 361. n° 15. *Excl. variet.*

* Reeve. Conch. Icon. pl. 21. f. 119.

* Kuster. Conch. Cab. p. 110. n° 101. pl. 21. f. 5. 6.

Habite les mers des Indes orientales. Mon cabinet. Il est d'un jaune soufre, sans fascies, et lorsqu'on l'a dépouillé de sa première couche,

---

le compare, ce Cône a été confondu par Dillwyn avec le *Conus virgo*, probablement à cause de la tache violette qui se montre à sa base et qui existe aussi dans le *Virgo*. Mais cette similitude dans un caractère de peu d'importance ne suffit pas pour réunir deux espèces d'ailleurs très différentes.

sa couleur est d'un blanc de lait. Sa base est constamment violâtre. Vulgairement le *Cierge éteint*. Longueur : 4 pouces 2 lignes.

59. Cône carotte. *Conus daucus*. Brug. (1)

C. testâ turbinatâ, basi sulcatâ, aurantio-rubrâ, interdùm pallidè luteâ; spirâ plano-obtusâ, subcanaliculatâ, obsoletè maculatâ.

Favanne. Conch. pl. 15. fig. O.

Conus arausiacus. Chemn. Conch. 10. t. 144 a. fig. L.

Conus daucus. Brug. Dict. n° 51.

Encyclop. pl. 327. f. 3.

Conus daucus. Ann. ibid. n° 59.

[*b*] *Var. basi granulosa, albo-fasciata.*

Encycl. pl. 327. f. 4.

[*c*] *Var. lutea, faciata et punctata.*

Encycl. pl. 327. f. 9.

* *Conus radiatus*. Dillw. Cat. t. 1. p. 361. n° 14. *Exclus. Var.* A et E.

* *Id.* Wood. Ind. Test. pl. 14. f. 12.

* Sow. jun. Conch. ill. pl. 4 f. 27.

* Reeve. Conch. icon. pl. 20. f. 114.

* Küster. Conch. Cab. p. 67. n° 53. pl. 10. f. 9.

Habite les mers de l'Amérique. Mon cabinet. Celui-ci est moins grand que le précédent, d'un rouge orangé, quelquefois d'un jaune pâle, et n'est point rare. Longueur : 17 lignes.

60. Cône panais. *Conus pastinaca*. Lamk.

C. testâ turbinatâ, basi sulcatâ, pallidâ, unicolore; spirâ obtusâ, immaculatâ, submucronatâ.

Conus pastinaca. Ann. ibid. n° 60.

* *Conus radiatus. Var.* E. Dillw. Cat. t. 1. p. 361.

Habite... Mon cabinet. Coquille d'un blanc pâle, quelquefois jaunâtre, à spire non tachée, et qui paraît distincte du cône carotte. Elle est unicolore. Longueur : 14 lignes.

---

(1) Dillwyn confond cette espèce avec le *Radiatus* de Gmelin et en conséquence lui consacre ce dernier nom, mais cet exemple ne doit pas être suivi, car le *Daucus* est toujours parfaitement distinct du *Conus radiatus* et de tous les autres. Une autre erreur est commise encore par Dillwyn, car il rapporte aussi au *Conus radiatus* le *Pastinaca* de Lamarck, quoiqu'il soit tout blanc et bien différent du *Radiatus* et du *Daucus*.

61. Cône capitaine. *Conus capitaneus*. Lin. (1)

C. testâ turbinatâ, olivaceo-flavidâ; fasciis duabus albis fusco-maculatis; lineis transversis punctatis; spirâ convexâ, fusco-maculatâ.

Conus capitaneus. Lin. Syst. nat. éd. 12. p. 1166. Gmel. p. 3376. n°6.
Lister. Conch. t. 780. f. 27.
Bonanni. Recr. 3. f. 361.
Rumph. Mus. t. 33. f. X.
Petiv. Gaz. t. 28. f. 4. et Amb. t. 9. f. 11.
Gualt. Test. t. 22. fig. M.
D'Argenv. Conch. pl. 12. fig. K.
Seba. Mus. 3. t. 42. f. 27. 28.
Knorr. Vergn. 1. t. 15. f. 3. et 5. t. 16. f. 2.
Martini. Conch. 2. t. 59. f. 660-662.
Conus capitaneus. Brug. Dict. n° 52.
Encycl. pl. 327. f. 2.
Conus capitaneus. Ann. ibid. n° 61.
[*b*] *Var. testâ fulvo-fuscescente, non punctatâ.*
Bonanni. Recr. 3. f. 139.
Seba. Mus. 3. t. 42. f. 29.
Encyclop. pl. 327. f. 1.
[*c*] *Var. testâ infernè nivosâ.*
Chemn. Conch. 11. t. 182. f. 1764. 1765.
[*d*] *Var. nana.*
* Mus. Gottw. pl. 13. f. 99. d.
* Regenf. Conch. t. 1 pl. 7. f. 7.
* Lin. Syst. nat. éd. p. 713. *Var. plur. exclus.*
* Lin. Mus. Ulric. p. 552.
* Born. Mus. Cæs. Vind. Test. p. 152.

---

(1) Dillwyn sépare de cette espèce la variété C, de Lamarck, pour en faire une espèce distincte sous le nom de *Conus Chemnitzii*. Nous voyons le *Conus capitaneus* varier beaucoup et passer d'un côté au *Sumatrensis* et celui-ci au *Vexillum*, le *Vexillum* à l'*Hyæna*, et peut-être viendra-t-il un moment où plusieurs variétés de plus forceront les conchyliologues à réunir tout cela en une seule espèce. Déjà M. Küster, dans la nouvelle édition de Chemnitz, propose de joindre le *Mustelinus* au *Capitaneus*, mais comme nous le disions tout-à-l'heure, ces adjonctions sont peut-être prématurées dans l'état actuel de la science.

* Schrott. Einl. t. 1. p. 28. n° 6.
* Dillw. Cat. t. 1. p. 362. n° 17.
* Wood. Ind. Test. pl. 14. f. 15.
* Sow. jun. Conch. ill. pl. 10. f. 74. et pl. 22. f. 133. 134. 135.
* Reeve. Conch. Icon. pl. 11. f. 54.
* Küster. Conch. Cab. pl. 13. f. 8. 9. 10.
* Kiener. Spec. des Coq. pl. 20. f. 1.
* *Conus Chemnitzii*. Dillw. Cat. t. 1. p. 363. n°18.
* *Id*. Wood. Ind. Test. pl. 14. f. 16.
* Var. B. Küster. Conch. Cab. p. 8. pl. 14. f. 13. 14.

Habite l'Océan Asiatique. Mon cabinet. Coquille assez commune, que l'on nomme vulg. l'*Hermine* ou l'*Aumusse*. Longueur : 2 pouces 5 lignes. La var. [c] paraît singulièrement remarquable par une multitude de petits points blancs et neigeux, qui ornent la moitié inférieure de son dernier tour. Quoi qu'il en soit, dans toutes les variétés du Cône capitaine, la partie inférieure de la coquille présente, sur des lignes transverses, des points enfoncés qui ressemblent à des piqûres.

On voit communément dans les collections un petit Cône qui n'a ni flammes longitudinales, ni rangées transverses de points bruns. Il est verdâtre ou d'un roux brun et violâtre, et offre dans son milieu une zone blanche tachetée de noir. C'est notre var. [d].

62. Cône matelot. *Conus classiarius*. Brug.

C. testa turbinatâ, ferrugineâ aut castaneâ, fasciâ albâ marginibus fusco-maculatis cinctâ; spirâ obtusâ, albâ, fusco-maculatâ.

Conus classiarius. Brug. Dict. n° 96.

Conus capitaneus senex. Chemn. Conch. 11. t. 183. f. 1786. 1787.

Encycl. pl. 335. f. 7.

Conus classiarius. Ann. ibid. n° 62.

* Dillw. Cat. t. 1. p. 391. n° 68.
* Wood. Ind. Test. pl. 15. f. 64.
* Reeve. Conch. icon. pl. 33. f. 180.
* Küster. Conch. Cab. p. 103. n° 92. pl. 19. f. 12. 13.

Habite l'Océan Asiatique. Mon cabinet. Ce Cône est plus petit que le *C. capitaneus*, avec lequel il a quelques rapports. Il offre, un peu au-dessous de son milieu, une fascie blanche, à bords tachetés de brun. La spire est obtuse et panachée de blanc et de brun. Long. : 11 lignes trois quarts.

63. Cône cerclé. *Conus vittatus*. Brug.

C testâ turbinatâ, luteâ aut fulvâ; zonâ albâ supernè laciniatâ et maculatâ; spirâ convexâ, mucronatâ.

Knorr. Vergn. 3. t. 11. f. 3.
Conus vittatus. Brug. Dict. n° 95.
Encyclop. pl. 335. f. 3.
Conus vittatus. Ann. ibid. n° 63.
* Dillw. Cat. t. 1. p. 390. n° 67.
* Wood. Ind. Test. pl. 15. f. 63.
* Sow. jun. Conch. ill. p. 3. f. 21.
* Reeve. Conch. Icon. pl. 14. f. 75.

Habite l'Océan Asiatique. Collect. du Mus. Il est d'un jaune roussâtre, avec une zone blanche, déchiquetée et tachetée en son bord supérieur. Les taches qui bordent cette zone sont orangées ou marron, et l'on aperçoit au-dessus quelques lignes brunes transverses et interrompues. On voit en outre sur la surface du tour extérieur des raies longitudinales d'un roux un peu foncé et parallèles. Ce Cône n'est pas beaucoup plus grand que celui qui précède.

64. Cône hermine. *Conus mustelinus.* Brug.

C. testâ turbinatâ, pallidè luteâ vel virescente; fasciis duabus albis: superiore nigro-variegatâ; inferiore serie duplici macularum nigricantium; spirâ plano-obtusâ.

Seba. Mus. 3. t. 42. f. 31.
Knorr. Vergn. 2. 6. f. 3.
Favanne. Conch. pl. 15. fig. A 2.
Conus capitaneus. Chemn. Conch. 10. t. 138. f. 1280.
Conus mustelinus. Brug. Dict. n° 53.
Encyclop. pl. 327. f. 6.
Conus mustelinus. Ann. ibid. n° 64.
* Blainv. Malac. pl. 26. f. 2.
* Valentyn. Amboina. pl. 3. f. 22. 23.
* *Conus capitaneus. Var.* η. Gmel. p. 3377.
* Dillw. Cat. t. 1. p. 363. n° 19.
* Wood. Ind. Test. pl. 14. f. 17.
* Schub. et Wagn. Suppl. à Chemn. p. 41. pl. 221. f. 3059. 3060.
* Sow. jun. Conch. ill. pl. 21. f. 136.
* Reeve. Conch. Syst. t. 2. p. 271. pl. 294. f. 136.
* Reeve. Conch. Icon. pl. 6. f. 34.
* *Conus capitaneus. Var.* D. Küster. Conch. Cab. p. 9. pl. 1. f. 1. 2. pl. 9. f. 6.
* Kiener. Spec. des Coq. [pl. 20. f. 2.

Habite l'Océan Asiatique. Mon cabinet. Cette espèce n'a point de lignes transversales ponctuées sur le fond verdâtre ou jaunâtre de la coquille, comme dans le *C. capitaneus*, mais seulement deux ou trois rangées de gros points noirs sur la zone blanche du milieu. Sa spire est maculée, ainsi que la zone étroite qui est au sommet du tour extérieur. Elle est peu commune. Longueur : 2 pouces et demi.

65. Cône aumusse. *Conus vexillum.* Martini.

C. testâ turbinatâ, fulvâ aut fulvo-virescente, albo-fasciatâ, basi nigricante, lineis irregularibus longitudinalibus venulatâ; spirâ obtusâ, albo fulvoque variegatâ.

Rumph. Mus. t. 31. f. 5. *Mediocris.*
Petiv. Amb. t. 21. f. 12.
Gualt. Test. t. 20. fig. M. et t. 21. fig. E.
Seba. Mus. 3. t. 44. f. 8-11.
Knorr. Vergn. 3. t. 1. f. 3.
Conus vexillum. Martini. Conch. 2. p. 269. t. 57. f. 269.
Conus vexillum. Brug. Dict. nº 82.
Conus vexillum. Gmel. p. 3397. nº 68.
Encycl. pl. 336. f. 8.
Conus vexillum. Ann. ibid. p. 268. nº 65.
[*b*] *Var. luteo-aurantia.*
Conus mutabilis. Chemn. Conch. 11. t. 182. f. 1758. 1759.
[*c*] *Var. fulva, non zonata.*
* Valentyn. Amb. pl. 6. f. 48.
* Schrot. Einl. t. 1. p. 67. nº 34.
* Favanne. Conch. pl. 15. fig. H 2.
* Dillw. Cat. t. 1. p. 395. nº 76.
* Wood. Ind. Test. pl. 15. f. 72?
* Reeve. Conch. Syst. pl. 1. f. 3.
* Küster. Conch. Cab. p. 83. nº 68. pl. 14. f. 1. 2. pl. 17. f. 13.
* Kiener. Spec. des Coq. pl. 34. f. 1.

Habite l'Océan Asiatique, dans les parages des Moluques, et les mers australes. Mon cabinet. Celui-ci acquiert un assez grand volume, et est fort remarquable par les lignes ou flammes longitudinales et un peu onduleuses qui le font paraître comme veiné. Longueur : 3 pouces et demi.

66. Cône loup. *Conus sumatrensis.* Brug.

C. testâ turbinatâ, albidâ vel lutescente; lineis fuscis ramosis longitudinalibus confluentibus; spirâ obtusâ, variegatâ.

Lister. Conch. t. 781. f. 28.
Seba. Mus. 3. t. 42. f. 26.
Chemn. Conch. 10. t. 144 a. fig. A. B.
Conus sumatrensis. Brug. Dict. nº 54.

Encycl. pl. 327. f. 8.
Conus sumatrensis. Ann. ibid. n° 66.
* *Conus leopardus*. Dillw. Cat. t. 1, p. 364. n° 20.
* Sow. jun. Conch. ill. pl. 15. f. 104.
* Reeve. Conch. Syst. t. 2. p. 270. pl. 292. f. 104.
* Reeve. Conch. Icon. pl. 3. f. 12.
* Küster. Conch. Cab. p. 66. n° 52. pl. 10. f. 7. 8.
* Ehrenb. Symb. phys. Moll. pl. 2. f. 2.
* Küster. Conch. Cab. pl. A. f. 1.
Habite les mers des Indes-Orientales. Mon cabinet. Coquille renflée supérieurement, à spire large, obtuse et panachée, offrant, sur le tour extérieur, des lignes longitudinales brunes ou marron, onduleuses, rameuses et confluentes. Longueur : 3 pouces 2 lignes.

67. Cône hyène. *Conus hyæna*. Brug.

C. testâ turbinatâ, lutescente; flammis fulvis longitudinalibus; spirâ convexâ, mucronatâ.
Conus hyæna. Brug. Dict. n° 55.
Encycl. pl. 327. f. 5.
Canus hyæna. Ann. ibid. n° 67.
[*b*] *Var. alba; flammis fulvo-rufescentibus.*
Encycl. pl. 327. f. 7.
* Dillw. Cat. t. 1. p. 364. n° 21.
* Wood. Ind. Test. pl. 14. f. 18.
* *Conus punctatus. Var.* Reeve. Conch. Icon. pl. 24. f. 133 c.
Habite les mers de la côte ouest d'Afrique. Ce Cône est orné de flammes longitudinales étroites, onduleuses, brunes ou fauves. Sa spire est mucronée.

68. Cône navet. *Conus miles*. Lin.

C. testâ turbinatâ, pallidè flavescente, suprà medium fasciâ fusco-ferrugineâ cinctâ, basi nigricante; filis fulvis longitudinalibus flexuosis; spirâ plano-obtusâ.
Conus miles. Lin. Syst. Nat. éd. 12 p. 1167. Gmel. p. 3377. n° 8.
Lister. Conch. t. 786. f. 34.
Rumph. Mus. t. 33. fig. W.
Petiv. Amb. t. 8. f. 1.
Gualt. Test. t. 20. fig. N.
D'Argenv. Conch. pl. 12. fig. L.
Seba. Mus. 3. t. 42. f. 23-25.
Knorr. Vergn. 1. t. 15. f. 4.
Martini. Conch. 2. t. 59. f. 663. 664.

Conus miles. Brug. Dict. n° 56.
Encyclop. pl. 329. f. 7.
Conus miles. Ann. ibid. p. 269. n° 68.
[*b*] *Var. non fasciata*.
Knorr. Vergn. 3. t. 1. f. 2.
* Mus. Gottw. pl. 13. f. 99 a.
* Lin. Syst. Nat. éd. 10. p. 713.
* Born. Mus. Cæs. Vind. Test. p. 152.
* Schrot. Einl. t. 1. p. 29. n° 7.
* Favanne. Conch. pl. 15. f. B.
* Dillw. Cat. t. 1. p. 365. n° 22.
* Wood. Ind. Test. pl. 14. f. 19.
* Quoy et Gaim. Astr. t. 3. p. 97. pl. 52. f. 11. 13.
* Sow. jun. Conch. ill. pl. 14. f. 100.
* Reeve. Conch. Icon. pl. 2. f. 9.
* Küster. Conch. Cab. p. 82. n° 67. pl. 13. f. 11. 12.
Habite l'Océan des Grandes-Indes et des Moluques. Mon cabinet. Ce Cône est assez commun, n'a rien de brillant, et se distingue par sa zone brune ferrugineuse et sa base noirâtre. Longueur : 3 pouces 2 lignes.

69. Cône amiral. *Conus ammiralis*. Lin. (1)

C. testâ turbinatâ, citrino-furvâ; maculis albis trigonis fasciisque flavis subtilissimè reticulatis; spirâ concavo-acutâ.

---

(1) En restreignant le *Conus ammiralis* à de justes limites, il contient un grand nombre de variétés qui ont été énumérées avec beaucoup de soin par la plupart des auteurs. Bruguières, le premier, réforma le *Conus ammiralis* de Linné qui, en outre de trois variétés principales, contient aussi le *Conus cedonnulli*. Gmelin porte à onze le nombre des variétés principales, mais il porte si loin le désordre de la synonymie, que l'on peut compter au moins vingt espèces jetées sans ordre, dans ces diverses variétés. On pourrait croire que Gmelin, pour se débarrasser de toutes les figures de *Conus* des auteurs dont il ne sut trouver la place, les prit au hasard pour les ranger dans ce chaos synonymique du *Conus ammiralis*. Dillwyn se laissa guider par les travaux de Bruguières et de Lamarck; aussi sa synonymie est exempte des erreurs de celle de Gmelin; cependant le conchyliologue anglais détache de l'*Ammiralis* la variété grenue et en

Conus ammiralis. Lin. Syst. Nat. éd. 12. p. 1167. Gmel. p. 3378. n°10.
Conus ammiralis. Brug. Dict. n° 57.
Conus ammiralis. Ann. ibid. n° 69.
[*a*] *Var. fasciis tribus flavis media cingulo articulato divisa.* [Le Grand Amiral oriental.] Mon cab.
Rumph. Mus. t. 34. fig. B.
Petiv. Amb. t. 15. f. 18.
D'Argenv. Conch. pl. 12. fig. N.
Favanne. Conch. pl. 17. fig. I 1.
Seba. Mus. 3. t. 48. f. 4-6.
Born. Mus. p. 145. Vign. fig. B.
Martini. Conch. 2. t. 57. f. 634.
Ammiralis summus. Brug. [var. a.]
Encycl. pl. 328. f. 1.
[*b*] *Var. fasciis tribus vel quatuor non cingulatis.* [Le Vice-Amiral oriental.] Mon cabinet.
Rumph. Mus. t. 34. fig. C.
Petiv. Amb. t. 15. f. 14.
D'Argenv. Conch. pl. 12. fig. H.
Favanne. Conch. pl. 17. fig. I 5.
Knorr. Vergn. 4. t. 3. f. 1.
Chemn. Conch. 10. t. 141. f. 1307.
Ammiralis vicarius. Brug. [var. e.]
Encyclop. pl. 328. f. 2.
[*c*] *Var. granulata; fasciis tribus non cingulatis.* [Le Vice-Amiral grenu.]
D'Argenv. Conch. Append. pl. 1. fig. N.
Favanne. Conch. pl. 17. fig. I 6.
Martini. Conch. 2. t. 214. Vign. 26. f. 1.
Ammiralis architthalassus vicarius. Brug. [var. g.]
Encycl. pl. 321. f. 3.
[*d*] *Var. granulata; fasciis tribus: mediâ cingulatâ.* [L'Amiral grenu.] Mon cabinet.
D'Argenv. Conch. Append. pl. 1. fig. M.
Favanne. Conch. pl. 17. fig. I 7.
Knorr. Vergn. 1. t. 8. f. 2.
Martini. Conch. 2. p. 214. Vign. 26. f. 2.
Ammiralis architthalassus. Brug. [var. f.]
Encycl. pl. 328. f. 4.

---

fait une espèce sous le nom de *Conus architthalassus.* Cette espèce ne peut être adoptée.

[*e*] *Var. fasciis tribus : mediâ cingulatâ ; maculis latis.* [Le Grand Amiral austral.] Mon cabinet.
Encycl. pl. 328. f. 5.
[*f*] *Var. fasciis tribus non cingulatis; maculis latis.* [Le Vice-Amiral austral.]
Encyclop. pl. 328. f. 6.
[*g*] *Var. absque fasciis et cingulis intermediis.* [L'Amiral masqué.]
D'Argenv. Conch. Append. pl. 1. fig. V.
Favanne. Conch. pl. 17. fig. I 3.
Martini. Conch. 2. t. 57. f. 635 a.
Ammiralis personatus. Brug. [var. h.]
Encyclop. pl. 328. f. 7.
[*h*] *Var. fascii tribus : media bicingulata.* [L'Amiral polyzone.] Mon cabinet.
D'Argenv. Conch. Append. pl. 1. fig. O.
Favanne. Conch. pl. 17. fig. I 2.
Ammiralis polyzonus. Brug. [Var. b.]
Encycl. pl. 328. f. 8.
[*i*] *Var. fasciis quatuor ; tribus inferioribus cingulatis.* [Le Contre-Amiral.]
D'Argenv. Conch. Append. pl. 1. fig. P.
Favanne. Conch. pl. 17. fig. I 4.
Ammiralis extraordinarius. Brug. [Var. c.]
Encycl. pl. 328. f. 9.
* *Var. coronata. Conus Blainvillei.* Vignard. Desc. d'un Cône nouveau.
* Sow. jun. Conch. ill. pl. 7. f. 46.
* Lin. Syst. Nat. éd. 10. p. 713.
* Lin. Mus. Ulric. p. 553.
* Roissy. Buf. Moll. t. 5. p. 406. n° 4.
* Schumm. Nouv. Syst. p. 204.
* Born. Mus. Cæs. Vind. Test. p. 154. pl. 7. f. 11.
* Schrot. Einl. t. 1. p. 32. n° 9.
* Dillw. Cat. t. 1. p. 372. n° 36.
* Wood. Ind. Test. pl. 14. f. 33.
* Schub. et Wagn. Suppl. à Chemn. p. 52. pl. 222. f. 3072.
* Reeve. Conch. Icon. pl. 3. f. 11. a. b. c. d. e.
* Knorr. Délic. Nat. Sélec. t. 1. Coq. pl. BV. f. 6.
* *Conus vicarius.* Schrot. Einl. t. 1, p. 35. n° 10.
* Küster. Conch. Cab. p. 23. n° 14. pl. 3. f. 5. pl. 4. f. 2. 3. 4. pl. 17. f. 8. 10.
* *Conus architalassus.* Dillw. Cat. 1. p. 374. n° 37.
* *Id.* Wood. Ind. Test. pl. 14. f. 34.

Habite les mers des Grandes-Indes, celles des Moluques, et la mer du Sud. Mon cabinet. Cette espèce est une des plus belles et des plus élégantes de ce genre. Sur un fond d'un jaune orangé, un peu marron, elle offre des taches trigones d'un blanc de lait, des lignes brunes transversales et longitudinales, et quelques zones d'un jaune citron, finement réticulées. Ses nombreuses variétés, dont quelques-unes sont rares et précieuses, sont recherchées avec empressement pour enrichir et orner les collections. On remarque que celles qui viennent de la mer du Sud ont leurs taches blanches toujours plus grandes que dans les variétés simplement orientales. Longueur du *Grand Amiral oriental :* 23 lignes et demie; du *Grand Amiral austral :* 2 pouces 5 lignes.

70. Cône aile-de-papillon. *Conus genuanus.* Lin.

C. testâ turbinatâ, albido-roseâ, tæniis inæqualibus fusco alboque articulatis cinctâ; spirâ plano-obtusâ, mucronatâ.

Conus genuanus. Lin. Syst. Nat. éd. 12. p. 1168. Gmel. p. 3381. n° 14.

Lister. Conch. t. 769. f. 17 b.

Bonanni. Recr. 3. f. 337.

Rumph. Mus. t. 34. fig. G.

Gualt. Test. t. 22. fig. H.

Martini. Conch. 2. t. 56. f. 624. 625.

Conus genuanus. Brug. Dict. n° 59.

Encycl. pl. 329. f. 5.

Conus genuanus. Ann. ibid. n° 70.

[b] *Var. tæniis inæqualibus, alternis latioribus sensìmque majoribus.*

D'Argenv. Conch. pl. 12. fig. V.

Favanne. Conch. pl. 14. fig. I 3.

Seba. Mus. 3. t. 48. f. 1-3.

Knorr. Vergn. 3. t. 1. f. 1.

Martini. Conch. 2. t. 56. f. 623.

Encycl. pl. 329. f. 6.

* Lin. Syst. Nat. éd. 10. p. 714.

* Lin. Mus. Ulric. p. 554.

* Roissy. Buff. Moll. p. 407. n° 5.

* Born. Mus. Cæs. Vind. Test. p. 155.

* Schrot. Einl. t. 1. p. 37. n° 13.

* Dillw. Cat. t. 1. p. 380. n° 47.

* Wood. Ind. Test. pl. 14. f. 44.

* Sow. jun. Conch. ill. pl. 14. f. 99.

* Reeve. Conch. Icon. pl. 15. f. 81.

* Küster. Conch. Cab. p. 112. n° 103. pl. 22. f. 1. 2. 3.

Habite les mers des Grandes-Indes, des Moluques et du Sénégal. Mon cabinet pour la var. [b]. Espèce très belle, peu commune, et fort recherchée à cause de l'élégance de ses couleurs. Long. de la coq. [b] : 21 lignes.

71. Cône papilionacé. *Conus papilionaceus*. Brug.

C. testâ turbinatâ, crassâ, ponderosâ, albâ; punctis et maculis fulvis subquadratis vel oblongo-verticalibus transversìm seriatis; spirâ convexâ, subcanaliculatâ, mucronatâ.

Bonanni. Recr. 3. f. 132.
Gualt. Test. t. 21. fig. F. et t. 22. fig. C.
Seba. Mus. 3. t. 45. f. 8.
Conus papilionaceus. Brug. Dict. n° 60.
Conus papilionaceus. Ann. ibid. p. 270. n° 71. Encycl. pl. 330. f. 8.
[*b*] *Var. distinctè fasciata*. Mon cabinet.
D'Argenv. Conch. pl. 12. fig. Q.
Favanne. Conch. pl. 14. fig. I 1.
Martini. Conch. 2. t. 60. f. 669.
Encycl. pl. 330. f. 5.
[*c*] *Var. caracteribus litterarum inscripta*.
Lister. Conch. t. 773. f. 19.
Seba. Mus. 3. t. 44. f. 5. 7.
Knorr. Vergn. 5. t. 24. f. 5.
Conus pseudo-thomas. Chemn. Conch. 10. t. 138. f. 1282. 1283.
Encycl. pl. 330. f. 2.
[*d*] *Var. zonis connexis ocellis pupillatis tæniisque concatenatis*.
Lister. Conch. t. 767. f. 16.
Seba. Mus. 3. t. 45. f. 12. 13.
Knorr. Vergn. 3. t. 6. f. 4.
Encycl. pl. 330. f. 1.
* Mus. Gottw. pl. 14. f. 101. b. c. d.
* *Conus litteratus*. *Var.* Schrot. Einl. t. 1. p. 25.
* *Id.* Gmel. p. 3375.
* *Conus thoma*. *Var.* Gmel. p. 3394.
* Dillw. Cat. t. 1. p. 381. n° 48.
* Wood. Ind. Test. pl. 14. f. 45.
* Reeve. Conch. Icon. pl. 34. f. 188.
* Küster. Conch. Cab. p. 62. n° 47. pl. 9. f. 7. 8. pl. 11 f. 4.

Habite l'Océan Asiatique et les côtes de la Guinée. Mon cabinet. Ce Cône, que l'on nomme vulg. la *Fausse aile de papillon*, devient beaucoup plus grand que celui qui précède, et n'a ni sa teinte rose ni ses bandelettes élégantes. Il est même d'autant moins vivement coloré ou tacheté qu'il est d'un plus gros volume. Il offre, sur un fond blanc, des séries transverses de taches ou carrées, ou verticalement oblongues, ou en croissant d'un côté, et d'une couleur fauve ou ferrugineuse. Ce Cône est commun dans les collections. Longueur : 3 pouces 10 lignes.

72. Cône siamois. *Conus siamensis*. Brug.

C. testâ oblongo-turbinatâ, albidâ, fulvo-fasciatâ; lineis transversis numerosis fulvo aut fusco et albo-articulatis; spirâ convexo-obtusâ, mucronatâ, aurantio alboque variegatâ.

Conus amiralis occidentalis. Lin. Syst. nat. 2. p. 1167. n 298. [Var. d.]

Rumph. Mus. t. 34. fig. E.

Seba. Mus. 3. t. 46. f. 20. 21.

Favanne. Conch. pl. 16. fig. B.

Conus siamensis. Brug. Dict. n° 58.

Encycl. pl. 329. f. 8.

Conus siamensis. Ann. ibid. n° 72.

* Dillw. Cat. t. 1. p. 380. n° 46.

* Wood. Ind. Test. pl. 14. f. 43.

* Reeve. Conch. Icon. pl. 29. f. 166.

* Küster. Conch. Cab. p. 106. n° 97. pl. 20. f. 1.

Habite l'Océan Asiatique. Mon cabinet. Il paraît tenir le milieu entre l'espèce précédente et celle qui suit, et néanmoins il est plus voisin de cette dernière. Ce Cône est peu commun. Longueur : 4 pouces 2 lignes.

73. Cône prométhée. *Conus prometheus*. Brug.

C. testâ oblongo-turbinatâ, albâ, ferrugineo interruptè zonatâ; spirâ convexâ, subcanaliculatâ, mucronatâ, aurantio et albo-variegatâ.

Lister. Conch. t. 771. f. 17 d.

Seba. Mus. 3. t. 73. f. 27. 28.

Favanne. Conch. pl. 15. fig. I.

Conus prometheus. Brug. Dict. n° 73.

Encycl. pl. 331. f. 5.

Conus prometheus. Ann. ibid. p. 271. n° 73.

[*b*] *Var. lineis transversis punctatis raris; spirâ plano-canaliculatâ, ferè truncatâ.*

Gualt. Test. t. 22. f. B.

Encycl. pl. 332. f. 8.

* Mus. Gottw. pl. 14. f. 101. a.

* Schrot. Einl. t. 1. p. 73. n° 61.
* *Conus fluctifer*. Dillw. Cat. t. 1. p. 382. n° 49.
* *Conus prometheus*. Wood. Ind. Test. pl. 14. f. 40.
* *An eadem spec.? Conus grandis*. Sow. Genera of Shells, f. 2.
* Reeve. Conch. Icon. pl. 30. f. 172.
* Kiener. Spec. des Coq. pl. 25. f. 1.
Habite l'Océan Africain. Mon cabinet pour la var. [b]. Ce Cône, que l'on nomme vulg. la *Spéculation*, devient fort grand, et n'offre en général que des couleurs pâles, et que peu de cordelettes articulées. La var. [b] est remarquable par l'aplatissement de sa spire, et par quelques lignes ponctuées. Longueur de celle-ci : 4 pouces 1 ligne.

74. Cône glauque. *Conus glaucus*. Lin. (1)

C. testâ turbinatâ, anteriùs rotundato-turgidâ, cinereo-cærulescente, lineis fuscis confertis interruptis cinctâ; spirâ obtuso-convexâ, mucronatâ, fusco-maculatâ; basi striatâ.

Conus glaucus. Lin. Syst. nat. éd. 12. p. 1168. Gmel. p. 3382. n° 15.
Rumph. Mus. t. 33. fig. GG.
Petiv. Amb. t. 9. f. 10.
Seba. Mus. 3. t. 54. f. 5.
Favanne. Conch. pl. 15. fig. D 2.
Chemn. Conch. 10. t. 138. f. 1277. 1278.
Conus glaucus. Brug. Dict. n° 62.
Encycl. pl. 329. f. 3.
Conus glaucus. Ann. ibid. n° 74.
* Lin. Syst. nat. éd. 10. p. 714.
* Lin. Mus. Ulric. p. 555.
* Schrot. Einl. t. 1. p. 38. n° 14.
* Dillw. Cat. t. 1. p. 384. n° 53.
* Wood. Ind. Test. pl. 15. f. 50.
* Reeve. Conch. Syst. pl. 2. f. 10.
* Küster. Conch. Cab. p. 58. n° 43. pl. 9. f. 1. 2.
* Kiener. Spec. des Coq. pl. 25. f. 2.
Habite les mers des Grandes-Indes. Mon cabinet. Espèce bien distincte par sa forme et sa coloration, et qui est assez rare. Vulg. le *Minime bleu*. Longueur : 18 lignes.

---

(1) M. Borson, dans son *Orycthographie du Piémont*, donne comme l'analogue fossile du *Glaucus* une coquille fossile des environs de Turin. Nous n'avons jamais vu de ce pays ni d'aucun autre terrain tertiaire une coquille que l'on pût identifier avec certitude avec le *Conus glaucus*.

75. Cône de Surate. *Conus suratensis.* Brug.

C. testâ turbinatâ, anteriùs rotundato-turgidâ, basi striatâ, flavidulâ, maculis fuscis linearibus seriatim cinctâ; spirâ convexiusculâ, mucronatâ, fusco-maculatâ.

Conus suratensis. Brug. Dict. n° 63.

Conus betulinus lineatus. Chemn. Conch. 11. t. 181. f. 1752. 1753.

Encycl. pl. 329. f. 4.

Conus suratensis. Ann. ibid. n° 75.

* Dillw. Cat. t. 1. p. 384. n° 54.

* Wood. Ind. Test. pl. 15. f. 51.

* Reeve. Conch. Icon. pl. 4. f. 18.

* Küster. Conch. Cab. p. 92. n° 81. pl. 16. f. 10. 11.

Habite les mers des Grandes-Indes. Mon cabinet. Ce Cône, voisin du précédent par sa forme, en est très distinct par sa coloration. Longueur : 23 lignes et demie.

76. Cône moine. *Conus monachus.* Lin. (1)

C. testâ oblongo-turbinatâ, subovatâ, basi sulcatâ, fusco et albo-cærulescente undatâ; spirâ brevè conicâ, acutâ.

Conus monachus. Lin. Syst. nat. 12. p. 1168. no 304. *Exclus. synon.*

Knorr. Vergn. 3. t. 16. f. 2 et 5. t. 18. f. 4.

Conus monachus. Brug. Dict. no 64.

Encycl. pl. 329. f. 1.

Conus monachus. Ann. ibid. n° 76.

[*b*] *Var. fulvo et violaceo nebulosa.*

Knorr. Vergn. 3. t. 16. f. 3.

Encycl. pl. 329. f. 2.

* Lin. Mus. Ulric. p. 555. *Exclus. synon.*

* Born. Mus. Cæs. Vind. Test. p. 156.

* Schrot. Einl. t. 1. p. 39. n° 15.

* Martini. Conch. t. 2. pl. 55. f. 614 ?

* Regenf. Conch. pl. 12. f. 68 ?

* Dillw. Cat. t. 1. p. 384. n° 55.

* Wood. Ind. Test. pl. 15. f. 52.

---

(1) Si nous nous en rapportons à la synonymie, le *Conus monachus* de Linné, dans la 10e édition du *Systema naturæ*, ne serait pas la même que celle de Bruguières et de Lamarck ; mais d'après la description du *Museum Ulricæ*, il est à présumer que la synonymie seule est à rejeter.

* Reeve. Conch. Icon. pl. 22. f. 122.

Habite l'Océan Asiatique. Mon cabinet pour la var. [b]. Il est remarquable par sa forme ovale-allongée, et par ses nébulosités, les unes d'un brun foncé, les autres d'un blanc bleuâtre. Sa var. est plus violâtre que bleue ; elle a des nébulosités plus petites, et des ondes d'un brun moins foncé. Longueur de celle-ci : 18 lignes.

77. Cône renoncule. *Conus ranunculus*. Brug. (1)

C. testâ oblongo-turbinatâ, rubrâ aut castaneâ, albo-nebulatâ et fasciatâ; striis transversis elevatis subpunctatis; spirâ convexo-obtusâ.

Seba. Mus. 3. t. 43. f. 36.

Conus ranunculus. Brug. Dict. nº 65.

Encycl. pl. 331. f. 1.

Conus ranunculus. Ann. ibid. p. 272. nº 77.

* Dillw. Cat. t. 1. p. 385. nº 56.

* Wood. Ind. Test. pl. 15. f. 53.

Habite l'Océan Américain. Collect. du Mus. Il est ovale-allongé, d'un rouge brun ou orangé, formant des nébulosités longitudinales sur un fond blanchâtre, en grande partie recouvert. Une zone blanchâtre un peu au-dessous de son milieu, est ornée de points cannelle. La superficie de cette coquille présente, en outre, quantité de stries transverses, élevées et obscurément ponctuées.

78. Cône anémone. *Conus anemone*. Lamk.

C. testâ oblongo-turbinatâ, albido-cinereâ vel cinnamomeâ, maculis fuscis aut castaneis undatâ; fasciâ albidâ; striis transversis crebris elevatis; spirâ brevè conicâ, tenuissimè striatâ.

Conus anemone. Ann. ibid. nº 78.

[b] *Var. flavidula, castaneo-nebulosa.*

[c] *Var. albo-cœrulescente, maculis fuscis oblongis irregularibus longitudinaliter pictâ.*

* Dillw. Cat. t. 1. p. 385. nº 57.

* Reeve. Conch. Icon. pl. 25. f. 139.

Habite sur les côtes de la Nouvelle-Hollande. Mon cabinet. pour les deux var. Quoique cette espèce paraisse voisine du *C. ranunculus*, ses couleurs sont différentes ; elle n'offre aucune rangée de points,

---

(1) Nous partageons l'opinion de M. Reeve qui considère cette espèce comme une variété du *Conus achatinus*. En effet, lorsque l'on réunit un certain nombre d'individus de ces espèces, on les voit se fondre dans des nuances insensibles.

et sa spire est finement striée par quantité de lignes circulaires. La superficie de cette coquille présente des stries transverses, élevées et serrées, et sa base est ridée transversalement. Cette espèce provient de l'expédition du capitaine Baudin. Longueur de la var. [b] : 20 lignes et demie; de la var. [c] : 17 lignes 3 quarts.

79. Cône agathe. *Conus achatinus.* Chemn.

C. testâ ovato-turbinatâ, basi subgranulatâ, furvâ, albo cœruleoque nebulosâ, lineis punctatis interruptis cinctâ; spirâ acutâ.

D'Argenv. Conch. pl. 13. fig. B.
Favanne. Conch. pl. 19. fig. M 2.
Martini. Conch. 2. t. 55. f. 613.
Conus achatinus maximus. Chemn. Conch. 10. t. 142. f. 1317.
Conus achatinus. Brug. Dict. n° 66.
Encycl. p. 330. f. 6.
Conus achatinus. Ann. ibid. n° 79.
[*b*] *Var. testâ angustiore, cœrulescente.*
Seba. Mus. 3. t. 48. f. 38.
[*c*] *Var. testâ fuscâ, albo-maculatâ; filis furvis transversis vix interruptis.*
Rumph. Mus. t. 34. fig. L.
Knorr. Vergn. 6. t. 1. f. 5.
Chemn. Conch. 10. t. 142. f. 1320.
Encycl. pl. 331. f. 9.
* *Conus minimus.* Gmel. p. 3382. n° 17. *Non Linnei.*
* Dillw. Cat. t. 1. p. 386. n° 58.
* Wood. Ind. Test. pl. 15. f. 54.
* Sow. jun. Conch. ill. pl. 16. f. 109.
* Reeve. Conch. Icon. pl. 35. f. 191.
* Küster. Conch. Cab. p. 32. n° 20. pl. 5. f. 3. 9.

Habite l'Océan Asiatique. Mon cabinet. Le Cône agathe, que l'on nomme vulg. la *Tulipe*, est agréablement panaché de nébulosités d'un blanc bleuâtre ou lilas, sur un fond fauve ou roussâtre. Il est orné d'une multitude de lignes transverses de points bruns. Ce Cône n'est pas rare. Longueur : 2 pouces 4 lignes.

80. Cône taupin. *Conus cinereus.* Brug. (1)

C. testâ oblongo-turbinatâ, basi sulcis distantibus cinctâ, cinereo-cœrulescente, subfasciatâ; maculis fulvis lineisque punctatis; spirâ convexâ, mucronatâ.

---

(1) Après avoir étudié le *Conus rusticus* de Linné, on est por-

Conus rusticus. Lin. Gmel. p. 3383. n° 18.
Rumph. Mus. t. 32. fig. R.
Petiv. Amb. t. 15. f. 6.
Favanne. Conch. pl. 16. fig. C 2.
Martini. Conch. 2. t. 52. f. 578.
Conus cinereus. Brug. Dict. n° 67.
Encycl. pl. 331. f. 7.
Conus cinereus. Ann. ibid. p. 273. n° 80.
[*b*] *Var. fulvo-rubente, fusco-maculatâ.*
Encycl. pl. 331. f. 4.
[*c*] *Var. castanea, maculis albis raris.* Mon cabinet.
Chemn. Conch. 10. t. 142. f. 1319.
* *Conus rusticus*. Lin. Syst. nat. édit. 10. p. 714?
* *Id.* Lin. Mus. Ulric. p. 536.
* *Id.* Lin. Syst. nat. éd. 12. p. 1168.
* Schrot. Einl. t. 1. p. 61. n° 12.
* Valent. Amboina. pl. 6. f. 50. 51. 52.
* *Conus rusticus*. Dillw. Cat. t. 1. p. 387. n° 60. *Exclus. var.* B. D. E.
* *Id.* Wood. Ind. Test. pl. 15. f. 56.
* *Conus modestus*. Sow. jun. Conch. ill. pl. 3. f. 19. et pl. 7. f. 43.
* Reeve. Conch. Icon. pl. 41. f. 220.
Küster. Conch. Cab. p, 34. n° 22. pl. 5. f. 5. pl. 15. f. 8.

---

té à regarder cette espèce comme trop douteuse pour mériter d'être conservée dans les catalogues; la description est trop courte même dans le *Museum Ulricæ*, et la synonymie, composée de trois citations, renvoie à des figures qui représentent trois espèces bien distinctes. Celle de Rumphius seule peut rester dans la synonymie du *Conus cinereus* de Bruguières; ce qui précède justifie ceux des conchyliologues qui conservent à l'espèce le nom de *Conus cinereus*. Gmelin laisse substituer la confusion dans la synonymie de Linné et y ajoute ses propres erreurs. C'est ainsi qu'il y rapporte le *Conus lividus*, à titre de variété. Dillwyn conserve à l'espèce son nom linnéen, tout en rejetant la synonymie, à l'exception d'une seule citation; il réunit plusieurs des espèces de Lamarck dont il fait des variétés; il en est une, le *Conus cœrulescens*, qui en effet peut être rapportée à celle-ci, mais il n'en est pas de même du *Conus stramineus* et du *Lacteus*, qui tous deux doivent être conservées.

Habite l'Océan Asiatique. Mon cabinet. Coquille allongée, arrondie à la naissance de sa spire, et qui varie dans le fond de sa couleur. Longueur : 21 lignes et demie.

81. Cône paillet. *Conus stramineus*. Lamk.

C. testâ oblongo-turbinatâ, albidâ, maculis pallidè fulvis ornatâ ; basi sulcis transversis distantibus ; spirâ convexo-acutâ, striatâ.

Conus stramineus. Ann. ibid. n° 81.

* *Conus rusticus*. *Var.* D. Dillw. Cat. t. 1. p. 387.

* *Conus alveolus*. Sow. jun. Conch. ill. pl. 2. f. 11.

* *Conus stramineus*. Reeve. Conch. icon. pl. 42. f. 225.

Habite... l'Océan Asiatique? Collect. du Mus. Ce Cône, moins grand que celui qui précède, est plus anguleux supérieurement, et offre tantôt des rangées transverses de taches petites et quadrangulaires d'un fauve pâle, et tantôt de larges taches d'un jaune orangé, qui couvrent en grande partie sa surface.

82. Cône zèbre. *Conus zebra*. Lamk.

C. testâ oblongo-turbinatâ, angustatâ, albidâ, flammis fulvo-rubris longitudinalibus angustis lineatâ ; basi sulcis distantibus ; spirâ convexâ, non striatâ.

Conus zebra. Ann. ibid. n° 82.

* Reeve. Conch. Icon. pl. 16. f. 87.

Habite..... l'Océan Asiatique? Collect. du Mus. Coquille oblongue, conique, rayée longitudinalement par des flammes étroites, d'un rouge un peu fauve. Aucune zone transverse ne se montre sur sa surface. Sa spire est courte, convexe, obtusément anguleuse à sa naissance. Elle a aussi des sillons écartés et transverses dans sa partie inférieure.

83. Cône lacté. *Conus lacteus*. Lamk. (1)

C. testâ oblongo-turbinatâ, candidâ, sulcis distantibus undiquè cinctâ : superioribus obsoletis ; spirâ convexâ, mucronatâ, striatâ.

An conus spectrum album? Chemn. Conch. 10. t. 140. f. 1304.

Conus lacteus. Ann. ibid. p. 274 n° 83.

---

(1) M. Reeve, à l'occasion de son *Conus martinianus*, reproche à Lamarck d'avoir confondu cette espèce avec le *Lacteus* et à titre de variété; le fait est que Lamarck n'a pas établi de variété et n'a pas non plus cité la figure de *Martini*, dans la synonymie de son *Conus lacteus*.

* *Conus rusticus. Var.* E. Dillw. Cat. t. 1. p. 387.
* Quoy et Gaim. Astr. t. 3. p. 102. pl. 53. f. 22.
* Reeve. Conch. Icon. pl. 43. f. 234.
* Küster. Conch. Cab. p. 41. n° 27. pl. 6. f. 7.

Habite l'Océan Indien. Mon cabinet. Cette coquille est entièrement blanche; mais lorsqu'elle est munie de son épiderme ou drap marin, elle est d'une couleur brune. Elle porte des sillons transverses et écartés dans toute sa longueur; cependant ceux de sa moitié inférieure sont plus apparens que les autres. Longueur: 13 lignes et demie.

84. Cône sanglé. *Conus cingulatus.* Lamk.

C. testâ turbinatâ, transversim striatâ, albidâ, fulvo-maculatâ, flammis fulvis longitudinalibus pictâ; cingulis transversis albo fulvoque articulatis; spirâ acuminatâ, variegatâ.

Conus cingulatus. Ann. ibid. n° 84.
* *Conus incurvus.* Sow. jun. Conch. ill. pl. 6. f. 36.
* *Conus ferrugatus.* Sow. Proc. Zool. Soc. 1834. p. 19.
* *Id.* Mull. Synop. Test. p. 121. n° 18.
* *Conus incurvus.* Brod. Proc. Zool. Soc. 1833. p. 54.
* *Id.* Mull. Synop. Test. p. 120. n° 7.

Habite l'Océan Indien. Collect. du Mus. J'ai hésité à prendre celui-ci pour le Cône pluie d'or, tant il lui ressemble par la forme et la taille; mais ce dernier a sa surface lisse, et offre une zone blanche un peu au-dessous de son milieu. Au contraire, le Cône sanglé a des stries transversales un peu séparées, dont les intervalles forment des cordelettes aplaties, articulées de blanc et de fauve ou de marron. Il n'offre d'ailleurs aucune zone. Longueur: environ 13 lignes.

85. Cône lieutenant. *Conus vicarius.* Lamk. (1)

C. testâ turbinatâ, citrinâ; maculis albis subtrigonis inæqualibus: majo-

(1) Dans la 12e édition du *Systema naturæ* (p. 1167 n° 299), on trouve un Cône sous le nom de *Vicarius*, bien qu'il soit probable que cette espèce linnéenne ait été faite pour une variété du *Conus ammiralis;* cependant dans l'incertitude, il eût été convenable de ne pas employer le même nom pour une espèce qui certainement a de l'analogie, mais qui paraît différente. Dillwyn rapporte le *Vicarius* de Linné parmi les variétés de l'*Ammiralis.*

ribus fasciatim congestis; lineis furvis decussatis cingulisque articulatis; spirâ acutâ : apice roseo.

Conus vicarius. Ann. ibid. n° 85.

* Reeve. Conch. Icon. pl. 38. f. 210.

Habite... l'Océan Indien? Collect. du Mus. Ce Cône, extrêmement remarquable, ressemble, par la taille et la forme, au Cône amiral, et est coloré à la manière des Draps-d'or. Sur un fond citrin ou jaunâtre, il offre quantité de taches très blanches, inégales, ovoïdes ou trigones. Les plus grandes de ces taches sont rapprochées et souvent confluentes en zones transverses et longitudinales. Dans les interstices de ces zones, on remarque de petites taches blanches, des lignes rousses ou marron, qui se croisent, et des cordelettes étroites, articulées. La spire est anguleuse à sa naissance, très courte, à peine convexe, et acuminée. Elle est panachée de blanc et de fauve marron. L'aspect de ce Cône est celui d'un Amiral à zones très blanches, irrégulières et sans réseau. Longueur : 20 lignes.

86. Cône réseau. *Conus mercator.* Lin.

C. testâ turbinatâ, ovali, albâ, fasciis reticulatis flavis cinctâ; spirâ convexâ.

Conus mercator. Lin. Syst. Nat. éd. 12. p. 1169. Gmel. p. 3383. n° 19.

Lister. Conch. t. 788. f. 41.

D'Argenv. Conch. pl. 12. fig. P.

Favanne. Conch. pl. 14. fig. G 2.

Seba. Mus. 3. t. 54. *in angulo superiori sinistro, absque numero.*

Knorr. Vergn. 2. t. 1. f. 4.

Martini. Conch. 2. t. 56. f. 620.

Conus mercator. Brug. Dict. n° 68.

Encycl. pl. 333. f. 7.

Conus mercator. Ann. ibid. p. 275. n° 86.

[*b*] *Var. testâ flavâ, fulvo-fasciatim reticulatâ.* Mon cabinet.

Bonanni. Recr. 3. f. 136.

Adans. Seneg. pl. 6. f. 3. le Tilin.

Favanne. Conch. pl. 14. fig. G 3.

[*c*] *Var. flavescente, fulvo reticulata absquè fasciis.* Mon cabinet.

Seba. Mus. 3. t. 48. f. 42.

Martini. Conch. 2. t. 56. f. 621.

[*d*] *Var. olivacea, fasciis fulvis reticulata.* Mon cabinet.

Encycl. pl. 333 f. 9.

* Mus. Gottv. pl. 12. f. 92.

* Valentyn. Amb. pl. 7. f. 67.

* Lin. Syst. Nat. éd. 10. p. 715.

* Lin. Mus. Ulric. p. 557.
* Brookes. Intr. of Conch. pl. 5. f. 60.
* Born. Mus. Cæs. Vind. Test. p. 157.
* Schrot. Einl. t. 1. p. 41. n° 18.
* Dillw. Cat. t. 1. p. 391. n° 69.
* Wood. Ind. Test. pl. 15. f. 65.
* Reeve. Conch. Icon. pl. 16. f. 83.

Habite les côtes de l'Afrique et les mers des Indes. Mon cabinet. Ce petit Cône, assez joli par ses lignes en réseau, est commun dans les collections. Longueur : 13 lignes trois quarts.

87. Cône ocracé. *Conus ochraceus.* Lamk. (1)

C. turbinatâ, flavâ, albo-fasciatâ et maculatâ ; fasciis luteo-punctatis; spirâ planiusculâ, mucronatâ : anfractibus canaliculatis.

Conus ochraceus. Ann. ibid. n° 87.

Habite... Col. du Mus. Par sa forme, il se rapproche du Cône mosaïque; mais il en est très distinct par ses couleurs et par ses tours de spire non striés longitudinalement. Longueur : près d'un pouce demi.

88. Cône tine. *Conus betulinus.* Lin.

C. testâ turbinatâ, supernè latissimâ, basi rugosâ, citrinâ ; maculis fuscis transversìm seriatis ; ultimi anfractus angulo rotundato ; spirâ convexiusculâ, mucronatâ.

Conus betulinus. Lin. Syst. Nat. éd. 12. p. 1169. Gmel. p. 3383. n° 20.
Seba. Mus. 3. t. 45. f. 4.
Knorr. Vergn. 2. t. 11. f. 3.
Favanne. Conch. pl. 16. fig. L 2.
Martini. Conch. 2. t. 60. f. 665.
Conus betulinus. Brug. Dict. n° 69.
Encyclop. pl. 333. f. 8.
Conus betulinus. Ann. ibid. n° 88.
[b] *Var. citrina; lineis fusco-maculatis ; alternis punctatis.*
Rumph. Mus. t. 31. fig. C.
Petiv. Amb. t. 15. f. 2.

---

(1) Nous avons toujours regardé comme très douteuse cette espèce de Cône. Par la forme il ressemble au *Conus prometheus,* et nous pensons que c'est avec un individu décoloré de cette espèce que Lamarck a établi son *Conus ochracèus.*

Seba. Mus. 3. t. 45. f. 7.
Encycl. pl. 334 f. 8.
[c] *Var. citrina; zonis albis distinctis fusco-tessulatis.*
Lister. Conch. t. 762. f. 11.
Seba. Mus. 3. t. 44. f. 1-4.
Favanne. Conch. p. 16. fig. L. 1.
Encycl. pl. 333. f. 5.
[d] *Var. rubella; maculis fuscis transversìm seriatis.*
Chemn. Conch. 10. t. 142. f. 1321.
Encycl. pl. 333. f. 1.
[e] *Var. alba; maculis fuscis longitudinalibus transversìm seriatis.*
Gualt. Test. t. 21. fig. B.
Encycl. pl. 333. f. 2.
[f] *Var. alba; maculis fuscis rotundis transversìm seriatis.* Mon cabinet.
Seba. Mus. 3. t. 45. f. 6.
Martini. Conch. 2. t. 61. f. 673.
Encycl. pl. 335. f. 8.
* Lin. Syst. Nat. éd. 10. p. 715.
* Lin. Mus. Ulric. p. 557.
* Born. Mus. Cæs. Vind. Test. p. 158.
* Schrot. Einl. t. 1. p. 42. n° 19.
* Dillw. Cat. t. 1. p. 392. n° 70.
* Wood. Ind. Test. pl. 15. f. 66.
* Quoy et Gaim. Voy. l'Astr. t. 3. p. 83. pl. 52. f. 2.
* Reeve. Conch. Icon. pl. 13. f. 67.
* Küster. Conch. Cab. p. 70. n° 56. pl. 5. f. 6. pl. 11. f. 1. pl. 20. f. 8.

Habite les mers des Grandes-Indes, depuis Madagascar jusqu'en Chine. Mon cabinet. Très belle coquille, épaisse, pesante, et qui parvient à un grand volume. Sa spire, qui est maculée, s'arrondit à sa naissance et ne forme point d'angle comme dans le Cône tigre. Longueur: 4 pouces 7 lignes.

89. Cône minime. *Conus figulinus*. Lin.

C. testâ turbinatâ, supernè ventricoso-rotundatâ, rubiginoso-fuscâ, filis rufis circumligatâ; spirâ convexâ, mucronatâ.

Conus figulinus. Lin. Syst. Nat. éd. 12. p. 1169. Gmel. p. 3384. n° 21.
Lister. Conch. t. 785. f. 32.
Rumph. Mus. t. 31. fig. V.
Petiv. Amb. t. 5. f. 7.
Gualt. Test. t. 20. fig. E.
D'Argenv. Conch. pl. 12. fig. A.

Favanne. Conch. pl. 15. fig. D 1.
Seba. Mus. 3. t. 54. f. 3. 4.
Knorr. Vergn. 5. t. 25. f. 2.
Martini. Conch. 2. t. 59. f. 656.
Conus figulinus. Brug. Dict. n° 70.
Encycl. pl. 332. f. 1.
Conus figulinus. Ann. ibid. p. 276. n° 89.
[*b*] *Var. cinnamomea; lineis interruptè punctatis.*
Encycl. pl. 332. f. 9.
[*c*] *Var. pallidè picta; lineis infuscatis; fasciâ subalbidâ.*
Rumph. Mus. t. 33. f. 1.
Seba. Mus. 3. t. 54. f. 1. 2.
Martini. Conch. 2. t. 59. f. 658.
Encycl. pl. 332. f. 2.
* Lin. Syst. Nat. éd. 10. p. 715.
* Lin. Mus. Ulric. p. 558.
* Mus. Gottv. pl. 13. f. 98. a. b. c.
* Valentyn. Amboina. pl. 4. f. 34.
* Regenf. Conch. t. 1. pl. 10. f. 47.
* Born. Mus. Cæs. Vind. Test. p. 158.
* Schrot. Einl. t. 1. p. 43. n° 20.
* Dillw. Cat. t. 1. p. 393. n° 71.
* Wood. Ind. Test. pl. 15. f. 67.
* Quoy et Gaim. Voy. de l'Astr. t. 3. p. 84. pl. 52. f. 3.
* Reeve. Conch. Icon. pl. 28. f. 160.
* Küster. Conch. Cab. p. 80. n° 65. pl. 13. f. 4. 6.
* Kiener. Spec. des Coq. pl. 28. f. 1.

Habite les mers des Grandes-Indes, des Moluques et des Philippines. Mon cabinet. Cette espèce n'est point rare, et ne parvient qu'à une grandeur moyenne. Sa forme particulière, sa couleur d'un rouge brun ou d'un fauve cannelle, et les nombreuses ligues transversales de sa superficie, la font reconnaître facilement. Longueur : 3 pouces 5 lignes.

90. Cône linéé. *Conus quercinus.* Brug.

C. testâ turbinatâ, pallidè luteâ, filis tenuissimis circumdatâ; spirâ plano-obtusâ, striatâ; basi rugosâ.

Knorr. Vergn. 3. t. 11. f. 2.
Favanne. Conch. pl. 15. fig. D 3.
Martini. Conch. 2. t. 59. f. 657.
Conus quercinus. Brug. Dict. n° 71.
Encyclop. pl. 332. f. 6.

Conus quercinus. Ann. ibid. n° 90.
* Dillw. Cat. t. 1. p. 393. n° 72.
* Wood. Ind. Test. pl. 15. f. 68.
* Sow. jun. Conch. Ill. pl. 14. f. 102.
* Reeve. Conch. Icon. pl. 26. f. 148.
* Küster. Conch. Cab. p. 82. n° 66. pl. 13. f. 5.
* Kiener. Spec. des Coq. pl. 32. f. 1.
* Var. *Testa cingulo elevato in medio circumdata.*
* *Conus cingulum*. Martyns. Univ. Conch. pl. 30.
* *Id.* Gmel. p. 3377. n° 72.

Habite l'Océan des Grandes-Indes, les côtes de Timor, etc. Mon cabinet. Ce Cône, que Bruguières a distingué avec raison du précédent, est partout d'un jaune pâle, et rayé transversalement par des lignes fauves extrêmement fines. Sa spire est striée et anguleuse à sa base. Longueur : 2 pouces 10 lignes et demie.

91. Cône protée. *Conus proteus*. Brug. (1)

C. testâ turbinatâ, albâ; guttis aut lineolis fuscis vel fulvis laxis transversìm seriatis maculisque irregularibus separatis fasciatìm digestis; spirâ canaliculatâ, subacuminatâ.

Rumph. Mus. t. 34. fig. M.
Gualt. Test. t. 22. fig. E.
D'Argenv. Conch. pl. 12. fig. C.
Favanne. Conch. pl. 14. fig. C 1.
Seba. Mus. 3. t. 44. f. 24. 25.
Knorr. Vergn. 5. t. 22. f. 3.
Martini. Conch. 2. t. 56. f. 626. 627
Conus proteus. Brug. Dict. n° 72.
Encyclop. pl. 334. f. 1.
Conus proteus. Ann. ibid. no 91.
b] *Var. alba; maculis rubicundis confusis inæqualiter distributis* Mon cabinet.
Seba. Mus. 3. t. 46. f. 24. 25.
Knorr. Vergn. 3. t. 18. f. 5. et 5. t. 9. f. 6.

---

(1) Nous avons vérifié toute la synonymie du *Conus spurius* de Gmelin, et nous nous sommes assuré qu'elle correspond exactement à celle du *Conus proteus* de Bruguières. L'antériorité du nom de Gmelin doit donc le faire préférer, et en cela nous nous trouvons d'accord avec Dillwyn.

Chemn. Conch. 10. t. 140. f. 1300.
Encycl. pl. 334. f. 2.
* *Conus spurius*. Gmel. p. 3396.
* *Id.* Dillw. Cat. t. 1. p. 366. n° 24.
* *Id.* Wood. Ind. Test. pl. 14. f. 21.
* *Conus proteus*. Var. a. Schub. et Wagn. Suppl. à Chemn. p. 60.
* Reeve. Conch. Icon. pl. 40. f. 219.
* Küster. Conch. Cab. pl. 39. n° 26. pl. 6. f. 4. 6. pl. 13. f. 8, pl. 17. f. 11.
* *Conus inscriptus*. Reeve. Conc. Icon. pl. 29. f. 164.

Habite l'Océan Atlantique et celui d'Amérique. Mon cabinet. Ce cône a les plus grands rapports avec le suivant, dont il ne semble que médiocrement distingué. Cependant on le reconnaît en ce qu'il n'offre que des points grossiers et peu nombreux, ou que des portions de lignes par séries transverses, et des taches séparées très irrégulières. Longueur : environ 2 pouces.

92. Cône léonin. *Conus leoninus*. Brug. (1)

C. testâ turbinatâ, albâ; punctis numerosis seriatis fulvis aut fuscis et maculis longitudinaliter confluentibus, interdùm subconnatis; spirâ planâ, canaliculatâ, mucronatâ.

Guali. Test. t. 21. fig. D.
Knorr. Vergn. 6. t. 11. f. 4.
Conus leoninus. Brug. Dict. n° 73.
Encycl. pl. 334. f. 5. 6.
Conus leoninus. Ann. ibid. p. 277. n° 92.
[*b*] *Var. punctis raris seriatis; maculis magnis plerisque connatis.*
Knorr. Vergn. 6. t. 1. f. 3.
Martini. Conch. 2. t. 57. f. 640.

---

(1) Le nom de cette espèce a été emprunté à Gmelin, mais Bruguières a dû rejeter presque toute la synonymie qui, sous onze variétés, contient un nombre à-peu-près égal d'espèces les plus différentes les unes des autres; on peut donc admettre que l'espèce a été réellement établie par Bruguières. MM. Schubert et Wagner ont réuni sous la commune dénomination de *Conus proteus* cette espèce et la précédente. Cette opinion ne sera pas partagée par celles des personnes qui, ayant vu un grand nombre d'individus des deux espèces, y auront reconnu les caractères qui les distinguent.

Chemn. Conch. 10. t. 140. f. 1299.
Encycl. pl. 335. f. 5.
[c] *Var. castanea; maculis raris albis.*
Conus leoninus. Brug. [Var. e.]
Encycl. pl. 334. f. 9.
* Dillw. Cat. t. 1. p. 366. n° 25.
* Wood. Ind. Test. pl. 14. f. 22.
* *Conus proteus.* Var. b. Schub. et Wagn. Suppl. à Chemn. p. 59. pl. 222. f. 3075.
* Reeve. Conch. Icon. pl. 5. f. 26.

Habite les mers de l'Amérique. Mon cabinet. Ce Cône est très voisin du précédent par ses rapports; néanmoins sa spire est plus aplatie, et mucronée d'une manière assez éminente. Il varie dans la forme de ses points et de ses taches. Longueur : 2 pouces.

93. Cône picoté. *Conus augur.* Brug. (1)

C. testâ turbinatâ, albo-flavescente; fasciis duabus furvo-nigricantibus punctisque rufis transversim seriatis; spirâ obtusâ, striatâ.

Lister. Conch. t. 755. f. 7.
Rumph. Mus. t. 32. fig. Q.
Petiv. Amb. t. 5. f. 10.
D'Argenv. Conch. Append. pl. 2. fig. B.
Favanne. Conch. pl. 17. fig. E 2.
Seba. Mus. 3. t. 54. *fig. tertia in angulo dextro superiore.*
Conus magus. Martini. Conch. 2. t. 58. f. 641.
Conus augur. Brug. Dict. n° 74.
Encycl. pl. 333. f. 6.
Conus augur. Ann. ibid. n° 93.
* Knorr. Vergn. t. 6. pl. 13. f. 6.
* *Conus punctatus.* Gmel. p. 3389. n° 40.
* *Conus magus.* Born. Mus. p. 164.
* *Id.* Schrot. Einl. t. 1. p. 50.
* *Id.* Gmel. p. 3392. n° 57.

---

(1) Gmelin confond cette espèce avec le *Conus magus* de Linné, et sa synonymie se ressent de cette confusion ; mais la plus grande partie des citations appartiennent au *Conus augur:* au reste Gmelin avait trouvé cette erreur dans Born, à cela il ajoute un double emploi en inscrivant un *Conus punctatus* qui est le même que celui-ci. Néanmoins ce nom de *Punctatus,* à cause de son antériorité, devra rester à l'espèce.

* Dillw. Cat. t. 1. p. 421. n° 135.
* Wood. Ind. Test. pl. 16. f. 130.
* Swains. Zool. Ill. 1re série. t. 1. pl. 65.
* Reeve. Conch. Icon. pl. 2. f. 7.
* Küster. Conch. Cab. p. 114. n° 104. pl. 22. f. 4.
Habite l'Océan Asiatique, les côtes de Ceylan, etc. Mon cabinet. Espèce bien distincte et peu commune. Ses deux zones brunes, plus ou moins flambées, et ses points roussâtres, très petits, nombreux, disposés par séries transversales sur un fond blanchâtre, la font aisément reconnaître. Longueur : 2 pouces 3 lignes.

94. Cône piqueté. *Conus pertusus*. Brug.

C. testâ oblongo-turbinatâ, roseâ incarnato-fasciatâ, albido-cærulescente nebulatâ; striis transversis pertusis; spirâ convexâ.
Conus pertusus. Brug. Dict. no 75.
Encycl. pl. 336. f. 2.
Conus pertusus. Ann. ibid. p. 278. n° 94.
* Reeve. Conch. Icon. pl. 5. f. 25.
Habite les mers des Grandes-Indes. Collect. du Mus. Ce Cône, varié d'incarnat, d'orangé, et de nébulosités d'un blanc bleuâtre sur un fond rose, aurait un aspect très agréable si ses couleurs avaient plus de vivacité. Ses stries ne sont que des rangées de petits points enfoncés, semblables à des piqûres d'épingle. Il est très rare.

95. Cône neigeux. *Conus nivosus*. Lamk. (1)

C. testâ turbinatâ, lævi, pallidè luteâ; maculis niveis acervatìm sparsis; spirâ plano-obtusâ.
Conus nivosus. Ann. ibid. n° 95.
Habite... les mers d'Amérique? Collect. du Mus. Cône court, renflé supérieurement, d'un jaune citrin extrêmement pâle, avec des mou-

(1) Lamarck a fait pour ce Cône un double emploi qui a été constaté depuis la publication de cet ouvrage. Le *Conus nivosus* est une variété d'une espèce décrite par Bruguières sous le nom de *Conus venulatus*. Ces doubles emplois sont le résultat de la pauvreté des anciennes collections. Avec un petit nombre d'individus d'une espèce très variable comme celle-ci, on pouvait en faire deux ou trois qui paraissent fondées sur de légères modifications dans la forme et surtout dans la coloration. Le *Conus nivosus* doit donc disparaître des catalogues.

chetures d'un blanc de lait. Sa spire est presque plane, à peine maculée. Ses rapports le rapprochent du Cône carotte dont il est très distinct par la forme et les couleurs. Longueur : 42 millimètres.

96. Cône foudroyant. *Conus fulgurans*. Brug. (1)

C. testâ ovato-turbinatâ, basi scabrâ, albidâ; maculis longitudinalibus flexuosis guttisque ferrugineis transversis; spirâ convexo-acutâ.

Martini. Conch. 2. t. 58. f. 644.

Conus fulgurans. Brug. Dict. nº 76.

Conus fulmineus. Gmel. p. 3388. no 33.

Encycl. pl. 337. f. 3.

Conus fulgurans. Ann. ibid. nº 96.

* Küster. Conch. Cab. p. 115. nº 105. pl. 22. f. 5.

Habite sur les côtes d'Afrique. Il offre des flammes longitudinales jaunâtres ou de couleur marron et en zigzags, avec des séries transverses de petites taches rondes et ferrugineuses.

97. Cône de Rumphius. *Conus acuminatus*. Brug.

C. testâ turbinatâ, fuscâ, albo-reticulatâ, subfasciatâ; maculis albis trigonis; spirâ subcanaliculatâ, acutâ.

Rumph. Mus. t. 34. fig. F.

Petiv. Amb. t. 15. f. 19.

D'Argenv. Conch. Append. pl. 1. fig. L.

Favanne. Conch. pl. 17. fig. N 1.

Chemn. Conch. 10. t. 140. f. 1297.

Conus acuminatus. Brug. Dict. nº 77.

Encycl. pl. 336. f. 3.

Conus acuminatus. Ann. ibid. no 97.

[*b*] *Var. fasciatâ, absque lineâ punctatâ in zonâ inferiore.*

D'Argenv. Conch. Append. pl. 1. fig. K.

Favanne. Conch. pl. 17. fig. N 2.

Knorr. Vergn. 5. t. 24. f. 4.

---

(1) Nous ne connaissons pas cette espèce, et Lamarck ne la mentionne ni dans sa collection, ni dans celle du Muséum. Si elle est constatée plus tard, elle devra changer de nom, puisque Gmelin lui avait donné celui de *Fulmineus*. Nous ferons observer que la figure de Martini avec laquelle Gmelin a fait l'espèce, a bien peu de rapports avec celle de l'Encyclopédie. Il est fort difficile de décider si en effet les deux figures représentent une seule espèce.

Martini. Conch. 2. t. 57. f. 638. 639.
Encycl. pl. 336. f. 4.
* Dillw. Cat. t. 1. p. 371. no 34.
* Wood. Ind. Test. pl. 14. f. 31.
* *Conus ammiralis. Var. Americanus. b.* Gmel. p. 3378.
* Schrot. Einl. t. 1. p. 67. n° 37.
* Sow. jun. Conch. Ill. pl. 3. f. 17.
* Reeve. Conch. Icon. pl. 31. f. 173.
* Ehrenb. Symb. Phys. Moll. pl. 2. f. 4.
* Küster. Conch. Cab. pl. A. f. 2. 3.
* Küster. Conch. Cab. p. 37. no 25. pl. 6. f. 2. pl. 17. f. 6. 7.

Habite les mers des Grandes-Indes, surtout celles des Moluques. Mon cabinet. Cône peu commun et recherché. Vulg. l'*Amiral de Rumphius.* Longueur : 17 lignes trois quarts.

98. Cône amadis. *Conus amadis.* Chemnitz.

C. testâ turbinatâ, basi punctatim sulcatâ, aurantio-fuscâ; maculis niveis trigono-cordatis inæqualibus; lineis transversis raris albo fulvoque articulatis; spirâ canaliculatâ, acuminatâ.

D'Argenv. Conch. Append. pl. 1. fig. S.
Favanne. Conch. pl. 17. fig. M.
Knorr. Vergn. 6. t. 5. f. 3.
Martini. Conch. 2. t. 58. f. 642. 643.
Conus amadis. Chemn. Conch. 10. t. 142. f. 1322. 1323.
Conus amadis. Brug. Dict. n° 78.
Conus amadis. Gmel. p. 3388. n° 32.
Encycl. pl. 335. f. 2.
Conus amadis. Ann. ibid. p. 279. n° 98.
* Schrot. Einl. t. 1. p. 68. n° 38.
* Dillw. Cat. t. 1. p. 370. n° 33.
* Wood. Ind. Test. pl. 14. f. 30.
* Reeve. Conch. Icon. pl. 41. f. 222.
* Küster. Conch. Cab. p. 35. n° 23. pl. 5. f. 7. 8. pl. 12. f. 7.
[b] *Var. aurantiâ; zonâ lineis tribus articulato-punctatis signatâ.*
Chemn. Conch. 10. t. 139. f. 1293.
Encycl. pl. 335. f. 1.
* *Conus ammiralis. Var. surinamensis* † Gmel. p. 3380.

Habite les mers des Grandes-Indes, les côtes de Java et de Bornéo. Mon cabinet. Espèce très belle, peu commune, fort recherchée dans les collections, et qui acquiert un assez grand volume. Ses taches blanches sur un fond orangé, ses cordelettes transverses et articulées, et la pointe très saillante de sa spire, la font aisément reconnaître. Longueur : un peu plus de 3 pouces.

99. Cône Janus. *Conus Janus*. Brug.

C. testâ oblongo-turbinatâ, basi sulcatâ, albâ, fulvo et castaneo-undatâ; spirâ subcanaliculatâ, exserto-acutâ.

Lister. Conch. t. 785. f. 33.
Guall. Test. t. 25. fig. S.
Favanne. Conch. pl. 17. fig. O.
Martini. Conch. 2. t. 58. f. 647.
Conus Janus. Brug. Dict. n° 79.
Encycl. pl. 336. f. 5.
Conus Janus. Ann. ibid. n° 99.
[*b*] *Var. fasciatâ, albo fulvoque variegatâ.*
Seba. Mus. 3. t. 47. f. 24.
Encycl. pl. 336. f. 6.
* Martini. Conch. t. 2. pl. 52. f. 581.
* Schrot. Einl. t. 1. p. 73. n° 63. p. 74. n° 64.
* Dillw. Cat. t. 1. p. 369. n° 29.
* Wood. Ind. Test. pl. 14. f. 26.
* Reeve. Conch. Icon. pl. 6. f. 33.
* Küster. Conch. Cab. p. 117. n° 107. pl. 22. f. 8.

Habite l'Océan Asiatique, les côtes de la Nouvelle-Guinée et celles d'Otaïti. Mon cabinet. Coquille commune dans les collections, et qui intéresse par la beauté et la vivacité de ses couleurs. Longueur : 2 pouces 3 lignes.

100. Cône éclair. *Conus flammeus*. Lamk. (1)

C. testâ turbinatâ, basi striatâ lineisque punctatis notatâ, albidâ vel flavescente; flammis longitudinalibus fulvis; spirâ acutâ.

Conus lorenzianus. Chemn. Conch. 11. t. 181. f. 1754. 1755.
Encycl. pl. 336. f. 1.
Conus flammeus. Ann. ibid. n° 100.
* Reeve. Conch. Icon. pl. 27. f. 152. *Conus lorenzianus*.
* *Conus flammeus*. Küster. Conch. Cab. p. 91. n° 78. pl. 16. f. 4. 5.
* *Conus lorenzianus*. Dillw. Cat. t. 1. p. 370. n° 32.
* Wood. Ind. Test. pl. 14. f. 29.

Habite les mers d'Afrique. Mon cabinet. Il a des rapports avec le Cône foudroyant ; mais il est plus effilé, plus acuminé, et plus anguleux à la naissance de sa spire. Longueur : 9 lignes.

---

(1) Ce Cône nommé d'abord *Lorenzianus* par Chemnitz, comme le témoigne la synonymie de Lamarck lui-même, doit reprendre ce nom par droit d'antériorité.

101. Cône étourneau. *Conus lithoglyphus*. Brug. (1)

C. testâ turbinatâ, basi granulatâ, rubro-fulvâ, infernè nigricante; fasciis duabus niveis distantibus : superiore fulvo-variegatâ; spirâ obtusâ.

Seba. Mus. 3. t. 42. f. 40–42.

Martini. Conch. 2. t. 57. f. 630. 631.

Chemn. Conch. 10. t. 140. f. 1298.

Conus lithoglyphus. Brug. Dict. n° 81.

Encycl. pl. 338. f. 8.

Conus lithoglyphus. Ann. ibid. p. 280. n° 101.

* *Conus ermineus*. Born. Mus. Cæs. Vind. Test. p. 159.

* Meusch. Mus. Gevers. p. 350. n° 965. *Conus lithoglyphus*.

* Valentyn. Amb. pl. 5. f. 47 ?

* Schrot. Einl. t. 1. p. 36. n° 12. pl. 1. f. 4. *Conus nobilis*.

* *Conus capitaneus*. *Var.* ζ. δ. Gmel. p. 3377.

* *Conus ermineus*. Dillw. Cat. t. 1. p. 395. n° 75.

* *Id.* Wood. Ind. Test. pl. 15. f. 71.

* Swain. Zool. ill. 2e série. t. 2. pl. 65.

* Reeve. Conch. Icon. pl. 4. f. 20.

* Kuster. Conch. Cab. p. 93. n° 33. pl. 6. f. 5. pl. 19. f. 7.

Habite les mers des Grandes-Indes. Mon cabinet. Coquille très facile à reconnaître, étant d'un roux presque orangé, et offrant deux zones blanches, dont la supérieure est panachée, ainsi que la spire. Longueur : 19 lignes 3 quarts.

102. Cône peau-de-serpent. *Conus testudinarius*. Martini.

C. testâ turbinatâ, albâ, furvo et pallidè cæsio-nebulatâ; maculis fulvis aut fuscis per fascias albas dispersis; spirâ obtusiusculâ.

---

(1) Si l'on ôte de la synonymie du *Conus ermineus* de Born quelques figures de Seba, il s'accorde complétement avec le *Conus lithoglyphus* établi par Meuschen dans le Muséum *Geversianum*, en 1787. Mais l'ouvrage de Born étant de 1780, le nom de *Conus ermineus* revient à cette espèce par droit d'antériorité. Par suite d'une erreur difficile à comprendre, Schroter prend cette espèce pour le *Conus nobilis* de Linné. Lamarck admet dans la synonymie de cette espèce deux figures de Martini (630, 631, pl. 57), qui ne paraissent avoir aucuns rapports de forme et de couleur avec le véritable *Lithoglyphus*. Cette synonymie conservée par M. Küster, pourrait être rejetée sans aucun inconvénient.

Rumph. Mus. t. 34. fig. K.
Seba. Mus. 3. t. 44. f. 13.
Knorr. Vergn. 3. t. 12. f. 4.
Regenf. Conch. 1. t. 11. f. 55.
Favann. Conch. pl. 16. fig. G.
Conus testudinarius. Martini. Conch. 2. p. 250. t. 55. f. 605.
Conus testudinarius. Brug. Dict. n° 83.
Encycl. pl. 335. f. 6.
Conus testudinarius. Ann. ibid. n° 102.
[*b*] *Var. testâ aurantiâ, albo-variegatâ*. Mon cabinet.
Regenf. Conch. 1. t. 3. f. 37. et t. 11. f. 54.
Martini. Conch. 2. t. 55. f. 608.
Encycl. pl. 335. f. 5.
* Schrot. Einl. t. 1. p. 64. n° 20.
* Dillw. Cat. t. 1. p. 396. n° 77.
* Wood. Ind. Test. pl. 15. f. 73.
* Reeve. Conch. Icon. pl. 39. f. 214.

Habite l'Océan des Antilles. Mon cabinet. Il est agréablement marbré de blanc ou d'un blanc bleuâtre, sur un fond brun ou marron. Sa spire est arrondie à sa naissance. Longueur : 2 pouces 2 lignes; de la var. [b] : 2 pouces 5 lignes.

103. Cône veiné. *Conus venulatus*. Brug.

C. testâ turbinatâ, albidâ, flavo vel aurantio-venulatâ ; spirâ convexâ, variegatâ.

Favanne. Conch. pl. 14. fig. D 1.
Conus venulatus. Brug. Dict. n° 84.
Encycl. 337. f. 9.
Conus venulatus. Ann. ibid. n° 103.
* Reeve. Conch. Icon. pl. 36. f. 195.
* Dillw. Cat. t. 1. p. 397. n° 78.
* Wood. Ind. Test. pl. 15. f. 74.
* *Conus nivifer*. Brod. Proc. Zool. Soc. 1833. p. 53.
* *Id*. Mull. Synop. Test. p. 119. n° 3.
* *Conus venulatus*. Sow. jun. Conch. Ill. pl. 2. f. 14. pl. 7. f. 47. et pl. 11. f. 84.

Habite les mers de l'Amérique. Mon cabinet. Coquille agréablement veinée par une multitude de traits ou de flammes en zigzags, d'une couleur orangée mêlée de rouge brun, sur un fond blanchâtre, et qui la font paraître réticulée. L'interruption de ces flammes forme une zone blanchâtre un peu au-dessous de son milieu. C'est une espèce rare et assez jolie. Longueur : près de 14 lignes.

104. Cône questeur. *Conus quæstor.* Lamk. (1)

C. testâ turbinatâ, albâ ; maculis aurantio-fulvis longitudinalibus flexuosis subramosis ; spirâ planâ, maculatâ.

Conus quæstor. Ann. ibid. p. 281. n° 104.
* Knorr. Deli. Nat. Selec. t. 1. Coq. pl. B III. f. 5.
* *Conus characteristicus.* Chemn. Conch. t. 11. p. 54. pl. 182. f. 1760. 1761.
* Dillw. Cat. t. 1. p. 367. n° 26.
* Wood. Ind. Test. pl. 14. f. 23.
* Reeve. Conc. Icon. pl. 29. f. 167.
* Küster. Conch. Cab. p. 85. n° 70. pl. 14. f. 5. 6.

Habite... l'Océan Américain? Collec. du Mus. Il semble avoir des rapports avec le Cône centurion ; mais il est plus grand, moins rétréci vers sa base, n'offre point de zone bien distincte, et a sa spire presque plane. Ce Cône présente, sur un fond blanc, quantité de flammes ou taches longitudinales, fléchies en zigzags irréguliers, et un peu rameuses. Longueur : environ 22 lignes.

105. Cône mousseux. *Conus muscosus.* Lamk.

C. testâ turbinatâ, basi sulcatâ, albidâ, fulvo-maculosâ et venosâ : maculis parvis subtrigonis in flammulas undatas longitudinaliter confluentibus ; spirâ planiusculâ, sulcatâ.

Conus muscosus. Ann. ibid. n° 105.

Habite... Collect. du Mus. Je ne trouve ni description ni figure de

---

(1) Nous pensons avec la plupart des conchyliologues que le *Conus quæstor* de Lamarck est de la même espèce que le *Characteristicus* de Chemnitz. Ce qui aura sans doute laissé de l'incertitude à cet égard, c'est que d'un côté, ce Cône est resté rare pendant long-temps dans les collections, et que la figure de Chemnitz représente une variété, qui elle-même est plus rare encore que le type décrit par Lamarck. Une fois l'identité de ces coquilles reconnue, l'espèce doit reprendre le nom de Chemnitz, parce qu'il est le plus ancien. M. Reeve considère l'espèce suivante le *Conus muscosus* comme une variété jeune de celui-ci, la figure qu'il en donne justifie son opinion. En rétablissant le *Conus characteristicus* de Chemnitz, M. Küster semble avoir oublié que le *Conus quæstor* de Lamarck est de la même espèce, car il ne le mentionne pas dans sa synonymie.

cette espèce, qui me semble cependant assez remarquable. Elle offre, sur un fond blanchâtre, quantité de petites taches fauves et d'un roux brun, trigones, la plupart réunies en petites flammes onduleuses et longitudinales. Ce Cône est éminemment sillonné inférieurement, et sa spire, qui est à peine convexe, a ses tours partagés par deux sillons assez profonds qui règnent dans toute leur longueur. Il aurait des rapports avec le Cône veiné si sa spire profondément sillonnée ne l'en écartait : il en a peut-être plus avec le Cône de Porto-Ricco. Longueur : près de 20 lignes.

106. Cône Narcisse. *Conus Narcissus*. Lamk.

C. testâ, turbinatâ, aurantiâ, albo-maculatâ ; fasciâ albâ interruptâ ; spirâ obtusâ, striatâ, variegatâ.

Conus narcissus. Ann. ibid. n° 106.

* Reeve. Conch. Icon. pl. 27. f. 155.

Habite l'Océan Américain. Mon cabinet. C'est avec le Cône carotte que cette espèce a quelques rapports ; mais elle en est très distincte par sa spire plus élevé, obtuse à sa naissance, et par ses petites taches blanches dispersées sur un fond jaune orangé. Les tours de sa pire ne sont point canaliculés ; enfin elle n'est point ornée de deux zones blanches, comme la var. [d] du Cône carotte, mais d'une seule. Longueur : près de 22 lignes.

107. Cône de Mozambique. *Conus mozambicus*. Brug. (1)

C. testâ oblongo-turbinatâ, fulvâ, maculis albis fuscisque fasciatâ ; tæniis transversis fusco alboque articulatis ; spirâ convexo-acutâ.

Conus elongatus. Chemn. Conch. 10. t. 144. a. fig. I. K.

Conus mozambicus. Brug. Dict. n° 85.

Encycl. pl. 337. f. 2.

Conus mozambicus. Ann. ibid. n° 107.

[*b*] *Var. flava, non fasciata ; tæniis continuis fusco et albo articulatis.*

Encycl. pl. 337. f. 1.

* *Conus elongatus.* Dillw. Cat. t. 1. p. 430. n° 151.

* *Id.* Wood. Ind. Test. pl. 16. f. 146.

* Schub. et Wagn. Suppl. à Chemn. p. 40. pl. 220 f. 3058.

---

(1) Quatre ans avant la publication du premier volume des Vers de l'Encyclopédie méthodique, Chemnitz avait donné à cette espèce le nom de *Conus elongatus*, il faudra donc le lui restituer. M. Reeve a nommé aussi de même une autre espèce de Cône dont le nom devra être changé.

* *Conus mozambicus.* Reeve. Conch. Icon. pl. 21. f. 118. a. b.
* Küster. Conch. Cab. p. 21. n° 11. pl. 2. f. 9. pl. 10. f. 12. 13.
Habite les côtes orientales de l'Afrique. Mon cabinet. Cette espèce est peu commune. Longueur, selon Bruguières : 20 lignes. Les plus grands de ma collection n'ont qu'un pouce.

108. Cône de Guinée. *Conus guinaicus.* Brug.

C. testâ turbinatâ, rubiginosâ, cinereo-nebulatâ, obsoletè fasciatâ ; spirâ convexo-obtusâ, maculatâ.

Conus guinaicus. Brug. Dict. n° 86.
Encycl. pl. 337. f. 4.
Conus guinaicus. Ann. ibid. p. 282. n° 108.
[*b*] *Var. albo-cærulescente nebulosa.* Mon cabinet.
Conus guinaicus. Brug. [var. c.]
Encycl. pl. 337. f. 6.
* Dillw. Cat. t. 1. p. 369. n° 30.
* Wood. Ind. Test. pl. 14. f. 27.
* Sow. jun. Conch. Illustr. pl. 16. f. 107.
* Reeve. Conch. Icon. pl. 34. f. 187.
Habite les côtes de la Guinée. Mon cabinet. Coquille peu brillante à cause des nombreuses nébulosités grisâtres qui cachent en grande partie le fond d'un rouge brun. Longueur : 22 lignes et demie. La var. [b] a un aspect plus agréable, et est de la même taille.

109. Cône franciscain. *Conus franciscanus.* Brug. (1)

C. testâ turbinatâ, castaneâ, albido-bifasciatâ : fasciâ superiore anfractus decurrente ; spirâ convexo-acutâ.

Conus franciscanus. Brug. Dict. n° 87.
Encycl. pl. 337. f. 5.
Conus franciscanus. Ann. ibid. n° 109.
* Payr. Cat. des Moll. de Corse. p. 171. n° 347.
* Blainv. Faune franç. p. 213. n. 2.
* *Conus ventricosus.* Dillw. Cat. t. 1. p. 434. n° 154.
* *Id.* Wood. Ind. Test. pl. 17. f. 149.

---

(1) Cette espèce doit être supprimée; elle a été établie avec des individus roulés ou décapés du *Conus mediterraneus;* avec un *Conus mediterraneus* on peut faire, quand on le veut, un *Conus franciscanus.* Dans le cas où l'on conserverait cette espèce, il faudrait lui restituer son premier nom de *Conus ventricosus* que lui a donné Gmelin.

* *Conus ventricosus*. Gmel. p. 3397.
* Delle Chiaje. Test. de Poli. t. 3. 2e part. p. 7. pl. 45. f. 1. 2.
* Kammerer. Rudolst. Cab. t. 6. f. 4.
* Schub. et Wagn. Suppl. à Chemn. p. 46. pl. 221. f. 3065.
* Swains. Zool. Ill. 2e sér. t. 2. pl. 68.
* Reeve. Conch. Icon. pl. 39. f. 216.

Habite les mers d'Afrique et la Méditerranée. Mon cabinet. Il est commun, d'un roux brun avec une fascie blanche un peu au-dessous de son milieu, et une autre à la naissance de la spire. Longueur : 21 lignes et demie.

110. Cône informe. *Conus informis*. Brug. (1)

C. testâ oblongo-turbinatâ, sæpiùs informi, fulvâ aut castaneâ, maculis oblongis irregularibus albidis nebulatâ; spirâ convexo-acutâ.

Knorr. Vergn. 2. t. 1. f. 6.
Favanne. Conch. pl. 79. fig. N. *Summo tabulæ.*
Conus spectrum sumatræ. Chemn. Conch. 10. 144. a. fig. G. H.
Conus informis. Brug. Dict. n° 88.
Encycl. pl. 337. f. 8.
Conus informis. Ann. ibid. n° 110.
[*b*] *Var. tumida, fulvo alboque maculata.*
Chemn. Conch. 10. t. 144 a. fig. E. F.
* *Conus rusticus*. Var. γ. Gmel. p. 3383.
* Dillw. Cat. t. 1. p. 431. n° 153.
* Wood. Ind. Test. pl. 16. f. 148.
* Küster. Conch. Cab. pl. 64. n° 49. pl. 10. f. 1 à 4.

Habite l'Océan Américain. Mon cabinet. Cette coquille n'est point un

(1) Nous ne mentionnons pas dans notre synonymie le *Conus informis* de M. Reeve. Cette coquille nous paraît en effet différente, et pour s'en assurer il suffit de la comparer aux figures mentionnées par Lamarck. Le véritable *Informis*, tel qu'il est représenté dans Knorr, dans Chemnitz, dans Favanne, est une coquille d'un brun plus ou moins foncé, entrecoupé de flammules longitudinales blanches, irrégulières ; le dernier tour est arrondi à l'origine de la spire, tandis qu'il est anguleux dans la coquille de M. Reeve. Il serait utile de vérifier s'il est vrai comme le prétend M. Borson dans son *Orycthographie du Piémont*, si ce Cône a son représentant fossile dans les terrains tertiaires des environs de Turin.

jeune *Strombus*, comme l'a soupçonné Bruguières. Elle est oblongue-conique, ovoïde dans sa partie supérieure, où elle est souvent comme bossue. Ses nébulosités blanchâtres, oblongues et irrégulières, font paraître sa couleur fauve brun ou marron comme des flammes longitudinales difformes. Elle n'est pas rare. Long. : 22 lignes et demie.

111. Cône rat. *Conus rattus*. Brug. (1)

C. testâ turbinatâ, olivaceâ vel cinereo-violaceâ, fasciâ punctisque albis sparsis notatâ; spirâ obtusâ; fauce violaceo-roseâ.

Conus rattus. Brug. Dict. n° 89.

Encycl. p. 338. f. 7.

Conus rattus. Ann. ibid. p. 283. n° 111.

Var. albidâ, fulvo-variegata ; tæniis transversis punctatis.

Encycl. pl. 338. f. 9.

* Dillw. Cat. t. 1. p. 408, n° 104.

* Wood. Ind. Test. pl. 15. f. 99.

* *Conus taheitensis*. Reeve. Conch. Icon. pl. 15. f. 78.

Habite les mers de l'Amérique. Mon cabinet. Il est marbré de taches et de points blancs sur un fond olivâtre ou d'un violet cendré. Sa base est sillonnée et ponctuée. Longueur : 15 lignes.

112. Cône pavillon. *Conus jamaicensis*. Brug. (2)

C. testâ turbinatâ, subventricosâ, olivaceâ; lineis punctatis fasciisque fusco-variegatis ; spirâ convexo-acutâ.

---

(1) La plupart des conchyliologues confondent cette espèce avec le *Taitensis* de Bruguières, mais toutes deux sont bien distinctes, seulement Lamarck ne les a pas suffisamment caractérisées; il faut consulter les descriptions de Bruguières et l'on sera convaincu que ces deux espèces doivent être conservées.

(2) Quelques conchyliologues, et entre autres M. Reeve, rejettent le *Conus jamaicensis* comme une variété du *Mediterraneus*. Ces personnes se fondent sur ce que, dans la collection de Lamarck telle qu'elle est aujourd'hui, la coquille qui porte le nom de *Conus jamaicensis* est une variété du *Mediterraneus*, mais on oublie trop facilement que la collection du savant professeur a passé par bien des mains, et que, dans tous les dérangemens qu'elle a éprouvés, il a pu y survenir des erreurs. En effet, en consultant la description du *Conus jamaicensis* donnée par Bruguières dans l'Encyclopédie, on y trouve de très bons carac-

Favanne. Conch. pl. 18. fig. D 1.
Conus jamaicensis. Brug. Dict. n° 90. *Exclus. varietate.*
Encycl. pl. 335. f. 4.
Conus jamaicensis. Ann. ibid. n° 112.
* Dillw. Cat. t. 1. p. 408. n° 105.
* Wood. Ind. Test. 15. f. 100.

Habite l'Océan des Antilles. Mon cabinet. Ce Cône, au-dessous de la taille moyenne, est un peu ventru, d'un vert olivâtre, ponctué de brun, et parsemé de mouchetures transverses, cendrées ou blanchâtres. Longueur : 14 lignes.

113. Cône méditerranéen. *Conus mediterraneus*. Brug. (1)

C. testâ turbinatâ, cinereo-virescente vel rubellâ, fulvo aut fusco-nebulatâ ; lineis transversis albo fuscoque articulatis ; fasciâ albidâ ; spirâ convexo-acutâ, maculatâ.

Seba. Mus. 3. t. 47. f. 27.
Conus mediterraneus. Brug. Dict. n° 91.
Encycl. pl. 330. f. 4.
Conus mediterraneus. Ann. ibid. n° 113.
[b] *Var. rubella*. Mon cabinet.
* Aldrov. de Testac. p. 361. f. 1. 2. 3. 4. 6.
* Dillw. Cat. t. 1. p. 409. n° 106.
* Wood. Ind. Test. pl. 15. f. 101.
* Schub. et Wagn. Suppl. à Chemn. pl. 45. p. 221. f. 3064.
* Savigny. Desc. de l'Egyp. Coq. pl. 6. f. 15.
* Sow. jun. Conch. Ill. pl. 9. f. 60.
* Reeve. Conch. Icon. pl. 16. f. 89.
* Küster. Conch. Cab. p. 123. n° 113. pl. 24. f. 2 à 9. et pl. A. f. 7.
* Poli. Test. Sicil. t. 3. 2e part. p. 8. pl. 45. f. 3 et 7.
* *Var. Conus rusticus*. Poli. t. 3. Loc. Cit. pl. 45. f. 4. 5. 6.
* Kammerer. Rudolst. Cab. pl. 6. f. 3.

---

tères spécifiques qui s'accordent très bien avec ceux d'une coquille que nous avons dans notre collection, mais dont la patrie nous est inconnue.

(1) M. Delle Chiaje, dans la seconde partie du 3e volume de l'ouvrage de Poli, prend une variété du Cône méditerranéen pour l'espèce de l'Océan de l'Inde, à laquelle Bruguières a donné le nom de *Conus cinereus*. Ces espèces se distinguent cependant avec la plus grande facilité.

* *Conus ignobilis.* Olivi. Adriat. p. 133.
* Payr. Cat. des Moll. de Corse. p. 171. n° 346.
* Philippi. Enum. Moll. Sicile. p. 237.
* Blainv. Faun. franç. p. 212. pl. 8. f. 3. 4. 5.

Habite dans la Méditerranée, et principalement dans le golfe de Tarente, où il se trouve en abondance et d'où je l'ai reçu. Mon cabinet. Ce Cône, dépouillé de son drap marin, a un aspect assez agréable, et se fait remarquer par ses nébulosités onduleuses, ainsi que par ses lignes transverses élégamment articulées. Ses tours de spire ne sont pas sensiblement striés, et ont leur bord élevé et appliqué. La base de la coquille est sillonnée transversalement. Ce Cône n'est pas le seul qui vive dans la Méditerranée; le Cône franciscain s'y trouve aussi, mais fort petit. Longueur : 22 lignes.

114. Cône pointillé. *Conus puncticulatus.* Brug.

C. testâ turbinatâ, basi sulcatâ, albidâ, seriebus approximatis punctorum fuscorum cinctâ; spirâ convexo-acutâ.

Seba. Mus. 3. t. 48. f. 46. 47.
Martini. Conch. 2. t. 55. f. 612. b.
Chemn. Conch. 10. t. 140. f. 1305.
Conus puncticulatus. Brug. Dict. no 92.
Encycl. pl. 381. f. 2.
Conus puncticulatus. Ann. ibid. n° 114.
[*b*] *Var. seriebus punctorum distantibus flammulisque longitudinalibus rufo-fuscis.*
Gualt. Test. t. 22. f. 2.
Favanne. Conch. pl. 19. fig. M 4.
Martini. Conch. 2. t. 55. f. 612. a.
Encycl. pl. 331. f. 8.
* *Conus leucostictus. Var.* ε. Gmel. n° 3389.
* Dillw. Cat. t. 1. p. 409. n° 107.
* Wood. Ind. Test. pl. 15. f. 102.
* Reeve. Conch. Icon. pl. 20. f. 116.
* Küster. Conch. Cab. p. 41. n° 28. pl. 6. f. 8.

Habite les côtes de la Chine. Petite coquille blanche ou un peu roussâtre, ornée de séries transverses de points bruns.

115. Cône chiné. *Conus mauritianus.* Brug.

C. testâ turbinatâ, basi sulcatâ, albâ, fulvo-maculatâ, punctis fuscis lunatis cinctâ; spirâ obtusâ.

Conus mauritianus. Brug. Dict. n° 93.
Encycl. p. 330. f. 9.

Conus mauritianus. Ann. ibid. p. 284. n° 115.
* Dillw. Cat. t. 1. p. 410. n° 108.
* Wood. Ind. Test. pl. 15. f. 103.
[b] *Var. aurantiâ, albo-maculatâ.*

Habite les mers d'Afrique. Collect. du Mus. pour la var. [b]. Cette coquille est d'une taille au-dessous de la moyenne. Elle offre, sur un fond blanc, des séries transverses de points bruns, souvent arqués en croissant, et des flammes longitudinales fauves, nuancées de brun et de violâtre, qui traversent ses lignes ponctuées. Sa variété est orangée ou fauve, et panachée élégamment de petites taches blanches, souvent confluentes. Les sillons de sa base sont un peu granuleux.

116. Cône cordelier. *Conus fumigatus*. Brug. (1)

C. testâ turbinatâ, rufo-castaneâ, albo-zonatâ; spirâ obtusâ, canaliculatâ.

D'Argenv. Conch. pl. 12. fig. D.
Martini. Conch. 2. t. 56. f. 618.
Conus fumigatus. Brug. Dict. n° 94.
Encycl. pl. 336. f. 7.
Conus fumigatus. Ann. ibid. n° 116.
* *Conus coffea*. Gmel. p. 3388. n° 31.
* *Id.* Dillw. Cat. t. 1. p. 390. n° 66.
* *Id.* Wood. Ind. Test. pl. 15. f. 62.
* Swains. Zool. Ill. 2e série. t. 2. pl. 68.
* Reeve. Conch. Icon. pl. 24. f. 135.

Habite les mers de l'Amérique. Il est d'un marron quelquefois rembruni, avec une zone blanche un peu au-dessous de son milieu. Sa spire est un peu canaliculée et forme à sa naissance un angle avec le reste du dernier tour, ce qui le distingue du Cône franciscain.

117. Cône chevalier. *Conus eques*. Brug.

C. testâ turbinatâ, albâ, luteo-fasciatâ; zonis binis ramosis macularum fulvarum; spirâ convexâ.

Favanne. Conch. pl. 14. fig. F 1.
Conus eques. Brug. Dict. n° 97.

---

(1) Le nom donné par Bruguières à ce Cône, doit être changé, car Gmelin lui en avait déjà imposé un autre quelques années auparavant. Gmelin a proposé le nom de *Conus coffea*, qui a été adopté par Dillwyn, et qui lui sera sans doute conservé dans la nomenclature.

Encycl. pl. 335. f. 9.
Conus eques. Ann. ibid. n° 117.
[*b*] *Var. albo-olivacea; maculis fuscis angulosis.*
Favanne. Conch. pl. 14. fig. F. 2.
*Dillw. Cat. t. 1. p. 394. no 74.
* Wood. Ind. Test. pl. 15. f. 70.
Habite l'Océan austral et les mers d'Amérique. Petite coquille, en Cône court, renflée dans sa partie supérieure, et qui offre, sur un fond blanc, deux zones de taches fauves ou d'un brun olivâtre, avec une fascie jaune vers son milieu.

118. Cône velours. *Conus luzonicus*. Brug.

C. testâ turbinatâ, albidâ, fusco interruptè fasciatâ punctisque sagittatis lacteo-articulatis lineatâ; spirâ convexâ, mucronatâ.
Favanne. Conch. pl. 17. fig. C.
Conus luzonicus. Brug. Dict. n° 98.
Encycl. pl. 338. f. 6.
Conus luzonicus. Ann. ibid. p. 285. n° 118.
* Dillw. Cat. t. 1. p. 386. n° 59.
* Wood. Ind. Test. pl. 14. f. 55.
[*b*] *Var. fulvo-cinnamomea, maculis lacteis subsagittatis bizonatâ.*
Habite l'Océan Austral, les côtes des îles Philippines. Mon cabinet pour la var. [b]. Coquille ovale-conique, renflée supérieurement, et qui offre, sur un fond blanc, deux bandes de taches d'un brun marron, et quantité de lignes transverses, articulées de points blancs sagittés et de points fauves très petits. La var. [b] paraît d'un fauve cannelle, parce que le fond est entièrement caché par cette couleur; mais une multitude de très petits points blancs et de taches lactées et trigones, formant deux bandes transverses, mettent ce fond à découvert. Long. : 18 lignes.

119. Cône chat. *Conus catus*. Brug.

C. testâ turbinatâ, albidâ, fulvo vel fusco-variegatâ; striis transversis elevatis numerosis; spirâ convexo-obtusâ, striatâ, variegatâ.
Martini. Conch. 2. t. 55. f. 609. 610.
Conus catus. Brug. Dict. no 99.
Encycl. pl. 332. f. 7.
Conus catus. Ann. ibid. n° 119.
[*b*] *Var. fusco-olivacea, albo-maculata.*
Knorr. Vergn. 3. t. 27. f. 5.
Encycl. pl. 332. f. 3.
[*c*] *Var. rubra papillosa.*

Encycl. pl. 332. f. 4.
* Regenf. Conch. t. 1. pl. 12. f. 68?
* *Conus leoninus. Var.* δ. Gmel. p. 3387.
* Schrot. Einl. t. 1. p. 64. nº 22.
* Fav. Conch. pl. 19. f. M 3. M 4?
* Dillw. Cat. t. 1. p. 379. nº 44.
* Wood. Ind. Test. pl. 14. f. 41.
* Schub. et Wagn. Suppl. à Chemn. p. 62. pl. 222. f. 3076.
* Reeve. Conch. Icon. pl. 15. f. 79.
* Küster. Conch. Cab. p. 27. nº 15. pl. 3. f. 6.

Habite l'Océan des Antilles, les côtes du Sénégal, de l'Ile-de-France, etc. Mon cabinet. Coquille commune, courte, de taille médiocre, et sans beauté remarquable. Elle est panachée de blanc et de fauve ou de brun, et bien distincte par ses stries transverses, élevées et nombreuses. Longueur: environ 18 lignes.

120. Cône varioló. *Conus verrucosus.* Brug.

C. testâ turbinatâ, sulcatâ, granulatâ, albidâ vel flavidâ, fulvo-variegatâ; spirâ acuminatâ, granosâ.

Favanne Conch. pl. 18. fig. H.
Martini. Conch. 2. t. 55. f. 612. c.
Conus verrucosus. Brug. Dict. nº 100.
Encycl. pl. 333. f. 4.
Conus verrucosus. Ann. ibid. nº 120.
[*b*] *Var. alba, non variegata.*
Lister. Conch. t. 756. f. 8.
Martini. Conch. 2. t. 55. f. 612. d.
* Dillw. Cat. t. 1. p. 410. nº 110.
* Wood. Ind. Test. pl. 15. f. 105.
* Reeve. Conch. Icon. pl. 37. f. 201.

Habite les mers d'Afrique, les côtes du Sénégal, de Mosambique, etc. Mon cabinet. Ce Cône est petit, assez commun, et remarquable par ses granulations et sa spire très pointue. Longueur : 10 lignes trois quarts.

121. Cône acutangle. *Conus acutangulus.* Chemn.

C. testâ oblongo-turbinatâ, subfusiformi, albidâ, fulvo vel rubro-maculatâ; sulcis transversis punctato-pertusis; spirâ elevatâ, peracutâ.

Conus acutangulus. Chemn. Conch. 11. t. 182. f. f. 1772. 1773.
Conus acutangulus. Ann. ibid. p. 286. nº 121.
* Reeve. Conch. Icon. pl. 37. f. 200.
* Küster. Conch. Cab. p. 86. nº 72. pl. 14. f. 9. 10.

Habite les mers des Grandes-Indes. Coquille petite, effilée, presque fusiforme, offrant des sillons transverses munis de points enfoncés. Elle est blanche, et ornée de taches d'un fauve orangé ou rougeâtre. Ses rapports semblent la rapprocher de la suivante.

122. Cône pluie-d'argent. *Conus mindanus.* Brug.

C. testá turbinatá, basi sulcatá, albá, puniceo-variegatá, lineis numerosis puncticulatis cinctá; spirá acuminatá.

Conus mindanus. Brug. Dict. n° 105.

Encycl. pl. 330. f. 7.

Conus mindanus. Ann. ibid. n° 122.

* Dillw. Cat. t. 1. p. 412. n° 115.

* Wood. Ind. Test. pl. 15. f. 110.

* *Conus elventinus.* Duclos. Mag. de Zool. 1833. pl. 19.

* *Id.* Sow. jun. Conch. Ill. pl. 9. f. 65.

* *Conus mindanus.* Reeve. Conch. Icon. pl. 20. f. 115.

Habite les côtes des îles Philippines. Mon cabinet. Il est moins effilé, moins fusiforme que le précédent, et offre, sur un fond blanc, des taches ou nébulosités, soit rouges, soit violâtres. Ce Cône est très rare. Longueur : 19 lignes.

123. Cône pluie-d'or. *Conus japonicus.* Brug.

C. testá turbinatá, basi sulcatá, luteá, albo-interspersá; lineis fuscis interruptis punctatis; spirá acuminatá.

Conus japonicus. Brug. Dict. n° 104.

Encycl. pl. 330. f. 3.

Conus japonicus. Ann. ibid. n° 123.

* Dillw. Cat. t. 1. p. 413. n° 116.

* Wood. Ind. Test. pl. 15. f. 109.

Habite les côtes du Japon. Il est petit, jaune, flambé de blanc et de fauve ou d'orangé, et garni de lignes transverses brunes ou d'un fauve foncé, interrompues par des points blancs. Un peu au-dessous de son milieu, on voit une zone blanche bordée de lignes circulaires à points plus gros et plus foncés que ceux des autres rangs.

124. Cône jaunisse. *Conus pusio.* Brug. (1)

C. testá turbinatá, flavescente, variegatá; lineis transversis albo fuscoque articulato-punctatis; spirá acuminatá; fauce violaceá.

---

(1) Bruguières a eu tort de nommer cette espèce *Conus pusio*, parce que Gmelin lui avait déjà donné le nom de *Conus jaspideus* qui doit rester à cause de son antériorité. M. Sowerby le

Martini. Conch. 2. t. 55. f. 612.
Conus pusio. Brug. Dic. nº 103.
Encycl. pl. 334. f. 4.
Conus pusio. Ann. ibid. nº 124.
[*b*] *Var alba, pallidè rufo nebulata.*
Favanne. Conch. pl. 18. fig. I 1. I 2.
* *Conus jaspideus*. Gmel. p. 3387. nº 28.
* Schrot. Einl. t. 1. p. 64. nº 24.
* *Id.* Dillw. Cat. t. 1. p. 411. nº 113.
* *Id.* Wood. Ind. Test. pl. 15. f. 108.
Habite l'Océan des Antilles. Petit Cône, d'un fond jaunâtre ou fauve, tacheté de brun ou de marron, et ayant des lignes ponctuées. Son ouverture est violette.

125. Cône colombe. *Conus columba*. Brug. (1)

C. testâ turbinatâ, infernè sulcatâ, albâ vel roseâ; spirâ convexâ acuminatâ.
Gualt. Test. t. 25. fig. G.
Favanne. Conch. pl. 18. fig. K 1.
Conus columba. Brug. Dict. nº 101.
Encycl. pl. 334. f. 3.
Conus columba. Ann. ibid. p. 422. nº 125.
[*b*] *Var. candida, basi striata; lineis binis subgranosis.*
[*e*] *Var. testâ majore, penitùs candidâ.*
Encycl. pl. 331. f. 3.
* Dillw. Cat. t. 1. p. 411. nº 111. *Exclusiv. var.*
* Wood. Ind. Test. pl. 15. f. 106.
* Schub. et Wagn. Suppl. à Chemn. p. 48. pl. 221. f. 3067.
* Reeve. Conch. Icon. pl. 18. f. 97.
* Küster. Conch. Cab. p. 10. nº 3. pl. 1. f. 4.

---

jeune donne encore le nom de *Pusio* à une espèce différente de celle-ci, tandis que M. Reeve pense que le *Pusio* de la collection de Lamarck est une variété du *Mediterraneus*.

(1) Lamarck considère comme variété de cette espèce une coquille fort différente et qui a beaucoup plus de ressemblance avec le *Conus lacteus*; aussi il convient de faire passer cette variété du *Columba* au *Lacteus*. La variété (C) elle-même constitue une seconde espèce à laquelle M. Reeve a donné le nom de *Conus parius*.

Habite l'Océan Asiatique. Mon cabinet. Petite coquille unicolore, toute blanche ou d'un blanc purpurin ou rosé. Longueur : 9 lignes trois quarts.

126. Cône croisé. *Conus madurensis*. Brug.

C. testâ turbinatâ, viridescente, albo et fulvo-nebulatâ; lineis transversis fusco alboque notatis ; spirâ acuminatâ.

Favanne. Conch. pl. 17. fig. E 1. E 2.

Conus madurensis. Brug. Dict. n° 102.

Encycl. pl. 333. f. 3.

Conus madurensis, Ann. ibid. n° 126.

* Dillw. Cat. t. 1. p. 411. n° 112.

* Wood. Ind. Test. pl. 15. f. 107.

* Reeve. Conch. Icon. pl. 44. f. 237.

Habite l'Océan Asiatique. Ce Cône offre, sur un fond verdâtre, plusieurs zones inégales, formées de nébulosités blanches et fauves, et des lignes transverses, ponctuées de fauve et de blanc. Sa spire est élevée et très pointue. Taille au-dessous de la moyenne.

127. Cône bois-de-frêne. *Conus nemocanus*. Brug.

C. testâ turbinatâ, lutescente, zonis filisque tenuissimis undulatis approximatis fulvis cinctâ ; spirâ obtusâ, striato-punctatâ, fusco-maculatâ ; fauce subcæruleâ.

Conus nemocanus. Brug. Dict. n° 106.

Encycl. pl. 338. f. 5.

Conus nemocanus, Ann. ibid. n° 127.

* Dillw. Cat. t. 1. p. 397. n° 79.

* Wood. Ind. Test. pl. 15. f. 75.

* Schub. et Wagn. Suppl. à Chemn. p. 38. pl. 220. f. 3056.

* Reeve. Conch. Icon. pl. 28. f. 161.

* Küster. Conch. Cab. p. 19. n° 9. pl. 2. f. 7.

Habite l'Océan Pacifique, sur les côtes de l'île de Nemoca. Coquille très rare, assez belle, d'une taille au-dessus de la moyenne, et d'une forme qui approche de celle du Cône memnonite, mais dont la spire n'est point couronnée. Sur un fond jaunâtre ou roussâtre, ce Cône offre quantité de zones fauves, entre lesquelles on voit des fils transverses, onduleux, pareillement fauves, et d'une extrême finesse. Sa spire est convexe, striée, piquetée, et panachée de brun marron sur un fond blanchâtre.

128. Cône treillissé. *Conus cancellatus*. Brug.

C. testâ turbinatâ, sulcis transversis striisque profundis longitudinalibus decussatim cancellatâ, albâ; spirâ acuminatâ.

Conus cancellatus. Brug. Dict. n° 107.
Encycl. pl. 338. f. 1.
Conus cancellatus. Ann. ibid. p. 423. n° 128.
* Dillw. Cat. t. 1. p. 402. n° 87.
* Wood. Ind. Test. pl. 15. f. 83.

Habite l'Océan Pacifique, sur les côtes de l'île d'Owhyhée. Bruguières le regarde comme l'analogue vivant du Cône perdu, que l'on trouve en France dans l'état fossile.

129. Cône en fuseau. *Conus fusiformis.* Lamk.

C. testâ turbinato-fusiformi, striis tenuissimis transversis et longitudinalibus obsoletè cancellatâ, pallidè albâ, vix roseâ; spirâ elevatâ, acutâ, anfractibus convexis.

Conus fusiformis. Ann. ibid. n° 129.

Habite... l'Océan Pacifique? Mon cabinet. Ce Cône, très rare, paraît voisin du précédent, et semble tenir le milieu entre cette espèce ou le Cône perdu et le Cône antédiluvien. Il est d'un blanc pâle, légèrement rosé, et a sa spire plus élevée que le Cône treillissé, et moins effilée que le Cône antédiluvien. Il est finement et obscurément treillissé; néanmoins ses stries transverses paraissent plus que les longitudinales. Longueur: 21 lignes trois quarts.

130. Cône bleuâtre. *Conus cærulescens.* Lamk. (1)

C. testâ turbinatâ, pallidè cæruleâ, maculis fulvis adspersâ, obsoletè fasciatâ; sulcis transversis remotiusculis; spirâ convexo-acutâ; fauce cæruleâ.

---

(1) Lamarck a fondé cette espèce avec une variété assez constante du *Conus cinereus;* ces erreurs étaient faciles dans un temps où les collections n'avaient qu'un petit nombre d'individus de chaque espèce; il était bien excusable alors d'établir deux espèces avec les variétés extrêmes d'une série dont nous avons aujourd'hui tous les intermédiaires sous les yeux. Lamarck ne s'est point souvenu qu'avant lui, Chemnitz avait déjà décrit et figuré une autre espèce de Cône sous le nom de *Cœrulescens.* Ainsi en supprimant des catalogues le *Conus Cœrulescens* de Lamarck, il faut y substituer l'espèce de Chemnitz. M. Reeve a supprimé le *Cœrulescens* de Lamarck et l'a fait rentrer dans la synonymie du *Cinereus,* mais il n'a pas rétabli l'espèce de Chemnitz.

Conus lividus. Chemn. Conch. 11. t. 183. f. 1776. 1777.
Conus cœrulescens. Ann. ibid. n° 130.
* *Conus rusticus.* Var. B. Dillw. Cat. p. 387.
* Küster. Conch. Cab. p. 101. n° 89. pl. 19. f. 3. 4.

Habite les mers des Moluques. Cette espèce paraît avoir l'ouverture lâche, et avoisiner le Cône spectre, par quelques rapports.

131. Cône aurore. *Conus aurora.* Lamk. (1)

C. testâ oblongo-turbinatâ, subventricosâ, basi sulcatâ, coccineâ; fasciis binis angustis albidis; spirâ convexo-acutâ.

Conus rosaceus. Chemn. Conch. 11. t. 181. f. 1756. 1757.
Conus aurora. Ann. ibid. n° 131.
* *Conus rosaceus.* Dillw. Cat. t. 1. p. 433. n° 158.
* *Id.* Wood. Ind. Test. pl. 16. f. 153.
* Sow. jun. Conch. Ill. pl. 1. f. 7.
* Reeve. Conch. Icon. pl. 12. f. 62.
* Küster. Conch. Cab. p. 93. n° 82. pl. 16. f. 12. 13.

Habite... Collect. du Mus. Coquille mince, un peu ventrue, enroulée d'une manière lâche, et uniformément d'un rouge écarlate obscur ou rembruni. Elle offre deux zones blanchâtres et étroites dont une peu apparente, est située à la naissance de la spire, et l'autre au-dessous du milieu du dernier tour. Elle se rapproche du Cône préfet par ses rapports; mais elle est moins effilée, et d'une autre couleur. Longueur: près de 2 pouces.

132. Cône violet. *Conus taitensis* Brug. (2)

C. testâ turbinatâ, transversìm striatâ, violaceo-nigricante; maculis et punctis raris albis; spirâ obtusâ, striatâ.

Conus taitensis. Brug. Dict. n° 108.
Encycl. pl. 336. f. 9.
Conus taitensis. Ann. ibid. p. 424. n° 132.
* Dillw. Cat. t. 1. p. 406, n° 97.
* Wood. Ind. Test. pl. 15. f. 93.

---

(1) Si cette espèce de Lamarck est bien la même que celle de Chemnitz mentionnée dans la synonymie, elle devra reprendre son premier nom de *Conus rosaceus.*

(2) M. Reeve considère ce Cône comme une variété du *Rattus*; nous ne partageons pas cette opinion, car nous trouvons dans le *Conus taitensis* des caractères constans de forme et de couleur qui le rendent assez facile à distinguer du *Rattus.*

* *Conus rattus*. Sow. jun. Conch. Ill. pl. 22. f. 137.

Habite dans l'Océan Pacifique, sur les côtes de l'île d'Otaïti. Coquille rare, d'une taille au-dessous de la moyenne, et qui est en Cône court, bombé supérieurement. Elle est d'un violet foncé ou noirâtre, et offre un rang de taches blanches, nuées de bleu clair, à la naissance de sa spire.

133. Cône d'Adanson. *Conus Adansonii*. Lamk. (1)

C. testâ oblongo-turbinatâ, cinereo-flavescente; fasciâ albidâ interruptâ; lineis transversis punctorum fuscorum numerosis; spirâ convexo-acutâ, striatâ, maculatâ.

Adans. Seneg. pl. 6. f. 6, le Cholin.
Conus jamaicensis. Brug. Dict. 90. [var. b.
Encycl. pl. 343. f. 7.
Conus Adansonii. Ann. ibid. n° 133.
* Dillw. Cat. t. 1. p. 420. n° 134.
* Wood. Ind. Test. pl. 16. f. 129.

Habite les mers du Sénégal. Mon cabinet. Ce Cône, au lieu d'être une variété du Cône pavillon, en serait plutôt une du Cône radis; mais il est distinct de ce dernier par ses couleurs et par sa spire. Longueur : 13 lignes et demie.

134. Cône ambassadeur. *Conus tinianus*. Brug.

C. testâ turbinatâ, cinnabarinâ, maculis pallidè cæsiis nebulatâ; punctis fulvis interspersis; spirâ convexâ.

Conus tinianus. Brug. Dict. n° 109.
Encycl. pl. 338. f. 2.
Conus tinianus. Ann. ibid. n° 134.
* Dillw. Cat. t. 1. p. 403. n° 90.
* Wood. Ind. Test. pl. 15. f. 86.
* Schub. et Wagn. Suppl. à Chemn. p. 39. pl. 220. f. 3057.
* Reeve. Conch. Icon. pl. 43. f. 236.
* Küster. Conch. Cab. p. 20. n° 10. pl. 2. f. 8.

---

(1) M. Reeve n'ayant pas reconnu le *Conus Adansonii*, a pris pour lui de petites variétés du *Conus magus*; il faut recourir à l'ouvrage d'Adanson pour suppléer à la brièveté de la description de Lamarck. Aucune espèce, dans l'ouvrage de M. Reeve, ne se rapproche davantage de l'*Adansonii* que le *Conus metcalfii*, et la figure 193 de la planche 43 n'appartient pas non plus au *Conus Adansonii*.

Habite la mer Pacifique, sur les côtes de l'île de Tinian. Coquille très rare, d'un rouge vif, nuée de taches d'un bleu cendré clair. Elle est longue de 22 lignes, selon Bruguières.

135. Cône de Porto-Ricco. *Conus portoricanus*. Brug.

C. testâ turbinatâ, granulatâ, albâ, fulvo-maculatâ; spirâ convexo-mucronatâ.

Conus portoricanus. Brug. Dic. n° 110.

Encycl. pl. 338. f. 4.

Conus portoricanus. Ann. ibid. n° 135.

* Dillw. Cat. t. 1. p. 403. n° 89.

* Wood. Ind. Test. pl. 15. f. 85.

* Reeve. Conch. Icon. pl. 39. f. 212.

Habite les mers des Antilles, sur les côtes de Porto-Ricco. Il est granuleux, blanc, et orné de taches fauves ou citrines, irrégulières et longitudinales. Sa longueur est de 18 lignes, selon Bruguières.

136. Cône safrané. *Conus crocatus*. Lamk.

C. testâ oblongo-turbinatâ, aurantiâ; maculis albis subtrigonis fasciatìm sparsis; striis transversis obsoletis; spirâ convexo-acutâ.

Conus crocatus. Ann. ibid. n° 136.

* Reeve. Conch. Icon. pl. 1. f. 6.

Habite les mers des Grandes-Indes. Mon cabinet. Joli Cône, bien distinct de tous ceux qui ont été décrits. Sur un fond d'un beau jaune orangé, il offre des taches d'un blanc de lait, les unes trigones, les autres arrondies, ou ovales ou oblongues. Ces taches sont peu rares, éparses, et presque disposées en bandes, soit transverses, soit longitudinales. L'angle de la naissance de la spire est arrondi. Longueur : près de 22 lignes.

137. Cône aimable. *Conus amabilis*. Lamk. (1)

C. testâ turbinatâ, incarnatâ, purpureo-nebulatâ; fasciis tribus macularum albarum; striis transversis subtilissimè puncturatis; spirâ obtusâ, variegatâ.

An conus festivus? Chemn. Conch. 11. t. 182. f. 1770. 1771.

Conus amabilis. Ann. ibid. p. 425. n° 137.

---

(1) Le *Conus festivus* de Chemnitz est bien certainement le même que l'*Amabilis* de Lamarck. De cette identité constatée résulte la nécessité de restituer à l'espèce son premier nom de *Conus festivus*.

* Kammer. Rudolst. Cab. pl. 5. f. 4?
* Dillw. Cat. t. 1. p. 413. n° 116. *Conus festivus.*
* *Id.* Wood. Ind. Test. pl. 16. f. 111.
* Delessert. Rec. de Coq. pl. 40. f. 13.
* Reeve. Conch. Icon. pl. 11. f. 57.
* Küster. Conch. Cab. p. 87. n° 73. pl. 14. f. 11. 12.

Habite... les mers des Grandes-Indes? Mon cabinet. Jolie coquille, offrant, sur un fond incarnat nué de pourpre, des taches blanches régulières, disposées en trois zones, dont une à la naissance de la spire, la seconde dans le milieu, et la troisième à la base du dernier tour où elle est peu apparente. La spire est convexe, obtuse, striée et panachée de rouge et de blanc. Les stries sont finement piquetées, Longueur : 20 lignes.

138. Cône d'Oma. *Conus omaicus.* Brug. (1)

C. testâ cylindraceo-turbinatâ, aurantiâ, albo-trifasciatâ; zonis et lineis numerosis fulvo alboque distinctis, sæpiùs notulis litterarum signatis; spirâ obtusâ, canaliculatâ, maculatâ.

D'Argenv. Conch. Append. pl. 1. fig. Y. *Mala.*
Favanne. Conch. pl. 17. fig. F. *Mala.*
Martini. Conch. 2. t. 53. f. 590.
Chemn. Conch. 10. t. 143. f. 1331. 2.
Conus omaicus. Brug. Dict. n° 111.
Conus thomæ. Gmel. p. 3394. n° 70.
Encycl. 339. f. 3.
Conus omaicus. Ann. ibid. n° 138.
* Shrot. Einl. t. 1. p. 62. n° 16.
* *C. tomæ.* Dillw. Cat. t. 1. p. 372. n° 35.
* *Id.* Wood. Ind. Test. pl. 14. f. 32.
* Sow. jun. Conch. Ill. pl. 18. f. 115.
* Reeve. Conch. Syst. t. 2. p. 270. pl. 293. f. 115.
* Reeve. Conch. Icon. pl. 10. f. 50.
* Küster. Conch. Cab. p. 49. n° 36. pl. 7. f. 11.
* Kiener. Spec. des Coq. pl. 32. f. 2.

Habite l'Océan Asiatique, sur les côtes de l'île d'Oma. Coll. du Mus.

---

(1) Le nom de cette espèce doit être changé, car Gmelin avant Bruguières lui avait donné le nom de *Conus thomæ*; ce nom a été adopté par Chemnitz, Dillwyn et ceux des auteurs qui aiment à conserver la nomenclature.

Coquille très belle, très rare, l'une des plus précieuses de son genre, et dont il se trouve deux beaux exemplaires au Muséum de Paris. Elle est d'un jaune orangé, presque ferrugineux, ornée de zones blanches, de cordelettes ponctuées, et de quantité de lignes transverses, serrées, ponctuées de blanc et de fauve. Longueur : 2 pouces 5 lignes, selon Bruguières.

139. Cône noble. *Conus nobilis.* Lin.

C. testâ cylindraceo-turbinatâ, luteo-citrinâ; maculis sparsis albis trigono-rotundatis; lineis transversis fulvo alboque articulatis; spirâ plano-concavâ, mucronatâ.

Conus nobilis. Lin. Syst. nat. éd. 12. p. 1168. Gmel. p. 3381. n° 13.
Seba. Mus. 3. t. 43. f. 15. 14.
Favanne. Conch. pl. 14. fig. E 2.
Martini. Conch. 2. t. 62. f. 689.
Chemn. Conch. 10. t. 141. f. 1312.
Conus nobilis. Brug. Dict. n° 112.
Encycl. pl. 339. f. 8.
Conus nobilis. Ann. ibid. n° 139.
[*b*] *Var. fulvo-castanea, bizonata.*
Chemn. Conch. 10. t. 141. f. 1313. 1314.
Encycl. p. 339. f. 7.
* Lin. Mus. Ulric. p. 554.
* Schrot. Einl. t. 1. p. 36.
* Dillw. Cat. t. 1. p. 380. n° 45.
* Wood. Ind. Test. pl. 14. f. 42.
* Sow. Genera of Shells. f. 3.
* Sow. jun. Conch. Ill. pl. 18. f. 116. 117.
* Reeve. Conch. Syst. t. 2. p. 270. pl. 293. f. 116. 117.
* Reeve. Conch. Icon. pl. 1. f. 2. a. b. c.
* Delessert. Rec. de Coq. pl. 40. f. 10. a. b.
* Küster. Conch. Cab. p. 30. n° 18. pl. 4. f. 5. 6. 7. pl. 18. f. 7.

Habite l'Océan des Grandes-Indes, particulièrement des Moluques. Mon cabinet. Très belle coquille, toujours rare, fort recherchée dans les collections, et à laquelle on donne vulgairement le nom de *Damier chinois.* Elle est d'un jaune citron, et ornée d'une multitude de taches blanches à la manière du Cône damier, entre lesquelles on aperçoit des lignes transverses articulées. Longueur : 2 pouces 1 ligne.

140. Cône d'orange. *Conus aurisiacus.* Lin. (1)

C. testâ oblongo-turbinatâ, basi emarginatâ, incarnatâ, albo-zonatâ;

---

(1) Dans la 10e édition du *Systema*, Linné dans sa synonymie

striis elevatis albo fuscoque tessulatis; spirâ obtusâ, canaliculatâ, maculatâ.

Conus aurisiacus. Lin. Syst. nat. éd. 12. p. 1170. Gmel. p. 3392. n° 56.
Rumph. Mus. t. 34. fig. A.
Petiv. Amb. t. 7. f. 7.
D'Argenv. Conch. Append. pl. 1. fig. I.
Favanne. Conch. pl. 17. fig. K 1.
Seba. Mus. 3. t. 48. f. 7.
Knorr. Vergn. 1. t. 8. f. 3. et 5. t. 24. f. 1.
Martini. Conch. 2. t. 57. f. 636. 637.
Conus aurisiacus. Brug. Dict. n° 116.
Encycl. p. 339. f. 4.
Conus aurisiacus. Ann. ibid. p. 426. n° 140.
* Lin. Syst. nat. éd. 10. p. 716.
* Valentyn Amb. pl. 12. f. 102. a. b. c.
* Schrot. Einl. t. 1. p. 49. n° 27.
* Dillw. 4. t. 1. p. 419. n° 121.
* Wood. Ind. Test. pl. 16. f. 126.
* Sow. jun. Conch. Ill. pl. 16. f. 110.
* Reeve. Conch. Icon. pl. 5. f. 29.
* Delessert. Rec. de Coq. pl. 40. f. 12. a. b.
* Küster. Conch. Cab. p. 95. n° 84. pl. 17. f. 4. 5.

Habite l'Océan Asiatique. Mon cabinet. Ce Cône est sans contredit un des plus beaux, des plus rares et des plus précieux de son genre. Sur un fond couleur de chair et presque rose, il offre des zones blanches ou blanchâtres, et des cordelettes transverses articulées de brun foncé et de blanc. La zone du milieu est plus blanche que les deux autres. Sa spire, qui est canaliculée, est élégamment tachetée de brun noirâtre sur un fond rose. Vulg. l'*Amiral d'Orange*. Long. : 2 pouces 2 lignes.

141. Cône terme. *Conus terminus*. Lamk.

C. testâ cylindraceâ, elongatâ, lævi, albâ; maculis irregularibus luteo-fulvis; spirâ convexo-acutâ, canaliculatâ : anfractuum marginibus elevatis.

---

cite la fig. H de la pl. 15 de d'Argenville; cette figure représente une variété du *Conus ammiralis*. Plus tard, Linné donne cette figure de d'Argenville pour unique synonymie de son *Conus vicarius*, espèce qui nous est restée inconnue, sa description étant insuffisante.

Conus terminus. Ann. ibid. n° 141.
* Karsten. Mus. Leskeanum. t. 1. pl. 5. f. 1. a. b.
* Reeve. Conch. Icon. pl. 7. f. 39.
Habite l'Océan Asiatique. Collect. du Mus. Quoique cette espèce ait beaucoup de rapports avec la suivante, elle est plus allongée, plus cylindrique, et ne paraît nullement striée; mais elle est sillonnée ou ridée à sa base. Ce Cône offre des taches irrégulières et d'un jaune roux, sur un fond blanc. Ses tours de spire, par leur bord élevé et saillant au-dessus des sutures, le rendent remarquable. Longueur : près de 3 pouces.

142. Cône strié. *Conus striatus*. Lin.

C. testâ cylindraceo-turbinatâ, basi rugosâ, albâ vel albo-roseâ, fulvo aut fusco-maculatâ; striis tenuissimis transversis, ad maculas albas interruptis; spirâ obtusâ, canaliculatâ.
Conus striatus. Lin. Syst. nat. édit. 12. pag. 1171. Gmel. pag. 3393. n° 58.
Lister. Conch. t. 760. f. 6.
Rumph. Mus. t. 31. fig. F.
Petiv. Amb. t. 15. f. 4.
Gualt. Test. t. 26. fig. D.
D'Argenv. Conch. pl. 13. fig. C.
Favanne. Conch. pl. 19. fig. N. *Summo tabulæ.*
Seba. Mus. 3. t. 42. f. 5-11.
Knorr. Vergn. 1. t. 18. f. 1. et 3. t. 12. f. 5. et t. 21. f. 1.
Adans. Seneg. pl. 6. f. 2. le Melar.
Martini. Conch. 2. t. 64. f. 714-716.
Conus striatus. Brug. Dict. n° 120.
Encycl. pl. 340. f. 1.
Conus striatus. Ann. ibid. n° 142.
Knorr. Vergn. 3. t. 22. f. 4.
Encycl. pl. 340. f. 3.
[*b*] *Var. nigra; maculis albis roseo et cæruléo-tinctis.* [L'Ecorché noir.]
Encycl. pl. 340. f. 2.
[*c*] *Var. albido-carnea; maculis fulvis cærulescentibus.* [L'Ecorché broché.]
[*d*] *Var. alba; maculis fulvis laceris araneas figurantibus.* [L'Ecorché araignée.]
* Mus. Gottw. pl. 12. f. 83.
* Regenf. Conch. t. 1. pl. 8. f. 13.
* Valentyn. Amboina. pl. 7. f. 60. 61.

* Lin. Syst. nat. éd. 10. p. 716.
* Lin. Mus. Ulric. p. 561.
* Schum. Nouv. Syst. p. 205.
* Born. Mus. Cæs. Vind. Test. p. 165.
* Schrot. Einl. t. 1. p. 51. nº 29.
* Dillw. Cat. t. 1. p. 423. nº 137.
* Wood. Ind. Test. pl. 16. f. 132.
* Quoy et Gaim. Astr. t. 3. p. 89. pl. 52. f. 10. 10.
* Reeve. Conch. Icon. pl. 32. f. 179.
* Küster. Conch. Cab. p. 121. nº 111. pl. 23. f. 6 à 8.
* Kiener. Spec. des Coq. pl. 47. f. 1.

Habite l'Océan des Grandes-Indes, des Moluques, etc. Mon cabinet. Grande et belle coquille, assez commune dans les collections, finement striée en travers, vivement colorée, et qu'on nomme vulgairement l'*Écorché*. Longueur : 3 pouces 5 lignes.

143. Cône gouverneur. *Conus gubernator*. Brug.

C. testâ oblongo-turbinatâ, supernè ventricosâ, in medio depressiusculâ, albido-roseâ; maculis oblongis fuscis sublineatis; spirâ obtusâ, canaliculatâ, mucronatâ.

Conus gubernator. Brug. Dict. nº 121.
Encycl. pl. 340. f. 5.
Conus gubernator. Ann. ibid. nº 142 bis.

[*b*] *Var. elongatâ, pallidè cæruleâ, fulvo-aurantio-bifasciatâ, cinnamomeo difformiter maculatâ.* [L'Ecorché orangé.]

[*c*] *Var. albido-cærulea; flammis longitudinalibus laciniatis fusco-castaneis.* [L'Ecorché flambé.]

Encycl. pl. 340. f. 6.
Encyclop. pl. 340. f. 4.
* Dillw. Cat. t. 1. p. 423. nº 138.
* Wood. Ind. Test. pl. 16. f. 133.
* Schub. et Wagn. Suppl. à Chemn. p. 43. pl. 221. f. 3063.
* Reeve. Conch. Icon. pl. 12. f. 59.
* Kuster. Conch. Cab. p. 10. nº 4. pl. 1. f. 9.

Habite l'Océan des Grandes-Indes. Mon cabinet. Ce Cône avoisine de très près le précédent par ses rapports; néanmoins il en diffère en ce qu'il est plus effilé, assez bombé antérieurement, légèrement déprimé vers son milieu, et que sa superficie est presque entièrement lisse, n'ayant que quelques stries circulaires, écartées et peu apparentes. Ces dernières s'interrompent aussi sur les parties blanches de la coquille, de même que dans le Cône strié. Vulg. l'*Écorché à dépression*. Longueur : 3 pouces 2 lignes.

144. Cône granuleux. *Conus granulatus*. Lin. (1)

C. testâ cylindraceo-turbinatâ, transversìm sulcatâ, coccineâ; fasciâ albâ; sulcis subgranulatis, purpureo-punctatis; spirâ convexo-acutâ, variegatâ.

Conus granulatus. Lin. Syst. nat. éd. 12. p. 1170. Gmel. p. 3391. n° 52.
Lister. Conch. t. 760. f. 5.
Seba. Mus. 3. t. 48. f. 21. 22. 26.
Knorr. Vergn. 3. t. 6. f. 5. et 5. t. 24. f. 2.
Favanne. Conch. pl. 15. fig. G 2.
Martini. Conch. 2. t. 52. f. 574. 575.
Conus granulatus. Brug. Dict. n° 114.
Encycl. pl. 339. f. 9.
Conus granulatus. Ann. ibid. p. 427. n° 143.
* Lin. Syst. nat. éd. 10. p. 716.
* Lin. Mus. Ulric. p. 560.
* Born. Mus. Cæs. Vind. Test. p. 163.
* Schrot. Einl. t. 1. p. 49. n° 26. *Syn. exclus.*
* *Conus lætus*, Gmel. p. 3391. n° 47.
* Dillw. Cat. t. 1. p. 418. n° 129.
* Wood. Ind. Test. pl. 16. f. 124.
* Reeve. Conch. Icon. pl. 5. f. 27.
* Küster. Conch. Cab. p. 89. n° 76. pl. 15. f. 9. 10.

Habite l'Océan Américain, les côtes de Surinam et celles du Brésil. Mon cabinet. Ce Cône, dans un bel état de conservation, est d'un rouge écarlate avec une zone blanche, et a toute sa superficie marquée de cannelures transverses, subgranuleuses, dont plusieurs sont ornées de points bruns ou marrons. Vulg. l'*Amiral d'Angleterre*. Longueur : 2 pouces.

145. Cône tarière. *Conus terebra*. Born.

C. testâ cylindraceo-turbinatâ, albidâ vel albido-rubellâ; striis transversis elevatis fasciisque binis flavescentibus; spirâ convexo-obtusâ.

Favanne. Conch. pl. 17. fig. K 2.
Martini. Conch. 2. t. 52. f. 577.
Conus terebra. Brug. Dict. no 117.

---

(1) Quoique très courte, la description que Linné donne de cette espèce dans la 10e édition du *Systema naturæ*, suffit cependant pour la faire reconnaître, mais la synonymie qu'il lui attribue doit être entièrement rejetée, comme erronée.

Conus terebellum. Gmel. p. 3390. n° 44. *Exclus. varietatibus.*
Encycl. pl. 339. f. 1.
Conus terebra. Ann. ibid. n° 144.
[*b*] *Var. alba; fasciis nullis.*
Encycl. pl. 339. f. 2.
* Born. Mus. Cæs. Vind. Test. p. 162. Vign. f, c.
* Dillw. Cat. t. 1. p. 420. n° 132.
* Wood. Ind. Test. pl. 16. f. 127.
* Swain. Zool. Ill. 1re série. t. 2. pl. 79.
* Sow. Genera of Shells. f. 6.
* Reeve. Conch. Icon. pl. 7. f. 38.
* Küster. Conch. Cab. p. 87. n° 74. pl. 15. f. 1.
* Kiener. Spec. des Coq. pl. 34. n° 2.

Habite les mers des Grandes-Indes. Mon cabinet. Ses stries élevées et transverses ceignent son dernier tour dans toute sa longueur. Sa spire est singulière par l'aplatissement du bord supérieur de chaque tour. Vulg. le *Bout-de-Chandelle*. Longueur : près de 2 pouces 4 lignes.

146. Cône véruleux. *Conus verulosus*. Brug. (1)

C. testâ cylindraceo-turbinatâ, transversim sulcatâ, albâ; sulcis prominulis, obtusis : inferioribus majoribus, laxioribus; spirâ convexo-acutâ.

Favanne. Conch. pl. 15. fig. G 3.
Conus verulosus. Brug. Dict. n° 115.
Encycl. pl. 341. f. 7.
Conus verulosus. Ann. ibid. n° 145.
* *Conus fusus*, Dillw. Cat. t. 1. p. 419. n° 130.
* *Id.* Wood. Ind. Test. pl. 16. f. 125.
* Schub. et Wagn. Suppl. à Chemn. p. 47, pl. 221. f. 3066.
* Küster. Conch. Cab. p. 9. n° 2. pl. 1. f. 3.

Habite les mers de l'Amérique. Mon cabinet. Voisin du précédent par ses rapports, ce Cône est blanc, sans fascies, et offre, dans toute sa longueur, des sillons transverses, un peu écartés, surtout inférieure-

---

(1) Dillwyn rapporte cette espèce au *Conus fusus* de Gmelin, mais nous pensons qu'il a tort, car ce *Conus fusus* est fondé sur une mauvaise figure de *Martini* que Lamarck a repoussée judicieusement de sa synonymie; ce Cône doit donc conserver son nom actuel, jusqu'à ce qu'il soit prouvé qu'en effet celui de *Martini* lui est identique.

ment, et qui forment des cordelettes aplaties, raboteuses ou presque granuleuses. La spire est un peu pointue, et a ses tours convexes et par gradins. Longueur : 12 lignes et demie.

147. Cône radis. *Conus raphanus*. Brug. (1)

C. testâ cylindraceo-turbinatâ, transversìm striatâ, albâ; fasciis binis luteis vel fulvo-fuscis interruptis; striis fulvo vel fusco-punctatis : inferioribus majoribus; spirâ convexâ, striatâ, maculatâ : apice roseo

Conus raphanus. Brug. Dict. n° 118.

Encycl. pl. 341. f. 2.

Conus raphanus. Ann. ibid. p. 428. n° 146.

[*b*] *Var. alba; fasciis fulvis aut castaneis interruptis.*

Seba. Mus. 3. t. 44. f. 12.

Encycl. pl. 341. f. 1.

* Dillw. Cat. t. 1. p. 420. n° 133.

* Wood. Ind. Test. pl. 16. f. 128.

* Schub. et Wagn. Suppl. à Chemn. p. 31. pl. 220. f. 3052.

* Quoy et Gaim. Voy. de l'Astr. t. 3. p. 85. pl. 52. f. 1.

* Küster. Conch. Cab. p. 13. no 7. pl. 2. f. 3.

Habite l'Océan Asiatique. Mon cabinet. Ce Cône n'est point rare. Il varie dans la couleur de ses points et de ses taches; mais il est moins orné et moins effilé que le suivant. Sa spire est striée, bien maculée, et a sa pointe rose. Longueur : 2 pouces 1 ligne et demie.

148. Cône nébuleux. *Conus magus*. Lin. (2)

C. testâ elongato-turbinatâ, subcylindricâ, albâ; maculis longitudinalibus fulvis aut fuscis subfasciatis; lineis transversis fuscis interruptis, vel fusco-punctatis, vel albo fuscoque articulatis; spirâ convexâ, maculatâ.

---

(1) Après avoir observé un grand nombre d'individus de cette espèce et de la suivante, nous n'y avons aperçu aucune différence spécifique, et nous avons conclu avec M. Reeve que le *Conus raphanus* devait être réuni au *Magus* de Linné.

(2) Cette espèce a beaucoup varié dans les ouvrages de Linné, et nous ne savons sur quoi se sont appuyés les auteurs pour conserver au nom Linnéen l'une des espèces quelconques qu'il y a rapportées. Nous voyons en effet que Linné, dans la 10e édition du *Systema naturæ*, rapporte au *Conus magus* la figure Q de la pl. XXXII de Rumphius, ainsi que la figure F de la pl. XX de

Conus circæ. Chemn. Conch. 11. t. 183. f. 1778. 1779.
* Mus. Gottw. pl. 12. f. 85 a.
* Schrot. Einl. t. 1. p. 50. n° 28. et p. 62. n° 33.
Conus magus. Lin. Syst. nat. 2. p. 1171. n° 317.
D'Argenv. Conch. Append. pl. 2. fig. C.
Favanne. Conch. pl. 17. fig. A 1.
Seba. Mus. 3. t. 44. f. 30.
Knorr. Vergn. 6. t. 16. f. 5.
Martini. Conch. 2. t. 52. f. 579. 580.
Conus magus. Brug. Dict. n° 119.
Encycl. pl. 341. f. 8.
Conus magus. Ann. ibid. n° 147.
[*b*] *Var. alba; fasciis utrinquè confluentibus livido-violaceis, albido fuscoque lineatis.*
Conus indicus. Chemn. Conch. 10. t. 140. f. 1295.
Encycl. pl. 341. f. 4.
[*c*] *Var. rubro-fusca; maculis albis filisque punctatis.*
Conus clandestinus. Chemn. Conch. 10. t. 140. f. 1296.
[*d*] *Var. fasciis rubro-fuscis.*

Gualtieri; la première représente une variété du Cône *Augur*, et la seconde une coquille difficile à reconnaître, voisine de l'*Aurantius.* Dans le Musée de la princesse Ulrique, Linné renvoie à la pl. XXXIV de Rumphius, figure A et à la figure H, pl. XV, de d'Argenville. Déjà Linné, dans la 10e édition, avait cité cette dernière figure de Rumphius dans la synonymie de son *Conus auri-siacus*, et elle lui appartient réellement. La figure de d'Argenville représente une variété du *Conus ammiralis;* elle ne peut convenir au *Conus magus.* Enfin, dans la 12e édition du *Systema naturæ*, Linné abandonne la synonymie du Museum Ulricæ, revient à la figure Q de Rumphius et y ajoute, mais avec doute, la figure F de la pl. XX de Gualtieri. Comme on le voit, Linné a vacillé dans sa synonymie, et il nous semble impossible de décider quelle est celle des quatre espèces mentionnées qui est le type du *Conus magus;* peut-être n'est-ce aucune d'elles, il est du moins permis de le soupçonner, d'après la description trop courte du *Conus magus* du Museum Ulricæ; le *Conus clandestinus* de Chemnitz est une autre espèce et doit être séparée de celle-ci. Il en est probablement de même du *Conus circæ* du même auteur.

* Dillw. Cat. t. 1. p. 422. n° 136.
* Wood. Ind. Test. pl. 16. f. 131.
* Reeve. Conch. Icon. pl. 35. f. 190. a. b. c. d. e.
* Küster. Conch. Cab. p. 36. n° 24. pl. 6. f. 13. pl. 15. f. 3. 4. pl. 19. f. 5. 6.

Habite les mers des Grandes-Indes. Mon cabinet. Aucune espèce n'offre plus de diversité dans les couleurs et la disposition des taches que celle-ci. La plupart de ses variétés sont élégantes et fort belles; quelques-unes même sont rares, et toutes sont remarquables par les lignes ponctuées ou même articulées qui ornent leur superficie. Vulg. les *Châteaux-en-Espagne*. Longueur : 22 lignes et demie.

149. Cône spectre. *Conus spectrum*. Lin. (1)

C. testâ cylindraceo-turbinatâ, infernè sulcatâ, albâ; maculis rufo-fuscis longitudinalibus flexuosis; spirâ obtusâ, mucronatâ; aperturâ dehiscente.

Conus spectrum. Lin. Syst. nat. éd. 12. p. 1171. Gmel. p. 3395. n° 62.
Lister. Conch. t. 783. f. 30.
Rumph. Mus. t. 32. fig. S.
Petiv. Amb. t. 15. f. 5.
Seba. Mus. 3. t. 43. f. 26.
Knorr. Vergn. 2. t. 8. f. 4.
Favanne. Conch. pl. 14. fig. H 2.
Martini. Conch. 2. t. 63. pl. 52. f. 582. 583.
Conus spectrum. Brug. Dict. n° 122.
Encycl. pl. 341. f. 9.
Conus spectrum. Ann. ibid. n° 148.
* Lin. Mus. Ulric. p. 562.
* Mus. Gottw. pl. 12. f. 84.
* Valentyn. Amb. pl. 5. f. 39. 40.
* Lin. Syst. nat. éd. 10. p. 717.
* Born. Mus. Cæs. Vind. Test. p. 167.
* Schrot. Einl. t. 1. p. 55. n° 32.
* Dillw. Cat. t. 1. p. 431. n° 152.
* Wood. Ind. Test. pl. 16. f. 147.

---

(1) Dans la 10e et la 12e édition du *Systema naturæ*, ainsi que dans le Museum Ulricæ, Linné donne dans la synonymie de cette espèce une figure S, pl. xxv, de Gualtieri, laquelle représente une variété du *Conus amadis*; il faut donc retrancher cette citation pour rendre bonne la synonymie de Linné.

* *Var.* Sow. jun. Conch. Ill. pl. 7. f. 44.
* Reeve. Conch. Icon. pl. 15. f. 80.
* Küster. Conch. Cab. p. 104. n° 94. pl. 20. f. 2. 3.

Habite l'Océan Indien, les côtes des Moluques, etc. Mon cabinet. Coquille mince, blanche avec des flammes longitudinales flexueuses rousses ou marron. Elle est sillonnée transversalement dans sa moitié inférieure, et est remarquable par son ouverture ample. Longueur : 21 lignes.

150. Cône bullé, *Conus bullatus*. Lin.

C. testâ cylindraceo-ovatâ, miniatâ, puniceo et albo-variegatâ; spirâ canaliculatâ, mucronatâ; aperturâ hiante; fauce aurantiâ.

Conus bullatus. Lin. Syst. nat. éd. 12. p. 1172. Gmel. p. 3395. n° 63.
Gualt. Test. t. 26. fig. C.
D'Argenv. Conch. pl. 13. fig. H.
Favanne. Conch. pl. 18. fig. C 8.
Seba. Mus. 3. t. 43. f. 15. 16.
Knorr. Vergn. 5. t. 11. f. 4.
Chemn. Conch. 10. t. 142. f. 1315. 1316.
Conus bullatus. Brug. Dict. n° 123.
Encycl. pl. 339. f. 5.
Conus bullatus. Ann. ibid. p. 429. n° 149.
[*b*] *Var. lineis puniceo et albo-articulatis.*
Encycl. pl. 339. f. 6.
* Lin. Syst. nat. éd. 10. p. 717.
* Lin. Mus. Ulric. p. 563.
* Born. Mus. Cæs. Vind. Test. p. 168.
* Schrot. Einl. t. 1. p. 56. n° 33. *Exclus. pl. syn.*
* Dillw. Cat. t. 1. p. 432. n° 155.
* Wood. Ind. Test. pl. 16. f. 150.
* Sow. Genera of Shells. f. 9.
* Sow. jun. Conch. Ill. pl. 4. f. 24. pl. 13. f. 96.
* Reeve. Conch. Icon. pl. 17. f. 93. a. b.
* Küster. Conch. Cab. pl. 31. n° 19. pl. 5. f. 1. 2.

Habite les mers des Grandes-Indes, des Moluques et des Philippines. Mon cabinet. pour la var. [b]. Coquille ovale-allongée, subcylindracée, dont les couleurs consistent en des mouchetures blanches et ponceau sur un fond couleur de minium. Sa var. à cordelettes articulées est très belle et assez rare. Longueur de cette dernière : 2 pouces 1 ligne.

151. Cône cerf. *Conus cervus*. Lamk.

C. testâ majusculâ, cylindraceo-ovatâ, tenui, pallidè luteâ; tæniis transversis inæqualibus fulvo et albo-articulatis : spirâ brevi, subacutâ : anfractibus planulatis, striatis; fauce albâ.

* Valentyn. Amboina. pl. 10. f. 91.

* *Conus bullatus, Var.* Sow. jun. Conch. Ill. pl. 4. f. 24.

* Reeve. Conch. Icon. pl. 22. f. 124.

Habite... Mon cabinet. Espèce qui me paraît inédite, et néanmoins qui est très distincte de toutes celles qui sont connues. Ses rapports de forme la rapprochent du Cône bullé; mais sa spire et ses couleurs sont très différentes. Sa ténuité et sa taille l'avoisineraient en quelque sorte du Cône brocard, si sa spire était couronnée ; le bord droit va en s'atténuant vers sa partie postérieure, et est d'un beau blanc intérieurement. Longueur : 3 pouces 7 lignes.

152. Cône drap-d'argent. *Conus stercus muscarum.* Lin. (1)

C. testâ cylindraceo-turbinatâ, albâ, fusco-maculatâ; punctis nigris cingulatis identidem coacervatis; spirâ convexo-obtusâ, canaliculatâ.

Conus stercus muscarum. Lin. Syst. nat. éd. 12. p. 1169. *Excl. plerisque syn.* Gmel. p. 3385, n° 23.

Lister. Conch. t. 757. f. 9.

Rumph. Mus. t. 33. fig. Z.

Petiv. Gaz. t. 75. f. 1. et Amb. t. 15. f. 21.

Gualt. Test. t. 25. fig. O.

D'Argenv. Conch. pl. 13. fig. E.

Seba. Mus. 3. t. 55. *in medio plurimæ absque numero.*

Favanne. Conch. pl. 15. fig. F. 4.

Knorr. Vergn. 1. t. 7. f. 5.

Martini. Conch. 2. t. 64. f. 711. 712.

Conus stercus muscarum. Brug. Dict. n° 113

Encycl. pl. 341. f. 6.

Conus stercus muscarum. Ann. ibid. n° 150.

[*b*] *Var. punctis rufis.* Mon cabinet.

Knorr. Vergn. 6. t. 16. f. 4.

Martini. Conch. 2. t. 64. f. 713.

* Mus. Gottw. pl. 12. f. 88. a. b.

---

(1) Linné cite plusieurs figures pour cette espèce, parmi lesquelles le plus grand nombre représente le *Conus arenatus* de Bruguières qui est une espèce couronnée, toujours très distincte de celle-ci. Born et Schroter ont continué cette confusion de Linné. Gmelin y a ajouté, en introduisant deux autres espèces à titre de variété.

* Regenf. Conch. pl. 7. f. 2.
* Knorr. Delic. nat. Select. t. 1. Coq. pl. B.V. f. 7.
* Bonan. Observ. circa. viv. Coq. f. 30.
* Lin. Syst. nat. éd. 10. p. 715. *Excl. plurisque syn.*
* Lin. Mus. Ulric. p. 559. *Excl. plurisque syn.*
* Born. Mus. Cæs. Vind. Test. p. 160. *Var. excl.*
* Schrot. Einl. t. 1. p. 45. n° 22.
* Dillw. Cat. t. 1. p. 309. n° 82.
* Wood. Ind. Test. pl. 15. f. 78.
* Reeve. Conch. Icon. pl. 17. f. 90.
* Küster. Conch. Cab. p. 108. n° 100. pl. 21. f. 1. 2. 3.

Habite l'Océan Asiatique. Mon cabinet. Si ce Cône était couronné, il serait très voisin, par ses rapports, du Cône piqûre-de-mouches. Longueur : 23 lignes.

153. Cône satiné. *Conus timorensis.* Brug.

C. testâ cylindraceo-turbinatâ, gracili, incarnatâ, albo-undatâ; zonâ obsoletâ intermediâ; spirâ canaliculatâ, acuminato; aperturâ hiante.

Conus timorensis. Brug. Dict. n° 124.
Encycl. pl. 341. f. 3.
Conus timorensis. Ann. ibid. n° 151.
* Dillw. Cat. t. 1. p. 433. n° 156.
* Wood. Ind. Test. pl. 16. f. 151.
* *Conus vespertinus.* Sow. Tankarv. Cat. pl. 8. f. 2. 3.
* Reeve. Conch. Icon. pl. 20. f. 111.

Habite les mers des Grandes-Indes, des Moluques, les côtes de Timor. Mon cabinet. Ce Cône est grêle, d'une couleur incarnat ou d'un rose tendre nué de blanc, avec des piqûres lactées et des lignes interrompues, transverses et incarnates. Longueur : 18 lignes et demie.

154. Cône pluvieux. *Conus nimbosus.* Brug.

C. testâ cylindraceo-turbinatâ, transversìm sulcatâ, albido-roseâ; punctis lineolisque rufo-purpureis aut fuscis; fasciis obsoletis; spirâ depressâ, striatâ, mucronatâ.

Conus nimbosus. Brug. Dict. n° 125.
Encycl. pl. 341. f. 5.
Conus nimbosus. Ann. ibid. n° 152.
* Dillw. Cat. t. 1. p. 433. n° 157.
* Wood. Ind. Test. pl. 16. f. 152.
* Reeve. Conch. Icon. pl. 13. f. 66.

Habite les mers des Grandes-Indes. Mon cabinet. Joli petit Cône subcylindracé, sillonné transversalement, d'un blanc rosé, et moucheté de petites taches d'un roux brun ou pourpré, avec des linéoles transverses de la même couleur. Il est fort rare. Longueur : 15 lignes et demie.

155. Cône commandant. *Conus dux*. Brug. (1)

C. testâ subcylindricâ, elongatâ, transversìm striatâ, cæruleo-rubescente; tæniis transversis angustis fusco et albo-articulatis; spirâ convexo-exsertâ.

Martini. Conch. 2. t. 52. f. 571.

Conus dux. Brug. Dict. n° 126.

Conus affinis. Gmel. p. 3391. n° 50.

Encycl. pl. 342. f. 4.

Conus dux. Ann. ibid. p. 430. n° 153.

[*b*] *Var. fulvo-variegata; tæniis minùs distinctis.*

Encycl. pl. 342. f. 5.

* Valentyn. Amb. pl. 2. f. 11?

* *Conus circumcisus*. Born. Mus. Cæs. Vind. Test. p. 163.

* *Conus circumcisus*. Dillw. Cat. t. 1. p. 414. n° 119.

* *Conus affinis*. Wood. Ind. Test. pl. 16. f. 114.

* *Conus dux*. Schub. et Wagn. Suppl. à Chemn. p. 30. pl. 220. f. 3051. et p. 50. pl. 222. f. 3069.

* Reeve. Conch. Icon. pl. 3. f. 13.

* Küster. Conch. Cab. p. 12. n° 6. pl. 2. f. 2. pl. 3. f. 2. pl. 15. f. 5.

Habite les mers des Grandes-Indes. Collect. du Mus. Espèce très belle et précieuse par sa rareté. Elle offre, sur un fond teint de rose, nué de violet clair, plusieurs rangées transverses et inégales de taches brunes, et quelques zones ornées de cordelettes articulées. Cette coquille est allongée, à spire conique et maculée. Vulg. l'*Amiral de Hollande*. Longueur, selon Bruguières : 2 pouces 8 lignes.

156. Cône bâtonnet. *Conus tendineus*. Brug. (2)

C. testâ subcylindricâ, elongatâ, transversìm striatâ, subviolaceâ aut flavescente, furvo-fasciatâ; maculis longitudinalibus albis; spirâ convexo-exsertâ.

---

(1) Le nom de ce Cône doit être changé. Born, dès 1780, lui donna celui de *Conus circumcisus*, et c'est plus de douze ans après, que Bruguières eut le tort de lui en imposer un autre que, selon toute justice, on doit rejeter actuellement d'une bonne nomenclature.

(2) Lamarck ajoute à ce Cône à titre de variété le *Conus lævis*

Lister. Conch. t. 745. f. 36.
Chemn. Conch. 10. t. 143. f. 1330.
Conus tendineus. Brug. Dict. n° 127.
Encycl. pl. 342. f. 6.
Conus tendineus. Ann. ibid. n° 154.
[*b*] *Var. lutescente; fasciis rufis.*
Martini. Conch. 2. t. 52. f. 572.
Conus lævis. Gmel. p. 3391. n° 49.
* Dillw. Cat. t. 1. p. 414. n° 120.
* Wood. Ind. Test. pl. 16. f. 115.
* Sow. Proc. Zool. Soc. 1834. p. 18.
* Muller. Synop. Test. p. 122. *e.*
* Sow. jun. Conch. Ill. pl. 9. f. 64.
* Reeve. Conch. Icon. pl. 11. f. 55.
* Kuster. Conch. Cab. p. 45. n° 31. pl. 7. f. 4. pl. 15. f. 7.

Habite les mers d'Afrique, les côtes de l'Ile-de-France. Mon cabinet. Il a des rapports avec le Cône tarière; mais il est plus effilé, et s'en distingue par ses bandes et sa teinte violette. Longueur : 18 lignes un quart.

157. Cône préfet. *Conus præfectus.* Brug. (1)

C. testâ subcylindricâ, elongatâ, fulvâ flavido-fasciatâ; spirâ convexo-acutâ.

Martini. Conch. 2. t. 52. f. 573.
Conus præfectus. Brug. Dict. n° 128.
Conus ochroleucus. Gmel. p. 3391. n° 48.
Encycl. pl. 343. f. 6.
Conus præfectus. Ann. ibid. n° 155.
* *Conus ochroleucus.* Dillw. Cat. t. 1. p. 415. n° 123.
* *Id.* Wood. Ind. Test. pl. 16. f. 118.
* Schrot. Einl. t. 1. p. 60. n° 4.
* Sow. jun. Conch. Ill. pl. 16. f. 111.
* Reeve. Conch. Icon. pl. 25. f. 138.
* Küster. Conch. Cab. p. 88. n° 75. pl. 15. f. 6.

Habite les mers de l'Amérique. Collect. du Mus. Coquille allongée,

---

de Gmelin; ce *Conus lævis* nous paraît trop différent du *tendineus* pour rester dans sa synonymie.

(1) Gmelin avait nommé cette espèce avant Bruguières, comme le constate la synonymie de Lamarck; il faudra donc restituer à cette espèce son premier nom du *Conus ochroleucus.*

d'un fauve pâle, avec une zone blanchâtre au-dessous de son milieu. Sa base est sillonnée transversalement; sa spire est courte, pointue, tachetée d'orangé ou de marron. Longueur, selon Bruguières : 2 pouces 4 lignes.

158. Cône mélancolique. *Conus melancholicus*. Lamk.

C. testâ subcylindricâ, elongatâ, striis subtilissimis cancellatâ, rubro-aurantiâ; fasciâ maculis irregularibus flavidis; spirâ plano-acutâ, striatâ, variegatâ.

Conus melancholicus. Ann. ibid. n° 156.

* *Conus lævis. Var*: Dillw. Cat. t. 1. p. 415. n° 122.

* Reeve. Conch. Icon. pl. 21. f. 117.

Habite... Collect. du Mus. Ce Cône, très distingué du précédent par ses couleurs et surtout par les caractères de sa spire, se rapproche plus du Cône bullé; mais il est plus grêle, plus cylindracé, coloré différemment, et a sa spire distinguée par quatre ou cinq stries circulaires. Il est en outre finement treillissé. Sa couleur est d'un rouge fauve ou orangé, avec des taches jaunâtres, irrégulières, qui forment une zone interrompue, située vers son milieu. Sa spire est très courte, presque plane, un peu canaliculée, mucronée, striée, tachetée de fauve sur un fond d'un blanc jaunâtre. Longueur : environ 22 lignes.

159. Cône sillonné. *Conus strigatus*. Brug.

C. testâ subcylindricâ, elongatâ, transversìm striatâ, pallidè violaceâ; maculis oblongis punctisque fulvis; spirâ convexo-acutâ.

Conus strigatus. Brug. Dict. n° 129.

Encycl. pl. 342. f. 1.

Conus strigatus. Ann. ibid. p. 431. n° 157.

* Dillw. Cat. t. 1. p. 416. n° 124.

* Wood. Ind. Test. pl. 16. f. 119.

* Reeve. Conch. Icon. pl. 45. f. 248.

Habite les mers des Grandes-Indes. Collect. du Mus. Il est effilé, violâtre avec de petites taches rousses allongées verticalement et des points de la même couleur. Dans sa jeunesse, il est d'un rouge orangé. Sa longueur est de 18 lignes, selon Brugnières.

160. Cône gland. *Conus glans*. Brug. (1)

C. testâ subcylindricâ, elongatâ, transversìm striatâ, fulvo-fuscâ aut violaceâ; fasciis albis obsoletis; spirâ convexo-exsertâ, apice obtuso.

---

(1) A l'exemple de Lamarck, la plupart des conchyliologues

D'Argenv. Conch. Append. pl. 2. fig. D.
Favanne. Conch. pl. 17. fig. G.
Seba. Mus. 3. t. 53. fig. Z.
Conus glans. Brug. Dict. n° 130.
Encycl. pl. 342. f. 7.
Conus glans. Ann. ibid. n° 158.
[*b*] *Var. granulata, fulvo-violacea ; fasciâ albâ.*
Chemn. Conch. 10. t. 143. f. 1331. 1.
Encycl. pl. 342. f. 9.
* Dillw. Cat. t. 1. p. 416. n° 126.
* Wood. Ind. Test. pl. 16. f. 121.
* Reeve. Conch. Icon. pl. 26. f. 145.
* Küster. Conch. Cab. p. 46. n° 32. pl. 7. f. 5.

Habite les mers d'Afrique et de l'Asie. Mon cabinet. Ce Cône, à-peu-près de la forme d'un gland, offre, sur un fond fauve ou marron, deux zones blanchâtres nuées de violet. Il varie à fond violet nué de fauve. Vul. le *Grand-Marron*. Longueur : 11 lignes un quart.

161. Cône mitré. *Conus mitratus.* Brug.

C. testâ subcylindricâ, elongatâ, transversìm striatâ, subgranosâ, albâ, maculis fulvo-aurantiis fasciatâ ; spirâ pyramidatâ.
Conus mitratus. Brug. Dict. n° 132.
Encycl. pl. 342. f. 3.
Conus mitratus. Ann. ibid. n° 159.
* Blainv. Malac. pl. 26. f. 3.
* Dillw. Cat. t. 1. p. 416. n° 125.
* Wood. Ind. Test. pl. 16. f. 120.
* Reeve. Conch. Icon. pl. 18. f. 100.

Habite l'Océan Indien. Mon cabinet. Il n'est guère plus grand que celui qui précède, et est assez rare. Sur un fond blanchâtre, ce Cône pré-

---

admettent, à titre de variété du *Conus glans*, une coquille qui n'a pas tous les caractères du type de l'espèce ; non-seulement elle est différente par la couleur, mais encore par la forme ; les figures qu'en donne M. Reeve sont fidèles et sont suffisantes pour faire apprécier les différences que nous remarquons. M. Reeve lui-même considère les deux coquilles en question comme les variétés extrêmes d'une même espèce. Pour nous qui n'avons pas vu les variétés intermédiaires, nous serions portés à les séparer comme espèces distinctes.

sente des taches ferrugineuses disposées par zones. Ses stries transverses sont un peu granuleuses. Longueur: près d'un pouce.

162. Cône nussatelle. *Conus nussatella.* Lin.

C. testâ subcylindricâ, elongatâ, transversìm striatâ, albâ, fulvo vel aurantio-nebulatâ, punctis fuscis aut furvis seriatìm cinctâ; spirâ convexo-exsertâ.

Lister. Conch. t. 744. f. 35.
Gualt. Test. t. 25. fig. H.
Knorr. Vergn. 3. t. 19. f. 4.
Favanne. Conch. pl. 18. fig. E 2.
Conus terebra. Chemn. Conch. 10. t. 143. f. 1329.
Conus nussatella. Brug. Dict. n° 131.
Encycl. pl. 342. f. 8.
Conus nussatella. Ann. ibid. n° 160.
[*b*] *Var. granulosa.* Mon cabinet.
Conus nussatella. Lin. Syst. Nat. éd. 12. p. 1170. n° 314. Gmel. p. 3390. n° 43.
Rumph. Mus. t. 33. fig. EE.
Petiv. Amb. t. 15. f. 13.
Gualt. Test. t. 25. fig. L.
D'Argenv. Conch. pl. 13. fig. P.
Favanne. Conch. pl. 18. fig. E 4.
Knorr. Vergn. 2. t. 4. f. 7.
Martini. Conch. 2. t. 51. f. 567.
Encycl. pl. 342. f. 2.
* *Conus nussatella.* Lin. Syst. Nat. éd. 10. p. 716.
* Mus. Gottv. pl. 13. f. 96. a. b. c. pl. 43. f. 52 a.
* Schum. Nouv. Syst. p. 205.
* Born. Mus. Cæs. Vind. p. 162.
* Schrot. Einl. t. 1. p. 48. n° 25.
* Dillw. Cat. t. 1. p. 417. n° 128.
* Wood. Ind. Test. pl. 16. f. 123.
* Sow. Conch. Man. f. 460.
* Sow. Genera of Shells. f. 7.
* Sow. Proc. Zool. Soc. 1834. p. 18.
* Muller. Synop. Test. p. 122. *d.*
* Sow. jun. Conch. Ill. pl. 9. f. 62.
* Reeve. Conch. Icon. pl. 11. f. 56.
* Küster. Conch. Cab. p. 43. n. 30. pl. 7. f. 3.
* Kiener. Spec. des Coq. pl. 53. f. 2.

Habite la mer des Indes, près de l'île de Nussatelle, les côtes de la

Chine, des Philippines, de la Nouvelle-Guinée, etc. Mon cabinet. Joli Cône, d'une forme allongée, presque cylindrique, et agréablement nué de fauve orangé sur un fond blanc, avec des rangées transverses de points bruns qui le rendent élégamment piqueté. Sa spire est conique. Vulg. le *Drap piqueté*. Longueur : 2 pouces 5 lignes.

163. Cône brunette. *Conus aulicus*. Lin.

C. testâ subcylindricâ, elongatâ, fuscâ aut castaneâ; maculis triangularibus inæqualibus albis; striis transversis tenuissimis; spirâ acutâ.

Conus aulicus. Lin. Syst. Nat. 12. p. 1171. n° 320.
Rumph. Mus. t. 33. f. 3.
Gualt. Test. t. 25. fig. Z.
D'Argenv. Conch. pl. 13. fig. G.
Favanne. Conch. pl. 18. fig. C 7.
Seba. Mus. 3. t. 47. f. 10-12.
Knorr. Vergn. 3. t. 19. f. 1.
Martini. Conch. 2. t. 53. f. 592. *Mala.*
Conus aulicus. Brug. Dict. n° 133.
Encycl. pl. 343. f. 4.
Conus aulicus. Ann. ibid. p. 432. n° 161.
[*b*] *Var. aurantia; maculis albis cordatis; spirâ concavo-acutâ.*
D'Argenv. Conch. pl. 13. fig. D.
Favanne. Conch. pl. 18. fig. C. 3.
Seba. Mus. 3. t. 43. f. 1. 2.
Knorr. Vergn. 2. t. 1. f. 1.
Martini. Conch. 2. t. 54. f. 597.
Conus auratus. Brug. Dict. n° 134.
Encycl. pl. 343. f. 3.
[*c*] *Var. fusca; maculis albis majusculis*. Mon cabinet.
[*d*] *Var. pallidè aurantia*. Mon cabinet.
* Lin. Syst. Nat. éd. 10. p. 717.
* Lin. Mus. Ulric. p. 562.
* Regenf. Conch. t. 1. pl. 8. f. 25.
* Roissy. Buf. Moll. t. 5. p. 407. n° 6.
* Born. Mus. p. 166.
* Schrot. Einl. t. 1. p. 54. n° 31.
* Chemn. Conch. t. 10. pl. 143. f. 1328.
* Dillw. Cat. t. 1. p. 429. n° 150. *Excl. var.* D.
* Wood. Ind. Test. pl. 16. f. 145.
* Sow. Proc. Zool. Soc. 1834. p. 18.

* Muller. Synop. Test. pl. 122. c.
* Reeve. Conch. Icon. pl. 24. f. 134.
* *Conus episcopus*. Küster. p. 48. n° 35. pl. 7. f. 9.
* *Conus aulicus*. Küster. Conch. Cab. p. 56. n° 41. pl. 8. f. 9. *Exclus. varietate.*
* Kiener. Spec. des Coq. pl. 53. f. 1.

Habite les mers des Grandes-Indes. Mon cabinet. Grande et belle coquille, qui est assez commune dans les collections, dont elle fait l'ornement. Elle présente, sur un fond brun ou marron, un grand nombre de taches blanches triangulaires, inégales, souvent confluentes ou réunies plusieurs ensemble, et disposées par groupes allongés, la plupart longitudinaux et serpentans, et quelques autres transverses. Cette coquille est allongée, cylindracée, presque sans angle à la naissance de sa spire. Ses stries transverses sont très fines et serrées. Elle n'a point de lignes circulaires articulées de points blancs. Les var. [b] et [c] de Bruguières n'appartiennent point à cette espèce. Longueur : 4 pouces 4 lignes.

164. Cône drap-orangé. *Conus auratus*. Brug.

C. testâ subcylindricâ, elongatâ, transversìm striatâ, aurantiâ; maculis albis cordatis seriebus longitudinalibus irregularibus remotis; lineis transversis albo-punctatis obsoletissimis; spirâ acutâ.

Gualt. T. 25. fig. X.
Seba. Mus. 3. t. 43. f. 4. 5.
Knorr. Vergn. 2. t. 5. f. 3.
Conus auratus. Brug. Dict. n° 134. [var. b.]
Encycl. pl. 343. f. 1.
Conus auratus. Ann. ibid. n° 162.
* *Conus aulicus*. Var. D. Dillw. Cat. t. 1. p. 430.
* Sow. jun. Conch. Ill. pl. 10. f. 71.
* Reeve. Conch. Icon. pl. 25. f. 141.

Habite l'Océan Indien, les côtes de la Chine, des Moluques, etc. Mon cabinet. Cette coquille semble d'abord être la même que notre var. [b] du Cône brunette ; néanmoins ses lignes transverses articulées de points blancs, quoique peu apparentes, mais dont on aperçoit toujours des vestiges, l'en distinguent constamment. Sa couleur est d'un jaune orangé, avec des groupes allongés et irréguliers, composés d'une multitude de petites taches blanches trigones, serrées et inégales. Longueur de notre individu : 2 pouces et demi.

165. Cône couleuvré. *Conus colubrinus*. Lamk.

C. testâ oblongo-turbinatâ, luteo-aurantiâ; maculis albis cordato trigonis squamiformibus; striis transversis subtilissimis; spirâ brevi, subacutâ.

Conus colubrinus. Ann. ibid. p. 433. n° 163.
* Sow. jun. Conch. Ill. pl 15. f. 106.
* Reeve. Conch. Syst. p. 270. pl. 292. f. 106.
* Reeve. Conch. Icon. pl. 22. f. 123.

Habite les mers des Grandes-Indes. Collect. du Mus. Ce Cône a beaucoup de rapports avec le Cône perlé; cependant il est plus cylindracé, moins renflé vers la naissance de sa spire, où il offre un angle arrondi et des tours convexes. Sa couleur est d'un jaune orangé pâle, avec une multitude de petites taches blanches trigones, groupées par masses, et qui ressemblent à des écailles. D'autres taches blanches, un peu plus grandes, sont disposées par zones. On aperçoit, dans les interstices de ces zones et des groupes écailleux, les vestiges de lignes circulaires articulées de points blancs et oblongs. Cette coquille n'a aucune des lignes longitunales des Draps-d'or. Son aspect est assez agréable. Longueur : environ 2 pouces.

166. Cône drap-réticulé. *Conus clavus.* Lin.

C. testâ subcylindricâ, elongatâ, transversìm striatâ, fulvo-cinnamomeâ, maculis albis trigonis fasciatim reticulatâ; spirâ acutâ, striatâ.

Conus clavus. Lin. Syst. Nat. éd. 12. p. 1170. Gmel. p. 3390. n° 42.
Lister. Conch. t. 744. f. 34.
Martini. Conch. 2. t. 52. f. 570.
Chemn. Conch. 10. t. 143. f. 1327.
Conus auricomus. Brug. Dic. n° 136.
Encycl. pl. 346. f. 3.
Conus clavus. Ann. ibid. n° 164.
* Schrot. Einl. t. 1. p. 47. n° 24.
* Knorr. Vergn. t. 5. pl. 11. f. 6.
* Dillw. Cat. t. 1. p. 413. n° 117.
* Wood. Ind. Test. pl. 16. f. 112.
* Reeve. Conch. Icon. pl. 36. f. 194.
* Küster. Conch. Cab. p. 47. n° 33. pl. 7. f. 6. pl. 15. f. 2.

Habite les mers des Grandes-Indes. Mon cabinet. Bruguières s'est trompé en transportant à cette espèce le nom latin de la suivante. Ce Cône est cylindracé, fort joli, et offre, sur un fond jaune fauve nué de cannelle, quatre zones réticulées, composées de petites taches blanches trigones écailleuses et inégales, et, dans les intervalles de ces zones, d'autres taches semblables, mais plus grandes, rares et éparses. Longueur : 2 pouces 2 lignes.

167. Cône drap-flambé. *Conus auricomus*. Lamk. (1)

C. testâ subcylindricâ, elongatâ, transversìm striatâ, luteo-aurantiâ; flammis fulvis aut fulvo-purpureis linearibus longitudinalibus; maculis albis trigonis fasciatìm confertis; spirâ exsertâ, subacutâ.

Knorr. Vergn. 5. t. 11. f. 5.

Conus aureus. Brug. Dict. n° 135.

Encycl. pl. 346. f. 4.

Conus auricomus. Ann. ibid. n° 165.

* *Conus aureus.* Dillw. Cat. t. 1. p. 413. n° 118.

* *Id.* Wood. Ind. Test. pl. 16. f. 113.

* *Conus auricomus.* Schub. et Wagn. Suppl. à Chemn. p. 50. pl. 222. f. 3070.

* Reeve. Conch. Icon. pl. 36. f. 196. *C. aureus.*

* Küster. Conch. Cab. p. 22. n° 12. pl. 3. f. 1.

Habite l'Océan Indien, les côtes de la Chine. Mon cabinet. Ce Cône devient un peu plus grand que celui qui précède, et n'offre point comme lui des taches blanches isolées et éparses, mais des masses allongées, réticulées, les unes longitudinales et les autres en zones transverses. Il est éminemment distinct par ses flammes ou raies longitudinales d'un roux brun presque pourpré, et qui acquièrent d'autant plus d'intensité de couleur que la coquille est moins jeune. Alors ce Cône est vivement coloré et a un aspect agréable. Long.: 2 pouces 7 lignes.

168. Cône perlé. *Conus omaria*. Brug.

C. testâ cylindraceo-turbinatâ, fulvo-fuscâ vel aurantiâ; maculis albis cordato-trigonis lineisque fuscis numerosis albo-punctatis; spirâ obtusâ: apice roseo.

Seba. Mus. 3. t. 47. f. 13.

Knorr. Vergn. 2. t. 1. f. 3.

Favanne. Conch. pl. 18. fig. C 5.

Martini. Conch. 2. t. 54. f. 596.

Conus omaria. Brug. Dict. n° 137.

---

(1) La figure de Knorr que Lamarck et Dillwyn citent dans la synonymie de cette espèce, appartient à la précédente. En restituant le *Conus auricomus* de Bruguières à la synonymie du *Conus clavus*, Lamarck aurait dû abandonner le nom spécifique, surtout lorsque Bruguières lui-même avait proposé le nom de *Conus aureus*.

Encycl. pl. 344. f. 3.
Conus omaria. Ann. ibid. p. 434. n° 166.
* *Conus aulicus.* Var. Born. Mus. p. 166.
* *Id.* Schrot. Einl. t. 1. p. 54.
* *Id.* Var. β Gmel. p. 3394.
* *Conus omaria.* Dillw. Cat. t. 1. p. 429. n° 149.
* *Id.* Wood. Ind. Test. pl. 16. f. 144.
* Küster. Conch. Cab. p. 54. n° 39. pl. 8. f. 7.
Habite l'Océan-Asiatique. Mon cabinet. Ce Cône n'est point rare, et est toujours moins grand que le Cône brunette et moins effilé que le Cône drap orangé. Il se fait remarquer par sa spire obtuse, ainsi que par ses lignes transverses brunes, articulées de points blancs ou de petites taches de la même couleur. Ces points blancs sont indépendans des taches blanches trigones, plus grandes, groupées irrégulièrement par masses longitudinales et transverses, qui tranchent vivement sur le fond fauve brun ou orangé de la coquille, et qui lui donnent un aspect très agréable. Longueur : près de 2 pouces 4 lignes.

169. Cône pouding. *Conus rubiginosus.* Brug.

C. testâ ovato-subcylindricâ, castaneâ aut fuscâ; maculis albis cordatis irregularibus, interdùm in flammulas confluentibus ; spirâ convexo-acutâ.

Favanne. Conch. pl. 18. fig. C 4.
Martini. Conch. 2. t. 54. f. 595.
Conus rubiginosus. Brug. Dict. n° 138.
Encycl. pl. 344. f. 1.
Conus rubiginosus. Ann. ibid. n° 167.
[b] *Var. fulvo-aurantia.* Mon cabinet.
Martini. Conch. 2. t. 54. f. 593. 594.
Encyclop. pl. 344. f. 2.
* *Conus aulicus.* Var. Born. Mus. p. 166.
* *Id.* Schrot. Einl. t. 1 .p. 54.
* *Id.* Gmel. p. 3394. Var. *a.*
* *Conus rubiginosus.* Dillw. Cat. t. 1. p. 428. n° 148.
* *Id.* Wood. Ind. Test. pl. 16. f. 143.
* Küster. Conch. p. 50. n° 37. pl. 8. f 1. 2. 3.
Habite l'Océan Asiatique. Mon cabinet. Cette espèce se rapproche de la précédente par ses rapports; mais elle est un peu plus bombée et n'offre point les lignes circulaires perlées qui ornent l'espèce qui précède et celle qui suit. Sur un fond rouge brun ou marron, le Cône pouding présente quantité de taches blanches cordées ou trigones,

inégales, en partie éparses, et en partie groupées par masses allongées. Souvent, surtout dans la var. [b], ces taches sont réunies plusieurs ensemble, et forment des flammes longitudinales interrompues. Vulg. la *Caillouteuse* ou *Pouding*. Longueur : 20 lignes ; de sa var. : 2 pouces 1 ligne.

170. Cône plumeux. *Conus pennaceus*. Born.

C. testâ cylindraceo-turbinatâ, subovatâ aurantio-fuscâ ; maculis albis cordiformibus longitudinaliter transversìmque congestis lineis transversis fuscis albo-punctatis ; spirâ obtusâ.

Rumph. Mus. t. 33. f. 4.
Seba. Mus. 3. t. 43. f. 3.
Conus pennaceus. Born. Mus. t. 7. f. 14.
Favanne. Conch. pl. 18. fig. C 2.
Conus pennaceus. Brug. Dict. n° 139.
Encycl. pl. 344. f. 4.
Conus pennaceus. Ann. ibid. n° 168.
* Dillw. Cat. t. 1. p. 428. n° 147.
* Wood. Ind. Test. pl. 16. f. 142.

Habite l'Océan Asiatique. Mon cabinet. Il a aussi beaucoup de rapports avec le Cône perlé, mais il est moins cylindracé, plus bombé et plus dilaté antérieurement, et il offre des lignes transverses très nombreuses, d'un roux brun, articulées de points blancs fort petits. Ses taches blanches et cordées sont nuées d'une teinte de violet clair en divers endroits, et groupées par masses allongées, ondées, la plupart longitudinales. Longueur : 2 pouces.

171. Cône prélat. *Conus prælatus*. Brug.

C. testâ ovato-turbinatâ, luteo-fulvâ ; maculis trigonis vel oblongis ; imbricatis, albo cæsio et incarnato-variegatis, seriebus irregularibus confertis ; lineis transversis albo castaneoque punctatis ; spirâ acutâ.

Favanne. Conch. pl. 18. fig. B 7.
Martini. Conch. 2. t. 54. f. 601.
Conus prælatus. Brug. Dict. n° 140.
Encycl. pl. 345. f. 4.
Conus prælatus. Ann. ibid. p. 435. n° 169.
* Dillw. Cat. t. 1. p. 427. n° 146.
* Wood. Ind. Test. pl. 16. f. 141.
* Reeve. Conch. Icon. pl. 21. f. 120.
* Küster. Conch. Cab. p. 55. n° 40. pl. 8. f. 8.

Habite les mers des Grandes-Indes. Mon cabinet. Ce Cône est un des plus jolis et des plus distincts de ce genre. Il est un peu ventru dans sa partie supérieure, d'un jaune fauve presque orangé, et orné de petites taches en croissant, blanches, nuées de lilas, d'incarnat et de violet, comme imbriquées, et groupées par masses oblongues, les unes longitudinales et obliques, et les autres en zones irrégulières. Il offre, en outre, des lignes transverses très fines, articulées de points blanchâtres et de pointes marrons. Longueur : 21 lignes et demie.

172. Cône petit-drap. *Conus panniculus.* Lamk.

C. testâ ovato-turbinatâ, albidâ vel pallidè fulvâ; lineis fusco-rubiginosis longitudinalibus undulatis creberrimis confertis; fasciis obscuris reticulatis; spirâ acuminatâ.

Favanne. Conch. pl. 18. fig. B 6.

Conus textile. Brug. Dict. n° 145 [var. g.]

Encycl. pl. 347. f. 1.

Conus panniculus. Ann. ibid. n° 170.

* *Conus textile.* Var. D. Dillw. Cat. t. 1. p. 425.

* Reeve. Conch. Syst. pl. 31. f. 176.

Habite les mers des Grandes-Indes. Mon cabinet. Assurément ce Cône doit être distingué du Cône drap-d'or, ayant constamment une forme et des couleurs qui lui sont particulières. Il est plus raccourci, moins cylindracé, un peu bombé, lisse, et a un aspect rougeâtre par suite d'une multitude de lignes longitudinales onduleuses, tremblottantes, serrées, et d'un rouge brun, qui le font paraître rayé et réticulé. Il est dépourvu de lignes transverses, et n'offre point de taches écailleuses, si l'on en excepte celles très petites qui résultent des zig-zags de ses lignes longitudinales. Longueur : 2 pouces 4 lignes et demie.

173. Cône archevêque. *Conus archiepiscopus.* Brug.

C. testâ ovato-turbinatâ, ventricosâ, luteo-fulvâ; lineis longitudinalibus transversisque fuscis; fasciis quatuor albo cœruleo violaceoque reticulatis; spirâ acuminatâ.

Conus archiepiscopus. Brug. Dict. n° 141.

Encycl. pl. 346. f. 7.

Conus archiepiscopus. Ann. ibid. n° 171.

[b] *Var. violacea, minùs distinctè fasciata.*

D'Argenv. Conch. pl. 13. fig. I.

Favanne. Conch. pl. 18. fig. B 2.

Encycl. pl. 346. f. 1.

[c] *Var. zonis distinctis, maculis retibusque albis compositis; fauce roseâ.*

Martini. Conch. 2. t. 54. f. 602.

Conus canonicus. Brug. Dict. n° 143. [var. a.]

Encycl. pl. 345. f. 5.

* Dillw. Cat. t. 1. p. 426. n° 143.

* Wood. Ind. Test. pl. 16. f. 139.
* Reeve. Conch. Icon. pl. 41. f. 223.
* Küster. Conch. Cab. p. 57. n° 42. pl. 8. f. 10.

Habite les mers des Grandes-Indes. Mon cabinet. Ce Cône est ovale-turbiné, ventru, et remarquable par ses trois ou quatre zones transverses, réticulées, à écailles violettes ou d'un blanc bleuâtre. Le fond jaune fauve de cette coquille ne paraît que médiocrement et seulement dans les intervalles des zones, où il est traversé par des lignes brunes assez épaisses et par des lignes transverses de la même couleur et plus fines. Vulg. le *Drap-d'or violet*. Longueur : 2 pouces.

174. Cône chanoine. *Conus canonicus*. Brug.

C. testâ cylindraceo-turbinatâ, fuscâ; lineis transversis nigris; maculis retibusque albis inæqualibus confertis; spirâ acuminatâ, subgranosâ; fauce roseâ.

Knorr. Vergn. 3. t. 18. f. 2.
Conus canonicus. Brug. Dict. n° 143. [var. b.].
Encycl. pl. 345. f. 1.
Conus canonicus. Ann. ibid. p. 436. n° 172.
* Dillw. Cat. t. 1. p. 427. n° 144.
* Wood. Ind. Test. pl. 16. f. 139.
* Mus. Gottw. pl. 13. f. 94. c.? h.
* Reeve. Conch. Icon. pl. 29. f. 165.

Habite les mers des Grandes-Indes. Ce Cône ne doit pas être associé avec la var. [c] du précédent, puisqu'il n'en a ni la forme ni les couleurs. Il est un peu cylindracé, brun, marqué de lignes noires transverses, et orné d'une multitude de taches blanches écailleuses, très inégales, groupées irrégulièrement et recouvrant en grande partie le fond de la coquille. Sa spire est très aiguë et un peu tuberculeuse ou granuleuse; son ouverture est teinte de rose. Longueur : 2 pouces, selon Bruguières.

175. Cône évêque. *Conus episcopus*. Brug. (1)

C. testâ cylindraceo-turbinatâ, furvâ; maculis albis trigonis inæqualibus majusculis subfasciatis; lineis transversis albo-punctatis; spirâ obtusâ.

---

(1) Lamarck rapporte à la variété du *Conus episcopus* la figure 1328 de Chemnitz, pl. 143, mais cette figure représente réellement une variété à grandes taches du *Conus aulicus*; il suffit pour se convaincre de ce que nous disons de comparer cette figure à celle de l'Encyclopédie, mentionnée plus bas pour la

Conus episcopus. Brug. Dict. n° 142.
Encycl. pl. 345. f. 2.
Conus episcopus. Ann. ibid. n° 173.
[*b*] *Var. maculis albis minutis, absque fasciis.*
Seba. Mus. 3. t. 43. f. 6.
Encycl. pl. 345. f. 6.
[*c*] *Var. alba, maculis fuscis latis ornata, basi valdè sulcata.*
Chemn. Conch. 10. t. 143. f. 1328.
Conus aulicus. Brug. Dict. n° 133. [var. b.]
Encycl. pl. 343. f. 2.
* *Conus aulicus. Var.* Schrot. Einl. t. 1. p. 54.
* *Id*. Gmel. p. 3394.
* Martini. Conch. pl. 53. f. 591?
* Dillw. Cat. t. 1. p. 427. n° 145.
* Wood. Ind. Test. pl. 16. f. 140.
* Reeve. Conch. Icon. pl. 34. f. 189.

Habite les mers des Grandes-Indes. Mon cabinet pour la var. [c]. Cette espèce est fort différente de celle qui précède, se rapproche du Cône perlé et du Cône plumeux par ses lignes transverses ponctuées, et se fait remarquer par ses taches blanches et trigones, dont plusieurs sont fort grandes. Longueur de la var. [c] : 3 pouces 2 lignes.

176. Cône abbé. *Conus abbas*. Brug.

C. testâ cylindraceo-turbinatâ; aurantiâ, fusco-undatâ; zonis subroseis reticulatis maculisque albis raris passim sparsis; spirâ acutâ.

Chemn. Conch. 10. t. 143. f. 1326. b. c.
Conus abbas. Brug. Dict. n° 144.
Encycl. pl. 345. f. 3.
Conus abbas. Ann. ibid. n° 174.
* Mus Gottw. pl. 13. f. 94. f. d. e. f. 95. a. b.
* *Conus textile. Var.* γ. Gmel. p. 3393.
* Dillw. Cat. t. 1, p. 426, n° 142.
* *Id*. Wood. Ind. Test. pl. 16. f. 137.
* Reeve. Conch. Icon. pl. 28. f. 162. et pl. 32.
* Küster. Conch. Cab. p. 47. n° 34. pl. 7. f. 7. 8.
[*b*] *Var. grisea, absque fasciis.*

Habite les mers des Grandes-Indes. Mon cabinet. Cône fort joli, qui en

---

même variété. Il serait possible que cette variété de l'Encyclopédie mieux examinée méritât de faire une espèce particulière. M. Küster a laissé subsister la même erreur en rapportant à l'*Episcopus* la figure de Chemnitz.

général ne devient pas grand, et dont la coloration est fort agréable. Sur un fond orangé, nué de marron, il offre trois zones réticulées d'une couleur plus claire que le fond, un peu rosées, et des taches très blanches, trigones, dont les plus grandes sont rares, éparses, et éclatent sur le fond de la coquille. Ses tours de spire sont un peu concaves et finement striés. Les figures citées de Chemnitz sont très médiocres; celle de l'Encyclopédie est au contraire fort bonne. Longueur de notre plus bel individu : 2 pouces 3 lignes et demie. Vulg. le *Drap-d'or à dentelles.*

177. Cône légat. *Conus legatus.* Lamk.

C. testâ cylindraceo-turbinatâ, angustâ, albo aurantio roseoque variegatâ, fusco-undatâ; maculis albis cordatis inæqualibus spirâ acutâ.

Conus legatus. Ann. ibid. p. 437. n° 175.

* *Conus legatus.* Sow. jun. Conch. Ill. pl. 2. f. 12.

* Reeve. Conch. Icon. pl. 16. f. 85.

* *Conus muscorum.* Brod. Proc. Zool. Soc. 1833. p. 54.

* *Id.* Mull. Syn. Test. p. 120. n° 11.

Habite les mers des Grandes-Indes. Collect. du Mus. Celui-ci semble n'être qu'une variété du précédent; mais il présente par ses couleurs et sa forme un aspect différent, et les tours de sa spire ne sont point en effet concaves. Il est petit, grêle, cylindracé-conique, teint de rose, et montre quelques parties d'un fond orangé traversées longitudinalement par de gros traits bruns et ondés. Des taches blanches, cordées, petites et grandes, ornent élégamment sa superficie. Longueur: 3 centimètres.

178. Cône drap-d'or. *Conus textile.* Lin.

C. testâ cylindraceo-ovatâ, luteâ; lineis fuscis longitudinalibus undulatis maculisque albis trigonis fulvo-circumligatis; spirâ acuminatâ.

Conus textile, Lin. Syst. nat. éd. 12. p. 1171. Gmel. p. 3393. n° 59.

Bonanni. Recr. 3. f. 135.

Gualt. Test. t. 25. fig. AA.

D'Argenv. Conch. pl. 13. fig. F.

Favanne. Conch. pl. 18. fig. B 1.

Seba. Mus. 3. t. 47. f. 16. 17.

Knorr. Vergn. 1. t. 18. f. 6.

Martini. Conch. 2. t. 54. f. 599. 600.

Conus textile. Brug. Dict. n° 145.

Encycl. pl. 344. f. 5.

Conus textile. Ann. ibid. n° 176.

[*b*] *Var. maculis albis reticulatis fasciata.* Mon cabinet.

Seba. Mus. 3. t. 47. f. 14.
Knorr. Vergn. 2. t. 8. f. 3.
Martini. Conch. 2. t. 54. f. 598.
Conus textile amiralis. Chemn. Conch. 10. t. 143. f. 1326. a.
Encycl. pl. 345. f. 7.
[c] *Var. fasciata; reticulo tenui violaceo.*
[d] *Var. abbreviata, tumida, absque fasciâ.*
Favanne. Conch. pl. 18. fig. B 5.
Conus textile. Brug. [var. e.]
Encycl. pl. 346. f. 5.
[e] *Var. abbreviata, turbinata, subdepressa, fasciata.*
Conus textile. Brug. [var. f.]
Encycl. pl. 346. f. 2.
[f] *Var. maculis albis violaceo-cærulescente nebulatis fasciatim dispositis.*
Favanne. Conch. pl. 18. fig. B 4.
Conus textile. Brug. [var. h.]
Encycl. pl. 347. f. 4.
[g] *Var. elongata, carnea; maculis albis minutis retibusque rufo-inclusis.*
Favanne. Conch. pl. 18. fig. B 3.
Conus textile. Brug. [var. l.]
Encycl. pl. 347. f. 2.
[h] *Var. ponderosa, transversìm striata, maculis cærulescentibus fasciata, apice roseo.*
Seba. Mus. 3. t. 43. f. 11. 12.
Chemn. Conch. 10. t. 141. f. 1311. *Mala.*
Conus textile. Brug. [var. c.]
Encycl. pl. 346. f. 6.
[i] *Var. angustior, pallidè lutescens.*
[k] *Var. zonis albis latis; fundo vix perspicuo.* Mon cabinet.
Adans. Seneg. pl. 6. f. 7 le Loman.
[l] *Var. ovoidea, anteriùs ventricosa; maculis albis trigonis non interruptis, aurantio-tinctis.* Mon cabinet.
Conus textile. Brug. [var. d.]
Encycl. pl. 347. f. 3.
* Aldrov. de Test. p. 399. *Fig. in medio paginæ.*
* Jonst. Hist. nat. des Exang. pl. 12. fig. 7.
* Lin. Syst. nat. éd. 10. p. 717.
* Lin. Mus. Ulric. p. 561.
* Perry. Conch. pl. 25. f. 1. 5.
* Mus. Gottw. f. 94. b. c.

* Regenf. Conch. t. 1. pl. 6. f. 62.
* Blainv. Malac. pl. 26. fig. 4.
* Roissy. Buf. Moll. p. 408. n° 7.
* Schum. Nouv. Syst. p. 205.
* Born. Mus. Cæs. Vind. Test. p. 165.
* Schrot. Einl. t. 1. p. 52. n° 30.
* Burrow. Elem. of Conch. pl. 13. f. 3.
* Dillw. Cat. t. 1. p. 424. n° 141.
* Wood. Ind. Test. pl. 16. f. 136.
* Sow. Conch. Mon. f. 461.
* Quoy et Gaim. Astr. t. 3. p. 100. pl. 53. f. 15 à 17.
* Reeve. Conch. Icon. pl. 38. f. 209.
* Küster. Conch. Cab. p. 51. n° 38. pl. 4. f. 9?? pl. 7. f. 10. pl. 8. f. 4. 5. 6.

Habite les mers des Grandes-Indes et de l'Afrique. Mon cabinet. Le Cône drap-d'or est une des plus belles et des plus intéressantes espèces de son genre, tant par le volume qu'il acquiert que par sa forme, sa coloration, et les nombreuses variétés qu'il présente. Sur un fond jaune d'or ou orangé, il offre quantité de lignes brunes, longitudinales, onduleuses et comme tremblantes, et en outre une multitude de petites taches blanches, trigones, bordées de brun, et groupées comme des écailles, par masses, les unes longitudinales, les autres transverses et en fascies. Ces mêmes taches sont tantôt blanches, et tantôt nuancées d'orangé ou de bleu violet, suivant les variétés de cette espèce. Ce Cône n'est point rare, et fait l'ornement des collections. Longueur de la coquille principale, type de l'espèce : 3 pouces 10 lignes; de la var. [b.]: 2 pouces 9 lignes.

179. Cône pyramidal. *Conus pyramidalis.* Lamk.

C. testâ elongato-turbinatâ, albidâ aut aurantiâ ; lineis fuscis numerosissimis longitudinalibus flexuoso-angulatis; maculis albis irregularibus; spirâ elevatâ, acuminatâ : anfractibus superioribus nodulosis.

Favanne. Conch. pl. 18. fig. C 1.
Conus textile. Brug. Dict. n° 145 [var. m.]
Encycl. pl. 347. f. 5.
Conus pyramidalis. Ann. ibid. p. 438. n° 177.
[*b*] *Var. fundo albido ; spiræ anfractibus superioribus muticis.*
* Dillw. Cat. t. 1. p. 424. n° 140.
* *Id.* Wood. Ind. Test. pl. 16. f. 135.

Habite les mers de la Zone Torride, et probablement celles des Indes-Orientales. Mon cabinet pour la var. [b]. Cône allongé, peu renflé, à spire pyramidale, et qui, sur un fond tantôt orangé et tantôt blanchâtre, mais peu apparent, présente une multitude de lignes d'un brun pourpré, longitudinales, en zigzags, et diversement fléchies. Les intervalles ou mailles que forment ces lignes offrent des taches blanches irrégulières, les unes trigones, les autres cordiformes et d'autres oblongues. Le grand nombre de lignes flexueuses de ce Cône, qui s'entrecroisent de toutes parts, lui donne un aspect d'un rouge violâtre, et présente une réticulation irrégulière. Longueur: 19 lignes.

180. Cône gloire-de-la-mer. *Conus gloria maris*. Chemn.

C. testâ elongatâ, cylindrico-turbinatâ, albâ, aurantio-fasciatâ, maculis albis trigonis subtilissimis fusco-cinctis ad apicem usquè reticulatâ; spiræ concavo-acuminatæ anfractibus superioribus nodulosis.

Chemn. Conch. 10. t. 143. f. 1324. 1325.
Conus gloria maris. Brug. Dict. n° 146.
Encycl. pl. 347. f. 7.
Conus gloria maris. Ann. ibid. n° 178.
* Schrot. Einl. t. 1. p. 63. n° 18.
* Dillw. Cat. t. 1. p. 424. n° 139.
* Wood. Ind. Test. pl. 16. f. 134.
* Delessert. Rec. de Coq. pl. 40. f. 16. a. b.
* Reeve. Conch. Icon. pl. 6. f. 31.
* Sow. Tankar. Cat. pl. 8. f. 1. 2.
* Roissy. Buf. Moll. t. 5. p. 408. n° 8.
* Küster. Conch. Cab. p. 42. n° 29. pl. 7. f. 1. 2.

Habite les mers des Indes-Orientales. Ce Cône, de la division des Draps-d'or, remarquable par sa forme allongée, sa spire pyramidale, le réseau à mailles fines et inégales qui occupe toute sa superficie, et sa couleur orangée émaillée de petites taches blanches et trigones, est regardé comme la coquille la plus rare et la plus précieuse de ce genre. Sa longueur, selon Bruguières, est de 3 pouces 3 lignes.

181. Cône austral. *Conus australis*. Chemn.

C. testâ elongatâ, cylindrico-turbinatâ, transversìm sulcatâ, albidâ, cæruleo et flavido-subfasciatâ; maculis fulvis aut fuscis; spirâ elevato-acutâ.

Conus australis. Chemn. Conch. 11. t. 183. f. 1774. 1775.
Conus australis. Ann. ibid. p. 439. n° 179.
* Schrot. Natur. fors. t. 26. pl. 1. f. 2.
* Dillw. Cat. t. 1. p. 415. n° 121.
* Wood. Ind. Test. pl. 16. f. 116.

* Sow. Genera of Schells. f. 4.

* Reeve. Conch. Icon. pl. 4. f. 19.

* Küster. Conch. Cab. p. 100. nº 88. pl. 19. f. 1. 2.

Habite l'Océan Austral, les côtes de Botany-Bay, etc. Ce Cône ne tient à l'espèce précédente que par sa forme générale, mais il n'appartient nullement à la division des Draps-d'or. Il paraît constituer une espèce très voisine du Cône sillonné, si réellement il en est suffisamment distinct.

Obs.— La coquille de l'Encyclopédie, pl. 343. f. 5, est un Cône que feu M. Hwass a fait figurer, et dont Bruguières n'a point donné de description. Quelques-uns de ses caractères paraissent convenir à notre Cône couleuvré, nº 165, mais les autres ne s'y rapportent point.

† 182. Cone brun. *Conus brunneus.* Gray.

C. testâ turbinatâ, crassâ, fortiter coronatâ; fuscâ, maculis albis, longitudinaliter sinuatis, fasciatìm dispositis, cinctâ; spirâ subprominulâ, albo fuscoque maculatâ, spiraliter sulcatâ, coronatâ, tuberculis solidis, grandibus; basi lineatâ, lineis elevatis, subgranosis.

Gray dans Wood. Ind. Test. Suppl. pl. 3. f. 1.

Sow. Proc. Zool. Soc. 1834. p. 18.

Muller. Synop. Test. p. 123. g.

Sow. jun. Conch. Ill. pl. 9. f. 63. et 12. f. 88.

Reeve. Conch. Icon. pl. 14. f. 72.

Conus diadema. Sow. Proc. Zool. Soc. 1834. p. 19.

Id. Muller. Synop. Test. p. 123. nº 17.

Habite l'île de Panama.

Belle espèce, assez variable, que l'on rencontre assez fréquemment à Panama et aux Gallo-Pagos. Elle est turbinée, à spire large, et couronnée. La spire est conique, courte, composée d'un assez grand nombre de tours, légèrement concaves et bordés en dehors d'une rangée de gros tubercules; le dernier tour est un peu convexe dans ses contours, il est lisse et présente à la base quelques sillons obsolètes. L'ouverture est étroite, un peu plus élargie en avant qu'en arrière, ordinairement blanche; dans les jeunes individus, elle est d'un violet très pâle; ce sont ces derniers que M. Sowerby le jeune avait séparés, sous le nom de *C. diadema.* La coloration de ce Cône est assez variable; le plus grand nombre des individus que nous ayons vus sont d'un brun marron très foncé, et ils portent vers le milieu, une zone sur laquelle un petit nombre de taches blanches sont irrégulièrement dispersées; quelquefois d'autres taches de la même couleur sont distribuées sur d'autres points de la coquille, mais en très petit nombre. Nous connaissons une variété, toute brune, mais d'un brun moins foncé; sa spire est d'un blanc jaunâtre, et les intervalles des tubercules sont teintés de brun. Dans cette espèce, le test est très épais et très solide; la longueur est de 60 millim. et la largeur de 37.

† 183. Cône à ceinture. *Conus balteatus.* Sow.

C. testâ abbreviato-conicâ, basim versùs sulcatâ, pallidè cæruleo-flavescente, olivaceo-fusco medianè et infernè balteatâ, basi subpurpureâ; spirâ depresso-convexâ, coronatâ, spiraliter striatâ; apice roseo.

Sow. jun. Conch. Ill. pl. 8. f. 58.

Reeve. Conch. Icon. pl. 16. f. 88.

Habite les Philippines.

Ce Cône vient s'ajouter à la section des couronnés de Lamarck. Il est conique, turbiné; il est court, à spire large, conique et très surbaissé; elle se compose de 10 à 11 tours, sur la circonférence desquels règne une rangée de tubercules assez gros et quelquefois irréguliers; ces tours sont étroits, réunis par une suture simple, à côté de laquelle se trouvent 3 ou 4 stries transverses, formant sur les premiers tours un réseau assez fin, par leur entrecroisement avec des stries longitudinales; le dernier tour est strié dans toute son étendue; vers le sommet, les stries sont obsolètes, celles de la base sont beaucoup plus profondes. L'ouverture est étroite, à bords parallèles; le bord droit est mince et tranchant, il s'épaissit assez subitement, et il est, en dedans, d'un brun rouge assez foncé. La coloration de cette espèce est assez uniforme; sur un fond d'un blanc jaunâtre, le dernier tour présente deux fascies d'un brun plus ou moins intense, quelquefois en partie réuni dans le milieu par des nuances plus pâles et insensiblement fondues. Le sommet du dernier tour est assez souvent orné de quelques linéoles d'un brun pâle.

Cette espèce, actuellement assez commune dans les collections, a 30 millim. de long et 20 de large.

† 184. Cône d'Orbigny. *Conus d'Orbignyi.* Audouin.

C. testâ tenui subfusiformi; gracillimè turbinatâ, versùs basim valdè attenuatâ, transversìm costatâ, costis lævibus, planissimis; albâ, maculis spadiceis sparsis plùs minùsve irregulariter pictâ; spirâ elevato-acutâ, minutissimè moniliferìm coronatâ.

Audouin. Mag. de Zool. 1830. pl. 20. f. 1. 2.

Conus planicostatus. Sow. jun. Conch. Ill. pl. 3. f. 15.

Conus d'Orbignyi. Reeve. Conch. Icon. pl. 4. f. 17.

Habite les mers de la Chine.

Cette belle espèce de Cône a été décrite et figurée pour la première fois par M. Audouin, en 1830, dans le *Magasin de Zoologie.* L'exemplaire que ce naturaliste a eu sous les yeux a été rapporté de Chine par M. Dussumier. Ce Cône a des rapports avec plusieurs autres espèces que M. Audouin ne connaissait pas : tels que l'*Arcuatus*, le *Mucronatus*, et l'*Aculeiformis*, sans contester cependant qu'il en a aussi avec l'*Australis*. Ce Cône d'Orbigny est allongé, étroit, subfusiforme. Sa spire longue, pointue, régulièrement conique, constitue plus du quart de la longueur totale; elle est composée de 13 à 14 tours canaliculés en dessus et bordés d'une carène élégamment couronnée de crénelures. Le dernier tour est chargé de stries transverses serrées à la base, graduellement plus distantes vers le sommet. Au fond de ces stries, on voit à l'aide de la loupe de fines lamelles longitudinales qui sont celles des accroissemens. L'ouverture est étroite, un peu dilatée dans le milieu ; le bord droit est très mince et se détache de la spire par une échancrure assez profonde. La coloration est assez variable ; sur un fond blanc se dessinent des lignes transverses, de gros points quadrangulaires qui ne dépassent pas la largeur des intervalles des stries. Dans une variété plus pâle, les points se succèdent de manière à former des flammules longitudinales.

Cette espèce, toujours rare dans les collections, est longue de 60 millim. et large de 22.

† 185. Cône noisette. *Conus nux*. Brod.

C. testâ obeso-turbinatâ, lævi, basim versùs granuloso-striatâ, granulis subobsoletis; albâ, maculis citrinis undatis bifasciatâ; spirâ depresso-convexâ, apice subobtuso, basi et aperturæ fauce violaceo-nigricante.

Brod. Proc. Zool. Soc. 1833. p. 54.

Muller. Synop. Test. p. 120. n° 8.

Sow. jun. Conch. Ill. pl. 5. f. 31.

Reeve. Conch. Icon. pl. 20. f. 110.

Habite les îles Gallopagos.

Petite espèce très distincte et qui se rapproche un peu du *Sponsalis;* elle est courte, turbinée, large au sommet du dernier tour. La spire est très courte, composée de 8 ou 9 tours très étroits et couronnés d'une rangée de tubercules assez gros; le dernier tour est très rétréci à la base, et l'on remarque dans cet endroit quelques petites côtes transverses obscurément noduleuses. L'ouverture est très étroite, à bords parallèles; le bord droit est mince et séparé de la spire par une échancrure étroite et profonde. Cette ouverture est teintée d'un beau violet, surtout à la base où cette couleur passe au dehors. Sur un fond d'un blanc grisâtre ou bleuâtre très pâle, cette espèce est ornée de deux zones transverses inégales de taches d'un beau brun ; la zone supérieure est formée de flammules irrégulières rapprochées, plus ou moins découpées, selon les individus, et se confondant par le milieu; la seconde zone est près de la base, elle est également formée de flammules, mais plus simples; enfin entre chaque tubercule de la spire il y a une tache brune.

Cette petite espèce est longue de 18 millim. et large de 12.

† 186. Cône muriculé. *Conus muriculatus*. Sow.

C. testâ turbinatâ, muriculato-granulatâ, granulis prominentibus, subdistantibus, seriatìm digestis; albâ, fasciis latis luteo-fuscis duabus cinctâ, fasciis lineis filosis ornatis; spirâ depresso-convexâ, coronatâ, rubido-fusco maculatâ; basi et aperturæ fauce violaceâ.

Sow. jun. Conch. Ill. pl. 1. f. 1.

Reeve. Conch. Icon. pl. 20. f. 112.

Habite les Philippines.

Cône fort remarquable dont on doit la découverte aux recherches persévérantes de M. Cuming. Il est allongé, étroit, à spire courte et couronnée. Le dernier tour est chargé de neuf sillons transverses sur lesquels sont rangées des granulations assez grosses et distantes, ces sillons sont égaux sur la plus grande partie de la coquille, ceux de la base sont plus rapprochés. L'ouverture est étroite, d'un beau violet; la base de la coquille est de la même couleur, tandis que le reste est d'un fauve foncé séparé en deux larges zones par une fascie blanche, médiane, et une autre fascie de la même couleur qui règne au sommet du dernier tour. Sur les zones fauves on remarque un grand nombre de linéoles filiformes plus foncées; la spire est tachetée de brun rougeâtre.

Cette espèce n'acquiert pas un grand volume; sa longueur est de 28 millim., sa largeur de 15.

† 187. Cône nain. *Conus nanus*. Brod.

C. testâ subobeso-turbinatâ, solidâ, albâ, pallidissimè livido-zonatâ, basi livido-purpurescente, epidermide luteo-olivaceâ indutâ; spirâ convexâ, coarctatâ, subtiliter coronatâ; aperturæ fauce basim versùs livido-purpurascente.

Brod. Proc. Zool. Soc. 1833. p. 53.

Muller. Synop. Test. p. 119. nº 4.

Sow. jun. Conch. Ill. pl. 1. f. 6.

Reeve. Conch. Icon. pl. 27. f. 150.

Habite l'île de lord Hood, dans l'Océan Pacifique.

Petite coquille qui se distingue facilement; elle est courte, turbinée, épaisse et solide. La spire est courte, un peu convexe, à tours étroits, couronnée de petits tubercules sur l'angle externe; le dernier tour est très rétréci à la base, et il porte sur cette partie un petit nombre de stries transverses; le reste de la surface est lisse. L'ouverture est fort étroite, d'un pourpre livide et violâtre; à la base toute la partie supérieure de la coquille est blanche; la base est d'un violet obscur qui se propage dans la partie blanche par des flammules ou des dentelures profondes.

Ce petit Cône a 15 millim. de long et 10 de large.

† 188. Cône contre-amiral. *Conus thalassiarchus.* Gray.

C. testâ cylindraceo-conicâ, in medio plerumque leviter attenuatâ, lineis variè pictâ, spirâ plus minùsve depressâ.

Sow. jun. Conch. Ill. pl. 11. f. 80, et pl. 12. f. 85.

Reeve. Conch. Icon. pl. 2. f. 8.

Habite l'île de Luçon et les Philippines.

Ce Cône, extrêmement rare encore dans les collections, n'a été connu, il y a quelques années, que par de petits exemplaires rapportés des Philippines. M. Cuming, dans l'exploration qu'il a faite de ces îles, a recueilli quelques magnifiques exemplaires qui ont été figurés par M. Reeve. Ce sont des coquilles qui atteignent le volume du *C. marmoreus*; elles sont régulièrement coniques, à spire très courte et presque plane. Le dernier tour est lisse, à la base il porte cependant quelques stries obsolètes; il n'est pas absolument conique, mais sensiblement atténué dans le milieu. L'ouverture est étroite, un peu dilatée à la base; elle est d'un beau jaune safrané, ou tirant sur le fauve; le bord droit est mince, il se projette en avant, et il est détaché de la spire par une échancrure profonde. La coloration est variable, elle est toujours élégante. M. Reeve a distingué sous ce rapport quatre variétés. Dans la première, un grand nombre de lignes d'un brun foncé descendent en zigzag du sommet à la base, s'entrecroisent souvent, de manière à laisser des taches triangulaires d'un blanc fauve très frais, qui est le fond de la coquille. Dans une seconde variété, ces lignes sont plus serrées, plus parallèles les unes aux autres, moins contournées, et elles sont interrompues dans le milieu du dernier tour par une zone blanchâtre. Dans une troisième variété, les lignes longitudinales sont plus confuses, moins nombreuses cependant, mais elles se noient dans des taches nuageuses brunâtres, qui constituent deux zones, dans l'intervalle desquelles il y a plusieurs rangées de ponctuation. Enfin la quatrième variété est non moins remarquable que les autres, car la plus grande partie de sa surface est occupée par de larges zones fauves, chargées de lignes ponctuées; les lignes brunes longitudinales en zigzag ne se montrent plus qu'au sommet du dernier tour.

Les plus grands individus de cette espèce très rare ont 85 millim. de long et 45 de large.

† 189. Cône régulier. *Conus regularis*. Sow.

C. testâ suboblongo-turbinatâ, propè basim paululùm attenuatâ, lævi; albidâ, rubido-fusco plus minùsve pallidè tinctâ, fasciis fuscis angustis, numerosis, interruptis, cinctâ; spirâ acuminato-exsertâ, fusco profusè maculatâ.

Sow. jun. Conch. Ill. pl. 4. f. 29. pl. 7. f. 45.

Reeve. Conch. Icon. pl. 26. f. 146.

Habite le golfe de Nicoya.

Fort belle espèce de Cône allongé, étroit, ayant une spire assez allongée, très pointue et composée d'un grand nombre de tours, très étroits, légèrement concaves, dont les premiers sont anguleux à la base; le dernier est circonscrit par un angle vif; il est atténué à la base, où il est chargé de stries fines et onduleuses. L'ouverture est très étroite, à bords parallèles dans toute sa longueur; elle est blanche ou d'un blanc brunâtre. La coloration consiste en six ou huit fascies transverses, larges, alternantes avec un nombre pareil de lignes plus étroites, d'un brun noirâtre, obscur, sur un fond d'un brun fauve; toute cette coloration est interrompue d'une manière assez régulière par de courtes flammules ou des points d'un blanc mat assez pur; la spire elle-même est tachée de blanc sur le fond brun, mais le brun y domine.

Cette coquille, fort rare encore dans les collections, a 58 millim. de long et 28 de large.

† 190. Cône marquis. *Conus marchionatus*. Hinds.

C. testâ abbreviato-turbinatâ, lævi, basim versùs sulcatâ, albâ, fusco latè reticulatâ; spirâ depressâ, leviter canaliculatâ, spiraliter striatâ; apice mucronato.

Hinds. Ann. and Mag. nat. Hist. 1843.

Reeve. Conch. Icon. pl. 13. f. 65.

Habite les îles Marquises.

Ce Cône ressemble beaucoup au *C. marmoreus* de Linné; il en a à-peu-près la taille, mais il s'en distingue au premier aspect, en ce que sa spire n'est jamais couronnée. Cette coquille est turbinée, conique, à spire plane ou à peine saillante, mucronée au sommet, composée de 12 tours substriés, légèrement canaliculés; le dernier tour est subanguleux à sa circonférence. On remarque à sa base quelques stries transverses; tout le reste de la surface est parfaitement lisse. L'ouverture est d'un beau blanc, assez large, un peu plus dilatée vers sa base, et son bord droit se détache de la spire par une échancrure large et profonde. La coloration de cette coquille est fort agréable, elle consiste en un réseau d'un beau brun marron, découpant la surface blanche en taches quadrangulaires, inégales, et séparées par deux zones transverses, dans lesquelles le brun domine; la spire est agréablement tachetée de lignes brunes, étroites, descendant directement d'un tour à l'autre.

Dans sa belle *Monographie des Cônes*, M. Reeve a donné la figure d'un petit individu de cette espèce; ceux que nous possédons ont 70 mill. de long et 40 de large.

† 191. Cône ambigu. *Conus ambiguus*. Reeve.

C. testâ turbinatâ, lævi, basim versùs liratâ, lineis subtilissimis, undatis, longitudinalibus, subobsoletè incisis; albâ, pallidè fuscescente tinctâ; spirâ obtuso-convexâ, leviter canaliculatâ, maculis arcuatis fuscescentibus ornatâ, apice mucronato, elato.

Reeve. Proc. Zool. Soc. 1843. p. 177.

Reeve. Conch. Icon. pl. 44. f. 244.

Habite...

Ce Cône est bien distinct de tous ses congénères, il est régulièrement conique, à spire assez large, composé de 11 tours concaves, séparés entre eux par une suture linéaire, un peu plus profonde que dans la plupart des autres espèces. Cette spire est convexe et surmontée par un sommet saillant fort pointu, composé des 4 ou 5 premiers tours de la coquille. La surface est lisse, si ce n'est à la base, où l'on trouve un petit nombre de sillons transverses, égaux, et également distans. L'ouverture a les bords parallèles, le droit est mince et tranchant, arqué dans sa longueur et terminé, à sa partie supérieure, par une échancrure assez profonde. Sous une épiderme d'un brun terne, écailleux sur la spire, assez souvent hérissé de lignes transverses, de poils redressés, cette coquille est d'un fauve pâle et marquée, sur le dernier tour, de 2 ou 3 zones transverses; inégales, d'un fauve plus pâle. Souvent la base de l'ouverture est blanche; la spire est ornée d'un grand nombre de petites zones obliques et d'un brun marron pâle, alternant avec le fond blanchâtre de cette partie; mais les intervalles des taches ne sont point égaux, presque toujours ils sont irréguliers.

Cette espèce est encore peu répandue dans les collections; elle a 40 millim. de long et 25 de large, à l'origine de la spire.

† 192. Cône de Real Llejos. *Conus Regalitatis*. Sow.

C. testâ subpyriformi-turbinatâ, leviter ventricosâ, lævi, basim versùs liratâ, liris angustis, subdistantibus; nigricante-fuscâ, cæruleo-tinctâ, maculis punctisque albido-cærulescentibus variâ; spirâ convexâ, leviter canaliculatâ, lineis elevatiusculis spiraliter notatâ, nigricante-fuscâ, versùs apicem rubido-variegatâ; apice acuto, elato.

Conus luzonicus. Var. Sow. Zool. Proc. 1834. p. 18.

Id. Muller. Synop. Test. p. 123. *f.*

Conus Regalitatis. Sow. jun. Conch. Ill. pl. 12. f. 87.

Id. Reeve. Conch. Icon. pl. 40. f. 218.

Habite Real Llejos, Amérique du centre.

Cette coquille a de l'analogie avec le *C. purpurascens.* Comme lui, il est turbiné et élargi au sommet, mais l'angle supérieur du dernier tour est plus obtus, la spire est un peu élancée, elle est régulièrement conique ou un peu concave, dans son profil. On y compte 12 ou 13 tours aplatis, conjoints, lisses; le dernier est un peu ventru à sa partie supérieure, strié à sa base, lisse dans le reste de son étendue. L'ouverture est assez large, à bords parallèles, d'un beau blanc, ayant le bord droit mince et bordé de brun. La coloration est un peu différente de celle du *C. purpurascens;* la coquille est d'un brun marron uniforme, interrompu vers le milieu du dernier tour par une zone assez large de grandes taches blanches, quelquefois nuancées de bleuâtre; quelques taches pâles sont irrégulièrement parsemées à la partie supérieure du dernier tour, et l'on en remarque aussi quelques-unes à la base. La coloration varie; il y a des individus d'un brun plus pâle, et l'on arrive, par des nuances insensibles, à des individus presque noirs; dans tous, sans exception, la surface est ornée de fascies transverses, assez larges, de la même couleur, mais plus foncées.

Les grands individus de cette espèce ont 70 millim. de long et 40 de large.

† 193. Cône pourpré. *Conus purpurascens.* Brod.

C. testâ subobeso-conicâ, interdùm leviter granulosâ; violaceâ, purpureo-variegatâ et nebulosâ, monilibus purpureis et albis frequentibus cingulatâ; aperturâ subamplâ, labri limbo interno purpureo tincto; spirâ convexâ, subcanaliculatâ, spiraliter striatâ.

Brod. Proc. Zool. Soc. 1833.

Sow. jun. Conch. Ill. pl. 2. f. 81.

Reeve. Conch. Icon. pl. 19. f. 105.

Habite Panama.

Ce Cône ne manque pas d'analogie avec certaines variétés du *C. testudinarius* de Lamarck. Il est turbiné, épais, à spire large, peu proéminente, régulièrement conique, formée de 12 ou 13 tours médiocrement concaves, et dont la surface est occupée par des stries transverses, égales et régulières; l'angle supérieur du dernier tour est peu aigu; ce dernier tour est un peu ventru, il est substrié, dans presque toute son étendue; les stries sont fines et rapprochées à la base, s'écartant de plus en plus jusque vers le sommet; elles sont légèrement saillantes. L'ouverture est assez large, d'un beau blanc; le bord droit est mince, brun en dedans, interrompu seulement par quelques points blancs, placés vers la base. La coloration de cette espèce est d'un brun rougeâtre, foncé, interrompu sur le milieu du dernier tour par une zone d'un blanc pourpré irrégulièrement découpée sur ses bords et assez souvent ponctuée de blanc mat; indépendamment de cette coloration, cette coquille est ornée d'un nombre assez considérable de lignes transverses d'un brun rouge très intense. La spire est ornée de taches subquadrangulaires, brunes, alternant avec des taches blanches, un peu plus petites; enfin, sur l'angle du dernier tour règne une petite zone blanchâtre.

Cette coquille a 60 millim. de long et 38 de large; il y a des individus plus grands.

† 194. Cône souillé. *Conus sugillatus*. Reeve.

C. testâ turbinatâ, solidiusculâ, lævigatâ, basim versùs subobsoletè noduloso-liratâ; albidâ, fasciis duabus latissimis livido-olivaceis, lineisque exilibus fuscescente-punctatis, cinctâ; spirâ plano-convexâ, canaliculatâ, apice mucronato, elato, anfractuum marginibus subtilissimè obliquè nodulosis; basi et aperturæ fauce violacco tinctâ.

Reeve. Proc. Zool. Soc. 1843.

Reeve. Conch. Icon. pl. 45. f. 247.

Habite...

Ce Cône a de l'analogie avec le *Lividus* et avec le *Balteatus*, mais il se distingue de ces deux espèces, parce qu'il n'est jamais couronné; il présente aussi quelques autres caractères spécifiques qui lui sont propres. C'est une coquille allongée, conique, étroite, à spire surbaissée, à laquelle on compte 11 tours. Leur surface est très finement treillissée par l'entrecroisement de stries longitudinales et transverses; le dernier tour est lisse, si ce n'est à la base où il porte quelques stries obsolètes; cependant lorsqu'on examine la coquille sous un grossissement suffisant, on retrouve à la surface du dernier tour le fin réseau qui existe sur la spire, mais il est moins régulier, parce que les stries d'accroissement manquent elles-mêmes de régularité. L'ouverture est très étroite, ses bords restent parallèles jusque vers le milieu du bord droit; à partir de ce point, ce bord s'écarte insensiblement de sa columelle. L'ouverture est d'un beau violet foncé en dedans, cette couleur est interrompue dans le milieu par une zone blanche assez étroite. Sur un fond d'un blanc bleuâtre ou grisâtre, le dernier tour porte deux larges zones d'un jaune verdâtre, plus ou moins foncé, selon les individus; la base est occupée par une zone oblique d'un violet obscur; la spire est de la même couleur que les zones transverses.

Cette coquille est longue de 41 millim. et large de 24.

† 195. Cône agréable. *Conus pulchellus*. Swains.

C. testâ oblongo-turbinatâ, in medio leviter coarctatâ, fulvo-aurantiâ, maculis grandibus sinuatis medianè et supernè ornatâ, punctisque fuscis numerosis ubiquè seriatìm cinctâ; spirâ depressâ, spiraliter canaliculatâ et striatâ; basi pallidè purpureâ, leviter nodulosâ, fauce purpureâ.

Swain. Zoll. Ill. 1re sér. t. 2. pl. 65.

Reeve. Conch. Icon. pl. 11. f. 53.

Var. Conus cinctus. Swain. Zool. Ill. 1re sér. t. 2. pl. 110.

Reeve. Conch. Icon. pl. 23. f. 53. B.

Habite...

Ce Cône, signalé pour la première fois par M. Swainson, paraît intermédiaire entre le *C. lineatus* et le *C. vitulinus*; il a même des rapports avec le *Planorbis*. Il est allongé, turbiné; sa spire est très courte, composée de 9 à 10 tours légèrement creusés en gouttières, le dernier est anguleux, lisse, si ce n'est à la base où il présente, soit quelques stries, soit quelques rangées transverses de granulation; le reste de la surface est lisse, l'ouverture est étroite, à bords parallèles, un peu plus large en avant qu'en arrière; elle est d'un blanc jaunâtre dans le type de l'espèce, d'un rose pâle dans la variété, passant au rose pourpré à la base; le bord droit est très mince, il se détache de la spire par une échancrure cunéiforme, assez profonde. La couleur de cette coquille consiste en deux zones d'un brun marron rougeâtre, découpées sur leur bord en flammules étroites qui les réunissent entre elles sur le milieu du dernier tour; les flammules qui partent du bord supérieur de la zone supérieure gagnent la spire, sur laquelle elles se réfléchissent pour former de petites taches longitudinales et arquées; la partie supérieure des tours est d'un rose pourpré assez frais, couleur qui se retrouve également à la base, tandis que la zone médiane est d'un jaune très pâle. On remarque de plus, à la surface de cette coquille, des linéoles transverses, nombreuses, irrégulières, formées d'un grand nombre de petits points plus ou moins allongés, d'un brun noir. La description que nous venons de donner appartient à la variété; le type se distingue par des couleurs beaucoup moins vives et par des zones brunes généralement plus larges.

Les grands individus ont 48 millim. de long et 25 de large.

† 196. Cône albâtre. *Conus parius*. Reeve.

C. testâ turbinatâ, solidâ, supernè obesâ, basim versùs sulcatâ, sulcis distantibus latiusculis, densissimè striato-cancellatis; marmoreo-albâ; spirâ plano-convexâ, lævi, apice mucronato, fuscescente.

Conus spectrum album. Chemn. Conch. t. 10. pl. 140. f. 1304.

Conus columba. Var. c. Lamk. Ency. méth. Vers. pl. 331. f. 3.

Conus parius. Reeve. Conch. Icon. pl. 43. f. 235.

Habite...

M. Reeve a détaché la variété *e* du *C. lacteus* pour en faire une espèce particulière. Cette coquille a en effet des caractères qui lui sont propres et qui ne permettent pas de la confondre avec aucune autre. Elle est turbinée, à spire courte, concave dans son profil, formée de 9 à 10 tours, dont la suture linéaire est bordée d'un petit bourrelet; le dernier tour est très obtus à sa circonférence, il est atténué à la base, où il présente 8 à 9 sillons transverses, dont les interstices sont finement ponctués. L'ouverture est étroite, blanche, un peu dilatée vers la base; la columelle se termine par un pli un peu tordu. Cette coquille est revêtue d'un épiderme très fin, très tenace, d'un brun pâle; lorsqu'il est enlevé, le test est du plus beau blanc et sans la moindre tache.

L'individu de notre collection a 31 millim. de long et 17 de large; celui figuré par M. Reeve est un peu plus grand.

† 197. Cône Orion. *Conus Orion*. Brod.

C. testâ turbinatâ, transversìm striatâ; castaneâ, albo sparsìm maculatâ, balteo albo, castaneo supernè tessellato, medianè cinctâ; spirâ mediocri, albo castaneoque maculatâ.

Brod. Proc. Zool. Soc. 1833. p. 55.

Müller. Syn. Test. p. 121. n° 14.

Sow. jun. Conch. Ill. pl. 6. f. 40.

Reeve. Conch. Icon. pl. 25. f. 142.

Habite Real-Llejos, dans l'Amérique du Centre.

Très belle espèce de Cône, à coquille turbinée, très rétrécie à la base et élargie au sommet; la spire est d'une médiocre longueur, un peu concave dans son profil; les tours, au nombre de 11, sont un peu convexes, lisses, ou marqués d'accroissemens multipliés; le dernier tour est sillonné à sa base; ces sillons, d'abord rapprochés, s'écartent graduellement jusqu'au milieu, où ils disparaissent. L'ouverture est très étroite, blanche, si ce n'est vers le base où elle est teintée de jaune orangé; ses bords sont parallèles et son échancrure supérieure est peu profonde. Sous un épiderme brun, très écailleux sur la spire et hérissé de rangées transverses de poils; cette coquille a une coloration qui la rend facile à distinguer parmi ses congénères. La spire est irrégulièrement tachetée de brun et de blanc, mais le brun y domine; le dernier tour offre, à l'angle de la spire, une zone étroite, articulée de blanc et de brun; le reste de ce tour est d'un beau brun marron, interrompu dans le milieu par une zone blanche, subarticulée de brun, et pointillée de la même couleur. La base de la coquille est souvent jaunâtre, et cette couleur remonte, en lanières peu nombreuses, dans la couleur brune.

Cette coquille est longue de 40 millim. et large de 22.

† 198. Cône veiné. *Conus lignarius*. Reeve.

C. testâ oblongo-turbinatâ, basim versùs subtiliter sulcatâ; luteo-fuscâ, fusco indistinctè bifasciatâ, filis tenuissimis fuscis densissimè cingulatâ; spirâ planiusculâ, leviter canaliculatâ, suturâ subirregulari, apice elato, acuto.

Reeve. Proc. Zool. Soc. 1843.

Reeve. Conc. Icon. pl. 24. f.136.

Habite les Philippines.

Belle espèce de Cône rapportée pour la première fois par M. Cuming de son voyage aux îles Philippines: elle est allongée, conique, sa spire est médiocre, à profil concave, et circonscrite par un angle aigu; la spire est très pointue au sommet, on y compte 11 tours étroits, un peu concaves; le dernier tour est strié à la base, lisse dans le reste de son étendue. L'ouverture est étroite, un peu dilatée à la base; la columelle elle-même, vers son extrémité, est un peu rentrante et porte un pli tordu; le bord droit est mince, brunâtre, tandis que le fond de l'ouverture est blanc. Par sa coloration, cette espèce se distingue facilement de ses congénères, elle est d'un brun cannelle, un peu foncé, avec une zone plus pâle sur le milieu du dernier tour; toute la surface est couverte d'un grand nombre de linéoles transverses, brunes, rapprochées, assez semblables à celles du *Conus figulinus*, mais plus fines, plus nombreuses et beaucoup moins apparentes.

Cette coquille a 58 millim. de long et 25 de large.

† 199. Cône concolore. *Conus concolor*. Sow.

C. testâ subpyriformi-turbinatâ, basim versùs subtiliter liratâ; cinnamomeo-fuscâ, lineis fuscis irregularibus, nunc confertis, nunc distantioribus, cinctâ; spirâ convexâ, spiraliter sulcatâ; suturis rudibus, apice elato.

Sow. jun. Conch. Ill. pl. 9. f. 59.

Reeve. Conch. Icon. pl. 44. f. 242.

Habite les mers de la Chine.

Ce Cône se distingue facilement de toutes les espèces connues. Il est subpyriforme, sa spire est conique, très pointue, composée de 11 ou 12 tours, médiocrement convexes et ornés de stries transverses, obscurément treillisées par des stries longitudinales et irrégulières; l'angle des tours est obtus; la surface du dernier est lisse, si ce n'est vers la base, où l'on remarque un petit nombre de sillons transverses. L'ouverture est étroite, blanche en dedans, ses bords sont presque parallèles; cependant elle est un peu plus dilatée vers le base. Toute cette coquille est d'un brun uniforme, assez semblable à celui de la cannelle. Nous avons sous les yeux un grand individu chez lequel cette couleur est interrompue par des zones irrégulières, longitudinales et blanchâtres.

Cette espèce est longue de 63 millim. et large de 35.

† 200. Cône cerclé. *Conus orbitatus*. Reeve.

C. testâ oblongo-turbinatâ, tenuisculâ, transversìm liratâ, liris planis interstitiis striato-pertusis; albidâ, ustulato fusco-variegatâ; spirâ acuminatâ, apice elato, acuto.

Reeve. Conch. Icon. pl. 27. f. 156.

Habite Sumatra.

Petite coquille, dont on ne connaît jusqu'à présent que le seul exemplaire de notre collection; il nous a été envoyé par M. Martin, de Marseille, voyageur qui a rendu plus d'un service à la science conchyliologique. Ce petit Cône a quelque analogie avec le *C. sulcatus* de Bruguières. Il est allongé, étroit; sa spire est assez longue, très pointue, et composée de 10 tours, dont les premiers sont anguleux à la base et les derniers légèrement concaves; cette spire est concave dans son profil; on remarque des stries assez profondes, finement découpées vers la suture des premiers tours, avec des stries obliques d'accroissement; le dernier tour se termine par un angle obtus, il est atténué à sa base, et l'on compte sur sa surface 19 sillons transverses, aplatis, assez larges, dans les intervalles desquels se relèvent de nombreuses stries d'accroissement; ces intervalles ne sont point égaux; ceux de la base sont plus larges que ceux qui avoisinent le sommet. L'ouverture est étroite, un peu dilatée vers la base; elle est blanche, et son bord droit est mince, tranchant; une échancrure médiocre le détache de la spire. Sur un fond d'un blanc grisâtre, cette coquille présente de grandes marbrures longitudinales, irrégulières, d'un brun cannelle; des taches de cette couleur inégales et subquadrangulaires se montrent sur la spire.

La longueur de cette coquille est de 22 millim. et sa largeur de 10.

† 201. Cône arrosé. *Conus conspersus*. Reeve.

C. testâ turbinatâ, leviter inflatâ, lævi, basim versùs sulcatâ; pallidè luteolâ, maculis aurantio-fuscis variisque irregulariter conspersis, lineis capillaribus confertis undiquè cinctâ; spirâ convexâ, aurantio-fusco-maculatâ.

Reeve. Proc. Zool. Soc. 1843.

Reeve. Conch. Icon. pl. 47. f. 262.

Habite...

Nous rapportons à cette espèce de M. Reeve une coquille de notre collection qui en présente tous les caractères; mais la figure de cet auteur ne nous paraît pas suffisamment exacte pour donner une juste idée de ce Cône. Il est conique-turbiné, un peu renflé vers le milieu, sensiblement rétréci à l'origine de la spire; celle-ci est peu proéminente, composée de 8 à 9 tours aplatis ou à peine convexes; les premiers sont striés; leurs stries s'évanouissent sur les derniers tours; le dernier présente à la base un petit nombre de sillons transverses, très écartés, étroits et finement ponctués au fond. L'ouverture est assez large, d'un jaune safrané très tendre. La coloration consiste en taches d'un brun fauve, irrégulières, imitant des marbrures, à-peu-près semblables à celles du *C. spectrum;* ces taches se dessinent nettement sur le fond d'un blanc jaunâtre, une zone blanchâtre les interrompt vers le milieu du dernier tour; de plus toute la surface est ornée d'un grand nombre de linéoles brunes, extrêmement fines, transverses, et qui se montrent aussi bien sur les tâches que sur le fond de la coquille. Ces linéoles ressemblent assez à celles que l'on voit sur le Cône fileur.

Cette jolie espèce, rare encore, a 30 millim. de long et 16 de large.

† 202. Cône hiéroglyphique. *Conus hieroglyphicus*. Ducl.

C. testâ cylindraceo-ovatâ, cinereo-violaceâ, macularum fasciis duabus ornatâ, maculis niveis peculiariter sinuosis, granulosâ, granulis pallidis; spirâ convexo-acutâ, variegatâ; basi striatâ.

Duclos. Mag. de Zool. 1833. pl. 23.

Reeve. Conch. Icon. pl. 18. f. 101.

Habite...

Petite coquille fort remarquable et dont on ne connaît encore que le seul individu de notre collection; elle est turbinée, ovalaire; sa spire est assez allongée, conique, on y compte 9 tours convexes, sur lesquels se montrent de fines stries concentriques. Le dernier tour est un peu ventru vers le milieu, strié à la base, et l'angle de la spire est obtus et arrondi. Sur sa surface on remarque quatorze rangées transverses de fines granulations blanchâtres : ces rangées sont écartées et également distantes. L'ouverture est étroite, d'un violet cendré en dedans; elle est un peu plus large à la base qu'au sommet. Ce Cône est particulièrement remarquable par sa coloration : sur un fond d'un brun violacé, le dernier tour est orné de deux fascies, de taches blanches profondément et irrégulièrement découpées; la spire elle-même est ornée de taches blanches irrégulières, et la base du dernier tour offre quelques courtes flammules ponctuées de la même couleur.

Cette coquille, fort rare, est d'un petit volume; la figure donnée par M. Duclos, dans le *Magasin de Zoologie*, représente l'individu de notre collection, mais grossi. Longueur : 23 millim., largeur : 12.

† 203. Cône de la mer Rouge. *Conus erythrœensis*. Reeve.

C. testâ turbinatâ, lævi, albidâ, maculis rubido-fuscis numerosis, irregulariter subquadratis, interdùm bifasciatìm confluentibus, seriatìm cinctâ; spirâ exsertâ, læviter canaliculatâ, rubido-fusco densissimè tessellatâ; apice acuto, aperturæ fauce violaceâ.

Reeve. Conch. Icon. pl. 24. f. 137.

Habite la mer Rouge.

Jolie petite espèce de Cône, qui avoisine quelques variétés du *Conus puncticulatus* de Bruguières; elle est allongée, turbinée, un peu ventrue. Sa spire est conique, un peu concave dans sa courbe générale; son sommet est très pointu; on compte 9 à 10 tours à la spire, les premiers sont carénés, les suivans sont conjoints et à peine concaves; ils portent un petit nombre de stries concentriques. Le dernier tour présente à la base quelques sillons peu profonds, dont quelques-uns remontent jusque vers le milieu; mais ces derniers sont plus fins et plus écartés. L'ouverture est étroite, un peu dilatée à la base; elle est d'un blanc rosé ou lavé de fauve très pâle; le bord droit est mince et tranchant, et l'échancrure supérieure est peu profonde. La spire est ornée de taches brunes, longitudinales, étroites, également espacées. Sur le dernier tour, ces taches franchissent l'angle et viennent s'arrêter brusquement à une petite distance; le reste de la surface, sur un fond blanc, est orné de 11 à 13 lignes transverses de grosses ponctuations quadrangulaires d'un brun roux assez foncé; vers le milieu du dernier tour les points de deux ou trois rangées deviennent souvent confluens.

Cette petite espèce a 25 à 30 millim. de long et 12 à 14 de large.

† 204. Cône à collier. *Conus monilifer*. Brod.

C. testâ subfusiformi turbinatâ, ad basim leviter recurvâ, læviusculâ, albicante, castaneo-variegatâ, punctis castaneis numerosis seriatìm cinctâ; spirâ valdè acuminatâ, castaneo-maculatâ.

Brod. Proc. Zool. Soc. 1833. p. 54.

Muller. Synop. Test. p. 120. n° 9.
Sow. jun. Conch. Ill. pl. 6. f. 37.
Reeve. Conch. Icon. pl. 26. f. 144.
Habite Salango, dans l'Amérique du sud.

Coquille subfusiforme, qui ne manque pas d'analogie avec le *C. interruptus*, mais qui s'en distingue constamment par une forme qui lui est particulière; en effet, la spire est très élancée, conique, concave dans son profil, composée de 11 tours légèrement concaves, et dont le dernier est circonscrit par un angle aigu; ce dernier tour, légèrement ventru à sa partie supérieure, s'atténue subitement vers sa base, ce qui le rend fusiforme, il est strié à son extrémité antérieure. Sur un fond d'un blanc gris, cette coquille est ornée d'un assez grand nombre de lignes transverses, formées de petites taches d'un brun assez foncé, en croissant ou en fer de flèche; il y a des lignes dont les taches sont plus petites, alternantes avec un grand nombre de plus grosses; indépendamment de ces lignes, le dernier tour porte un petit nombre de flammules d'un brun roussâtre et régulièrement distribuées; la spire est marquée de larges taches d'un brun foncé, alternantes avec des taches à-peu-près égales du fond de la coquille.

Cette espèce, fort rare encore dans les collections, a 50 millim. de long et 22 de large.

† 205. Cône arqué. *Conus arcuatus*. Brod.

C. testâ fusiformi, albidâ, castaneo-marmoratâ, striis et labio spiram versùs marginato-arcuatis; spirâ mediocri, carinatâ; epidermide tenui.

Brod. et Sow. Zool. Journ. p. 379.
Reeve. Conch. Icon. pl. 13. f. 77. b.
Habite l'Océan Pacifique.

Cette espèce fort remarquable avoisine sous certain rapport le *Conus australis* de Lamk., ainsi que le *Conus d'Orbignyi* d'Audouin; il se distingue de l'un et de l'autre par sa forme et sa coloration; il est conique, ventru vers la spire, atténué vers sa base, ce qui le rend un peu fusiforme; la spire est allongée, très pointue, formée d'un grand nombre de tours concaves, dont les premiers sont fortement carénés à leur circonférence, les derniers sont eux-mêmes bornés par un angle fort aigu. Toute la surface du dernier tour est ornée de stries transverses, assez profondes, étroites, également distantes. Les bords de l'ouverture sont parallèles; le droit est mince, arqué dans sa longueur, et échancré, près de la spire, à son extrémité supérieure. Sur un fond d'un blanc jaunâtre, cette coquille est ornée de flammules anguleuses, irrégulières, peu nombreuses, d'un beau brun marron; elles descendent du haut en bas du dernier tour; quelquefois, vers le milieu, elles sont interrompues par de nombreuses ponctuations de la même couleur.

Cette espèce, décrite pour la première fois par M. Broderip, dans le *Zoological Journal*, est rare encore dans les collections; elle se trouve à Mazatlan, dans l'Océan Pacifique; sa longueur est de 36 millim. et sa largeur de 21.

† 206. Cône interrompu. *Conus interruptus*. Brod.

C. testâ subgracili, albidâ, spadiceo-nubilâ, tæniis frequentibus spadiceis albo-interruptis cinctâ, ad basim striatâ; spirâ mediocri, simplici; labio recto, crenulato; epidermidè tenui.

Brod. et Sow. Zool. Journ. t. 4. p. 379.

Gray. Zool. Bech. Voy. p. 119. pl. 33. f. 2.

Reeve. Conch. Icon. pl. 22. f. 125.

Habite l'Océan Pacifique.

Cette coquille a beaucoup d'analogie avec le *Conus puncticulatus* de Bruguières; elle s'en distingue cependant par des caractères constans; elle est allongée, subcylindracée; sa spire est régulièrement conique, formée de 11 tours aplatis et conjoints; le dernier circonscrit la base de la spire par un angle obtus. Toute la coquille est lisse, si ce n'est à la base du dernier tour où l'on remarque des sillons transverses; les premiers sont les plus profonds, les suivans vont en s'amoindrissant jusque vers le milieu du tour. L'ouverture est étroite, un peu arquée dans sa longueur, et un peu plus large à la base; elle est d'un beau rose pourpré très pâle; le bord droit est mince et ponctué de brun en dedans. La coloration consiste en un grand nombre de lignes transverses de points bruns assez gros, subquadrangulaires, articulés de taches d'un blanc opaque; souvent des lignes de points beaucoup plus fins alternent avec les premières. Le dernier tour offre encore de grandes zones longitudinales, nuageuses sur leurs bords, et d'un brun assez foncé. Toute cette coloration se détache sur un fond d'un blanc fauve ou rosé.

Cette belle espèce est longue de 50 millim. et large de 23.

† 207. Cône toupie. *Conus tornatus*. Brod.

C. testâ elongato-turbinatâ, subfusiformi, leviter sulcatâ; spirâ valdè elatâ, turrito-acuminatâ, apice acuto; albâ, fusco-nigricante bifasciatim nebulosâ, punctis fuscis irregularibus ubiquè cinctâ.

Proc. of Zool. Soc. of Lond. 1833. p. 53.

Muller. Synop. Test. p. 118. n° 2.

Sow. jun. Conch. Ill. pl. 4. f. 25.

Reeve. Conch. Icon. pl. 13. f. 68.
Habite Xipixapi, dans l'Amérique du centre.

Ce Cône élégant a de la ressemblance avec le *C. interruptus*, mais il s'en distingue constamment par plusieurs bons caractères. Il est allongé, étroit; sa spire est très proéminente et fort aiguë au sommet; elle est régulièrement conique, et les 9 à 10 tours dont elle est formée sont anguleux dans le milieu; le dernier est lui-même anguleux à sa circonférence, caractère qui n'existe pas dans le *C. interruptus;* les tours de la spire sont légèrement concaves; le dernier tour est atténué à sa base; il est strié dans cet endroit, le reste de sa surface est lisse; la coloration paraît assez constante; elle consiste en lignes nombreuses et transverses, formées de points d'un brun violâtre; ces lignes ressortent sur le fond d'un blanc jaunâtre, de la coquille. Indépendamment de cette coloration, il se montre en plus ou moins grand nombre de grandes taches longitudinales d'un brun violacé, qui descendent d'une extrémité à l'autre, mais qui sont interrompues dans le milieu par une zone blanche.

Cette coquille est longue de 38 millim. et large de 17.

† 208. Cône chinois. *Conus sinensis*. Sow.

C. testâ obeso-fusiformi, transversìm sulcatâ, sulcis interdùm latis, subtilissimè pertusis; albidâ, ferrugineo-fusco pallidè maculatâ et variegatâ; labro tenui, acuto, arcuato, juxtâ spiram emarginato; spirâ valdè elatâ, striatâ, angulato-carinatâ; apice mucronato.

Sow. jun. Conch. Ill. pl. 8. f. 56.
Reeve. Conch. Icon. pl. 15. f. 77 a.
Habite les îles Feejel.

Espèce remarquable par la longueur considérable de la spire qui, en effet, forme les deux cinquièmes de la longueur totale. Cette spire est élancée, conique, très pointue au sommet; on y compte 12 à 13 tours, dont les premiers sont carénés et crénelés dans le milieu ; les suivans sont lisses et à peine concaves; le dernier est conique, très atténué à la base : cette base porte un petit nombre de stries larges et peu profondes, le reste de la surface en présente de semblables. L'ouverture est linéaire, très étroite, à bords parallèles; le bord droit est mince et tranchant, il s'arrondit en avant et se détache du dernier tour par une échancrure assez profonde, qui ne manque pas d'analogie avec celle des Pleurotomes coniformes. Toute la spire est tachée de brun et de blanc; les taches sont alternes et à-peu-près égales; sur le dernier tour, on voit un grand nombre de séries transverses de points quadrangulaires plus ou moins allongés, et qui occupent toute la largeur d'une strie à l'autre; à la base, ces points forment quelques flammules longitudinales.

Cette coquille a 36 millim. de long et 16 de large.

† 209. Cône Delessert. *Conus Delessertianus.* Recluz.

C. testâ obeso-fusiformi, ad basim sulcatâ, sulcis prominentibus; albido lutescente, fasciis tribus rubido-aurantiis cinctâ, maculis rubidis rhomboidibus minutis per totum aspersâ, maculis super fascias majoribus, interdùm longitudinaliter confluentibus; spirâ valdè elatâ, subcanaliculatâ, maculis rubidis vividè aspersâ, apice mucronato, acuto; labro tenuisculo, arcuato, juxtâ spiram emarginato.

Recluz. Mag. de Zool. 1843. pl. 72.

Reeve. Conch. Icon. pl. 39. f. 213.

Habite la mer Rouge, près de l'île Socotora.

Coquille très remarquable, unique jusqu'à présent dans les collections, et qui appartient à celle de M. Benjamin Delessert, à qui elle a été dédiée par M. Recluz. La description précise et exacte de M. Recluz, dans le *Magasin de Zoologie*, nous engage à la reproduire ici textuellement.

Coquille turbinée, lisse, brillante, sillonnée transversalement à sa base par des stries peu profondes, et empreinte de quelques légères stries d'accroissement dans sa longueur. Sa surface, d'un rose roussâtre ou jaunâtre, est peinte de points carrés, d'un brun marron, disposés en séries transverses, devenant parfois confluens et formant alors des flammes longitudinales obliques : ces flammes sont interrompues par deux fascies blanchâtres, sur lesquelles se dessinent trois ou quatre rangées de points subquadrangulaires, d'un beau brun. Spire conique, allongée, aiguë au sommet, ayant 13 à 14 tours graduellement étagés, canaliculés en dessus, et bordés d'une carène à leur base; les premiers tours sont granuleux. Cette spire est d'un jaune orangé et flammulé de brun. Ouverture allongée, blanche, brillante, avec trois fascies roses en dedans; lèvre mince, tranchante et fortement échancrée au sommet.

Cette précieuse coquille a 62 millim. de long et 30 de large.

† 210. Cône de Solander. *Conus coccineus.* Gmel.

C. testâ cylindraceo-turbinatâ, subcoronatâ, transversè striatâ; striis frequentibus, aut infernè, aut ubiquè granulosis; pallidè aurantiâ, interdùm aurantio-coccineâ, interdùm spadiceo-laccâ; fasciâ albâ in medio, castaneo-maculatâ et punctatâ; spirâ mediocri, rudi, leviter striatâ.

Gmel. p. 3390. n° 46.

Knorr. Vergn. t. 5. pl. 24. f. 2.

Conus coccineus: pro Knorrii synonymo. Dillw. Cat. t. 1. p. 405.

Conus solandri. Brod. et Sow. Zool. Journ. t. 5. p. 50. pl. suppl. 40 f. 4.

Id. Delessert. Rec. de Coq. pl. 40. f. 11. a. b.

Id. Reeve. Conch. Icon. pl. 4. f. 16. a. b.

Id. Gray. Zool. of Bech. Voy. pl. 33. f. 3.

Habite les Philippines.

Nous rendons à cette espèce son premier nom; elle a été nommée pour la première fois par Gmelin, par conséquent, on doit le lui restituer, quoique les conchyliologues anglais l'aient de nouveau décrite, sous le nom de *Conus solanderi.* Gmelin a établi l'espèce sur la figure de Knorr, que nous citons dans notre synonymie, et il est facile de se convaincre que cette figure représente assez fidèlement le Cône dont il est ici question.

Le *Conus coccineus* se distingue assez facilement par son agréable coloration que l'on trouve constamment la même. C'est une coquille cylindracée-conique, à spire convexe, pointue au sommet, composée de 11 à 12 tours convexes, sur le sommet desquels se montrent 4 ou 5 grosses stries concentriques, découpées en un réseau assez gros par des stries longitudinales. Toute la surface du dernier tour est chargée de petits sillons transverses, subgranuleux; ceux de la base sont plus écartés et plus gros que ceux du sommet. L'ouverture est fort étroite, elle se dilate insensiblement vers la base, et dans cet endroit, elle est à-peu-près deux fois aussi large qu'au sommet; elle est blanche; le bord est légèrement teinté d'orangé. Toute la coquille est d'un beau brun rougeâtre peu foncé; elle est ornée, sur le milieu du dernier tour, d'une zone blanche, assez large, sur laquelle se dessinent des flammules longitudinales, irrégulières, assez foncées; dans les intervalles, on remarque quelques rangées de ponctuations alternant avec le fond blanc; les tours de spire offrent une zone d'un brun noirâtre; vers le sommet, cette zone se découpe en taches irrégulières, alternant avec le fond rosé, et elle finit par disparaître au sommet.

Les grands individus de cette belle espèce ont jusqu'à 40 millim. de long et 18 de large.

† 211. Cône jaune. *Conus luteus.* Brod.

C. testâ elongato-turbinatâ, basim versùs attenuatâ; luteâ, monilibus castaneis, exilibus, cinctâ, maculisque nigro-castaneis albo eximiè limbatis, in spiram et in anfractûs medium tessellatâ; spirâ obtuso-productâ, apice mucronato.

Brod. Proc. Zool. Soc. 1833. p. 53.

Muller. Synop. Test. p. 119. n° 5.
Sow. jun. Conch. Ill. pl. 2. f. 8.
Reeve. Conch. Icon. pl. 17. f. 91. a. b.
Habite dans l'Océan Pacifique.

Très jolie coquille, dont la forme se rapproche un peu de celle du *C. cinereus* de Bruguières. Elle est allongée, étroite, turbinée, à spire convexe, et terminée par un sommet saillant, en forme de bouton. Cette spire compte 9 à 10 tours conjoints, peu convexes et réunis par une suture étroite, subcanaliculée; le dernier tour est atténué à son extrémité antérieure, sur laquelle on distingue un petit nombre de stries transverses. L'ouverture est étroite, à bords parallèles; son échancrure supérieure est peu profonde et occupe toute la largeur de la partie supérieure du dernier tour. La coloration de cette espèce est variable; deux variétés principales sont signalées dans les collections: l'une est du plus beau jaune, et elle porte sur le dernier tour une ceinture submédiane de flammules brunes, bordées de blanc; sa spire est ornée de flammules semblables; l'autre variété est d'un rouge sanguinolent; elle porte, dans le milieu du dernier tour, la même zone de taches; mais elle présente de plus un grand nombre de linéoles transverses, étroites, formées de lignes brisées, de différentes longueurs.

Cette coquille est rare encore dans les collections; les grands individus ont 45 millim. de long et 18 de large.

† 212. Cône féverole. *Conus fabula*. Sow.

C. testâ subobeso-turbinatâ, supernè solidâ, transversè striatâ, striis subtilissimè granulosis, granulis æquidistantibus regularibus; albâ, fusco hìc et illìc longitudinaliter confluente, bifasciatìm inquinatâ; spirâ obtuso-rotundatâ; apice parvo, elato, acuto.

Sow. jun. Conch. Illust. pl. 1. f. 5.
Reeve. Conch. Icon. pl. 26. f. 147.
Habite les Philippines.

Cette coquille a de l'analogie avec le *Conus glans*, par quelques-unes de ses variétés; néanmoins elle reste plus large de spire, plus courte en proportions; ses contours sont arrondis; la spire est convexe, pointue au sommet; l'angle de la circonférence est arrondi; les tours sont étroits, au nombre de onze, on y remarque quelques stries concentriques; le dernier tour est strié transversalement dans toute son étendue; les stries de la base deviennent plus profondes et sont chargées de nombreuses granulations. L'ouverture est très étroite, un peu plus large à la base; elle est d'un violet pâle, interrompu dans le milieu par une zone blanche. La forme de cette coquille varie; il existe des individus plus allongés, d'autres courts et ramassés. La coloration est également variable; le plus grand nombre des individus sont d'un brun cannelle, avec de grandes taches quadrangulaires blanches, irrégulièrement dispersées sur la spire; le dernier tour porte une zone large de taches blanches, quelquefois isolées, quelquefois continues et rameuses; dans certaines variétés plus pâles, le blanc domine sur la spire et le dernier tour; enfin, M. Reeve a figuré une variété d'un beau brun noirâtre.

Cette espèce, encore rare dans les collections, est longue de 40 millim. et large de 20.

† 213. Cône pyriforme. *Conus pyriformis*. Reeve.

C. testâ symetricè pyriformi, transversìm subtilissimè striatâ, basim versùs leviter sulcatâ; anfractibus supernè rotundatis; spirâ convexiusculâ, spiraliter sulcatâ, apice elato, basim paululùm recurvâ, albidâ, carneo eximiè tinctâ.

Reeve. Conch. Icon. pl. 13. f. 70.

Habite la baie de Caraccas, dans la Colombie.

Très beau Cône, dont on doit la découverte à M. Cuming. Il est allongé, turbiné, atténué à son extrémité antérieure, ventru dans le milieu, ce qui le rend pyriforme. La spire est très courte, pointue, très concave dans son profil; on y compte 13 tours aplatis, conjoints, dont les 9 ou 10 premiers sont crénelés sur le bord; les crénelures disparaissent insensiblement, et les 3 derniers tours sont lisses et à peine convexes; au-dessous de l'angle supérieur qui est très obtus, la coquille s'élargit rapidement, reste ventrue à sa partie supérieure, pour s'atténuer ensuite à la base, où elle se termine en une échancrure large et peu profonde. L'ouverture est étroite, un peu dilatée vers le milieu, blanche, légèrement teintée de jaune pourpré. Toute la surface extérieure du dernier tour est chargée de stries obsolètes. La coloration de cette espèce est uniforme; elle est d'un blanc jaunâtre, teinté de rose pourpré.

Les grands individus ont 60 millim. de long et 35 de large.

† 214. Cône solide. *Conus solidus*. Sow.

C. testâ conico-cylindraceâ, transversim striatâ, maculis longitudinalibus nigricantibus et aureis reticulatìm supertextâ; spirâ planiusculâ, substriatâ, acuminatâ.

Sow. jun. Conch. Ill. pl. 11. f. 76.

Reeve. Conch. Icon. pl. 5. f. 23.

Habite les îles de la Société et les Philippines.

Il eût été préférable que M. Sowerby choisît pour cette espèce un autre nom, puisque celui-ci avait été employé déjà par Chemnitz pour une espèce toute différente. Quoique le *C. solidus* de Chemnitz soit resté douteux, et que peut-être, comme le dit M. Reeve, il devra rentrer parmi les variétés du *Cedonulli*, il eût été plus convenable, pour éviter toute confusion, de donner un autre nom à l'espèce dont nous nous occupons actuellement.

Le *C. solidus* a des rapports avec quelques variétés du *Textile*, il s'en distingue cependant par plusieurs caractères empruntés à sa forme et à sa coloration. Il est peu pyriforme, ovoïde, renflé dans le milieu, atténué à ses extrémités. La spire est régulièrement conique, assez proéminente, composée de 11 tours à peine convexes, étroits, et faiblement striés; le dernier est très obtus, et en celà, il ressemble au *textile*, il s'atténue à la base où il est terminé par un canal un peu rétréci, et comme pincé à son origine; toute la surface de ce dernier tour est couverte de stries transverses, dont les plus profondes sont à la base. L'ouverture est étroite, d'un beau violet, pâle en dedans, elle est un peu plus large à la base qu'au sommet; le bord droit est assez épais, il est séparé de la spire par une échancrure étroite et peu profonde. Toute la surface de cette coquille est occupée par un joli réseau formé de lignes d'un brun doré, encadrant des taches blanches inégales, triangulaires ou subcordiformes. Indépendamment de ce réseau, on remarque des zones longitudinales d'un brun noirâtre, alternantes assez souvent avec des taches d'un brun fauve assez foncé.

Cette espèce a 40 millim. de long et 21 de large.

† 215. Cône de Victoria. *Conus Victoriæ*. Reeve.

C. testâ ovato-turbinatâ, tenui, subinflatâ, transversìm striatâ ; albidâ, cæsio longitudinaliter inquinatâ, maculis grandibus, subsolitariis, aurantiis, fusco undulato-virgatis, trifasciatìm ornatâ, interstitiis aurantio-fusco subtilissimè reticulatis; spirâ elevato-exsertâ, apice acutissimo ; aperturâ latiusculâ, fauce pallidè cæsiâ.

Reeve. Proc. Zool. Soc. 1843.

Reeve Conch. Icon. pl. 37. f. 202.

Habite la Nouvelle-Hollande.

Ce Cône est peut-être une variété du *C. textile*. Il est allongé, subcylindracé. Sa spire conique, allongée, très pointue, est composée de 11 tours, dont les premiers sont anguleux dans le milieu; les suivans se joignent et tous sont concaves; la spire elle-même, dans son profil, est également concave; elle porte un petit nombre de stries, et elle est bornée à sa circonférence par un angle assez aigu; le dernier tour est un peu ventru vers le milieu, il est convexe, strié transversalement dans toute sa hauteur; les stries de la base sont les plus profondes.

L'ouverture est assez large, dilatée vers le milieu, plus étroite à ses extrémités; elle est d'un blanc grisâtre ou bleuâtre; le bord droit est mince, tranchant, arqué en avant, et il se détache de la spire par une échancrure peu profonde; sa coloration ressemble beaucoup à celle de quelques variétés du *C. drap-d'or;* elle consiste en un réseau formé de lignes d'un beau brun, circonscrivant des taches inégales triangulaires ou subcordiformes; ce réseau est interrompu par des zones longitudinales, onduleuses et irrégulières, d'un beau brun foncé, formant assez souvent deux ou trois zones transverses, par suite des interruptions qu'elles subissent; il y a une belle variété dans laquelle les taches brunes sont plus grandes, moins nombreuses, plus espacées, et laissent à découvert une plus grande partie de la couleur du fond, qui est d'un beau blanc entremêlé de taches nuageuses bleuâtres.

Cette coquille a 42 à 45 millim. de long et 21 à 22 de large.

† 216. Cône Deshayes. *Conus Deshayesii.* Reeve.

C. testâ cylindraceo-ovatâ, tenuiusculâ, inflatâ, pallidè fulvâ, profusè rubido-puncticulatâ, maculis albis grandibus, perpaucis, sparsim et irregulariter nebulosâ; spirâ depresso-planâ, apice mucronato; aperturâ subamplâ, fauce quasi politâ, nitente.

Conus cervus. Sow. jun. Conch. Ill. pl. 13. f. 94.

Conus Deshayesii. Reeve. Conch. Icon. pl. 5. f. 28.

Habite la Nouv.-Holl., près de l'embouchure de la rivière des Cygnes.

Lorsque ce Cône fut découvert, on crut retrouver en lui les caractères du *Conus cervus* de Lamarck; mais lorsque M. Reeve, dans l'intérêt de ses travaux conchyliologiques, vint visiter les collections de Paris, et notamment celle de Lamarck, il reconnut l'erreur et la répara.

Par sa forme, ce Cône se rapproche du Cône bullée, il est ovale oblong, sa spire courte, très pointue au sommet, est formée de 8 à 9 tours aplatis, conjoints, si ce n'est le dernier, qui laisse apparaître la carène de l'avant-dernier tour. Le dernier tour est ventru, atténué à la base, et sillonné obliquement sur cette partie; le reste de la surface est parfaitement lisse, le dernier tour est ventru vers le milieu et plus large à cet endroit qu'à la base de la spire. L'ouverture est dilatée de la même manière que dans le *Conus geographus;* elle est d'un brun fauve en dedans, son bord est peu épais, piqueté de brun; il est peu saillant, et son échancrure supérieure est peu profonde. Sur un fond d'une belle couleur fauve chamois, cette coquille est ornée sur le milieu du dernier tour, et vers son sommet, de marbrures d'un blanc laiteux, se fondant par les bords avec la couleur du fond; elles sont souvent bordées de flammules rougeâtres, enfin toute la surface est couverte d'un grand nombre de lignes très fines, formées de ponctuations allongées d'un brun rouge plus ou moins foncé.

Cette belle et rare coquille a 55 millim. de long et 28 de large.

† 217. Cône d'Adamson. *Conus rhododendron*. Couth.

C. testâ cylindraceo-conicâ, ventricosiusculâ, supernè attenuatâ, nitente quasi porcellaneâ, albâ, zonis tribus roseo-nebulosis cingulatâ, interstitiis punctiusculis triquetris, diagonaliter dispositis, elegantiùs ornatâ; Anfractibus suprà infràque sulcatis; spirâ depresso-planâ, sulcatâ et striatâ.

Couth. Ann. of the lyce. Nat. Hist. Mon.

Jay. Cat. on Shells. p. 121. pl. 7. f. 2.

Conus cingulatus. Sow. Tank. Cat. App. p. 34.

Id. Sow. jun. Conch. ill. pl. 16. f. 108.

Conus Adamsoni. Gray. Brit. Mus.

Id. Reeve. Conch. Icon. pl. 4. f. 22.

Habite l'Australie.

Ce Cône avait reçu le nom que nous lui conservons, avant celui qui lui a été préféré par quelques conchyliologues. Il est très remarquable; il est turbiné, ventru à sa partie supérieure; sa spire est très courte, presque plate, si ce n'est vers le sommet, où elle se relève en pointes assez aiguës; les tours sont très concaves, et l'angle qui les borde est fort aigu; au-dessous de cet angle, le dernier tour porte vers le sommet deux sillons transverses étroits; à la base on en remarque un assez grand nombre. L'ouverture est arquée dans sa longueur, elle s'élargit vers la base, elle est jaunâtre ou rosâtre en dedans; son bord droit est mince, et il se détache de l'avant-dernier tour par une échancrure large et peu profonde. La coloration rend ce Cône très facile à distinguer; sur un fond blanc, il y a 3 zones transverses de taches flammulées d'un violet tendre et rosé; les larges intervalles de ces zones sont couverts d'un quinconce de points ronds de la même couleur.

Cette coquille, très rare, a 50 millim. de long et 25 de large.

† 218. Cône de Martini. *Conus radiatus*. Gmel.

C. testâ cylindraceo-turbinatâ, fuscâ, vel luteolo-fuscâ, ad basim et per spiræ marginem albidâ; lævi, infrà medium sulcatâ, sulcis latiusculis, subdistantibus, striis prominentibus cancellatis; spirâ convexâ, spiraliter sulcatâ, sulcis numerosis, angustis; apice elato, acuto.

Conus radiatus. Gmel. p. 3386. n° 26.

Valentyn. Amb. pl. 6. f. 51.

Conus teres levis. Martini. Conch. t. 2. p. 237. pl. 53. f. 584.

Conus martinianus. Reeve. Conch. Icon. pl. 40. f. 217.

Conus radiatus, Var. A. Dillw. Cat. t. 1. p. 361. n° 14.

Habite l'île de Luçon et les Philippines.

Ce Cône a été oublié par Bruguières et par Lamarck; M. Reeve en a reconnu les caractères et l'a rétabli, dans sa monographie des Cônes. Cette coquille, par sa forme générale, se rapproche un peu du *C. cinereus*. Sa spire est tantôt régulièrement conique, tantôt convexe; elle est plus ou moins longue, selon les individus; les tours sont étroits, au nombre de 12; ils sont striés assez profondément et les stries sont ponctuées, ils sont nettement séparés entre eux par un bourrelet décurrent, quelquefois très saillant, qui s'élève au-dessus de la suture; le dernier tour est obtus au sommet, il est lisse dans la plus grande partie de son étendue, il porte à la base un petit nombre de sillons transverses, fort écartés. L'ouverture est étroite, elle s'élargit insensiblement vers son extrémité antérieure, où elle se termine par une échancrure assez profonde. La coloration de cette coquille est uniforme, passant, selon les individus, du brun marron très foncé au brun fauve clair; cette couleur est quelquefois interrompue, surtout dans les vieux individus, par un petit nombre de zones blanches, longitudinales, irrégulièrement distribuées, et qui marquent des accroissemens.

Cette coquille est longue de 55 millim. et large de 27.

† 219. Cône cuivré. *Conus artoptus.* Sow.

C. testâ cylindraceâ, angustâ, transversìm granoso-striatâ; spirâ convexâ, rotundatâ; albidâ, aurantio-fusco trifasciatìm nebulosâ, intersterstitiis punctatis; aperturâ lineari.

Sow. jun. Conch. Ill. pl. 6. f. 35.

Reeve. Conch. Icon. pl. 13. f. 71.

Habite...

Ce Cône est l'un des plus cylindracés qui soient connus; il se rapproche particulièrement du *C. clavus* de Linné et du *Nusatella* par sa forme. Il est allongé, cylindracé, subitement atténué à son extrémité antérieure, et terminé, au côté opposé, par une spire courte, pointue, et légèrement convexe. L'ouverture est allongée, étroite, à peine dilatée à son extrémité antérieure; le bord droit est mince, et finement crénelé, lorsqu'il est entier. Toute la surface extérieure de ce Cône est chargé d'un grand nombre de fines stries transverses, granuleuses et assez profondes. La coloration de ce Cône se distingue nettement des espèces qui l'avoisinent le plus; sur un fond d'un jaune fauve, pâle, le dernier tour est orné de trois fascies transverses, composées de taches longitudinales, irrégulières, d'un beau brun rougeâtre; près de ces taches, la plupart des stries sont ornées de ponctuations brunes, apparaissant dans les interstices des taches longitudinales qui forment les fascies transverses.

Cette belle espèce de Cône a 45 millim. de long et 18 de large.

Espèces fossiles.

1. Cône antique. *Conus antiquus.* Lamk.

C. testâ turbinatâ, supernè dilatatâ, basi obsoletè rugosâ; spirâ planâ, subcanaliculatâ; labro arcuato.

Conus antiquus. Ann. du Mus. vol. 15. p. 439. n° 1.

* Brocchi. Conch. foss. subap. t. 2. p. 286. n° 2.

Habite... Fossile du Piémont. Collect. du Mus. et de feu M. Faujas. Il approche par sa forme et sa taille du Cône arabe; mais les tours de sa spire ne sont pas tous canaliculés, et son centre s'élève un peu en pointe. C'est une coquille épaisse, turbinée, dilatée supérieurement, sans stries transverses apparentes, mais un peu ridée à sa base. La spire, éminemment anguleuse à sa naissance, est plane, à tour extérieur un peu canaliculé, et à sutures de tous les tours bien prononcées par le sillon qu'elles forment. Longueur : près de 3 pouces et demi.

2. Cône bétulinoïde. *Conus betulinoides.* Lamk.

C. testâ oblongo-turbinatâ, lævi; basi sulcis transversis obsoletis distantibus; spirâ convexâ, mucronatâ, basi rotundatâ.

Knorr. Petrif. 2. pl. 103. f. 3.

Conus betulinoides. Ann. ibid. p. 440. n° 2.

* Brocchi. Conch. foss. subap. t. 2. p. 286. n° 1.

* Borson. Orit. Piém. p. 9. n° 1.

Habite... Fossile du Piémont. Cab. de feu M. Faujas. Très beau Cône, d'un grand volume, pesant, et qui, par la forme de sa spire, approche du Cône tine [*C. betulinus*]; mais il est proportionnellement plus allongé, à spire moins large, et n'est point échancré à sa base. Il est lisse, n'offre que des stries longitudinales d'accroissement peu sensibles, et vers sa base des sillons transverses écartés, faiblement marqués. Les tours de sa spire ne sont point canaliculés, et ont leurs sutures bien prononcées par un sillon en spirale. Longueur : environ 4 pouces 2 lignes.

3. Cône en massue. *Conus clavatus.* Lamk.

C. testâ turbinato-clavatâ; striis longitudinalibus arcuatis; spirâ elevatâ, subacutâ : anfractibus convexis.

Knorr. Petrif. 2. pl. 101. n° 39. f. 3. et pl. 43. f. 4.

Conus clavatus. Ann. ibid. n° 3.
* Dujard. Tour. p. 305. n° 3.

Habite... Fossile des environs de Dax, dans la France méridionale. Mon cabinet. Cette espèce paraît être très distinguée, par la forme de sa spire, de tous les Cônes vivans connus. Elle se rapproche, par sa taille et son aspect général, du Cône memnonite; mais sa spire n'est point couronnée. C'est une coquille épaisse, pesante, conique-ovale ou en massue, et qui offre des stries longitudinales d'accroissement un peu arquées. Sa spire est élevée, conique, composée de neuf ou dix tours convexes, non striés. Long. : 3 pouces ou environ.

4. Cône noisette. *Conus avellana*. Lamk.

C. testâ brevi, turbinatâ, basi substriatâ; spirâ convexiusculâ, subacuminatâ.

Conus avellana. Ann. ibid. n° 4.
* Brocchi. Conch. foss. subap. t. 2. p. 294. n° 14.
* Borson. Oritt. Piém. p. 16. n° 18.

Habite..... Fossile du Piémont. Collect. du Mus. Petit Cône dont la forme et la taille approchent de celles du Cône réseau [*C. mercator*]; il est turbiné, court, étroit inférieurement; à spire très brève, légèrement convexe, à sommet un peu pointu. Il varie à tours de spire simples dans les uns et un peu striés circulairement dans les autres. Longueur : 11 lignes.

5. Cône moyen. *Conus intermedius*. Lamk.

C. testâ turbinatâ, lævi, basi transversìm sulcatâ; spirâ convexo-acutâ: anfractibus non striatis.

Conus intermedius. Ann. ibid. p. 441. n° 5.
* Brocchi. Conch. foss. subap. t. 2. p. 294. n. 15.

Habite..... Fossile des environs de Bologne en Italie. Cabinet de feu M. Faujas. Ce Cône, par sa forme et sa taille, semble tenir le milieu entre le *C. clavatus* et le *C. deperditus*. Il est conique-ovale, assez épais, pesant, lisse, ridé ou sillonné transversalement à sa base, qui n'offre aucune échancrure. Sa spire est courte, convexe, pointue, à tours obliques ou un peu aplatis, nullement striés ni canaliculés, et qui s'élèvent les uns au-dessus des autres successivement, mais sans former un angle aigu comme dans l'espèce suivante. Longueur : 64 millimètres.

6. Cône perdu. *Conus deperditus* (1). Lamk.

C. testâ turbinatâ, transversìm striatâ, basi sulcatâ, integrâ; spirâ scalariformi, acutâ, canaliculatâ, striatâ, subdecussatâ.

---

(1) Le *Conus deperditus* de Brocchi et de M. Borson, n'est pas

D'Argenv. Conch. pl. 29. f. 8.
Favanne. Conch. pl. 66. f. G. 1.
Conus deperditus. Brug. Dict. n° 80.
Encyclop. pl. 337. f. 7.
Conus deperditus. Ann. ibid. n° 6.
[*b*] *Var. valdè transversìm striata.*
[*c*] *Var. spiræ anfractibus crenatis.*
* Bronn. Leth. Geogn. t. 2. p. 1118. pl. 42. f. 14. 15. *Exclus. plur. synony.*
*Brong. Vicent. p.61. pl. 3. f. 1.
* Desh. Descr. des Coq. foss. de Paris. t. 2. p. 745. pl. 98. f. 1. 2.
* Walch. Trait. des pétrif. t. 2. pl. 12. f. 1.
* Roissy. Buf. Moll. t. 5. p. 409. n° 10.

Habite... Fossile très commun à Grignon, près de Versailles, et qui se trouve aussi à Courtagnon, dans les environs de Bordeaux, et même en Italie. Mon cabinet. Coquille conique, rétrécie vers sa base, striée transversalement, mais plus faiblement dans sa moitié supérieure que dans l'inférieure. Sa spire est un peu élevée, pointue, en rampe d'escalier, et composée de neuf ou dix tours anguleux, un peu canaliculés, striés circulairement, et même un peu treillissés par les stries arquées des anciens bords droits, qui se croisent avec les autres. On regarde ce Cône comme l'analogue fossile du Cône treillissé qui vit dans l'Océan Pacifique. En effet, Bruguières, qui a comparé les deux coquilles, fut complétement de cette opinion. Il observe que le Cône treillissé ne diffère du Cône perdu que par la saillie un peu plus grande de ses stries circulaires, mais je possède des individus ou Cônes fossiles dont les stries circulaires sont émiuemment prononcées et saillantes; ainsi ce Cône est mal nommé. Les plus grands individus du *Conus deperditus* ont 2 pouces 4 lignes de longueur.

7. Cône antediluvien. *Conus antediluvianus* (1). Lamk.

C. testâ oblongo-turbinatâ, subfusiformi, coronatâ, transversìm striatâ, basi sulcatâ; spirâ elevato-acutâ, tertiam partem æquante.

---

de la même espèce que celui des environs de Paris; nous devons donc nous abstenir de citer ici le naturaliste italien. M. Bronn, dans son *Lethea geognostica*, confond sous le nom de *deperditus* toutes les espèces qui portent ce nom dans les divers auteurs. Dans mon opinion, il y a au moins trois espèces qu'il en faut distinguer. M. Bronn joint encore à celui-ci le *Virginalis* de Brocchi, quoique très différent du vrai *Deperditus*.

(1) Nous avons plusieurs observations à faire au sujet de ce

Conus antediluvianus. Brug. Dict. n° 37.
Encycl. pl. 347. f. 6.
Conus antidiluvianus. Ann. ibid. p. 442. n° 7.
* Knorr. et Walch. Petrif. t. 2. pl. C. 2. f. 6.
* Roissy. Buf. Moll. t. 5. p. 408, n° 9.
* Sow. Genera of Shells. f. 1.
* Brocchi. Conch. foss. subap. t. 2. p. 291. pl. 2. f. 11. a. b. c.
* *Conus apenninicus.* Bronn. Leth. Geogn. t. 2. p. 1119. pl. 42. f. 15. *Exclus. plur. synony.*
* Borson. Oritt. Piam. p. 14. n° 13.

Cône. Après une étude attentive de la description de Bruguières, nous avons la conviction qu'elle s'applique à une espèce d'Italie et non à une coquille de Courtagnon. Nous n'avons jamais vu dans les collections rassemblées à Courtagnon ou dans les localités environnantes une seule espèce de Cône, à laquelle on put appliquer la description de Bruguières; d'où il résulte pour nous que Bruguières et Lamarck, trompés sur la localité, ont donné comme de Courtagnon une espèce qui ne se rencontre que dans les terrains sub-apennins. Il ne faut donc pas désormais rechercher cette espèce aux environs de Paris, et nous avons eu tort, dans notre description des coquilles fossiles des environs de Paris, de substituer à une espèce propre au bassin parisien, un nom qui ne saurait lui appartenir. Ces incertitudes ont entraîné à leur suite d'autres erreurs. Plusieurs auteurs, depuis Brocchi, ont cru que l'espèce en question était répandue à-la-fois aux environs de Paris et en Italie, et M. Dubois de Montpéreux a même cru la retrouver en Podolie et en Volhynie, ce naturaliste ayant pris le *Conus acutangulus* pour l'*Antediluvianus.* M. Bronn, dans son *Lethea geognostica*, trouvant quelque confusion dans la nomenclature de ce Cône, propose de lui donner un nom nouveau. On concevra que ce changement a pu paraître nécessaire à un savant géologue, parce que sous une seule dénomination, il rapporte trois espèces: 1° l'*Antediluvianus* vrai; 2° notre *Acutangulus*, qui caractérise spécialement le second étage des terrains tertiaires; 3° le *Concinnus* de Sowerby, distinct des deux autres et propre aux argiles de Londres et aux environs de Paris.

Habite... Fossile de Courtagnon, en Champagne. Mon cabinet. Ce Cône est le plus effilé de tous ceux de ce genre, et le moins dilaté à la naissance de sa spire; il semble fusiforme, à cause de sa spire élevée et aiguë, et se rétrécit fortement vers sa base. Le bord droit de son ouverture est arqué comme dans les Pleurotomes. Les tours de sa spire sont en rampe d'escalier, à talus oblique presque lisse, et offrent chacun, dans leur milieu, un angle noduleux, courant jusqu'au sommet. Cette espèce est rare, et avoisine évidemment le Cône perdu, par ses rapports. Longueur: 2 pouces 4 lignes.

8. Cône turriculé. *Conus turritus*. Lamk.

C. testâ subfusiformi, infernè sulcato-punctatâ; spirâ elevato-acutâ: anfractibus angulatis subcrenatis obliquis.

Conus turritus. Ann. ibid. n° 8.

* Desh. Coq. foss. de Paris. t. 2. p. 748. pl. 98. f. 5. 6.

Habite... Fossile de Courtagnon. Mon cabinet. Ce Cône est presque fusiforme, et sa spire élevée, occupant plus du tiers de la longueur de la coquille. Les tours de cette spire ne sont point canaliculés comme dans le Cône perdu, ni striés, mais en talus; ils sont finement plissés près des sutures. Les sillons transverses de la moitié inférieure de ce Cône sont des séries de points creux. Longueur: environ 14 lignes.

9. Cône stromboïde. *Conus stromboides*. Lamk.

C. testâ exiguâ, subfusiformi, transversìm striatâ; spirâ acutâ, obsoletè nodosâ: anfractibus obtusis, margine subplicatis.

Conus stromboides. Ann. ibid. n° 9.

* Desh. Coq. foss. de Paris. t. 2. p. 749. pl. 98. f. 15. 16.

Habite... Fossile de Grignon. Mon cabinet. Cette coquille est encore fusiforme, très petite, et n'a que 5 lignes de longueur. Elle est partout finement striée transversalement, et offre une spire élevée, aiguë, à tours noduleux, ne formant point de rampe. Le bord droit de l'ouverture est arqué et très mince. La base n'est point échancrée.

† 10. Cône crénelé. *Conus crenulatus*. Desh.

C. testâ turbinatâ, transversìm sulcatâ; sulcis crassis, regularibus; spirâ conicâ; anfractibus angustis, supernè planulatis, striatis, margine nodoso-crenatis.

Desh. Coq. foss. de Paris. t. 2. p. 750. pl. 98. f. 7. 8.

Habite... fossile du Valmondois.

Cette coquille est l'une des plus belles espèces fossiles connues; elle a de l'analogie avec celle provenant des mers de l'Italie, et qui est connue sous le nom de *C. sulcatus*. Elle est allongée, turbinoïde ; sa spire, régulièrement conique, est plus ou moins saillante, selon les individus. Le plus ordinairement elle forme à-peu-près le tiers de la longueur totale; elle est composée de 10 à 11 tours étroits, obliques et striés à leur partie supérieure, leur bord est régulièrement crénelé. Toute la surface extérieure du dernier tour est occupée par des sillons transverses assez réguliers, distans, plus gros et plus écartés à la base qu'au sommet. L'ouverture allongée, étroite, est un peu plus élargie à sa base qu'au sommet. La columelle est terminée par un filet saillant, lisse et tordu sur lui-même; le bord droit est mince et tranchant, faiblement arqué dans sa longueur. Cette espèce est rare, et comme elle provient d'un terrain dans lequel presque toutes les coquilles sont roulées, on ne connaît encore qu'un petit nombre d'individus frais et entiers.

Les grands individus ont 53 millim. de long et 27 de large.

† 11. Cône scabre. *Conus scabriculus*. Brand.

C. testâ elongato-angustâ, conicâ, lineis transversalibus tuberculosis ornatâ; spirâ elongatâ, acuminatâ; anfractibus planis, obliquis, in medio-tuberculis coronatis; aperturâ angustâ; labro tenuissimo, subrecto, supernè vix sinuoso.

Brand. Foss. hant. pl. 1. f. 21.

Sow. Min. Conch. pl. 303.

Desh. Coq. foss. de Paris. t. 2. p. 751. pl. 98. f. 17. 18.

Habite... fossile de Monneville, et en Angleterre, de Bartow.

Belle espèce de Cône, que l'on découvrit d'abord aux environs de Londres, et qui n'est connue aux environs de Paris que depuis un petit nombre d'années. Elle est allongée, étroite, et pour sa forme se rapproche un peu du *C. stromboïde*. La spire est régulièrement conique, pointue, et forme plus du tiers de la longueur totale. On y compte 10 ou 11 tours aplatis, obliques, à sutures bordées par un petit bourrelet subgranuleux. Vers la base des tours s'élève une rangée de petites granulations. Toute la surface du dernier tour est occupée par des lignes transverses, saillantes, distantes, étroites, sur lesquelles s'élèvent de petits tubercules aigus, plus ou moins nombreux et réguliers, selon les individus; ces lignes sont au nombre de 7 à 12, elles sont moins nombreuses dans plusieurs individus provenant d'Angleterre.

Cette espèce, assez rare, et variable seulement pour le nombre des rangées de tubercules, est longue de 20 millim. et large de 10.

† 12. Cône de Dujardin. *Conus Dujardini*. Desh.

C. testâ elongato-turbinatâ, spirâ conicâ plùs minùsve elongatâ, acumi-

natâ; anfractibus angustis, basi angulatis, primis decussatis basi crenulatis, ultimo regulariter conico basi striato; aperturâ angustâ, labro tenui supernè vix emarginato.

Desh. Dans Lyell. app. p. 40. *Conus acutangulus.*

Conus antediluvianus. Dub. de Montp. Podol. p. 23. pl. 1. f. 1.

Conus antediluvianus. Var. 3. Bronn. Leth. Geogn. p. 1120.

Dujard. Touraine. p. 305. n° 4.

Pusch. Polens pal. p. 115. n° 1.

Habite... Fossile dans les faluns de la Touraine, de Dax, de Bordeaux, aux environs de Vienne, etc. Le nom de cette espèce fossile doit être changé, car Chemnitz l'avait appliqué à une espèce vivante, longtemps avant que l'espèce fossile fût connue. Nous consacrons à cette espèce, intéressante par sa distribution dans les terrains tertiaires moyens, le nom d'un naturaliste des plus distingués, auquel on doit un très bon travail sur la géologie de la Touraine et les fossiles que renferme son sol.

Ce Cône a beaucoup d'analogie avec le *Canaliculatus* de Brocchi; il acquiert la même taille et présente une forme semblable, seulement il est un peu moins atténué à la base, et les stries qui s'y montrent sont moins régulières; la spire est régulièrement conique, elle est plus ou moins allongée, selon les variétés individuelles; les tours sont plus courts, leur surface à peine concave; dans la plupart ces premiers tours sont treillissés par de fines stries transverses et longitudinales, et presque toujours ils sont crénelés sur l'angle extérieur, il existe une variété des environs de Vienne en Autriche, dont tous les tours sont crénelés et les crénelures bornées par deux lignes de points enfoncés.

Cette coquille existe en abondance dans presque tous les lieux où se rencontre le terrain tertiaire moyen. Les grands individus ont 33 millim. de long et 19 de large.

† 13. Cône canaliculé. *Conus canaliculatus.* Brocc.

C. testâ pyramidali, transversìm striatâ; spirâ conicâ, anfractibus omnibus canaliculatis; basi sulcatâ.

Brocc. Conch. foss. subap. t. 2. p. 636. pl. 15. f. 28.

Borson. Oritt. Piém. p. 17. n° 22.

Habite fossile de la vallée d'Andone.

Ce Cône a beaucoup de ressemblance avec celui que nous avons nommé autrefois *Acutangulus*, provenant des faluns de la Touraine; il ne manque pas d'analogie avec le *C. antediluvianus* de Bruguières, il reste plus petit; sa spire est plus allongée, régulièrement conique et plus pointue; on y compte 13 tours à surface concave, et bornés vers la base par un angle aigu; sur le dernier tour, cet angle est même un peu saillant; la partie concave des tours est chargée de stries assez régulières, courbées et résultantes des accroissemens; elles indiquent la forme de l'échancrure du bord droit; le dernier tour s'atténue considérablement à son extrémité antérieure, il est lisse dans presque toute sa surface, et finement strié à la base. L'ouverture est étroite, à bords parallèles; le droit se projette en avant, sous une courbure assez considérable, et se détache de l'avant dernier tour par une échancrure large et profonde.

Cette coquille à 40 millim. de long et 20 de large.

† 14. Cône sulcifère. *Conus sulciferus.* Desh.

C. testâ elongato-turbinatâ, crassâ, ponderosâ; spirâ elongatâ; anfractibus numerosis, angustis, obliquis, tuberculis coronatis; ultimo anfractu conico, transversìm tenuè sulcato; aperturâ angustâ.

Desh. Coq. foss. de Paris. t. 2. p. 748. pl. 98. f. 3. 4.

Habite fossile de Monneville.

Nous ne connaissons encore qu'un petit nombre d'individus appartenant à cette espèce; quoique voisins, sous certains rapports, du *C. deperditus*, ils ont des caractères qui nous semblent suffisans pour les distinguer. Ce Cône est proportionnellement plus large et à spire plus longue que les autres espèces fossiles : on compte 11 à 12 tours à la spire; ils sont étroits, à peine creusés, et leur bord est couronné par un grand nombre de tubercules assez réguliers; entre ces tubercules et la suture, on remarque 3 ou 4 stries transverses; le dernier tour est régulièrement conique, et toute sa surface est occupée par des sillons transverses presque effacés vers la partie supérieure. Ces sillons sont assez réguliers et un peu onduleux. L'ouverture est extrêmement étroite; le bord droit, mince et tranchant, est peu arqué dans sa longueur, et son échancrure supérieure est peu profonde.

Cette espèce, rare, est longue de 65 millim., et elle a 35 millim. de diamètre.

† 15. Cône d'Aldrovande. *Conus Aldrovandi.* Brocchi.

C. testâ conicâ, sulcis transversis remotis leviter impressis; spirâ convexo-acutâ, depressiusculâ, anfractibus rotundatis, extimo vix excavato; basi integrâ obliquè striatâ, columellâ intortâ, canaliculatâ.

Brocchi. Conch. foss. subap. t. 2. p. 287. pl. 2. f. 5.

Aldrov. Mus. Métall. p. 471. f. 1.

Habite fossile de Crete Sancsi et de Bologne.

Coquille turbinée, ayant quelque ressemblance par sa forme avec le

C. ponderosus. La spire est peu proéminente, conique, à profil légèrement concave, on y compte 11 à 12 tours convexes, lisses, dont le dernier est obtus à sa circonférence; ce dernier tour, très atténué à son extrémité antérieure, présente quelques stries obsolètes. L'ouverture est étroite, un peu dilatée vers la base.

Les grands individus de cette espèce ont 80 millim. de long et 48 de large.

† 16. Cône Mercati. *Conus Mercati*. Brocc.

C. testâ oblongo-conicâ; spirâ acutâ, anfractibus omnibus convexiusculis suturam propè leviter canaliculatis, basi confertìm striatâ, rugosâ.

Brocchi. Conch. foss. subap. t. 2. p. 287. pl. 2. f. 6.

Mercati. Metall. Vaticana. p. 303. f. 3.

Desh. Morée. Moll. p. 200. n° 354.

Borson. Oritt. Piém. p. 18. n° 24?

Dujard. Touraine. p. 304. n° 2.

Habite... Fossile du Plaisantin.

Coquille turbinée, à spire ordinairement courte, conique, à profil légèrement concave; elle est composée de 11 à 12 tours plans, conjoints, dont les premiers sont finement striés en travers, tandis que les 2 ou 3 derniers sont presque totalement lisses. L'ouverture est étroite, à bords presque parallèles; le bord droit, mince et tranchant, se détache de l'avant-dernier tour par une échancrure peu profonde; l'angle supérieur est fort obtus, il l'est moins cependant que dans le *C. ponderosus*.

Cette coquille n'atteint jamais un bien grand volume, elle est longue de 50 millim. et large de 30.

† 17. Cône pesant. *Conus ponderosus*. Brocc.

C. testâ oblongâ, ventricosâ; spirâ conicâ, anfractibus leviter transversìm striatis infernè sulco-discretis, labro supernè emarginato.

Brocchi. Conch. foss. subap. t. 2. p. 293. pl. 3. f. 1.

Desh. Morée. Moll. p. 200. n° 350.

Dujard. Touraine. p. 304. n° 1.

Pusch. Polens. pal. p. 115. n° 6.

Habite... Fossile de Parlascio, en Toscane, et dans les faluns de la Touraine.

Cette coquille est turbinée, assez grosse, très épaisse et fort pesante. Sa spire, conique, très surbaissée, est ordinairement convexe dans son profil. Les tours sont ordinairement au nombre de 12 à 13, ils sont étroits, légèrement convexes, à sutures inégales et peu creusées; la spire, ainsi que tout le reste de la surface de la coquille, sont lisses, si ce n'est à la base du dernier tour, où l'on remarque quelques stries transverses. Dans quelques individus bien frais que nous avons sous les yeux, la surface du dernier tour présente en très grand nombre des stries transverses très obsolètes. L'ouverture est étroite; le bord droit est tranchant, mais il s'épaissit en dedans; la base de l'ouverture est un peu plus dilatée que le reste, et la columelle présente à son extrémité une petite callosité représentant une faible portion du bord gauche; l'angle du dernier tour est obtus, caractère distinguant nettement cette espèce de quelques autres qui l'avoisinent.

Les grands individus ont 80 millim. de long et 53 de large.

† 18. Cône diversiforme. *Conus diversiformis*. Desh.

C. testâ turbinatâ, conicâ, lævigatâ, basi striatâ; spirâ plùs minùsve productâ; aperturâ angustâ; labro valdè arcuato, supernè profundè emarginato.

Var. a. testâ minore; spirâ supernè subplanâ.

Var. b. testâ majore, supernè latiore; spirâ productiusculâ.

Var. c. testâ angustiore; spirâ longâ, contabulatâ.

Desh. Coq. foss. de Paris. t. 2. p. 747. n° 2. pl. 98. f. 9. a. 12.

Habite... Fossile de Parnes et de Mouchy.

Voici une espèce singulière, dont les variétés offrent de l'intérêt pour l'étude du genre. Nous prenons pour type de l'espèce les individus que l'on trouve le plus fréquemment; ils ont, par la forme générale, de l'analogie avec le *C. deperditus*; mais ils sont proportionnellement plus élargis à leur partie postérieure. La spire est courte, composée de 10 à 11 tours, à peine creusés, dont les bords sont peu aigus et toujours simples; la partie supérieure de ces tours présente assez souvent des stries variables pour le nombre et la grosseur; mais dans un certain nombre d'individus ces stries disparaissent complétement: le dernier tour est conique, cependant un peu rétréci vers l'extrémité antérieure; sur cette extrémité on trouve des stries obliques plus ou moins nombreuses, selon les individus. Le reste de la surface est lisse, et l'on y voit seulement quelques stries d'accroissement très arquées, indiquant la forme du bord droit. L'ouverture est étroite, à bords parfaitement parallèles; le droit, très mince et tranchant, est fortement arqué en avant et détaché supérieurement de l'avant-dernier tour par une échancrure profonde. Lorsque l'on examine, dans un grand nombre d'individus, l'ensemble de cette espèce, on voit la spire, d'abord aplatie (var. a.) comme dans le *C. generalis*, s'élever progressivement, devenir de plus en plus saillante, et finir, dans les individus presque monstrueux, par paraître allongée et étagée par l'écartement des tours. Nous avons pris, pour type de l'espèce, le terme moyen entre les variétés extrêmes.

Les grands individus ont 63 millim. de long et 35 de diamètre.

† 19. Cône Noé. *Conus Noe.* Brocc.

C. testâ fusiformi; spirâ elongatâ, conicâ, anfractibus contiguis, convexiusculis, transversim obsoletè sulcatis.

Brocchi. Conch. foss. subap. t. 2. p. 293. pl. 3. f. 3.

Desh. Morée. Moll. p. 200. n° 351.

Broug. Vicent. p. 61. pl. 3. f. 2??

Dujard. Touraine. p. 305. n° 5.

Pusch. Polens. pal. p. 115. n° 7.

Habite... Fossile du Plaisantin.

Ce Cône se distingue particulièrement par une spire allongée, à peine convexe, très obtuse à sa circonférence, et dont les tours sont profondément striés. La coquille est étroite, subcylindracée, atténuée à la base où elle porte quelques stries obsolètes. L'ouverture est étroite, elle se dilate peu-à-peu vers son extrémité antérieure ; le bord droit est mince, et il se détache de l'avant-dernier tour par une échancrure étroite et profonde ; la columelle présente à la base un pli assez gros, tordu, mais à peine saillant ; cependant il devient plus apparent dans les individus mutilés, tel que celui présenté par Brocchi.

Cette coquille a 65 millim. de long et 30 de large.

† 20. Cône pélagien. *Conus pelagicus.* Brocc.

C. testâ conicâ, subclavatâ; spirâ acuminatâ; anfractibus planiusculis, extimo vix canaliculato, maculis aurantiis vel dilutè croceis, lineisque interruptis, concoloribus, elevatis undiquè circâ.

Brocc. Conch. foss. subap. p. 289. pl. 2. f. 9.

Borson. Oritt. Piém. p. 16. n° 17?

Habite... Fossile du Plaisantin.

Ce Cône n'est peut-être qu'une variété ancienne du *Mediterraneus*, il en a tous les caractères; la coloration même dont on retrouve quelques traces rappelle celle dudit Cône; cependant les individus fossiles ont généralement une spire plus large, sont plus trapus que les individus vivans de l'espèce à laquelle nous comparons celle-ci. Quant aux autres caractères, nous les trouvons tellement semblables que nous sommes persuadés qu'après l'examen d'un grand nombre d'individus, on réunira définitivement les deux espèces sous une même dénomination.

Cette coquille a 30 millim. de long et 22 de large.

† 21. Cône pyrule. *Conus pyrula*. Brocc.

C. testâ subcylindricâ; spirâ brevi, acutâ, anfractibus planiusculis, extimo rotundato; basi striatâ; striis excavatis, remotis.

Brocc. Conch. foss. subap. p. 288. n° 6. pl. 2. f. 8.

Habite... Fossile du Piémont et du Plaisantin.

Espèce de Cône de taille médiocre qui a quelque analogie avec le *C. cinereus*; il est plus petit; sa spire est un peu plus proéminente, composée de 11 tours légèrement convexes; le dernier est très obtus à sa partie supérieure, il s'atténue à la base où il porte 7 à 8 sillons transverses, graduellement plus écartés, à partir de la base; ces sillons sont subimbriqués. L'ouverture est très étroite, à bord presque parallèles, un peu plus dilatés à la base qu'au sommet; l'échancrure supérieure du bord droit est étroite et assez profonde. Nous avons un individu de cette espèce qui, malgré son état de fossilisation, a conservé des traces très apparentes de sa première coloration. Cette coloration consiste en flammules étroites, onduleuses, descendant sans discontinuité du sommet à la base du dernier tour. Cette coloration rappelle un peu celle du *C. diformis*.

Cette coquille, assez commune dans les terrains tertiaires du Plaisantin, est longue de 34 millim. et large de 17.

† 22. Cône concave. *Conus concavus*. Deslong.

C. testâ obconico-elongatâ; spirâ plùs minùsve concavâ; anfractibus concentricè striatis, ad medium angulatis (externis scilicet); aperturâ angustissimâ.

Deslongch. Mém. de la Soc. Linn. de Normandie. t. 7. p. 149. pl. 10. f. 15 à 22.

Habite... Fossile du lias supérieur, à Fontaine-Étoupefour.

Coquille obconique, allongée, plus ou moins élargie au niveau de la spire, et offrant sur la longueur du dernier tour, vers le milieu, une dépression très superficielle; surface lisse; spire à stries concentriques très fines, plus ou moins concaves; tours extérieurs ayant un angle saillant, un peu obtus vers le milieu; sutures plus ou moins enfoncées, ressemblant à une gouttière spirale à fond anguleux; ouverture très étroite.

† 23. Cône caennais. *Conus cadomensis*. Deslong.

C. testâ obconico-angustatâ, lævigatâ, spirâ plùs minùsve exsertâ, apice acuto; anfractibus in medio-angulatis; extùs ad angulum punctato-substriatis, aperturâ angustissimâ.

Deslong. Mém. de la Soc. Linn. de Normandie. t. 7. p. 147. pl. 10. f. 10 à 14.

Habite... Fossile du lias supérieur, à Fontaine-Étoupefour et Bretteville-sur-Laize.

Coquille obconique, allongée, étroite, montrant parfois quelques stries d'accroissement ; spire presque turriculée, ou assez élancée, ou médiocre, ou peu saillante, suivant le degré d'obliquité plus ou moins grand par lequel les tours s'enroulent sur l'axe ; sommet toujours aigu ; tours de spire anguleux dans leur milieu ; angle tranchant ; surface située au-dessus de l'angle, un peu oblique en dehors ou horizontale ; surface située au-dessous de l'angle, ornée, près de celle-ci, de points enfoncés, nombreux, prolongés en petites stries verticales qui n'atteignent point jusqu'à la suture ; ouverture très étroite, un peu élargie vers la base.

Nous n'avons pas à notre disposition les coquilles curieuses, décrites pour la premièr fois par M. E. Deslongchamps ; nous avons emprunté textuellement leurs descriptions au mémoire plein d'intérêt que ce naturaliste a publié dans le 7e volume des *Mém. de la Soc. Linn. de Normandie ;* nous ajouterons toujours, d'après M. Deslonchamps, que ces deux espèces sont variables dans leurs formes et surtout dans l'aplatissement ou la proéminence de la spire. On remarque, en effet, des individus à spire concave, d'autres chez lesquels elle devient de plus en plus proéminente, et la série se termine par une variété subscalarine.

ORDRE QUATRIÈME.

LES CÉPHALOPODES.

Manteau en forme de sac, contenant la partie inférieure du corps. Tête saillante hors du sac, couronnée par des bras non articulés, garnis de ventouses, et qui environnent la bouche. Deux yeux sessiles ; deux mandibules cornées à la bouche ; trois cœurs ; les sexes séparés.

Les *Céphalopodes* ont été ainsi nommés par G. *Cuvier*, parce que chacun d'eux porte sur la tête des espèces de bras inarticulés, rangés en couronne autour de la bouche qui est terminale.

Ces animaux peuvent être encore considérés comme des mollusques; car ils ont, comme ces derniers, le corps mollasse et inarticulé, un manteau distinct, une tête libre, et un mode de système nerveux à-peu-près semblable. Ce sont même, de tous ceux exposés jusqu'ici, les plus avancés en complication d'organes. Cependant ces mollusques, dont nous ne connaissons encore qu'un petit nombre, et qui néanmoins paraissent extrêmement nombreux et diversifiés, ont une conformation si singulière, qu'elle ne paraît nullement devoir conduire à celle qui est propre aux poissons. Il est donc probable que les *Céphalopodes* ne sont pas encore les mollusques qui avoisinent le plus les animaux vertébrés, et conséquemment qu'ils ne sont pas les derniers de la classe.

Si, d'après cette singulière conformation des *Céphalopodes*, on en formait une classe particulière, qui, certes, serait grande et bien distincte, je pense qu'alors on serait obligé d'en établir une autre avec les Hétéropodes; car ceux-ci ne sauraient faire partie des *Céphalopodes*, ni des Gastéropodes, ni des Trachélipodes, ni même des Ptéropodes, tant l'ensemble de leurs caractères leur est particulier. Mais trouvant une sorte d'inconvénient à établir une classe pour des animaux aussi peu nombreux ou du moins aussi peu connus que les Hétéropodes, je me suis décidé à les conserver, ainsi que les *Céphalopodes*, parmi les mollusques.

En effet, les *Céphalopodes*, très singuliers par la disposition de leurs bras, par le manteau en forme de sac qui les enveloppe inférieurement, par leur organisation interne, et par les particularités diverses du corps solide enchâssé dans leur intérieur, sont tellement distingués des autres mollusques, qu'ils forment une grande coupe bien circonscrite et qui paraît tout-à-fait isolée dans la classe qui la comprend.

A la vérité, si les races diverses qui appartiennent à cette coupe sont extrêmement nombreuses, ce que l'on juge par les corps particuliers, pareillement nombreux et divers, que l'on recueille et que l'on est autorisé à attribuer à ces mollusques, il faut convenir que nous connaissons encore bien peu de ces animaux; en sorte que le caractère que nous assignons à leur ordre entier ne convient peut-être qu'à une partie de ceux qu'il embrasse.

Si l'on en excepte la famille des *Sépiaires*, et la *Spirule*, dont les animaux sont maintenant bien connus, il paraît qu'il nous sera difficile de nous procurer la connaissance de ceux des autres familles de *Céphalopodes*, parce que la plupart n'habitent que dans les grandes profondeurs des mers, et se trouvent par là hors de la portée de nos observations. Or cette portion des *Céphalopodes*, dont l'existence nous est attestée par les coquilles multiloculaires et la plupart fossiles que nos collections renferment, n'est assurément pas la moins nombreuse en races diverses.

D'après ceux qui nous sont connus, nous voyons sans doute que les *Céphalopodes* sont les plus parfaits des mollusques, ceux qui ont l'organisation la plus compliquée et la plus développée, et qui l'emportent à cet égard sur les autres animaux sans vertèbres; cependant, ainsi que je viens de le dire, leur conformation est si particulière, qu'il est difficile de supposer qu'immédiatement après eux, la nature ait commencé dans les poissons le plan d'organisation des animaux vertébrés. Il est probable au contraire qu'après les *Céphalopodes*, elle a produit d'autres animaux encore sans vertèbres, dans lesquels elle s'est préparée à l'exécution de son nouveau plan. Or ces animaux, se trouvant dans une circonstance de changement qui exige en eux une grande diminution dans la consistance de leurs parties, doivent nous paraître par là moins avancés en perfectionnemens que les *Céphalopodes*. C'est précisément ce qui a lieu dans les Hétéropodes, qui sont les seuls mollusques en qui l'on commence à voir une conformation un peu rapprochée de celle des poissons.

Le corps des *Céphalopodes* est épais, charnu, et contenu inférieurement dans un sac musculeux, formé par le manteau de l'animal. Ce manteau, fermé postérieurement, n'est ouvert que dans sa partie supérieure, de laquelle sort la tête, ainsi qu'une portion du corps du Céphalopode. La tête est libre, saillante hors du sac, et couronnée par des bras tentaculaires dont le nombre et la grandeur varient selon les genres. Elle offre, sur les côtés, deux gros yeux sessiles, immobiles et sans paupières. Ces yeux sont très compliqués dans leurs humeurs, leurs membranes, leurs vaisseaux, etc.

La bouche de ces animaux est terminale, verticale, et armée de deux fortes mandibules cornées, qui sont crochues et ressemblent à un bec de perroquet. Enfin l'organe de l'ouïe, quoique sans conduit externe, comme dans les poissons, se distingue dans ces mollusques.

Pour la circulation de leurs fluides, les *Céphalopodes* ont trois cœurs : mais peut-être pourrait-on dire qu'ils n'en ont qu'un, et qu'en outre ils ont deux oreillettes séparées et latérales. Effectivement, le principal tronc des veines, qui rapporte le sang, se divise, comme on le sait, en deux branches qui portent ce fluide dans les oreillettes latérales; celles-ci le chassent dans les branchies, d'où il est rapporté dans le vrai cœur qui est au milieu, et ce cœur le renvoie dans tout le corps par les artères.

Les mollusques *céphalopodes* vivent tous dans la mer, où les uns nagent vaguement, se fixant aux corps marins quand il leur plaît, et les autres ne font que se traîner, à l'aide de leurs bras, dans le fond et sur ses bords. La plupart de ces derniers se retirent ordinairement dans les sinuosités des rochers.

Ces mollusques sont tous carnassiers, et se nourrissent de Crabes et des autres animaux marins qu'ils peuvent saisir et dévorer. La position particulière de leurs bras favorise singulièrement le besoin qu'ils ont d'amener leur proie jusqu'à leur bouche, où deux fortes mandibules suffisent pour briser les corps durs dont ils se sont emparés.

Il y en a parmi eux qui sont entièrement nus; d'autres qui vivent dans une coquille mince, uniloculaire, qui les enveloppe, et qu'ils font flotter à la surface des eaux; et d'autres encore qui ont une coquille multiloculaire, soit complétement, soit en partie intérieure.

Ces derniers *Céphalopodes* paraissent être très nombreux et singulièrement diversifiés. Il semble en effet que l'Océan en soit en quelque sorte rempli, surtout dans ses grandes profondeurs, tant le nombre des coquilles multiloculaires que nous trouvons fossiles dans les terrains d'ancienne formation est considérable; et, à l'exception de quelques espèces d'un assez grand volume, la plupart de ces coquilles sont d'une petitesse extrême.

Dans les *Céphalopodes*, les coquilles de ceux qui en possèdent ne font presque rien présumer, par leur forme, de celles des animaux qui les ont produites. Pour distinguer ces coquilles, on ne peut que les comparer entre elles; et l'on ne voit pas, quant à présent, que les divisions à établir parmi elles soient dans le cas d'être en rapport avec les principales divisions que l'on formerait parmi les mollusques dont il s'agit ici, si l'on connaissait ces derniers davantage.

Les coquilles multiloculaires des *Céphalopodes* sont si remarquables par la diversité de leur forme, qu'il semble qu'à cet égard tous les modes qu'il soit possible d'imaginer aient été employés par la nature, et l'on a effectivement des exemples de presque toutes les formes imaginables.

Ces coquilles multiloculaires ont jusqu'à présent beaucoup embarrassé les naturalistes dans la détermination des rapports des animaux qui les produisent avec ceux des mollusques connus, qui sont, soit recouverts, soit enveloppés par une coquille. Comme l'on ne connaissait aucun de ces animaux, on manquait de moyens pour découvrir ces rapports, et il était difficile de prononcer, tant sur la manière dont ces coquilles pouvaient avoir été formées, que sur leur connexion avec les animaux dont elles proviennent. L'animal n'habitait-il que la dernière loge de la coquille? y était-il contenu entièrement ou seulement en partie? enfin n'enveloppait-il pas lui-même plus ou moins complétement la coquille? Telles étaient les questions que l'analogie même de ce qui était connu sur les mollusques testacés ne pouvait nous faire résoudre, lorsque MM. *Le Sueur* et *Péron*, à leur retour de la Nouvelle-Hollande, nous firent connaître l'animal de la *Spirule*. Or, cet animal étant un véritable *Céphalopode*, qui porte un coquille multiloculaire enchâssée dans la partie postérieure de son corps, et dont une portion seulement est à découvert, nous ne saurions douter maintenant que toutes les coquilles multiloculaires, ou essentiellement telles, n'appartiennent réellement à des mollusques *céphalopodes*, et ne soient des corps plus ou moins enveloppés.

Ce fut donc rendre un service bien important à la science que de nous avoir procuré la connaissance de l'animal de la *Spirule*, offrant encore cette coquille singulière qui était depuis long-temps dans les collections sans que l'on sût d'où elle provenait. Aussi, dans mes leçons au Muséum, j'eus la satisfaction de montrer à mes auditeurs l'animal même avec sa coquille, et je me crus autorisé à le regarder comme le type des animaux qui produisent les coquilles multiloculaires, et enfin à conclure que toutes ces coquilles appartiennent à des *Céphalopodes*.

Les mollusques, dont il s'agit, se partagent naturellement en trois divisions, de la manière suivante :

Ire Division.— Céphalopodes testacés, polythalames. [Immergés.]
Coquille multiloculaire, subintérieure.

IIe Division.— Céphalopodes testacés, monothalames. [Navigateurs.]
Coquille uniloculaire, tout-à-fait extérieure.

IIIe Division.— Céphalopodes non testacés. [Sépiaires.]
Point de coquille, soit intérieure, soit extérieure.

PREMIÈRE DIVISION.

CÉPHALOPODES POLYTHALAMES.

Coquille multiloculaire, enveloppée complétement ou partiellement, et qui est enchâssée dans la partie postérieure du corps de l'animal, souvent avec adhérence.

D'après l'importante découverte que MM. *Péron* et *Le Sueur* firent de l'animal de la *Spirule*, on sait actuellement que les animaux des coquilles multiloculaires sont de véritables *Céphalopodes*; l'on sait en outre de quelle manière ces coquilles sont disposées relativement aux animaux à qui elles appartiennent.

Dans les *Céphalopodes polythalames*, il paraît que la coquille renferme, dans sa dernière loge, la partie postérieure du corps de l'animal ou une portion de cette partie; mais la coquille elle-même est enchâssée dans l'extrémité postérieure de ce corps, qui la recouvre, soit complétement, soit partiellement.

Dans la *Spirule*, il n'y a qu'un quart environ de la coquille à découvert ou hors de l'animal. Il est vraisemblable que dans le *Nautile* les deux tiers de la coquille doivent se trouver à découvert, le reste étant enveloppé par la partie postérieure du Céphalopode.

On a au contraire lieu de penser que les *Nummulites*, et autres petites coquilles multiloculaires, sont totalement enveloppées et cachées par la partie postérieure des animaux dont elles proviennent; peut-être même que les *Ammonites*, quoique plusieurs soient fort grandes, sont dans le même cas.

Ce que l'on peut regarder maintenant comme certain, du moins d'après l'induction de ce qui est positivement connu, c'est que les coquilles multiloculaires dont il s'agit sont toutes enveloppées, soit totalement, soit partiellement, par l'extrémité postérieure du corps des Céphalopodes qui les produisent, et qu'au lieu d'être contenu en totalité ou en partie dans sa coquille, l'animal au contraire l'enveloppe lui-même et la contient.

Les uns paraissent la contenir sans y adhérer, tandis que les autres y adhèrent par un ligament tendineux et filiforme, qui se conserve une gaîne à travers les loges de la coquille, et qui s'allonge à mesure que l'animal déplace la portion enveloppée de son corps.

Cet animal, en effet, s'accroissant par des développemens successifs, ressent, de temps à autre, trop de gêne dans la partie de son corps contenue dans la dernière loge de sa coquille; alors, probablement, il retire cette partie à quelque distance de la dernière cloison, laisse un espace vide derrière lui, et donne lieu, par un état stationnaire de cette partie déplacée, à ce qu'une nouvelle cloison se forme.

C'est sans doute à la diversité de conformation de la partie postérieure du corps des *Céphalopodes polythalames* qu'il faut attribuer cette étonnante diversité de forme des coquilles multiloculaires; et l'on ne pourra expliquer chaque forme particulière que lorsque l'animal qui y aura donné lieu sera lui-même connu.

DIVISION DES CÉPHALOPODES POLYTHALAMES.

Ils ont une coquille multiloculaire, partiellement ou complétement intérieure, et enchâssée dans la partie postérieure de leur corps.

* Coquille multiloculaire à cloisons simples.

Leurs cloisons ont les bords simples et n'offrent point de sutures découpées et sinueuses sur la paroi interne du test.

[1] Coquille droite ou presque droite: point de spirale.

Les Orthocérées.

Bélemnite.
Orthocère.
Nodosaire.
Hippurite.
Conilite.

[2] Coquille partiellement en spirale: le dernier tour se continuant en ligne droite.

Les Lituolées.

Spirule.
Spiroline.
Lituole.

[3] Coquille droite semi-discoïde, à spire excentrique.

Les Cristacées.

Rénuline.

Cristellaire.
Orbiculine.

[4] Coquille globuleuse, sphéroïdale ou ovale; à tours de spire enveloppans, ou à loges réunies en tunique.

Les Sphérulées.

Miliole.
Gyrogone.
Mélonie.

[5] Coquille discoïde, à spire centrale, et à loges rayonnantes du centre à la circonférence.

Les Radiolées.

Rotalie.
Lenticuline.
Placentule.

[6] Coquille discoïde, à spire centrale, et à loges qui ne s'étendent pas du centre jusqu'à la circonférence.

Les Nautilacées.

Discorbe.
Sidérolite.
Polystomelle.
Vorticiale.
Nummulite.
Nautile.

** Coquille multiloculaire, à cloisons découpées sur les bords.

Les Ammonées.

Ammonite.
Orbulite.
Ammonocérate.
Turrilite.
Baculite.

[Les zoologistes qui, depuis une vingtaine d'années, ont suivi les progrès rapides qui se sont faits, non-seulement dans l'histoire générale des mollusques, mais plus spécialement dans la connaissance des Céphalopodes, savent qu'il est impossible de se servir encore de la classification telle que Lamarck l'a présentée dans son *Histoire des animaux sans vertèbres*. En effet, un grand nombre de travaux de deux sortes ont été entrepris depuis cette époque; dans les uns, les naturalistes ont recherché les espèces vivantes, les ont figurées et décrites et ils ont ajouté par là des faits d'une haute valeur pour la classification générale; l'ordre tout entier a subi de nouvelles divisions; de nouveaux genres ont été établis, et enfin les catalogues se sont enrichis d'un nombre considérable d'espèces. D'autres observateurs ont continué l'investigation des couches terrestres commencée depuis plusieurs siècles; le puissant attrait de la géologie a invité un grand nombre de personnes à porter leur attention sur toutes ces races perdues d'animaux, dont les restes enfouis dans les couches de la terre nous permettent de hasarder l'histoire biologique des époques de notre planète, qui sont antérieures à l'existence de l'homme. Parmi ces débris, ceux des Céphalopodes tiennent une très grande place, et l'on a vu successivement la science s'enrichir non-seulement de genres nouveaux et d'espèces jusqu'alors inconnues, mais on a pu compléter l'histoire de plusieurs genres restés douteux dans leurs rapports. avec ceux qui étaient déjà connus.

Toutes les personnes qui s'occupent de conchyliologie n'ont pas oublié les efforts de J. Plancus, de Soldani, de Fichtel et Moll pour faire connaître ce monde de corps testacés microscopiques qui inondent, pour ainsi dire, certains rivages, et dont les formes très variées se rapprochent à quelques égards de celles des coquilles appartenant aux Céphalopodes. On n'a pas oublié non plus comment Linné, entraîné sans doute par l'exemple de Gualtieri, rapporta ces petits corps microscopiques à son genre *Nautilus*. L'autorité de Linné maintint cette classification dans toutes les méthodes qui suivirent, et à mesure que les genres se multiplièrent, soit parmi les Céphalopodes, soit parmi les coquilles microscopiques, on leur conserva des rapports indiqués par leur forme générale, jusqu'au moment où, après une étude approfondie de la structure de ces êtres, on s'aperçut enfin qu'ils devaient constituer deux groupes très différens, parmi les Céphalopodes. Telle a été la première amélioration que la classification générale a subie, et deux naturalistes presque en même temps ont publié la même opinion à cet égard. D'un côté, M. de Haan, dans sa *Monographie des Ammonites et des Goniathites*, publiée en 1825, divise les Céphalopodes, en ceux qui sont adhérens à leur test et dont la coquille a les loges percées d'un siphon : ce sont les véritables *Céphalopodes;* la seconde division renferme toutes les coquilles microscopiques, parce qu'elles n'ont point de siphon à leurs cloisons. M. de Haan, comme on le voit, considérait ces coquilles microscopiques comme dépendantes d'animaux Céphalopodes d'une extrême petitesse. L'année suivante, M. A. d'Orbigny publiait en France, sous le patronnage de M. de Férussac, une nouvelle classification des Céphalopodes, dans laquelle ceux de ces animaux qui sont pourvus d'une coquille sont partagés en deux grands groupes. Comme dans la classification de M. de Haan, ces groupes sont fondés sur la présence ou sur l'absence du siphon. M. d'Orbigny donne le nom de *Siphonifères* aux coquilles des Céphalopodes proprement dits et celui de *Foraminifères* aux coquilles microscopiques cloisonnées. Pour appuyer cette classification, M. d'Orbigny ajoute les observations qu'il a faites sur les Céphalopodes foraminifères, auxquels il prétend avoir reconnu les caractères des Céphalopodes plus grands. M. d'Orbigny s'était trompé à cet égard, car, dix ans après environ, M. Dujardin, habile et consciencieux observateur, à la suite d'un voyage sur les bords de la Méditerranée, fit connaître la nature des êtres singuliers qui construisent ces coquilles microscopiques multiloculaires, et l'exactitude de ses observations fut constatée à Paris même par plusieurs personnes, car ce savant prit le soin de rapporter vivans un assez grand nombre de ces animaux. Il résulte des observations de M. Dujardin que, non-seulement les coquilles des Foraminifères ne sont point construites par des animaux céphalopodes, mais ce ne sont même pas des animaux mollusques; par leur singularité, M. Dujardin a été dans la nécessité d'établir pour eux une classe particulière sous le nom de *Rhizopodes*. Cette classe doit descendre dans les parties inférieures du règne animal et prendre sa place parmi les Zoophytes; elle se distingue par la manière dont se meuvent ces animaux et par leurs organes de locomotion. Nous rappellerons que ces organes consistent en longs filamens charnus, très minces, plus ou moins multipliés, que l'animal développe sur les corps solides, ordinairement en leur donnant une disposition rayonnée. Ces filamens ne produisent qu'un mouvement excessivement lent; pendant que les uns se portent en avant, les autres restent en arrière, se grossissent dans leur diamètre à mesure qu'ils diminuent de longueur, et chose surprenante et jusqu'alors sans exemple dans les animaux, ces filamens se réunissent quand ils se touchent, et lorsque l'animal les contracte tous, ils ne forment plus qu'une petite masse gélatineuse qui se montre à l'entrée de la coquille. Les observations de M. Dujardin ont constaté ce fait d'une grande importance que, dans les Rhizopodes, les organes, après être sortis d'une masse muqueüse commune, sous la forme de filamens isolés, excessivement extensibles, n'ont aucune enveloppe commune, ne conservent pas leurs formes, puisqu'à la volonté de l'animal, ils peuvent se contracter et reprendre l'apparence d'un petit globule muqueux.

Ce que nous venons de rappeler sommairement démontre, de la manière la plus évidente, combien la classification de Lamarck doit être profondément modifiée, puisque le savant auteur des *Animaux sans vertèbres* confondait dans la même classe, dans les mêmes familles, et quelquefois dans les mêmes genres, les coquilles des Rhizopodes avec celles des Céphalopodes. Il suffit de jeter les yeux sur le tableau général de la classification de Lamarck pour se convaincre que cette partie de ses travaux ne peut être conservée, en présence des faits nombreux qui en détruisent les principes.

On concevra, d'après ce qui précède, pourquoi nous n'avons pas adopté, pour la classe des Céphalopodes, la marche que nous avons suivie pour le reste des mollusques. Il faudrait en effet supprimer des Céphalopodes polythalames, quatre ou cinq des familles, et réformer les autres, puisque dans ces familles sont rangées des coquilles de Rhizopodes qui ne sont point des mollusques. Après cette réforme, il reste seulement huit à neuf genres qui, eux-mêmes, ont pour la plupart besoin non-seulement de modifications dans leurs rapports, mais encore dans les espèces qu'ils renferment; enfin, il faudrait, dans tous les cas, supprimer de la première famille le genre *Hippurite* qui, d'après nos observations, appartient à la classe des mollusques bivalves. Au petit nombre de genres de vrais Céphalopodes que l'on pourrait emprunter à la méthode de Lamarck, il y en a aujourd'hui un plus grand nombre à ajouter, et il est facile de comprendre qu'après ces retranchemens et ces additions, la classification doit subir un remaniement complet. D'ailleurs, une grande découverte est venue jeter une vive lumière sur toute l'histoire des Céphalopodes à coquille cloisonnée; c'est celle de l'animal du Nautile, habilement anatomisé par M. Owen et décrit avec cette précision qui caractérise les travaux de ce savant éminent.

Ne voulant pas laisser une lacune trop considérable dans cette partie de l'ouvrage de Lamarck, qui traite d'une matière à laquelle s'intéressent la plupart des naturalistes, j'ai pensé que le meilleur moyen de mentionner tous les élémens qui entrent dans la classification des Céphalopodes consisterait à retracer rapidement l'histoire des progrès que la science a faits depuis une vingtaine d'années. Par ce moyen, nous mentionnerons les genres utiles qui ont été successivement créés et nous serons naturellement conduit à présenter leur classification et leurs caractères; nous nous proposons même d'indiquer les principales espèces pour ceux de ces genres qui sont les plus considérables ou qui, par leurs caractères, offrent le plus d'intérêt. De cette manière, nous concilierons les besoins de la science, avec le peu d'espace que nous avons à consacrer à cette partie importante de l'histoire des mollusques. Si nous voulions combler toutes les lacunes, il faudrait plus d'un volume encore pour compléter tout ce qui a rapport à l'histoire naturelle des Céphalopodes.

Pour rendre d'une facile intelligence la courte histoire des Céphalopodes que nous allons retracer, et pour ne point y laisser de lacune considérable, nous allons reprendre cette histoire à dater de la fin du XVIIe siècle. Si nous consultons les ouvrages des premiers naturalistes, nous y trouvons très peu de renseignemens sur les Céphalopodes; Belon, Rondelet, et leurs premiers successeurs rangent parmi les poissons le Poulpe et la Seiche, et comprennent le Nautile cloisonné parmi les animaux testacés. Cependant quelques autres naturalistes introduisent les Céphalopodes nus parmi les animaux qu'ils nomment *exsangues*, et dans lesquels se trouvent rangés tous les animaux sans vertèbres connus.

A-peu-près à la même époque, commençait à surgir une nouvelle classe d'observateurs qui, en recherchant les substances minérales, rencontrèrent des corps organisés fossiles, dont ils ne reconnurent pas la nature et qu'ils regardèrent comme des pierres figurées. Pour expliquer la formation de ces pierres, ils créèrent diverses théories dans lesquelles la force plastique jouait le rôle principal; quant à cette force plastique en elle-même, ils ne pouvaient en donner une définition rigoureuse; c'était en réalité un mot vide de sens destiné à remplacer une explication quelconque. Cependant parmi ces collecteurs orycthographes, il se trouva quelques hommes doués d'une plus grande sagacité qui, à la première comparaison, reconnurent l'analogie qui se montre entre les pierres figurées et les testacés marins. C'est à la suite de ces comparaisons que presque tous les Orycthographes rapprochèrent les cornes d'Ammon des Nautiles, tout en conservant ces deux genres d'après les caractères extérieurs qu'ils ont.

Les premières lueurs qui se répandirent sur l'histoire des pierres figurées datent des tentatives nombreuses que l'on fit au commencement du XVIIIe siècle, pour trouver dans ces pierres des témoignages du déluge universel; on comprend que les opinions antérieures durent éprouver des changemens très profonds; aussi tous les corps organisés fossiles, au lieu d'être considérés comme de simples jeux de la nature, furent comparés plus soigneusement avec les testacés vivans, et leur analogie bien constatée devint une arme très puissante entre les mains des défenseurs d'un cataclysme universel. La forme du Nautile était particulièrement remarquée et l'on en rapprochait ordinairement les Ammonites; la forme extérieure seule décidait, on s'inquiétait peu de la structure de ces coquilles. Les Bélemnites, mentionnés aussi souvent que les deux genres dont nous venons de parler, étaient invariablement rangés dans la classe des minéraux, quoique, de bonne heure, on ait reconnu dans leur cavité une pile conique de cloisons transverses. Boetius de Boot, Lachmund, Gessner, Langius, considèrent les corps pétrifiés comme des jeux de la nature; Helwing est un des premiers qui ait comparé les Ammonites aux Nautiles et qui les ait classés parmi les testacés pétrifiés, mais le travail le plus complet et celui qui a le plus puissamment contribué à répandre sur les Ammonites des idées justes, a été publié par Jussieu en 1722, dans les *Mémoires de l'Académie des sciences*. Avec une sagacité peu commune, Jussieu compare les Ammonites aux Nautiles, et de leur ressemblance il conclut que la corne d'Ammon n'est point due à une force plastique de la terre, comme on le croyait encore d'après l'opinion de Langius, mais qu'elle a appartenu à des animaux marins, semblables à celui du Nautile figuré par Rumphius. Tout en rétablissant d'une manière irrévocable les rapports des Ammonites et des Nautiles, Jussieu détruit en même temps tous les préjugés qui existaient encore au sujet des Ammonites, car bien des personnes les considéraient comme des vertèbres caudales de certains animaux, d'autres supposaient qu'elles résultaient de la pétrification des serpens et, suivant l'origine qu'on leur supposait, on attribuait à ces corps des propriétés médicinales très diverses et qui réellement n'étaient fondées que sur l'ignorance.

Nous devons remarquer, en 1731, un petit ouvrage de Klein sur les tuyaux marins, auquel il ajoute en appendice une classification des tuyaux marins pétrifiés, parmi lesquels il comprend plusieurs genres intéressans, mais auxquels il ne donne point de noms spéciaux : c'est ainsi que sous le nom de *Tubuli concamerati*, il rassemble les Orthocères, même celles qui sont légèrement arquées, ainsi que le genre *Lituus*, dont le sommet est en spirale; il propose un genre particulier pour les Bélemnites; mais en cela il avait été précédé par Rosinus et Ehrhart, et même par Leibnitz qui, dans ses *Protogæa*, mentionne des Bélemnites parmi les corps organisés fossiles.

L'ouvrage le plus important de cette époque est celui de Breyne, il est le premier qui, dans sa dissertation devenue célèbre, ait divisé les testacés en Monothalames et en Polythalames, c'est-à-dire ayant une ou plusieurs cavités; il s'occupe plus spécialement de la classification des Polythalames, parmi lesquels il donne quatre genres qu'il caractérise aussi nettement qu'on le pourrait faire aujourd'hui; il les range dans l'ordre suivant: 1° *Orthoceras*, pour les coquilles cloisonnées droites; 2° *Lituus*, pour les coquilles droites dans une partie de leur longueur, tournées en spirale au sommet; 3° *Ammonia*, pour les coquilles enroulées horizontalement, mais dont les tours se voient de chaque côté dans un ombilic plus ou moins large; 4° enfin, *Nautilus*, pour les coquilles enroulées horizontalement, mais dont tous les tours sont embrassés ou cachés par le dernier. On voit que cette classification n'est point faite au hasard; elle est destinée à faire ressortir les modifications que présente la forme extérieure des genres dans leur succession. Breyne n'a point oublié la spirule, il la regarde comme le type vivant des Ammonites, tout en reconnaissant dans les unes des cloisons simples et un siphon ventral, et dans les autres, des cloisons découpées et un siphon dorsal. Parmi les Nautiles, il place quelques coquilles pétrifiées, constituant actuellement un genre particulier établi par M. de Munster, sous le nom de *Clymenia;* nous aurons occasion d'en reparler plus tard. Quant au genre Lituus, Breyne dit judicieusement qu'il résulte d'une combinaison d'Orthoceras et d'Ammonias : il faut se souvenir que dans l'Ammonia la spirule était comprise. A la suite de cette dissertation sur les Polythalames, Breyne a réuni ses observations sur les Bélemnites; adoptant l'opinion commune, il donne à ces corps le nom de tuyaux marins; mais à la suite d'observations très judicieuses, sur les cloisons et le siphon qui les perce, il conclut que les Bélemnites sont des coquilles pétrifiées très voisines des Orthocères.

Nous pouvons résumer en quelques mots toute cette période qui a précédé Linné : cinq genres sont nettement déterminés et suffisamment caractérisés, ce sont : 1° *Bélemnites;* 2° *Orthocéras;* 3° *Lituus;* 4° *Nautilus;* 5° *Ammonites.* Nous verrons que, sous le nom de *Nautilus*, les anciens comprenaient deux sortes de coquilles très distinctes : le Nautilus proprement dit, dont Linné a fait le genre Argonauta, et le Nautile cloisonné, qui est devenu le type du genre Nautilus, tel que les Orycthographes l'avaient adopté de préférence. Indépendamment de ces cinq genres de coquilles, les naturalistes zoologistes distinguaient toujours le Poulpe et la Seiche, et les considéraient comme des animaux voisins, mais toujours distincts par leur forme et le nombre de leurs bras.

Voyons actuellement quel parti Linné a tiré de ces divers matériaux. Dans la première édition du *Systema naturæ*, Linné n'avait point encore établi la nomenclature binaire; il se contenta, pour ce qui est des *Testacés*, de les diviser en quelques genres, parmi lesquels, et vers la fin de la série, on remarque celui du Nautilus, divisé en *Nautilus, Orthocera* et *Lituus;* quant aux Céphalopodes nus, il faut les chercher à la fin de la classification, dans la classe des Zoophytes, on les trouve sous la dénomination générique de *Sepia*, divisé en *Sepia* et en *Loligo.* Dès la deuxième édition du même ouvrage, la classe des Vers contient trois ordres; c'est dans le second, *Zoophyta*, que se voit le genre Sepia, entre les *Limax* et les *Astérias;* quant au *Nautilus*, il est tout-à-fait à la fin de la section des Testacés univalves; les divisions de ces genres n'ont subi aucune modification jusqu'à la septième édition, dans laquelle nous remarquons une division de plus dans le genre Nautilus, sous le nom de *Cornu Hammonis*. Si dans la première édition du *Fauna suecica*, le genre Sepia est toujours dans la classe des Zoophytes, celui du Nautilus a subi une modification remarquable, car Linné lui donne les caractères du genre Orthocère, de Breyne. A la dixième édition du *Systema naturæ*, Linné établit un ordre sous le nom de *Vermes molluscæ*, dans lequel se montre le genre Sepia, entre les Tritons et les Méduses ; sous ce nom générique, il rassemble un petit nombre d'espèces, parmi lesquelles se trouvent les types de la plupart des genres qui, depuis, ont été fondés par Cuvier et par Lamarck ; c'est-à-dire *Octopus*, *Loligo* et *Sepiola;* dans cette même édition, Linné place à côté du Nautilus le genre *Argonauta* qui depuis est resté dans la science. Ces deux genres, au lieu d'être à la fin des Testacés univalves, les commencent, et nous voyons dans celui du Nautilus les types de plusieurs des genres qui depuis ont été introduits dans la méthode, ou que Breyne lui-même avait créés depuis plus de vingt ans. Comme nous l'avons dit, parmi les espèces de Nautiles, il y a des coquilles microscopiques, et c'est là l'origine de la confusion que nous avons signalée dans les méthodes les plus récentes. Nous n'ajoutons rien de plus sur les ouvrages de Linné, car les onzième et douzième éditions du *Systema*, ainsi que le *Museum Ulricæ*, ne sont que des développemens de la dixième édition du même ouvrage. Nous ferons remarquer cependant que, dans la deuxième édition du *Fauna suecica*, Linné supprime tout-à-fait le genre Nautilus.

Nous passons sous silence un grand nombre d'auteurs qui, héritiers enthousiastes des méthodes de Linné, les ont adoptées sans y apporter les moindres changemens. Depuis Linné jusqu'au moment où Bruguières publia le premier volume de *Vers*, dans l'*Encyclopédie méthodique*, bien des travaux furent entrepris, il est vrai ; un grand nombre d'espèces furent ajoutées dans les catalogues, mais la classification resta attachée aux mêmes principes, et Bruguières lui-même, quoique novateur, ne put se soustraire à l'influence de Linné, encore toute puissante alors, mais qui bientôt devait être ébranlée. Bruguières, comme on le sait, établit six ordres dans la classe des Vers de Linné ; l'ordre troisième est consacré aux mollusques ; il y règne la même confusion que dans la méthode linnéenne. Cependant cet ordre est divisé en deux sections : la première pour ceux de ces animaux qui n'ont pas de tentacules ; la seconde pour ceux dont les tentacules sont placés sur la tête ; c'est là que se trouve le genre *Sepia*, représentant à lui seul tous les Céphalopodes réunis. Une amélioration incontestable, introduite par Bruguières, consiste à séparer en un groupe particulier toutes les coquilles cloisonnées, sous le nom de Multiloculaires ; on trouve quatre genres dans cette section, ce sont : 1° *Camerine*, dans lequel sont réunis aux Nummulites un certain nombre de coquilles microscopiques discoïdes ; 2° *Ammonite*, genre parfaitement caractérisé pour la première fois, d'après la position du siphon et les profondes découpures du bord des cloisons ; 3° *Nautile ;* ce genre, pour Bruguières, prend une grande extension, car il y rassemble des coquilles cloisonnées à cloisons simples et transverses, traversées par un siphon, quelle que soit d'ailleurs leur forme droite, plus ou moins courbée ou disposée en spirale ; 4° enfin *Orthocerate*, et ici nous devons blâmer Bruguières d'avoir consacré ce nom, à l'exemple de Picot de Lapeyrouse, à des coquilles fossiles qui n'ont pas la moindre analogie avec celles pour lesquelles Breyne avait établi son genre *Orthoceras*. En effet, les Orthocérates de Picot de Lapeyrouse et de Bruguières sont des coquilles bivalves rentrant en partie dans les Radiolites de Lamarck, et dans ses Hippurites. La classification de Bruguières était donc très imparfaite; malgré les faits acquis à la science, elle conservait tous les défauts de celle de Linné, et introduisait des genres d'une étendue trop considérable pour être convenablement caractérisés.

Tel était l'état de la science, lorsque G. Cuvier, jeune encore et débutant dans la carrière scientifique, opéra au sujet de la classification des mollusques, une réforme fondamentale. Cuvier, le premier, introduisit ces heureuses dénominations qui caractérisent si nettement les mollusques, d'après leur organe locomoteur. Dans les uns, ces organes sont placés sur la tête, il les nomme *Céphalopodes ;* dans les autres, l'organe de la marche est étendu sous le ventre, il les nomme *Gastéropodes.* Ces deux sortes de mollusques ont une tête, tandis que ceux contenus dans les bivalves n'ont point de tête apparente, aussi il les désigne sous le nom de *Mollusques acéphales.* La classe des Céphalopodes, dans le premier ouvrage de Cuvier (*Tableau élémentaire*, 1798), renferme les quatre genres : *Seiche, Poulpe*, *Argonaute* et *Nautile ;* il regarde le Calmar comme un sous-genre des Seiches, et il mentionne à la suite des Nautiles, comme se trouvant à l'état fossile, les Ammonites, les Orthocératites et les Camérines. Pour Cuvier, le genre Orthocératite est encore autre chose que dans les auteurs précédens, car il dit que ces *corps fossiles ont la même structure interne que les Ammonites, mais une grande partie de leur coquille est en ligne droite.*

L'année suivante, Lamarck publia, dans les *Mémoires de la Société d'Histoire naturelle de Paris,* sa première classification ; les mollusques nus n'y sont point mentionnés; il s'agissait seulement d'un arrangement pour les coquilles, mais cet arrangement est loin de valoir, pour les principes, celui de Cuvier, il est encore sous l'influence de Linné et de Bruguières ; les coquilles univalves sont partagées en uniloculaires et multiloculaires; ce second groupe s'est enrichi d'un assez grand nombre de genres qui sont au nombre de dix, ce sont les suivans: *Nautile*, *Nautilite*, *Ammonite*, *Planorbite*, *Camérine*, *Spirule*, *Baculite*, *Orthocère*, *Orthocératite* et *Bélemnite*. Parmi ces divers genres, aujourd'hui bien connus, il en est quelques-uns qui sont presque oubliés; par exemple, Nautilite, représentant exactement celui nommé Goniatite, beaucoup plus tard, par M. de Haan; le genre Planorbite paraît un double emploi des Nautiles et destiné aux espèces fossiles aplaties et discoïdes; quant au genre Orthocère, il a encore subi une nouvelle transformation; car pour Lamarck, il ne doit se composer que de coquilles microscopiques droites, telles que le *Nautilus raphanus* de Linné, par exemple; enfin le genre Orthocératite conserve les caractères que lui ont donnés Picot de Lapeyrouse et Bruguières, et ne contient par conséquent que des coquilles bivalves. En général, les genres de Lamarck sont caractérisés d'une manière plus exacte que dans les ouvrages de ses devanciers; il n'hésite plus à rapprocher les Bélemnites des Orthocères; il sépare avec beaucoup de raison les spirules des Nautiles, et il propose un genre Baculite, qui est pour la famille des Ammonés ce que sont les Orthocères pour la famille des Nautiles. Peu de temps après, c'est-à-dire en 1801, dans son *Système des animaux sans vertèbres*, ouvrage remarquable à tant de titres, pour l'époque où il fut publié, Lamarck fit subir à sa classification générale quelques améliorations, mais malheureusement il n'adopte pas les idées de Cuvier à l'égard des Céphalopodes, car il met les uns dans un premier groupe de Céphalés nus, divisé en ceux qui sont nageurs, et en ceux qui rampent sur le ventre; les trois genres: Seiche, Calmar et Poulpe commencent cette série, et ils sont suivis des Clios, des Firoles, et enfin de tous les Gastéropodes nus. La section des coquilles univalves multiloculaires reste ce qu'elle était dans la méthode précédente, quant à la place qu'elle y occupe; on y trouve un genre de plus et plusieurs des genres déjà mentionnés ont éprouvé quelques modifications. Nous ferons remarquer, avant d'aller plus loin, que, dans ses deux premières classifications, Lamarck écarte les Argonautes des Céphalopodes, les met en rapport avec les Carinaires, opinion qu'il a abandonnée depuis. A la place du genre Nautilite, nous trouvons celui des *Orbulites*, mais ce genre est abandonné actuellement, parce qu'il fait double emploi de celui des Ammonites; nous remarquerons aussi un genre *Planulite*, pour ceux des Nautiles fossiles qui sont discoïdes, et dont les tours sont apparens. Enfin aux genres précédens, Lamarck ajoute celui des *Turrilites*, récemment signalé par Denys de Montfort, dans le *Journal de physique;* le genre Orthocère conserve les mêmes caractères, mais au lieu de maintenir aux coquilles décrites par Picot de Lapeyrouse, le nom d'Orthocérate, Lamarck le change en celui d'Hippurite, qui depuis a été adopté dans toutes les méthodes.

Il faut rendre à Montfort cette justice que, dans son histoire des Mollusques (*Buffon de Sonnini*), il a préféré la méthode de Cuvier et a groupé d'une manière plus naturelle l'ensemble des Céphalopodes. M. Duméril avait lui-même suivi cet exemple, dans son *Traité élémentaire d'histoire naturelle*, et enfin Lamarck finit par adopter les mêmes principes de classification dans sa *Philosophie zoologique;* pour la première fois il introduit des familles dans les diverses branches du règne animal; les Céphalopodes sont partagés en trois groupes : 1° ceux à test multiloculaire; 2° ceux à test uniloculaire; 3° enfin ceux qui n'ont point de test. Le premier groupe renferme trois familles : les *Lenticulacées*, comprenant les coquilles microscropiques nummuliformes; elles remplacent les Camérines de Bruguières et de Cuvier; la seconde, sous le nom de *Lituolacées*, contient un mélange de coquilles de Céphalopodes véritables et des coquilles microscopiques : la plupart ont le sommet contourné en spirale; les autres sont droites, comme les Orthocères, les Hippurites et les Bélemnites; le second groupe ne contient qu'une seule famille, celle des *Argonautacées*, et l'on y trouve les deux genres Argonaute et Carinaire; arrangement remarquable, d'après lequel on voit combien Lamarck sentait l'analogie qui existe entre les coquilles de ces deux genres. Enfin, le troisième groupe ne renferme non plus qu'une seule famille, comprenant les trois genres : Poulpe, Calmar et Seiche.

La classification que publia Lamarck, en 1812, dans l'extrait du cours, est fondée sur les mêmes principes que celle de la *Philosophie zoologique*, mais le nombre des familles et des genres a été assez considérablement augmenté. C'est ainsi que, dans le premier groupe, qui porte actuellement le nom de *Céphalopodes testacés polythalames*, nous comptons sept familles, disposées dans l'ordre suivant : 1° *Orthocérées*, pour les quatre genres Belemnite, Orthocère, Nodosaire, Hippurite; 2° *Lituolées*, pour les trois genres Spirule, Spiroline, Lituole; 3° *Cristacées*, pour les trois genres Rénulite, Cristellaire, Orbiculine; 4° *Sphérulées*, pour les trois genres, Miliolite, Gyrogonite, Mélonite; 5° *Radiolées*, pour les trois genres, Rotalie, Lenticuline, Placentule; 6° *Nautilacées*, pour les cinq genres, Discorbe, Sidérolite, Vorticiale, Nummulite, Nautile; 7° *Ammonées*, pour les cinq genres, Ammonite, Orbulite, Turrilite, Ammonocératite et Baculite. Nous ne parlerons pas des genres que nous connaissons déjà, nous appellerons l'attention sur ce fait : Lamarck fut le premier, dans cette méthode comme dans la précédente, à profiter de la découverte de l'animal de la Spirule, par Péron, pour rattacher aux Céphalopodes toutes les coquilles cloisonnées connues. Nous ne dirons rien de ces genres nombreux établis pour les coquilles microscopiques, mais nous ferons remarquer un genre de plus introduit dans la famille des *Ammonées*, celui des Ammonocératites, pour des coquilles non tournées en spirale et ayant la forme d'une corne régulièrement courbée. Le second groupe, celui des Céphalopodes testacés monothalames, est réduit au seul genre Argonaute; les Carinaires sont rejetés parmi les auters Mollusques hétéropodes. Quant aux Céphalopodes nus, on y voit aussi un genre de plus, celui des Loligopsis.

Cinq ans après l'ouvrage de Lamarck dont nous venons de parler, Cuvier publiait la première édition du *Règne animal.* Nous y trouvons une classification des Céphalopodes, fondée sur d'autres principes; ainsi, pour Cuvier, les Céphalopodes constituent un seul groupe, dans lequel sont rangés, dans l'ordre que nous leur conservons, les genres suivans : 1° Seiche, comprenant tous les Céphalopodes nus, sous les noms de Poulpe, Elédon, Calmar, et Seiche proprement dite, constituant autant de sous-genres; 2° Nautile, renfermant à titre de sous-genres les Spirules, les Nautiles proprement dites, les Pompiles, les Ammonites et une série de genres empruntés à Lamarck et à Montfort, pour des coquilles microscopiques; 3° Bélemnite; 4° Hippurite : à l'occasion de ce genre, Cuvier adoptant comme ses devanciers l'opinion que la valve supérieure est une dernière cloison, dit : « Si cela est, la coquille pourrait bien être intérieure et appartenir encore à un animal de cette classe, sinon, rien ne prouverait que ce ne serait pas une bivalve. » C'était donc avec doute que Cuvier admettait ce genre parmi les Céphalopodes; 5° Ammonite : ce genre représente réellement toute la famille des Ammonées de Lamarck; 6° Camérine : celui-ci est consacré à toutes les coquilles microscopiques ayant la forme lenticulaire; 7° enfin, Argonaute.

En 1811, Parkinson publia un ouvrage considérable intitulé : *Organic Remains*, dans lequel deux genres nouveaux de Céphalopodes fossiles ont été créés, mais ces genres n'ont point été mentionnés dans les auteurs français; à cette époque, en effet, les événemens de la guerre, depuis long-temps, avaient interrompu toute relation entre la France et l'Angleterre; ces deux genres ont été nommés *Scaphite* et *Hamite ;* tous deux sont fort remarquables, ils méritent d'être conservés et viennent compléter la famille des Ammonées.

M. de Férussac fut le premier qui introduisit les genres de Parkinson dans la classification générale, et déjà, avant que ce naturaliste publiât ses *Tableaux méthodiques des Mollusques*, M. Leach avait proposé pour les Céphalopodes une division meilleure, fondée sur le nombre des bras que ces animaux portent sur la tête. En effet, chez les uns, les bras sont au nombre de huit, et Leach leur a imposé le nom de Céphalopodes octopodes; dans les autres, les bras sont au nombre de dix, et il les a désignés par le nom de Décapodes. Cette heureuse innovation améliora la distribution des mollusques de cet ordre, et comme la Spirule appartient aux Décapodes, les auteurs, pour être conséquens à ce fait, entraînèrent dans ce dernier groupe les genres de coquilles cloisonnées, fossiles ou vivantes, dont les animaux n'étaient point connus. Ce mode de division détermina deux groupes très inégaux, car dans le premier, celui des Décapodes, se trouvaient nécessairement toutes les coquilles multiloculaires à la suite des Seiches, des Calmars et des Calmarets, tandis que le second groupe était réduit à deux genres seulement : Poulpe et Argonaute. Dans la classification de M. de Férussac, les Décapodes sont divisés en dix familles, dans lesquelles sont rassemblés trente-deux genres, dont le plus grand nombre nous sont déjà connus. Aux Hippurites, M. de Férussac ajoute le genre *Batolite* de Montfort, qui en est un double emploi. Dans la famille des Orthocères, nous remarquons le genre *Ichthyosarcolite*, nouvellement proposé par Desmarets, pour un corps fossile cloisonné, mais alors très incomplétement connu, car nous avons constaté que les débris sur lesquels ce genre avait été fondé, appartiennent à une coquille bivalve, pour laquelle M. d'Orbigny père a créé le genre *Caprine*. Quant au genre Orthocératite, M. de Férussac lui restitue sa première valeur, en l'adoptant tel qu'il est sorti des mains de Breyne et non tel que l'avaient modifié Picot de Lapeyrouse, Bruguières, Cuvier et Lamarck. Au reste, en cela, M. de Férussac avait été précédé par Parkinson aussi bien que par Sowerby; mais ces auteurs avaient fait des travaux partiels sur ce genre, et n'avaient pas songé à le faire entrer, dans ses rapports naturels, dans l'ensemble de la classification. Nous nous abstiendrons de parler de tous ces genres de coquilles microscopiques, la plupart fort mal faits et empruntés à l'ouvrage très médiocre de Denys de Montfort. La famille des Seiches dans l'ouvrage de M. de Férussac ne contient que deux genres : Seiche et Calmar; mais ce dernier est divisé en plusieurs groupes, dont la plupart sont admis aujourd'hui au titre de genre: ce sont, par exemple, les *Sépioles*, les *Onychoteuthis* de Lichtenstein, et les *Cranchies* de Leach. Quant aux Octopodes, l'auteur les divise en Poulpes et en Argonautes, et dans ce dernier genre il constitue un groupe particulier pour le genre Ocythoé de Rafinesque, fondé pour le Poulpe de l'Argonaute, mais dépourvu de coquille.

Dès 1814, M. de Blainville jeta les fondemens d'une classification des mollusques, dans une série de mémoires qu'il lut à la Société philomatique, et dont on trouve de longs extraits, soit dans le *Journal de physique*, soit dans le *Bulletin de la Société philomatique*. Dans le premier de ces mémoires, M. de Blainville applique les principes généraux de la zoologie à la classification des mollusques, en employant la subordination des caractères dans un ordre qui se rapproche de celui indiqué par Lamarck, dans sa *Philosophie zoologique*. Les groupes secondaires, tels que les ordres, sont fondés sur les modifications des organes de la respiration, et pour rappeler que ces organes donnent des caractères principaux, M. de Blainville s'est cru dans la nécessité de changer plusieurs dénominations établies avant lui, dans le but très louable d'introduire dans la nomenclature une plus grande uniformité; c'est pour cette raison qu'il propose de substituer le nom de *Cryptodibranches* à celui de Céphalopodes, consacré depuis les travaux de Cuvier. Mais aujourd'hui, depuis la découverte de l'animal du Nautile, ce nom qui pouvant s'appliquer à tous les Céphalopodes ne saurait leur convenir, puisque le Nautile a quatre branchies, et que *cryptodibranche* veut dire deux branchies renfermées dans un sac. Depuis la publication de ses mémoires, M. de Blainville a appliqué d'une manière plus immédiate les principes de sa classification dans les divers articles du *Dictionnaire des Sciences naturelles*, et particulièrement dans celui des *Malacozoaires* qui, publié séparément avec quelques augmentations, est connu dans le monde savant sous le titre de *Manuel de Malacologie*. Cet ouvrage résume les opinions de son savant auteur, relativement à la classification des Céphalopodes.

Nous croyons nécessaire de rappeler que M. de Blainville, à l'exemple de la plupart des autres naturalistes, comprend tous les mollusques dans un seul et même type, et à l'exemple de Lamarck, il divise ce type en deux classes; d'un côté, les mollusques qui ont une tête; de l'autre, les mollusques sans tête, ou acéphalophores, qui ne sont autres que les Acéphalés de Lamarck.

La première classe des mollusques porte le nom de *Céphalophores*, et il réunit en trois ordres tous les Céphalopodes connus : l'ordre premier contient les Cryptodibranches, divisés en deux familles; les Octocères et les Décacères, représentant les Octopodes et les Décapodes de Leach. Dans cette revue rapide de la méthode de M. de Blainville, nous ne mentionnerons que les familles et ceux des genres qui n'étaient point encore connus. Déjà en 1818, M. de Blainville avait manifesté quelque doute sur la place que devaient occuper les coquilles microscopiques multiloculaires, parmi les Céphalopodes; car il dit, à l'article *Cryptodibranche*, que c'est par une extension très probablement forcée, que l'on rapporte aux Céphalopodes les coquilles polythalames ayant une structure intérieure cellulée. Néanmoins, entraîné par l'opinion de tous les zoologistes de cette époque, M. de Blainville rassemble une grande partie de ces coquilles cellulées dans le second ordre des Céphalophores, ordre auquel il applique le nom de *Cellulacés*. Dans l'ordre troisième, *Polythalamacés*, sont réunies un grand nombre de coquilles, les unes appartenant à de véritables Céphalopodes, les autres, microscopiques, rattachées aux premières d'après leur forme seulement; cet ordre contient sept familles : 1o *Orthocérées* comprenant les genres Bélemnite, Conulaire, Conilite et Orthocère, dans une première section, et Baculite, dans une deuxième. Par la composition de cette première famille, on s'aperçoit déjà que M. de Blainville a attaché plus d'importance à la forme extérieure qu'à la structure même de la coquille; car il est évident que les Baculites, aussi bien par la découpure des cloisons que par la position du siphon, appartiennent au type des Ammonées, tandis que les autres genres, à l'exception des Bélemnites, appartiennent plutôt à la famille des Nautiles, puisque les cloisons sont simples et le siphon central ou ventral. Nous remarquerons, parmi ces genres, celui nommé *Conulaire* par Sowerby, et qu'aujourd'hui on rapporte plutôt aux Ptéropodes qu'aux Céphalopodes; nous remarquons aussi un genre *Conilite* qui nous paraît un double emploi des Orthocères. La deuxième famille montre le même mélange que nous venons de signaler dans la première, c'est-à-dire des coquilles à cloisons simples et d'autres à cloisons découpées; ainsi, d'un côté, les genres Ichthyosarcolite, Lituole et Spirule; et de l'autre, les genres Hamite et Ammonocératite. Nous n'entrons pas ici dans l'examen détaillé des genres que nous citons, nous y trouverions quelquefois un mélange singulier de coquilles cloisonnées et siphonées avec des coquilles microscopiques, dont la forme se rapproche des premières. La troisième famille ne contient que des coquilles microscopiques; mais la quatrième a été empruntée à Lamarck, et elle a conservé le nom d'*Ammonées* ou *Ammonacées;* elle renferme les genres *Discorbite*, *Scaphite*, *Ammonite* et *Simplégade*. Sans doute on est loin de retrouver là cette famille si naturelle des Ammonées de Lamarck, puisque M. de Blainville n'hésite pas à y placer le genre Discorbite, qui est microscopique et le genre Simplégade, auquel l'auteur conserve les caractères assignés par Montfort, et qui n'ont pour la plupart aucune réalité. D'après Montfort, le Simplégade serait une coquille nautiliforme, à cloisons profondément sinueuses et ayant un siphon au centre des cloisons. D'après la forme des cloisons, cette coquille pourrait appartenir, soit au genre Clymenia, soit à celui des Goniatites; mais dans le premier, le siphon est ventral, dans le second il est dorsal, donc ce genre Simplégade, fondé sur un caractère imaginaire, doit être rejeté. La cinquième famille est celle des *Nautilacées;* nous y remarquons ce mélange de coquilles microscopiques avec de véritables Céphalopodes: les Lenticulines, les Polystomelles à côté des Nautiles. La sixième famille, sous le nom de *Turbinacées*, ne contien que des coquilles microscopiques; et enfin la septième *Turriculacées*, est destinée au seul genre *Turrilite*. Dan notre opinion, cette classification de M. de Blainville n fait faire aucun progrès à l'histoire des Céphalopodes, e cela provient essentiellement de ce que son auteur a atta ché à la forme extérieure plus de valeur qu'à la structur des coquilles qu'il classait; cependant deux familles natu relles pouvaient sortir avec facilité des faits jusqu'alor rassemblés dans la science : la famille des *Nautilacées*, s bien caractérisée par des cloisons simples, se mettait facile ment en parallélisme avec celle des Ammonées, renferman des coquilles à cloisons découpées ; à ces caractères géné- raux, empruntés à la forme des cloisons, s'ajoute encor celui non moins important de la position du siphon, qui est toujours dorsal dans les Ammonées, et central ou ventra dans les Nautilacées. Mais bientôt vont apparaître des idées plus simples de classification dans deux ouvrages publiés presque simultanément, l'un en Belgique, par M. de Haan, et l'autre en France, par M. d'Orbigny. Nous parlerons d'abord de l'ouvrage de M. de Haan, publié à Leyde, en 1825; celui de M. d'Orbigny ne parut qu'en février 1826, dans le tome VII des *Annales des Sciences naturelles*. L'ouvrage de M. de Haan a du reste une an- tériorité bien authentique, puisque M. d'Orbigny le cite à la page 40 de son *Prodrôme* ou *Tableau méthodique de la classe des Céphalopodes*.

Sous le titre de *Monographiæ Ammoniteorum et Goniatiteorum specimen*, l'ouvrage de M. de Haan a pour but principal d'indiquer la classification naturelle des Céphalopodes pourvus d'une coquille siphonée, d'en faire connaître la distribution géologique et enfin d'en établir la nomenclature spécifique et synonymique. Pour parvenir à son but, l'auteur a été obligé d'examiner scrupuleusement les méthodes établies dans la science, d'estimer leur accord avec les faits connus, ce qui naturellement l'a conduit à proposer dans l'arrangement général des modifications profondes, au moyen desquelles la classification a été ramenée à une plus grande simplicité. M. de Haan laisse en dehors de ses investigations les Céphalopodes nus et à coquille intérieure; il les désigne d'une manière générale par le nom de *Céphalopodes libres*, opposant ce caractère à celui que l'auteur emprunte à la présence d'un siphon, par lequel l'animal adhère à une coquille; en conséquence, il nomme *Céphalopodes adhérens* tous ceux qui sont pourvus d'une coquille. Dans cette deuxième classe, il établit deux grandes divisions : dans l'une, sont compris tous les Céphalopodes, dont la coquille est pourvue d'un véritable siphon; dans l'autre, il réunit tous les Céphalopodes sans siphon, et par le fait de cette classification, cette deuxième division groupe d'une manière naturelle toutes les coquilles microscopiques que nous avons vues disséminées, d'une manière si irrégulière, dans les méthodes précédentes. Après avoir présenté le tableau méthodique de la division des Céphalopodes, M. de Haan s'attache spécialement à ceux qu'il nomme Siphonés, il les distribue en trois familles : celles des *Ammonées*, des *Goniatitées*, et des *Nautilacées*. Ces familles, il faut en convenir, sont beaucoup plus naturelles que celles des ouvrages antérieurs. Dans la première, nous trouvons les genres *Turrilites*, *Globites*, *Planites*, *Ammonites*, *Hamites* et *Baculites*. A l'exemple de Lamarck, et en exagérant même l'idée du savant français, M. de Haan attache le titre de genre à trois termes particuliers pris dans l'ancien genre des Ammonites; c'est ainsi qu'il nomme Globites celles des espèces qui sont très renflées, subsphériques, et dont le dernier tour enveloppe tous les précédens. Dans le genre Planites, les tours de spire se voient de chaque côté et s'accroissent lentement; pour le genre Ammoni', il a réservé celles des espèces dont les tours ont un accro. sement plus rapide. Lorsque l'on a sous les yeux une ré. nion considérable d'espèces d'Ammonites, on s'aperç bientôt que la distinction établie par M. de Haan ne pe être utilement conservée, car les trois groupes en questi se lient entre eux par une foule de nuances, au milieu de quelles il est impossible de déterminer des limites nat relles.

La famille des Goniatites comprend trois genres : *Cer. tites*, *Goniatites*, et *Rhabdites*, destinés à rassembler d coquilles assez différentes de celles des Ammonites, ma leur ressemblant cependant par un point important (leur organisation, c'est-à-dire qu'elles ont le siphon do sal; aussi, peu de personnes ont adopté cette famille (M. de Haan; on a fait rentrer ces genres dans la famil des *Ammonées* et ils n'ont été admis qu'après avoir é réformés. En effet, celui des Cératites par exemple, n pas paru suffisamment distinct de celui des Ammonite: dont il ne diffère que par une moindre profondeur dar les dentelures des bords des cloisons; l'*Ammonites nodosu* et quelques autres espèces du Muschelkalck peuvent servi d'exemple à ce genre *Cératites ;* quant au genre *Goniatites* il a été universellement adopté, parce qu'il est fondé su de très bons caractères, mais il doit rentrer dans les *Am monées;* le genre *Rhabdites* a été rejeté parce qu'il es composé d'élémens hétérogènes ; on y trouve une *Baculit* et le genre *Ichthyosarcolite* de Desmarets, et déjà nous sa vons que ce genre a été fondé sur des parties mal connue d'une coquille bivalve.

La famille des *Nautilacées* comprend neuf genres dan l'ordre suivant : *Nautilus*, *Discites*, *Omphalia*, *Scaphites* *Spirula*, *Lituites*, *Orthoceratites* et *Conilites*. A la suite de Nautiles, nous voyons deux genres nouveaux : Discites e

Omphalia, destinés à établir dans ce groupe des coupures semblables à celles nommées Planites et Ammonites dans les *Ammonées*. Les motifs qui nous ont fait rejeter les deux genres en question de la famille des Ammonées, restent ici dans toute leur force pour faire repousser également de la méthode les deux genres *Discites* et *Omphalia*. Il est à croire que M. de Haan ne connaissait le genre Scaphites que par quelques mauvaises figures; s'il l'avait eu en nature sous les yeux, il l'aurait placé dans la famille des Ammonées, puisque dans ce genre curieux, les cloisons sont profondément découpées; le siphon est dorsal comme dans toutes les autres Ammonées. Le genre Lituites se trouve rétabli d'après les indications de Breyne, et il appartient en réalité à la famille des Nautiles. Relativement aux Hippurites, M. de Haan s'en est tenu à l'opinion régnante alors qui voulait que ce genre appartînt aux Céphalopodes. Le genre *Orthocératite* est conservé tel que Breyne l'avait établi, mais à sa suite, nous trouvons celui des *Conilites* qui, d'après de nouvelles observations, n'appartient pas aux Céphalopodes. Malgré les imperfections que nous avons signalées dans la méthode de M. de Haan, nous devons cependant louer sans restriction ce zoloogiste qui, en éliminant les coquilles microscopiques des familles et des genres où sont rangées les coquilles plus grosses des véritables Céphalopodes, a fait cesser cette confusion fâcheuse qui laissait dans un contact immédiat des corps très différens de structure et d'origine.

De toutes les manières, la classification des Céphalopodes devait éprouver des changemens profonds, proposés pour la première fois par M. de Haan, car tandis que ce savant Hollandais travaillait à son ouvrage, M. Alcide d'Orbigny continuait avec une grande patience les recherches de Plancus et de Soldani sur les coquilles microscopiques, et était conduit, par cette étude, à revoir l'ensemble de la classification des Céphalopodes; il proposait donc dans un prodrôme, précédé d'une introduction par M. de Férussac, de modifier l'arrangement de ces animaux à-peu-près de la même manière que M. de Haan; mais M. d'Orbigny, aidé de M. de Férussac, embrassa la classe des Céphalopodes dans son universalité, ce qui lui permit de présenter un tableau, dans lequel se trouve la classification générale de tous les Céphalopodes. Ces animaux sont partagés en trois ordres : les Cryptodibranches, les Siphonifères et les Foraminifères. Il est peut-être fâcheux que M. d'Orbigny n'ait pas adopté une autre nomenclature, car le premier ordre est fondé sur la position et le nombre des organes de la respiration, tandis que ce sont d'autres organes qui servent à caractériser les deux ordres suivans. Ce premier ordre, composé de deux familles, les Octopodes et les Décapodes, représente les Céphalopodes libres de M. de Haan. Dans les Octopodes, nous trouvons cinq genres dans l'ordre suivant : *Argonaute*, *Bellérophe*, *Poulpe*, *Elédon*, *Calmaret*. M. d'Orbigny, comme on le voit, ne tient aucun compte de la présence ou de l'absence d'une coquille extérieure; cependant il n'est pas indifférent que des animaux d'un ordre aussi relevé soient pourvus ou non d'un corps protecteur. En admettant le genre Argonaute parmi les Octopodes, M. d'Orbigny entraîne à sa suite un genre Bellérophe, dont l'animal est entièrement perdu et qui nous est connu seulement par sa coquille, répandue assez abondamment dans les terrains de transition. L'analogie des Bellérophes avec les Argonautes est loin d'être établie d'une manière assez satisfaisante pour que leur place parmi les Céphalopodes ne soit pas contestée. En effet, lorsque l'on compare ces coquilles fossiles avec celles qui appartiennent au genre *Atlante*, on serait plus porté à les rapprocher des Ptéropodes, et c'est là que nous les avons toujours placées dans les méthodes que nous avons proposées.

Dans la deuxième famille, celle des Décapodes, on compte six genres: *Cranchie*, *Sépiole*, *Onichoteuthe*, *Calmar*, *Sépioteuthe* et *Seiche*. Nous avons eu déjà occasion de mentionner ces divers genres, nous n'aurons donc rien à en dire, seulement nous ferons remarquer une sorte de contradiction relative au genre *Spirule*, qui appartient à l'ordre suivant. D'après les observations de Lamarek, l'animal de la Spirule est un véritable Décapode; s'il en est ainsi, pourquoi M. d'Orbigny le met-il dans son ordre des Siphonifères, il semblerait plus naturel de le comprendre parmi ceux des Céphalopodes qui, ayant dix bras à la tête, portent sur le dos une coquille qui, sans doute, n'est point cloisonnée, mais qui, aux yeux de M. d'Orbigny, ne fournit que des caractères tout-à-fait secondaires. On voit ainsi, d'un côté, que le nombre des bras l'emporte en importance, tandis que, de l'autre, ce nombre est mis en seconde ligne, et toute l'importance revient à la coquille.

L'ordre des Siphonifères comprend quatre familles : les Spirulées, pour le seul genre *Spirule* : les Nautilacées; pour les trois genres, *Nautile*, *Lituite*, *Orthocératite*; la troisième famille, les ammonées, réunit les genres *Baculite*, *Hamite*, *Scaphite*, *Ammonite* et *Turrilite*. Ces deux familles, comme on le voit, sont très naturelles, elles sont fondées sur la forme des cloisons et la position du Siphon, elles contiennent de bons genres, mieux caractérisés que dans la méthode de M. de Haan. La quatrième famille sous le nom de péristellées, ne renferme que deux genres que l'on est étonné de trouver ensemble, ce sont les *Ichthyosarcolites* et les *Bélemnites*. On ne remarque plus dans cette méthode le genre Hippurite. Nous venions de démontrer, dans un mémoire, publié dans les *Annales des sciences naturelles*, que ce genre, mal étudié jusqu'alors, n'avait été admis parmi les Céphalopodes qu'à la suite des travaux de Picot de Lapeyrouse, et sous l'influence de cette préoccupation, qui faisait trouver de l'analogie entre les lames irrégulières d'accroissement d'une coquille bivalve tubuleuse et les cloisons régulières des coquilles des Céphalopodes. Le genre Ichthyosarcolite demandait la même réforme, mais ce fut plus tard que nous découvrîmes les rapports de fragmens connus sous ce nom, avec les parties intérieures d'une autre coquille bivalve fort singulière, pour laquelle M. d'Orbigny, le père, a créé le genre *Caprine*. Le genre Bélemnite se trouve donc isolé dans la méthode de M. Alcide d'Orbigny, hors de ses rapports naturels, car, même à l'époque où ce naturaliste écrivait, on pouvait déjà rapprocher les Bélemnites des Seiches ou au moins des Spirules, en supposant que cette coquille était entièrement intérieure comme dans la Seiche, ou seulement en partie intérieure comme dans la Spirule.

D'après ce que nous venons d'exposer de l'arrangement méthodique, proposé par MM. de Férussac et d'Orbigny, il est évident que la classification des Céphalopodes a été considérablement améliorée. Les études microscopiques de M. d'Orbigny lui ayant démontré qu'il n'existe point de véritable siphon dans les loges des coquilles microscopiques, ce que M. de Haan avait également trouvé, et avant eux beaucoup d'autres observateurs, il en est résulté une séparation nette et décisive des coquilles microscopiques des autres Céphalopodes. Ceux-ci sont distribués en familles naturelles, non-seulement d'après le nombre des bras, mais aussi d'après la forme des cloisons des coquilles et la situation du siphon. Néanmoins, M. d'Orbigny conserve son troisième ordre, celui des Foraminifères, au nombre des Céphalopodes, se fondant sur des observations qu'il avait faites récemment, et d'après lesquelles il aurait découvert la véritable nature des animaux créateurs des coquilles microscopiques. Pour rester historien impartial, nous transcrivons ici les caractères de ces animaux, tels que M. d'Orbigny prétend les avoir vus.

« Un test polythalame totalement interne ; dernière « cloison terminale; point de siphon, mais seulement une « ou plusieurs ouvertures, donnant communication d'une « loge à l'autre.

« Un grand nombre de bras.

« Les Céphalopodes de cet ordre ont un corps bursi- « forme, dans la partie postérieure duquel se trouve ren- « fermée la coquille; ce corps prend quelquefois un grand « volume comparé à celui de la tête, à laquelle dans les « momens de danger il sert d'abri, la renfermant presque « en entier dans les replis antérieurs de la peau. Cette tête « est très petite, peu ou point distincte du corps, terminée « par des tentacules nombreux formant plusieurs rangées « autour de la bouche, qui est centrale. »

A cette phrase caractéristique, M. d'Orbigny ajoute quelques observations générales sur les mœurs de ces animaux. On sait, d'après Soldani, qu'un certain nombre d'espèces sont adhérentes aux Corallines ou à d'autres corps sous-marins. M. d'Orbigny prétend que cette adhérence a lieu au moyen d'une partie charnue de l'animal. Cette adhérence d'un Céphalopode fait supposer à M. d'Orbigny que chez ceux-ci les sexes sont réunis dans les mêmes individus. D'après le même naturaliste, l'animal est peu adhérent à sa coquille, et plus qu'aucun autre il paraît doué de la faculté de se décomposer avec une extrême rapidité. Ils sont peu coriaces, ils se décomposent immédiatement après leur mort déterminée par le moindre changement de leur état habituel, et, ajoute l'auteur, cela les rend très difficiles à observer.

Aujourd'hui que tous les naturalistes connaissent la découverte réelle des animaux de ce groupe, faite par M. Dujardin, et que l'on sait que les animaux producteurs des coquilles microscopiques sont d'une extrême simplicité, que leur coquille est tout-à-fait extérieure, et qu'ils n'ont ni tête, ni bras, ni corps exsertile, on se demande comment M. d'Orbigny, qui avait observé au microscope un si grand nombre de ces coquilles, a pu se méprendre à ce point sur la nature de ces animaux, et leur prêter des caractères qu'ils n'ont jamais eus; cela prouve combien il faut apporter de circonspection dans de semblables travaux que rien aujourd'hui ne justifie. Il est bien évident que M. d'Orbigny a cru voir, non ce qui est en réalité, mais ce qu'il désirait dans l'intérêt de sa classification.

Nous avons vu que, depuis Linné, tous les zoologistes avaient admis les Argonautes au nombre des Céphalopodes. Cette opinon se fondait sur ce que, dans les coquilles de ce genre, on trouve habituellement un Poulpe particulier, dont les deux plus grands bras sont palmés, à l'aide d'une large membrane. Une fable transmise depuis Aristote jusque dans les temps modernes, avait attribué à cette dilatation membraneuse une fonction spéciale; on croyait que le Poulpe de l'Argonaute était dans sa coquille comme un navigateur dans une barque, qu'il venait à la surface de l'eau, dans les temps des plus grands calmes, ramant à l'aide de ses bras simples, et relevant ses bras palmés pour s'en servir en guise de voile. Cette fable ne pouvait résister à un examen un peu approfondi, et il restait aussi à savoir si le Poulpe, que l'on trouve dans la coquille de l'Argonaute, est réellement le constructeur de cette coquille. Déjà quelques observations, faites en 1817 par Rafinesque, avaient jeté quelques doutes à ce sujet. Ce naturaliste ayant trouvé dans les mers de Sicile l'animal de l'Argonaute, nageant sans coquille, en avait fait un genre particulier sous le nom d'*Ocythoe*. Bientôt après, M. de Blainville, reprenant la question et la soumettant aux principes généraux de la zoologie, la résolut d'une manière tout-à-fait opposée à l'opinion généralement reçue avant lui. M. de Blainville voit un parasite dans l'animal de l'Argonaute, parce que cet animal n'a point la forme de sa coquille, et que, contrairement à tout ce qui existe dans les autres mollusques, il ne la remplit pas exactement, parce que la peau de la partie contenue dans le test, au lieu d'être amincie comme dans les autres mollusques, conserve la dureté et l'épaisseur propres au sac des autres Céphalopodes octopodes, parce que l'animal n'est point attaché à sa coquille par des muscles particuliers, et qu'enfin il n'a point d'organe sécréteur propre à former une coquille, aussi régulière que celle de l'Argonaute. A ces raisons si puissantes, M. de Blainville ajoute encore ce fait, non moins concluant, de la facilité avec laquelle le Poulpe se débarrasse de sa coquille, qui, dans un certain moment de trouble et d'agitation, semble pour lui un corps tout-à-fait étranger. Enfin M. de Blainville invoque ce fait fort remarquable que tous les Poulpes, trouvés dans les coquilles d'Argonautes, appartenaient au sexe femelle. Quelques zoologistes ont prétendu, et Poli entre autres, que l'on observait des rudimens de la coquille jusque dans l'œuf de l'Argonaute, mais ceci est contredit de la manière la plus formelle par madame Power, qui assure qu'au contraire ces premiers rudimens de la coquille ne se montrent que lorsque l'animal a acquis un certain volume.

Des observations plus récentes, publiées par M. Rang, sont venues ranimer la discussion. Se trouvant à Alger, M. Rang eut vivant, pendant plusieurs jours, un Poulpe de l'Argonaute dans sa coquille; il vit cet animal embrasser le test au moyen de ses bras palmés, dont la surface venait s'appliquer sur les flancs de la coquille; du reste, cet animal agissait comme les autres

Céphalopodes. Partisan de l'opinion de Linné, M. Rang se servit des nouveaux faits qu'il avait observés pour combattre l'opinion de M. de Blainville ; mais celui-ci, dans une lettre adressée aux rédacteurs des *Annales d'anatomie et de physiologie*, et insérée dans ce journal, tout en admettant l'exactitude des faits rapportés par M. Rang, les fait servir judicieusement à appuyer son opinion. En effet, dans l'histoire du Poulpe de l'Argonaute, on ignorait comment l'animal se maintenait attaché dans la coquille, et M. Rang a appris que les grands bras palmés étaient destinés à cet usage, de la même manière que les crochets terminant l'extrémité abdominale des pagures, ont pour fonction de fixer l'animal à la columelle de la coquille qu'il habite. A l'article Argonaute, de l'*Encyclopédie méthodique*, nous avons exposé l'état de la question, et nous nous sommes rangé à l'opinion de M. de Blainville, ce qui explique pourquoi, dans notre méthode pour les Céphalopodes, le genre Argonaute n'y a pas trouvé sa place ; nous aurons occasion de donner plus de développement à cette question, lorsque nous en serons à ce genre.

A la même époque, une autre question agitait fortement la plupart des zoologistes de l'Europe ; elle était relative aussi à l'application des principes généraux, et les Céphalopodes furent encore les animaux au sujet desquels s'engagea le débat. M. Meyranx, dans un mémoire présenté en 1830 à l'Académie des sciences, prétendit que, pour ramener l'organisation des Céphalopodes à celle des animaux vertébrés, il suffisait de ployer un animal vertébré en deux par le dos, de manière à rapprocher la tête de l'anus, à-peu-près comme le font certains acrobates sur les places publiques. Geoffroy Saint-Hilaire, s'emparant de cette idée avec enthousiasme, y vit la confirmation de sa grande et belle théorie de l'unité de composition ; mais Cuvier, loin de partager les opinions de son savant confrère, vint les combattre dans un mémoire, dans lequel il démontra qu'il n'existait en réalité aucune analogie entre l'animal vertébré et le Poulpe. Il fit même voir que, pour rendre la comparaison plus exacte, il faudrait ployer l'animal vertébré, non par le dos, mais par le ventre. Cette discussion, qui eut un grand éclat, laissa le plus grand nombre dans cette conviction que les animaux vertébrés et les Céphalopodes ont une composition organique différente, et ne sont pas construits d'après le même plan. Mais nous n'avons pas à insister ici sur cette question d'un très haut intérêt pour la zoologie en général, parce qu'elle n'ajoute rien à la connaissance plus précise des Céphalopodes en eux-mêmes.

Dès 1826, nous avions communiqué à M. de Blainville un genre intéressant que nous avions récemment découvert, aux environs de Paris. Déjà Guettard avait rencontré autrefois ce corps fossile, l'avait représenté dans ses mémoires, mais d'une manière insuffisante, et sans donner aucun détail satisfaisant. M. de Blainville ne jugea pas comme nous de l'importance des caractères de ce fossile, auquel nous donnâmes alors le nom générique de *Béloptère*. Il présente une singulière combinaison de caractères; une cavité conique, cloisonnée, avec les traces d'un siphon ventral, occupe le côté antérieur et moyen du Béloptère; au côté opposé et toujours sur la ligne médiane, une apophyse obtuse, comparable au bec de l'os de Seiche; enfin ces deux parties sont jointes par des ailerons latéraux, inclinés en toit et presque demi-circulaires; les parties moyennes et postérieures du Béloptère représentent les parties d'un os de Seiche, tandis que sa cavité conique, cloisonnée, reproduisent fidèlement une portion importante de Bélemnite. Le genre Béloptère venait donc en quelque sorte combler la lacune existante entre les Seiches et les Bélemnites. C'est en cela que ce genre avait un

grand intérêt, surtout dans un moment où plusieurs personnes, et entre autres, MM. de Blainville, Voltz, Munster, s'occupaient, après Miller, à déterminer d'une manière plus rigoureuse les rapports zoologiques des Bélemnites. M. de Blainville considérait comme appartenant à notre genre Béloptère d'autres corps fossiles des environs de Paris, mais qui ont les caractères des os de Seiches, et qui ne peuvent, par conséquent, se confondre avec notre nouveau genre. Aussi, lorsque dans l'*Encyclopédie méthodique*, nous présentâmes une classification des Céphalopodes, nous rapprochâmes les Bélemnites des Seiches, par l'intermédiaire des Béloptères.

A cette époque, l'animal du Nautile n'était pas connu, et rien ne pouvait faire supposer qu'il se trouverait si différent des autres Céphalopodes. Nous avons dû établir notre classification d'après ce qui était connu, et tous les Céphalopodes, proprement dits, furent divisés par nous en deux ordres : les Octopodes qui n'ont point de coquilles, et les Décapodes qui en ont une. Le premier ordre ne renferme qu'une seule famille pour les trois genres : *Poulpe*, *Élédon*, *Ocythoé;* quatre familles partagent le deuxième ordre : la première, les Sépiolées pour les genres *Cranchie*, *Sépiole*, *Onicoteuthe*, *Calmar* et *Sepioteuthe*. La famille des *Sépiacées* comprend les genres *Seiche* et *Béloptère;* pour la rendre plus naturelle, nous aurions dû y ranger aussi les Bélemnites, qui commencent la famille des Nautilacées : celle-ci renferme six genres : Bélemnite, Orthocère, Campulite, Lituite, Spirule et Nautile. Comme nous le disions tout-à-l'heure, le genre Bélemnite doit rentrer dans la famille des Sépiacées; la Spirule, mieux connue aujourd'hui, et d'après de récentes observations de M. Blainville, se rapproche de la même famille et doit former un groupe particulier, tandis que les autres genres constituent une famille naturelle. Parmi ces genres, on remarquera celui que nous avons nommé *Campulite;* il représente exactement celui que M. Goldfuss nomma plus tard *Cyrthocéras*, et ce nom paraît devoir prévaloir, malgré l'antériorité du nôtre. La quatrième famille, celle des *Ammonées*, contient les cinq genres alors connus dans ce groupe, réformés par M. d'Orbigny.

Si d'un côté, les observateurs multipliaient leurs recherches sur les corps organisés fossiles, de l'autre des voyageurs infatigables accumulaient de nombreux matériaux sur les Céphalopodes vivans. Des genres peu connus se trouvaient confirmés, grâce à ces recherches; des espèces nombreuses, présentant des combinaisons nouvelles de caractères, venaient indiquer les rapports naturels des genres et forcer les zoologistes à en établir de nouveaux. MM. Quoy et Gaimard, dans leur premier voyage de circumnavigation, bientôt après, MM. Lesson et Garnot enrichirent cette partie de la science; dans un second voyage, les deux premiers zoologistes ont recueilli de nombreux Céphalopodes et en ont publié de très bonnes figures. Ces nombreux matériaux, déposés dans les galeries du Muséum d'histoire naturelle de Paris, ont été repris plus tard par de Férussac et M. d'Orbigny, qui ont publié un grand ouvrage malheureusement inachevé, par suite de la mort prématurée et regrettable de M. de Férussac. Déjà un grand nombre de planches publiées contiennent les genres *Elédone*, *Poulpè Cranchie*, *Loligopsis*, *Onychoteuthe*, *Sépiole*, *Sepioteuthe*, *Sèche*, *Calmar* et *Argonaute*. Malheureusement la plupart des figures sont faites d'après des animaux morts, et dont les couleurs et les formes ont été altérées par leur séjour dans la liqueur. Nous nous proposons de parler de cet ouvrage un peu plus tard, à l'époque où M. d'Orbigny en a repris la publication.

Depuis que Rumphius, dans son *Thesaurus Amboinense*,

avait représenté d'une manière imparfaite, l'animal du *Nautilus pompilius;* tous les zoologistes avaient le plus grand désir que l'on retrouvât cet animal et que l'on fît sur lui des observations assez complètes, pour que l'on pût enfin déterminer plus rigoureusement les rapports naturels d'un grand nombre de coquilles fossiles, dont les races sont actuellement anéanties à la surface de la terre. Aussi on accueillit avec un très vif empressement un beau travail anatomique, publié en 1832 par M. Owen, sur l'animal du Nautile, dont un individu avait été récemment apporté en Angleterre par M. Bennett. La découverte de cet animal est venue déranger toutes les classifications proposées jusqu'alors, parce qu'il a offert des caractères aussi nouveaux qu'imprévus, dans un Céphalopode. Ainsi, tous les Céphalopodes, la Spirule comprise, portent sur la tête un nombre déterminé de bras ne s'élevant jamais à plus de dix et sur lesquels des ventouses ou des crochets servent à l'appréhension de la proie dont ces animaux se nourrissent. Dans le Nautile au contraire, la tête est garnie d'un nombre considérable de bras tentaculiformes, contenus dans des gaînes charnues et sur lesquelles il ne reste plus la moindre trace de ventouses ou de crochets, ces bras tentaculiformes étant foliacés profondément sur un côté. Dans tous les Céphalopodes connus jusqu'alors, le sac ne contient qu'une paire de feuillets branchiaux, et l'anatomie a dévoilé depuis long-temps, grâce aux travaux de Swammerdam et de Cuvier, qu'il existe un cœur, à la base de chacune de ces branchies; la Spirule elle-même présente ce caractère d'organisation. Dans le Nautile, et contrairement à ce que l'on pouvait présumer, la cavité branchiale contient quatre feuillets branchiaux, une paire de branchies de chaque côté, et il n'y a plus qu'un seul cœur, situé dans un large péricarde, à l'insertion des vaisseaux branchiaux sur la paroi viscérale. Il faut donc désormais revenir à d'autres caractères pour déterminer l'arrangement méthodique de la classe des Céphalopodes; M. de Blainville, le premier, avait proposé le nom de Cryptodibranches pour caractériser la classe entière; M. Owen propose de partager les Céphalopodes d'après le nombre des branchies, en deux ordres : le premier sous le nom de *Dibranchiata*, contiendrait les Octopodes et les Décapodes; le second, sous le nom de *Tetrabranchiata*, rassemblerait les genres de la famille des Nautilacées, et par analogie, celle des Ammonées. La découverte du genre Nautile, à part l'immense intérêt qu'elle a pour la zoologie en général, vient simplifier définitivement la classification des Céphalopodes et permet enfin d'établir les rapports naturels des familles et des genres, même de ceux dont les animaux sont entièrement perdus.

Il restait encore de l'incertitude au sujet des Bélemnites. M. Voltz ayant remarqué des stries d'une parfaite régularité sur le cône alvéolaire de quelques grandes espèces, retrouva dans ces stries la preuve incontestable que la partie solide de la Bélemnite se continue du côté du dos en un appendice corné, que l'on peut comparer à celui du Calmar. Ce fait, d'une grande importance rattachait plus immédiatement encore les Bélemnites au type des Seiches, et bientôt après, M. de Munster fit connaître l'empreinte d'un animal Céphalopode, auquel il donna le nom d'*Acanthoteuthis*. A-peu-près en même temps, on découvrait en Angleterre, dans les schistes argileux de la formation liasique, les empreintes d'un animal analogue, et bientôt on s'assura que ces empreintes étaient celles des parties conservables d'une Bélemnite. Il résulte de ces faits que l'on connaît aujourd'hui presque aussi complétement les Bélemnites, que si l'on avait eu l'animal vivant; ainsi Voltz constate que la Bélemnite se prolonge en avant par un appendice corné. La découverte faite en Angleterre constate que les nageoires des Bélemnites sont placées comme dans les Calmars, à l'extrémité du sac; et M. Buckland ajoute une analogie de plus, en découvrant à l'état fossile la poche à l'encre, au moyen de laquelle l'animal troublait l'eau en présence d'un ennemi. La Bélemnite est donc réellement un animal voisin des Calmars et surtout d'un petit groupe, nommé *Ommastrèphes* par M. d'Orbigny. C'est probablement au genre dont nous nous occupons, qu'il faut rapporter les débris fossiles décrits et soigneusement représentés, en 1829, par M. Ruppel, sous le nom de *Loligo Priscus.*

Pendant que les Bélemnites étaient le sujet des recherches dont nous venons de parler, la famille des Nautilacées n'était point négligée par les zoologistes paléontologues. M. de Munster, dans un mémoire traduit dans le tome II de la deuxième série des *Annales des sciences naturelles*, sous le nom de *Planulite*, changé plus tard en celui de *Clymenia*, faisait connaître alors un genre très intéressant, appartenant à la famille des Nautiles. On se rappelle sans doute qne M. Basterot, dans son mémoire sur les *Fossiles des environs de Bordeaux*, a décrit sous le nom de *Nautilus aturi*, une grande espèce, fort singulière par la disposition de son siphon, et surtout par une inflexion profonde et latérale des loges. De son côté M. Sowerby, dans le *Mineral concology*, avait nommé *Nautilus zig-zag*, une autre espèce voisine de celle de Dax, et qui présente à-peu-près les mêmes caractères. La grandeur du siphon rend ces espèces très remarquables et l'on conçoit que chez elles cet organe a dû jouer un rôle très important. Les coquilles, pour lesquelles M. de Munster a établi le genre Clymenia, ont les mêmes caractères que celles-ci; seulement les coquilles sont aplaties et discoïdes, et il arrive que les inflexions des cloisons sont quelquefois plus nombreuses; mais, ce qui est remarquable, c'est que jamais on n'en voit sur le dos, ce qui distingue très nettement ces espèces d'un autre genre dont nous aurons bientôt à nous occuper. Ainsi ce qui distingue le genre Clymenia des véritables Nautiles, c'est la position ventrale du siphon et les inflexions latérales des cloisons.

On connaissait depuis long-temps le genre Lituite, établi par Breyne; plusieurs auteurs ont cru pouvoir le confondre avec celui des Spirules, mais il en est parfaitement distinct, car la Spirule a sa dernière loge très courte, elle est placée à l'intérieur de l'animal; tandis que dans les Lituites, l'animal était contenu dans une loge très grande, comparable à celle des Nautiles. Mais ce qui était peu connu, ce sont des Orthocères, régulièrement courbés, ayant toujours les tours disjoints. Ce sont là nos Campulites ou les Cyrthocéras de M. Goldfuss. Un autre genre est venu s'ajouter encore à la famille des Nautilacées, c'est celui que M. Broderip a nommé *Phragmoceras*, et dont on trouve une belle figure dans l'ouvrage de M. Murchisson, sur les terrains siluriens de l'Angleterre. La grandeur de la dernière loge fait présumer que l'animal pouvait y être contenu dans sa totalité. Enfin, peut-être sera-t-il utile d'ajouter encore un genre à la famille des *Nautilacées*, celui qui a été nommé *Gomphoceras*, par M. de Munster, pour des Orthocères très courtes se renflant en massue et dont l'ouverture est subtrigone.

Des additions non moins importantes se sont faites récemment dans la famille des Ammonées; la grande impulsion donnée en Europe à l'étude des fossiles, a eu pour résultat de faire connaître un grand nombre de formes qui jusqu'alors avaient échappé à l'attention des naturalistes. C'est ainsi que M. Leveillé, dans le tome II des *Mémoires de la société géologique de France*, a créé un genre *Cryoceras*, qui est pour les Ammonées ce que les Campulites sont pour les Nautilacées ; ce sont des coquilles à tours disjoints et ne se prolongeant jamais en ligne droite. A ce genre M. d'Orbigny en a ajouté quelques autres, dans sa *Paléontologie française;* ils sont pour la plupart démembrés des Hamites des auteurs; c'est ainsi qu'il nomme *Ancyloceras* des coquilles à tours disjoints, commençant comme les Cryocéras et dont le dernier tour, après s'être prolongé, revient sur lui-même à la manière des Scaphites. Les *Ptychoceras* du même auteur consistent en une autre modification très singulière du même type, dans laquelle la coquille s'accroît en ligne droite comme une Baculite, et parvenue à un certain degré d'accroissement, se recourbe subitement, et continue à se développer comme la première partie, en se soudant à elle; Enfin, M. d'Orbigny propose un troisième genre intermédiaire entre les Hamites et les Baculites, c'est celui qu'il nomme *Toxoceras*, et dont la forme rappelle celle des cornes de certains antilopes. Les débris de ce genre étaient confondus parmi les Hamites, parce que, pendant très long-temps, on ne put recueillir que des fragmens très incomplets.

Le genre Turrilite établi, comme l'on sait, par Lamarck, paraît très isolé des Ammonites, par sa forme turriculée; mais depuis quelques années on a découvert, particulièrement dans les terrains crétacés, des modifications au moyen desquelles on voit s'établir un passage insensible entre les deux genres en question. M. Rœmer, en Allemagne, et en France, M. A. d'Orbigny, dans sa *Paléontologie française,* ont fait connaître ces modifications, dans lesquelles on voit l'Ammonite se bomber de plus en plus et passer de la forme évasée à la forme turbinée, et celle-ci s'élever insensiblement jusqu'à la forme turriculée. Une forme remarquable a été signalée aussi par M. d'Orbigny, elle consiste en une coquille à tours disjoints, mais qui, au lieu d'être enroulée dans un plan horizontal, comme les Cryocéras, est enroulée à la manière des Turbos, c'est-à-dire qu'elle a une spire relevée. M. d'Orbigny a donné aux coquilles qui ont cette forme le nom générique d'*Hélicocéras*. La famille des Ammonées, comme on le voit, a été considérablement augmentée depuis les travaux de Lamarck. Dans la méthode de l'illustre savant, on compte cinq genres seulement entre lesquels deux, celui des Orbulites et des Ammonocératites, peuvent être facilement supprimés, car les Orbulites ne sont que des Ammonites aplaties, et le genre Ammonocérate a été fondé sur un fragment incomplet de l'*Ammonites fimbriatus*, comprimé et altéré par la fossilisation. Mais si Lamarck a été trompé par un fossile d'une mauvaise conservation, il avait reconnu en principe la nécessité d'un genre pour toutes les espèces d'une forme semblable; cette forme correspond à celle du genre *Toxoceras* de M. d'Orbigny, et peut-être ce zoologiste aurait-il concilié toutes les opinions, en conservant pour les espèces qu'il a décrites le nom proposé par Lamarck.

Enfin, pour terminer cet aperçu abrégé de l'histoire des Céphalopodes, il nous reste à parler d'un genre très curieux découvert dans les mers du nord et décrit par M. Eschricht, de Copenhague, sous le nom de *Cirrhoteuthis*. Cet animal offre une combinaison tout-à-fait nouvelle qui démontre une fois de plus combien sont liées entre elles toutes les parties de ce groupe si naturel des Céphalopodes. Le genre Elédon, comme on le sait, se distingue des Poulpes par la disposition des ventouses. Dans les Poulpes, chaque bras porte deux rangées alternes de ces organes; dans les Elédons il n'y en a qu'une seule; du reste les autres caractères sont identiques à ceux des Poulpes. Dans le Cirrhoteuthis, le sac est plus allongé, et vers le milieu de sa longueur, il est pourvu d'une paire de nageoires comparables à celles des Sépioles. Comme dans les Elédons, les bras ne portent qu'un rang de ventouses; mais ces bras, au lieu d'être isolés les uns des autres, sont joints, du sommet à la base, par de larges membranes interbrachiales qui font de tout cet appareil une véritable poche, d'où il est impossible à la proie de pouvoir s'échapper. Lorsque ces bras sont dilatés et ces membranes distendues, on peut les comparer dans leur ensemble à une ombrelle renversée vue en dedans, et au centre de laquelle se trouve la bouche.

En 1834, de Férussac commença la publication d'un grand ouvrage sur les Céphalopodes; il devait se faire en commun avec M. d'Orbigny; mais tout le commencement, consistant en une longue introduction et en un nombre de planches assez considérable, a été livré au public par de Férussac, en l'absence de M. d'Orbigny qui alors accomplissait son grand voyage en Amérique. De Férussac, enlevé à la science avant que cet ouvrage fût terminé, laissa sur les Céphalopodes des matériaux nombreux, mais inachevés, auxquels, à son retour M. d'Orbigny joignit le fruit de ses observations propres, et ce naturaliste continua à lui seul cette grande monographie des Céphalopodes, en la réduisant cependant à l'ordre de ceux qu'il nomme *Acétabulifères*.

De Férussac avait incontestablement une très grande érudition, il sut la mettre à profit dans beaucoup de ses écrits, mais plus particulièrement dans son histoire des mollusques terrestres et fluviatiles, et dans la longue introduction à l'histoire naturelle des mollusques céphalopodes. Dans ce travail important, de Férussac examine dans leur série chronologique, tous les ouvrages des naturalistes depuis l'antiquité, dans lesquels se trouvent des renseignemens plus ou moins complets sur l'histoire naturelle des Céphalopodes. A mesure qu'il examine les travaux de ses devanciers, il en fait ressortir les faits importans, soit pour la connaissance plus approfondie des Céphalopodes en eux-mêmes, soit pour ce qui a rapport à leur classification. Sans doute que tous les jugemens de de Férussac ne sont pas à l'abri de toute contestation, parce qu'il se place au point de vue d'une classification dont les bases auraient eu besoin préalablement d'être discutées et solidement établies. De la discussion de toutes les méthodes qui ont précédé la sienne, il est résulté pour de Férussac, un arrangement général des Céphalopodes qu'il présente sous la forme d'un tableau, mais dont malheureusement on n'a pas le développement. Il est à présumer que l'auteur se proposait de faire ici ce qu'il avait exécuté dans ses *Tableaux systématiques*, c'est-à-dire de présenter le développement de chaque ordre dans une série de tableaux, dans lesquels on aurait eu sous les yeux les divisions par familles, par genres, et même par espèces.

Se trouvant probablement engagé par la publication du prodrôme de d'Orbigny, auquel il avait coopéré pour une bonne part, de Férussac conserve trois ordres dans la classe des Céphalopodes : le premier sous le nom d'*Acétabulifères*, correspond aux Cryptodibranches de M. de Blainville, et comprend ainsi tous les Octopodes et les Décapodes; au deuxième ordre, il conserve le nom de *Siphonifères*, il renferme toutes les coquilles cloisonnées, siphonées, et terminées par une dernière loge assez grande pour contenir l'animal; enfin, dans l'ordre troisième, de Férussac conserve les *Foraminifères* de M. d'Orbigny. Cependant, de Férussac n'ignorait pas les beaux travaux de M. Dujardin sur les animaux de ce dernier groupe; il en avait rendu compte à la page 88 de son introduction; il rapporte, comme nous l'avons fait précédemment, les caractères présentés par M. d'Orbigny, en 1825, et les met en opposition avec ceux si bien observés par M. Dujardin; malgré l'autorité d'un observateur aussi habile que celui dont nous venons de parler; quoique M. Dujardin eût rapporté de ces animaux vivans à Paris, et qu'il les eût fait voir à un grand nombre de personnes, de Férussac conservait encore quelques doutes sur un certain nombre de genres des Foraminifères, et il invoquait les recherches d'autres observateurs pour contrôler et constater définitivement la belle découverte de M. Dujardin. Aujourd'hui, le doute n'est plus permis. D'autres observateurs, et nous-même, pendant un long séjour sur les bords de la Méditerranée, nous avons eu plus d'une fois l'occasion de constater l'exactitude rigoureuse apportée par M. Dujardin dans ses observations. Au reste, M. d'Orbigny, comme il le déclare dans une note que l'on trouve au bas de la page 5 de son introduction sur les Céphalopodes, dit que depuis long-temps il a abandonné sa première opinion; nous la croyons trop explicite pour ne pas la reproduire ici : « Ma « publication de 1835, sur les Céphalopodes de mon « *Voyage dans l'Amérique méridionale*, a montré que je « ne considérais plus les Foraminifères comme Céphalo- « podes. De Férussac ne les a pas moins fait figurer à « notre insu dans sa méthode; ce qui a pu faire croire « que nous les regardions toujours comme tels. En 1838, « dans la notice analytique de nos travaux, nous avons « reproduit notre opinion à cet égard. Nous espérons que « le travail général d'ensemble que nous venons de pu- « blier dans l'*Histoire naturelle de l'île de Cuba*, sur les « Foraminifères, ne permettra plus de nous prêter une « opinion qui n'était, en 1825, que la conséquence des « idées de l'époque.» Rien ne manque, comme on le voit, à la sanction définitive des observations de M. Dujardin, puisque la personne la plus intéressée à les contester répudie spontanément ses premières opinions. Peut-être M. d'Orbigny a-t-il tort de les attribuer aux travaux de ses devanciers; il nous paraît de la dernière évidence qu'il avait contribué plus que personne à maintenir d'anciennes erreurs, en les appuyant sur des observations qu'il faut ranger aujourd'hui au nombre des illusions.

M. d'Orbigny a continué pour les Céphalopodes acétabulifères, ce que de Férussac avait commencé pour les Céphalopodes en général. Dans une introduction qui traite des généralités, il examine successivement les divers systèmes d'organes des Céphalopodes cryptodibranches, et après cet examen plus ou moins approfondi, il en conclut une classification de ces animaux, et il la présente sous la forme d'un tableau que nous allons examiner sommairement.

Nous ferons remarquer d'abord que de Férussac et M. d'Orbigny n'ont pas suivi la règle généralement adoptée dans la dénomination des deux groupes principaux des Céphalopodes; en effet, ils consacrent au premier ordre le nom d'Acétabulifères, et conservent au deuxième celui de Siphonifères, de sorte que ces deux ordres sont dénommés et caractérisés d'après des organes différens. Il eût été plus convenable sans doute d'adopter les dénominations proposées par M. Owen, ou bien, si l'on voulait s'en tenir aux modifications de l'appareil de locomotion, donner le nom de *Tentaculifères* au deuxième ordre et l'opposer ainsi à celui d'Acétabulifères. Cette remarque paraîtra d'autant plus juste, qu'il existe des genres à coquille siphonée, et qui cependant sont réellement Acétabulifères, tels que la *Spirule* par exemple.

M. d'Orbigny partage, à la manière de Leach, tous les Acétabulifères en deux sous-ordres : les *Octopodes* et les *Décapodes*; les premiers ne contiennent toujours qu'une seule famille dans laquelle M. d'Orbigny range les genres suivans : *Octopus*, *Eledone*, *Philonexis* et *Argonauta*. Il est à présumer que M. d'Orbigny n'a pas eu connaissance du genre *Cirrhoteuthis* d'Eschricht; car sans aucun doute il l'eût placé dans les Octopodes. M. d'Orbigny nomme Philonexis un genre qui ne se distingue guère des autres Octopodes, il l'a établi pour l'*Octopus velifer* de Férussac, sur ce caractère de peu d'importance à nos yeux, que cet animal est pourvu, sur les bords latéraux du sac et du corps, d'un appareil au moyen duquel il attache à son sac l'extrémité antérieure de son corps. M. d'Orbigny a attaché à ce caractère, dans l'ensemble des Céphalopodes, une très grande importance; car c'est d'après lui qu'il a fondé un certain nombre de genres qui, pour nous, mériteraient à peine de former des sections sous-génériques ou des groupes d'espèces; car cet appareil, auquel M. d'Orbigny donne le nom d'appareil de résistance, n'existe pas dans des animaux en réalité extrêmement voisins. Le genre *Argonauta* remplace ici celui d'*Ocythoe*, de *Rafinesque*, parce que de Férussac et M. d'Orbigny, adoptant une opinion contraire à celle de M. de Blainville, considèrent le Poulpe qu'on trouve dans la coquille de l'Argonaute comme le véritable constructeur de cette coquille.

L'ordre des Décapodes a subi des changemens considérables dans la méthode de M. d'Orbigny; il le divise en deux groupes, d'après la manière dont les yeux sont munis ou non de paupières; mais en étudiant les caractères donnés aux familles, nous remarquons que l'auteur fait subir à ce caractère des exceptions assez considérables pour pouvoir conserver des rapports naturels entre les genres; ceci est au reste de peu d'importance, parce que les Céphalopodes présentent en général des caractères extérieurs assez apparens pour les séparer en familles et en genres naturels. Dans les Décapodes, les familles sont au nombre de six, sous les noms suivans : *Sepidæ*, *Loligidæ*, *Loligopsidæ*, *Teutidæ*, *Belemnitidæ*, *Spirulidæ*. La première famille comprend six genres : *Cranchia*, *Sepiola*, *Sepioloi-*

dea, *Rossia*, *Sepia*, *Beloptera*. Deux genres nouveaux sont introduits dans cette famille ; ce sont ceux nommés Sepioloidea et Rossia par M. d'Orbigny ; le premier se distingue des Sépioles par une légère modification de l'appareil de résistance, comme le nomme M. d'Orbigny ; le deuxième est également fondé sur le même caractère, et pour nous, nous ne trouvons là aucun motif pour la création de ces genres, puisqu'ils conservent tous les caractères extérieurs de véritables Sépioles, c'est-à-dire que les formes des bras, du corps et des nageoires, sont parfaitement identiques dans les trois genres en question. De Férussac avait rapporté au genre Cranchia un bel animal de la Méditerranée, différant assez sensiblement des Cranchies véritables pour en être distingué à titre de genre, et c'est ce que M. d'Orbigny a fait sous le nom d'*Histioteuthis*. Une étude plus approfondie a porté M. d'Orbigny à donner à cet animal d'autres rapports dans la méthode ; nous le retrouverons dans le voisinage des Chiroteuthes. Nous avons été surpris de trouver notre genre Beloptera, à la fin de la famille des Seiches, tandis que la famille des Bélemnites s'en trouve séparée par trois autres familles et une série assez considérable de genres. M. d'Orbigny comprend cependant comme nous les rapports naturels des trois genres : Seiche, Béloptère et Bélemnite ; mais dans la méthode linéaire adoptée par ce naturaliste, il fallait sacrifier des rapports évidens pour satisfaire à un enchaînement unique, et c'est là un défaut que nous tâcherons d'éviter en proposant un peu plus loin une distribution méthodique par embranchement. La famille des Loligidæ se borne aux deux genres Loligo et Sepioteuthis ; peut-être eût-il été convenable d'y joindre le genre *Teudopsis* de M. Deslonchamps. Nous remarquerons que M. d'Orbigny tient peu de compte des caractères qui avaient semblé assez importans à d'autres naturalistes ; les Seiches ont deux grandes nageoires qui s'étendent sur toute la longueur du corps; elles ont le corps large, aplati; sous ce rapport les Sépioteuthes ont avec elles une grande analogie, mais d'un côté l'osselet intérieur est calcaire, tandis que de l'autre, il est corné comme dans les Calmars; la forme et la largeur de l'osselet du Teudopsis peuvent faire croire que dans ce genre, il existait une disposition semblable à celles des Sépioteuthes; pour nous ces genres seraient intermédiaires entre les Seiches et les Calmars, et dans l'ordre naturel ces deux derniers genres auraient marché avant le premier. La famille des Loligopsidæ contient trois genres : *Loligopsis*, *Chirhoteuthis* et *Histioteuthis*. Nous avouerons que nous ne comprenons guère la séparation du genre Chirhoteuthis des Loligopsis. M. d'Orbigny les caractérise d'après des accidens qui nous paraissent d'une faible importance, ce sont par exemple la présence ou l'absence de canaux aquifères; nous pensons qu'avant de se servir d'un caractère de cette espèce, il faudrait en avoir constaté l'existence par des travaux anatomiques qui malheureusement manquent encore à la science; ces canaux sont souvent difficiles à apercevoir sur un animal violemment contracté dans l'alcool; d'un autre côté, il serait possible que dans les animaux auxquels M. d'Orbigny conserve le nom de Loligopsis, il y eût une organisation semblable à celle des Chirhoteuthis, et ceci ne peut être aussi dévoilé que par l'anatomie. Le genre Histioteuthis vient se placer à la fin de cette famille avec laquelle il a, en effet, des rapports incontestables; cependant il en a d'incontestables aussi avec les Cranchia par la position des nageoires, et ce genre prouve une fois de plus qu'il est impossible de faire apprécier les rapports des êtres, lorsqu'on les range dans une série unique.

La quatrième famille, celle des Teutidæ, présente les quatre genres suivantes : *Onychoteuthis*, *Enoploteuthis*,

Kelæno, *Ommastrephes*. Dans cette famille, M. d'Orbigny met encore en seconde ligne des caractères qui, pour d'autres zoologistes, avaient semblé plus importans. Les Onychoteuthis sont des animaux très voisins des Calmars; ils en diffèrent en ce que, à la place des ventouses charnues, ils portent des crochets cornéo-calcaires, plus ou moins nombreux. On conçoit que ce caractère était suffisant pour séparer les Calmars des Onychoteuthes; on conçoit aussi que plusieurs modifications se montrant dans les caractères extérieurs des Céphalopodes à bras, garnis de crochets, on finit par les distribuer en genres, et enfin à en créer une famille naturelle. M. d'Orbigny n'a pas agi ainsi, car dans cette famille des Teutidæ, il rassemble à-la-fois des genres dont les bras sont garnis de crochets, et d'autres dont les bras sont simplement munis de ventouses, comme dans les Calmars; et M. d'Orbigny est entraîné à cette classification pour rapprocher le plus possible son genre Ommastrephes des Bélemnites. Lorsque l'on a sous les yeux un animal de ce premier genre, on ne peut le distinguer des autres Calmars, et M. d'Orbigny est obligé d'emprunter son caractère principal à la forme de l'osselet intérieur. Déjà plusieurs zoologistes avaient eu occasion d'observer ces animaux, et tous, sans hésiter, les avaient rangés parmi les Calmars. Nous croyons qu'ils peuvent être séparés en un groupe, mais leur place naturelle est marquée dans le voisinage des Loligos. Sans doute il est curieux de trouver dans ce genre un osselet rappelant un peu celui de la Bélemnite, mais cet osselet, dépourvu de cloisons intérieures est un acheminement encore bien éloigné, et la lacune, qui existe entre les deux genres, a besoin de plusieurs intermédiaires pour être comblée.

L'un de ces intermédiaires a été découvert par M. Dupin dans les argiles supérieurs du terrain néocomien, dans les environs d'Érvy, département de l'Aube; M. d'Orbigny l'a décrit dans le tome XVIIe des *Annales des sciences naturelles*, sous le nom de *Conoteuthis*. Ce genre prouve que si, d'un côté, les Bélemnites se joignent au genre Seiche par l'intermédiaire des Béloptères, il a aussi des rapports non moins considérables avec les Calmars, et les Onychoteuthes, par l'intermédiaire des Ommastrephes et des Conoteuthis. L'avant-dernière famille des Décapodes est celle des Bélemnitidæ; elle ne contient que les deux genres *Bélemnites* et *Belemnitella*. Ce dernier genre a été proposé par M. d'Orbigny pour toutes les Bélemnites de la craie, sur ce caractère de peu d'importance, que leur test présente une fissure plus ou moins profonde qui divise le pourtour du cône alvéolaire dans la ligne ventrale. Au reste, M. d'Orbigny paraît avoir abandonné en quelque sorte ce genre Bélemnitelle, car dans sa Paléontologie française, il partage le genre Bélemnite en deux sous-genres : le premier, pour les Bélemnites proprement dites, et le deuxième, pour les Bélemnitelles.

La sixième et dernière famille enfin ne contient que le seul genre *Spirule*. Il est à présumer que M. d'Orbigny y aurait joint, s'il l'eût connu alors, le genre qu'il a décrit pour la première fois dans le tome XVII des *Annales des sciences naturelles*, sous le nom de *Spirulirostra*. Ce genre des plus intéressans résulte d'une combinaison aussi nouvelle qu'inattendue des caractères de la Seiche avec ceux de la Spirule; en effet, le Spirulirostre ressemble à un gros bec d'os de Seiche assez semblable à ceux que l'on trouve aux environs de Paris; mais sa cavité, au lieu d'être simple et sans cloisons, comme dans les Seiches, est contournée en spirale, et contient une série de cloisons que l'on peut comparer, pour la forme et les caractères, à celles du sommet de la Spirule; pour résumer en deux mots les caractères de ce genre, on peut dire que c'est une Spirule enclavée au centre d'un bec de Seiche. La découverte de ce genre prouve encore l'impossibilité d'établir les rapports naturels des genres dans une classification linéaire.

Tel est l'ensemble de la classification de M. d'Orbigny, présentée dans son grand ouvrage des Céphalopodes; nous y avons remarqué un assez grand nombre de genres nouveaux; mais parmi eux, il en est peu qui doivent être adoptés dans une méthode naturelle. C'est ainsi que les Philonexis peuvent rester parmi les Octopus, les Sépioloïdea et les Rossia dans le genre Sépiole, les Chirrhoteuthis dans les Loligopsis, les Enoploteuthis dans les Onychoteuthes, les Bélemnitelles dans les Bélemnites. De tous ces genres, il n'en reste que deux : Histioteuthis et Ommastrèphes. Nous trouverons le complément de la méthode de M. d'Orbigny, sur les Céphalopodes, dans sa *Paléontologie française;* il a occasion, dans cet ouvrage important, de passer en revue presque tous les genres qui appartiennent au deuxième ordre, celui nommé d'abord par lui-même Siphonifères, et auquel il consacre actuellement celui de Tentaculifères; cet ordre ne contient que deux familles, celle des Nautiles et celle des Ammonites. Depuis le commencement de sa publication, les familles qui ne contenaient qu'un très petit nombre de genres, M. d'Orbigny les a successivement augmentés à mesure que de nouvelles formes lui sont tombées dans les mains, et déjà nous avons mentionné tous ceux de ces genres qui peuvent être introduits dans la méthode.

Nous avons vu que, par ses observations, M. Voltz, le premier, a prouvé qu'il existait un appendice dorsal plus ou moins prolongé, attaché à la Bélemnite et destiné à remplacer la plume cornée des Calmars; nous-même avons été conduit à adopter cette opinion par des considérations tirées de notre genre Béloptère. Malgré les rapports qui existent entre les Bélemnites et la famille des Seiches, il restait encore quelques lacunes à combler, et déjà les genres Ommastrèphes et Conoteuthis de M. d'Orbigny indiquaient un rapprochement nouveau entre les Bélemnites et les Calmars. Enfin, tout récemment, M. Pratt a découvert, en Angleterre, dans des couches argileuses dépendantes de l'Oxford-clay, des empreintes très bien conservées d'un animal intermédiaire entre les Seiches et les Bélemnites, et que M. Owen a fait connaître dans ses leçons sur l'*Anatomie comparée* et la *Physiologie des invertébrés*, au collége des chirurgiens de Londres. Le savant professeur anglais a donné à cet animal le nom de *Belemno-Sepia*. D'après la figure qui en est reproduite par M. Mantell, dans ses *Médailles de la création*, le Belemno-Sepia présenterait encore une nouvelle combinaison de caractères. En effet, le sac de l'animal était conique comme dans les Calmars, et les nageoires, au lieu d'être terminales et triangulaires étaient demi-circulaires et placées sur le milieu de la longueur, à-peu-près comme dans les Sépioles; enfin, sur sa tête, cet animal portait huit bras presque égaux, sur lesquels existaient deux rangs de crochets cornéo-calcaires, comme dans les Onychoteuthes; au lieu d'un prolongement dorsal, comme dans les Bélemnites proprement dites, le Belemno-Sepia a le bord alvéolaire continué en entonnoir, et dans cette cavité sont contenus ses principaux viscères et particulièrement le réservoir à encre. Un peu plus tard, M. Owen, après avoir examiné de nouvelles pièces découvertes dans les mêmes lieux par M. Pratt, publia un mémoire étendu, accompagné d'excellentes figures, dans les *Transactions philosophiques de Londres* pour 1844. Abandonnant sa première opinion, M. Owen croit avoir sous les yeux les restes de l'animal d'un Bélemnite, et en conséquence, il rejette la restauration du même animal, tentée par Voltz, M. Buckland, et adoptée en dernier lieu par M. d'Orbigny. Nous ne pouvons dans cette occasion partager la manière de voir de M. Owen, et nous pensons que son genre Belemno-Sepia doit rester; les observations qui constatent les différences entre les Bélemnites et les Belemno-Sepia sont nombreuses, et nous paraissent suffisantes, puisque d'un côté les Bélemnites ont un prolongement dorsal, et que de l'autre, le Belemno-Sepia en est dépourvu; nous avons sous les yeux un joli petit individu de Belemno-Sepia, que nous devons à la générosité de M. Pratt; on peut suivre les stries d'accroissement du prolongement infundibuliforme, et l'on n'y aperçoit aucune inflexion propre à indiquer un commencement ou un rudiment de l'appendice postérieur des Bélemnites; au contraire les stries d'accroissement qui se dessinent sur le cône cloisonné des Bélemnites accusent dès l'origine l'existence du prolongement dorsal; car dans les grandes espèces, Voltz a pu mesurer les proportions de l'appendice avec le cône cloisonné. Ce qui précède fera comprendre pourquoi nous préférons la première opinion de M. Owen, et pourquoi nous conservons son genre Belemno-Sepia. Les faits relatifs au genre Belemno-Sepia sont très importans, en ce qu'ils établissent que les coquilles fossiles, connues sous le nom de Bélemnites, dépendent de deux genres différens qu'il sera impossible de séparer dans le plus grand nombre des cas; il y aura cependant un moyen qui peu-à-peu permettra de séparer les espèces de Belemno-Sepia des Bélemnites: l'observation des stries du cône cloisonné; lorsqu'elles seront circulaires, l'espèce sera du premier genre; si elles s'infléchissent sur le dos et s'avancent en avant, l'espèce sera du second genre.

Depuis très long-temps les naturalistes avaient porté leur attention sur des corps singuliers en forme de becs, que l'on rencontre à l'état fossile jusque dans les terrains anciens appartenant au Muschelkalk; ces corps sont connus sous le nom de *Rhincolites;* on ne sut d'abord à quel genre les rapporter, on crut que certaines espèces dépendaient des Ammonites, parce qu'on les trouve en abondance dans les couches les plus riches en Ammonites; d'autres prétendirent qu'ils devaient appartenir aux Bélemnites, parce qu'on en rencontre également dans les couches où ces fossiles sont en abondance. La découverte de l'animal du Nautile a jeté sur ces Rhincolites un jour nouveau, car le bec de ces Céphalopodes a une armure calcaire complétée par des parties cornées, et ce qui est remarquable, c'est que cette partie calcaire détachée ressemble beaucoup aux Rhincolites. Il serait possible néanmoins que tous les Rhincolites n'appartinssent pas aux Nautiles, et que certaines Ammonites eussent eu un bec en partie calcaire, et de cette manière se trouverait expliquée l'abondance de ces becs fossiles dans les couches où sont aussi les Ammonites.

Depuis une vingtaine d'années, on s'est aussi beaucoup occupé d'autres corps fossiles autrefois figurés par Knorr et Walch, dans leur grand ouvrage sur les *Pétrifications*. Ces corps consistent en deux plaques symétriques, plus ou moins élargies, que l'on a comparées à une coquille bivalve, et que l'on a nommées *Tellinites* à cause de cette ressemblance. En 1822, M. Bourdet, de la Nièvre, a publié à leur sujet un mémoire, en proposant de les désigner dans l'avenir sous le nom d'*Icthyosiagones*, voulant indiquer par ce nom que ces corps pourraient bien appartenir aux parties operculaires d'un poisson; mais depuis, cette opinion a été abandonnée, et ces mêmes corps auxquels on donne actuellement le nom d'*Aptycus*, furent considérés par quelques géologues comme des opercules d'Ammonite. M. Voltz particulièrement défendit cette opinion, qui fut également appuyée par M. Ruppel; elle se fonde sur un certain nombre de faits. C'est ainsi, par exemple, que M. Voltz a trouvé dans les lias supérieurs de l'Alsace des exemples assez fréquens d'Aptycus contenus dans l'intérieur d'une Ammonite. M. Ruppel a mentionné plusieurs faits analogues, pour quelques Ammonites des calcaires de Solenhofen. Il faut estimer actuellement la valeur de ces faits, et voir s'ils justifient l'opinion des naturalistes que nous avons cités. En Alsace comme à Solenhofen, on trouve à-la-fois des Ammonites et des Aptycus ; il n'est donc point étonnant que, par le hasard de l'enfouissement des corps fossiles, ceux-ci, qui ne paraissent point avoir de rapports nécessaires, se soient cependant trouvés rapprochés. M. Voltz a bien senti qu'il ne suffisait pas de montrer quelques exemples d'Ammonites avec un Aptycus dans leur intérieur ; mais qu'il fallait trouver des rapports de formes entre l'espèce d'Aptycus et la forme de l'ouverture de l'espèce d'Ammonite, dans laquelle il s'est trouvé. On ne peut contester qu'il existe, en effet, quelque ressemblance entre l'Aptycus et l'ouverture de certaines Ammonites, mais on ne concevrait pas comment un opercule serait nécessaire à un Céphalopode, lorsque l'on sait par analogie avec le Nautile, que l'animal n'avait probablement aucune partie propre à porter un opercule ; enfin, il y a ceci de remarquable, qu'il y a des localités où les Aptycus sont en abondance, quoique les Ammonites y soient fort rares, et d'autres au contraire où les Ammonites sont abondantes et où l'on ne rencontre pas d'Aptycus ; il y a encore ceci à ajouter, que tous les Aptycus connus sont généralement allongés et ne pourraient servir qu'à celles des Ammonites, dont l'ouverture a une forme lancéolée ; les Ammonites à ouverture semi-lunaire auraient été dépourvues de cet opercule, puisque l'on n'en trouve point de cette forme. Il faut convenir tout simplement que les Aptycus ne nous sont point complétement connus, que ce n'est point une coquille bivalve, ni une pièce operculaire de poisson, et encore moins une opercule d'Ammonite.

Ici se termine ce que nous avions à dire sur l'ensemble des Céphalopodes, et des observations aussi nouvelles qu'importantes qui ont enrichi, depuis un petit nombre d'années, l'histoire naturelle de l'une des classes les plus intéressantes des animaux sans vertèbres. Par les discussions qui précèdent, nous sommes naturellement conduit à présenter aussi une classification des Céphalopodes, au moyen de laquelle nous cherchons à rendre plus facilement appréciables les rapports naturels des différens groupes.

Nous adoptons avec M. R. Owen la division des Céphalopodes en deux groupes naturels, d'après le nombre des branchies : l'ordre des *Dibranchiata* représente les Acétabulifères de Férussac et M. d'Orbigny, et c'est dans ce groupe que la classification a besoin d'être présentée d'une manière spéciale pour faire comprendre les rapports assez compliqués des genres entre eux. La famille des Octopodes ne subit aucune division, nous y introduisons le genre si curieux nommé Cirrhoteuthis par M. Eschricht. Quant aux Décapodes, nous les disposons en plusieurs embranchemens, sortant d'un tronc principal, et pour ainsi dire central, composé des genres Sepia, Loligo, Loligopsis, Onychoteuthis, Conoteuthis, et à la fin et séparé par un intervalle assez large, le genre Bélemnite; deux embranchemens partent également du genre Loligo : le premier pour les genres Teudopsis, et Sépioteuthe, faisant passage aux genres Sepia et Beloptera; ce dernier se rattachant latéralement aux Bélemnites; le deuxième embranchement ne contient que le genre Hommastrèphes, servant à lier les Calmars aux Conoteuthis, et par ce dernier aux Bélemnites; de sorte que les rapports de ce dernier genre sont nettement indiqués au moyen de ces deux embranchemens, mais il y a un groupe qui se rattache aux Seiches par un embranchement naturel qui part de ce genre, c'est celui des Spirulirostra et des Spirules, et venant descendre dans le tableau au niveau du genre Bélemnite, de manière à le rapprocher des genres de l'ordre suivant.

Les Tetrabranchiata se réduisent toujours aux deux familles des Nautilacées et des Ammonées, et comme nous l'avons vu, chacune d'elles rassemble aujourd'hui un assez grand nombre de genres, pouvant être disposés dans l'ordre linéaire. Ces genres fondés pour la plupart sur des modifications dans les formes extérieures des coquilles, nous les voyons, dans l'une et l'autre famille, passer de la forme droite des Orthocères et des Baculites par des transitions insensibles, à la forme spirale des Nautiles et des Ammonites. Aussi, il est possible d'établir un parallélisme entre les différens genres de ces familles ; seulement on trouverait dans celle des Ammonées quelques modifications qui manquent dans celles des Nautilacées ; c'est ainsi par exemple que le représentant du genre Turrilite manque complétement dans la famille des Nautiles.

Nous nous étions d'abord proposé de présenter d'une manière succincte et générale les faits nouveaux dont la science s'est enrichie sur l'organisation des Céphalopodes ; mais il aurait fallu, pour que ces détails fussent réellement utiles, qu'ils reçussent une étendue que la nature de cet ouvrage ne comporte pas. Il en est de même pour ce qui est relatif aux mœurs et aux usages des Céphalopodes, cependant ce serait laisser une lacune trop considérable, si nous nous abstenions de rendre compte du beau travail anatomique sur le Nautile, par M. Owen. Mais ce n'est pas ici, c'est en traitant de ce genre que nous présenterons l'analyse dont il est question.

Nous présentons la classification des Céphalopodes dans le tableau suivant.

CLASSIFICATION DES CÉPHALOPODES.

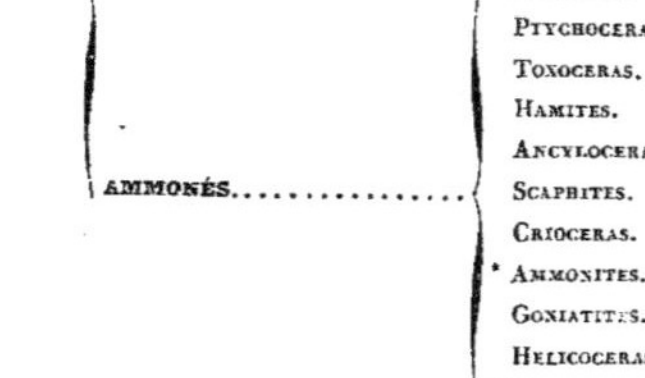

CEPHALOPODA.

- DIBRANCHIATA.....
  - OCTOPODES.
    - Deux rangées de ventouses.
      - * Octopus.
      - * Ocythoe (*Aronauta*).
    - Une seule rangée de ventouses.
      - Élédon.
      - Cirrhoteuthis.
      - Cranchia.
  - DÉCAPODES.
    - Nageoires à l'extrémité du corps.
      - * Sepiola.
      - Histioteuthis.
      - OMMASTRÈPHES.
        - * Loligo.
        - * Loligopsis.
        - Onychoteuthis.
        - Acanthoteuthis.
        - Conoteuthis.
      - * Belemno – Sepia.
    - Nageoires de la longueur du corps.
      - Teudopsis.
      - Sepioteuthis.
      - * Sepia.........
      - Beloptera.
      - Spirulirostra.
- TETRABRANCHIATA.
  - NAUTILACÉS.............
    - [illegible] (Cyrthoceras).
    - Phragmoceras.
    - * Lituites.
    - Clymenia.
    - * Nautilus.
  - AMMONÉS...............
    - * Baculites.
    - Ptychoceras.
    - Toxoceras.
    - Hamites.
    - Ancyloceras.
    - Scaphites.
    - Crioceras.
    - * Ammonites.
    - Goniatites.
    - Helicoceras.
    - * Turrilites.

Nota. Les genres marqués d'un astérisque sont ceux connus de Lamarck et mentionnés par lui dans cet ouvrage.

Genre ÉLÉDON. Cuvier.

Caractères génériques. — Animal ayant le corps ar rondi ou oblong, bursiforme, portant huit bras égaux sur la tête, une seule rangée de ventouses sur leur face interne.

Observations. — Lamarck comprend les deux seules espèces connues de ce genre parmi les Poulpes ; il est utile cependant de distinguer un groupe aussi nettement caractérisé que celui-c car tous les véritables Poulpes sans exception ont sur les bras deux rangées de ventouses, ici il n'y en a jamais qu'une seule, et entre ces deux états si différens, il n'existe aucun intermédiaire. Les Élédons ont des mœurs semblables à celles des Poulpes; ils vivent en grande abondance, non loin des côtes, et se réfugient ordinairement sur les endroits rocailleux. Comme les autres Poulpes, ils se nourrissent assez habituellement de crustacés et ils vont quelquefois les chercher jusque dans les régions sablonneuses où ces animaux se tiennent cachés. Nous avons eu plusieurs fois occasion d'observer vivante l'espèce de la Méditerranée, connue sous le nom de Poulpe musqué, parce qu'en effet cet animal répand une assez forte odeur de musc. Nous sommes à même d'attester la vérité des observations que M. Verani a communiquées à de Férussac, et que M. d'Orbigny a consignées dans son ouvrage sur les mollusques acétabulifères. Comme nous le disions, deux espèces seulement sont connues dans ce genre, elles ont été mentionnées dans Lamarck, sous les n. 3 et 4 de ses Poulpes.

Genre CIRRHOTEUTHIS. Eschricht.

Caractères génériques. — Corps bursiforme, obtus, allongé, subcylindracé; tête grosse, largement réunie au corps; ouverture branchiale médiocre, obliquement coupée d'avant en arrière; deux nageoires latérales, étroites, à la partie supérieure du corps; huit bras réunis du sommet à la base par de larges membranes, dont le bord supérieur est un peu infléchi en dedans; une seule rangée de ventouses sur les bras, mais accompagnée, de chaque côté, de fins tentacules charnus, disposés par paires.

OBSERVATIONS. — Rien n'est plus curieux que le genre nommé Cirrhoteuthis par M. Eschricht; il offre la combinaison de divers caractères que l'on est étonné de rencontrer sur un seul animal; il a huit bras comme les autres Poulpes; mais au lieu de les avoir libres, ils sont réunis par des membranes minces qui vont en s'élargissant, depuis l'insertion des bras sur la tête jusqu'à leur sommet, de manière à ce que, dans l'ensemble, ils ont la forme d'un vaste entonnoir, au fond duquel se voit la bouche de l'animal. Déjà on a l'exemple de quelques Poulpes chez lesquels les membranes interbrachiales s'élèvent jusque près de la moitié de la longueur des bras; on pourrait donc concevoir une exagération dans ce caractère, et que ces membranes se sont développées jusqu'au sommet des bras. Mais comme on le sait, les Octopodes, jusqu'à présent, n'avaient présenté aucune trace de nageoires; celui-ci fait exception, et chez lui ces organes, situés à la partie supérieure du corps, ont beaucoup d'analogie avec celles des Sépioles, seulement elles sont en proportion plus longues et plus étroites; enfin un dernier trait caractéristique du Cirrhoteuthis consiste en ceci : Entre chaque ventouse s'élève sur les bras une paire de fins tentacules charnus, blanchâtres, flexueux, qui probablement sont destinés à retenir la proie d'une manière plus parfaite; ces tentacules sont par paires et à-peu-près en nombre aussi grand que les ventouses. On ne connaît jusqu'à présent qu'une seule espèce *Cirrhoteuthis mulleri*, Eschricht. Cet animal est décrit et figuré dans les *Actes de l'Académie de Copenhague* de septembre 1836.

Genre **CRANCHIA**. Leach.

CARACTÈRES GÉNÉRIQUES.— Corps allongé, ovoïde, bursiforme, membraneux, arrondi en arrière; tête petite et réunie au corps par une bride cervicale, étroite; nageoires terminales, ovales, unies entre elles, et échancrées à leur jonction postérieure; bras sessiles, subulés, courts, inégaux, ayant des ventouses alternes sur deux rangs ; bras tentaculaires, gros, terminés en massue et portant d[e]s ventouses pédonculées sur quatre rangées alternes.

Observations. — Ce genre a été établi par M. Leach dans [le] *Voyage au Zaïre*, par le capitaine Tuckey, publié en 1818. Il [se] rapproche de certains Poulpes par la grosseur du corps, [sa] forme ovoïde et la petitesse relative de la tête; il s'en distingu[e] éminemment par deux bras de plus nommés bras tentaculair[es] et semblables à ceux des Seiches les nageoires sont tout-à-f[ait] terminales, elles sont même portées sur un appendice spéci[al] dépassant l'extrémité postérieure du corps. On commence [à] trouver dans les Cranchies un osselet intérieur corné, comp[a]rable à celui des Calmars, il occupe toute la longueur du corp[s], tandis que, dans les Sépioles, cet osselet est plus court et ne pr[o]tége que la moitié de l'animal. On ne connaît encore que de[ux] espèces de véritables Cranchies, car il faut écarter de ce gen[re] un animal de la Méditerranée, fort remarquable, que de F[é]russac y avait confondu; cet animal est devenu pour M. d'Orb[i]gny le type de son genre *Histioteuthis*.

Cranchia scabra, Leach. Tuckey, *Expédition au Zaïre*, tra[d.] franç., pl. 18, f. 1.

D'Orbigny et Férussac, *Hist. nat. des Céphal. cranch.*, p. 22[.] pl. 1, f. 1. Rossia, pl. 1, f. 1 à 5.

Cranchia maculata, Leach. Tuckey, *Voy. au Zaïre*, atl. p. 1[.] Férussac et d'Orbigny, *Hist. nat. des Céphal.*, p. 224.

Genre **HISTIOTEUTHIS**. D'Orbigny.

Caractères génériques. — Corps court, bursiforme pointu en arrière, et portant à son extrémité une paire d[e] nageoires demi-circulaires; tête très grosse, cylindracée largement réunie au corps, portant huit bras sessiles e[t] deux longs bras pédonculés; six des bras sessiles sont réunis jusque près du sommet par des membranes interbrachiales; les bras inférieurs libres; ventouses en petit nombre, alternes sur deux rangs; un osselet dorsal, corné, étroit, obtus au sommet.

Observations. — Ce genre avait été confondu par de Férussac avec le précédent; séparé par M. d'Orbigny, il mérite d'être conservé, car il diffère des Cranchies, non-seulement par la manière dont trois paires de bras sont réunis entre eux par de larges membranes, mais encore par les proportions très différentes entre le corps et la tête. Dans les Cranchies, le corps est très gros et la tête très petite; le contraire a lieu dans l'Histioteuthis. Les bras pédonculés sont gros, et les cryptes d'où ils sortent sont eux-mêmes larges et profonds; les deux bras inférieurs sont entièrement destitués de membranes interbrachiales, aussi ils semblent étrangers aux membranes qui entourent la bouche et qui représentent une figure hexagone, parce qu'elles se rattachent aux trois premières paires de bras. Ce genre ne compte encore qu'une seule espèce figurée par de Férussac, sous le nom de *Cranchia bonnelliana*, dans son *Hist. nat. des Céphal. cryptodibranches.*

Genre **ONYCHOTEUTHIS.** Lichtenstein.

Caractères génériques. — Animal allongé, étroit, atténué postérieurement, et pourvu, à l'extrémité, de deux nageoires terminales, triangulaires, réunies sur le dos; tête médiocre, portant huit bras sessiles, courts, armés de deux rangs de ventouses ou de crochets; deux bras pédiculés, longs et grêles, garnis sur leur empâtement de crochets nombreux en plusieurs séries; dans le crypte dorsal, un osselet, étroit à ses extrémités, médiocrement élargi dans le milieu.

Observations. — Ce genre ne diffère pas d'une manière très notable de celui des Loligos; les animaux qu'il rassemble ont une forme semblable; leur sac est allongé, conique, largement ouvert en avant et en dessous pour la cavité branchiale, et pourvu à l'extrémité postérieure d'une paire de nageoires triangulaires terminales, réunies sur le dos; la tête est généralement d'un médiocre volume, complétement distincte du sac auquel elle est réunie par une bride cervicale; les bras sont au nombre de dix, huit sont sessiles, tantôt armés de crochets, tantôt garnis de ventouses, selon les espèces; il en est quelques-uns qui portent à-la-fois des crochets et des ventouses; les deux bras pédiculés sont allongés, grêles, terminés comme ceux des Calmars par un épâtement plus ou moins large, sur lequel s'insère un nombre plus ou moins considérable de crochets. Dans presque toutes les espèces, on remarque à l'origine de la partie élargie des bras pédiculés, et du côté interne, une impression circulaire dans laquelle il existe un certain nombre de petites ventouses, au moyen desquelles l'animal réunit ses deux bras dans un commun effort, pour saisir et conserver sa proie. L'osselet dorsal ressemble beaucoup à celui du Calmar; seulement il est plus étroit, atténué à ses extrémités, médiocrement élargi vers le milieu. M. d'Orbigny a séparé des Onychoteuthes un genre qu'il nomme Enoploteuthis; nous ne connaissons ce genre que d'après des figures qui, en l'absence du texte, ne nous ont point paru suffisantes pour comprendre les caractères génériques au moyen desquels M. d'Orbigny compte distinguer le genre en question. Il nous semble que les Enoploteuthis doivent former une section très secondaire ou un groupe d'espèces dans le genre des Onychoteuthes.

Les espèces de ce genre sont assez nombreuses, quelques-unes sont décrites par MM. Quoy et Gaimard, et un plus grand nombre par de Férussac et M. d'Orbigny dans leur ouvrage sur les Céphalopodes cryptodibranches.

Genre **ACANTHOTEUTHIS**. Münster.

Caractères génériques. — Animal fossile, semblable au Calmar, pour la forme générale du corps et des nageoires, et la position de celles-ci; tête médiocre, portant huit bras sessiles et probablement deux bras pédiculés; ces bras, armés d'un double rang de grands crochets calcaires.

Observations. — Ce genre curieux a été établi par M. de Munster, d'après des empreintes fort remarquables, provenant des terrains jurassiques de l'Allemagne; figurées dans les tomes I et V de ses *Petrefacten-Kunde*; ces empreintes suffisent pour donner une idée fort exacte de la forme de cet animal. Le corps et le sac sont semblables à celui des Calmars; deux nageoires terminales, triangulaires, se réunissaient sur le dos; la tête d'un médiocre volume a laissé les traces des huit bras sessiles, dont elle était pourvue, et l'on voit encore en place, dans leur ordre naturelle, la double rangée de grands crochets calcaires, dont ils étaient armés. Tout porte à croire, par une analogie des mieux fondées, qu'indépendamment de ces huit bras, l'animal en avait encore deux autres pédiculés; mais ceux-ci n'ont laissé aucune trace de leur existence. L'étroitesse du corps et la position des nageoires donnent à penser que l'osselet intérieur devait être étroit et rapproché de celui des Onichoteuthes; peut-être faudrait-il y réunir ce genre, lorsque des observations plus complètes en auront fait connaître toutes les parties; néanmoins il est bien curieux de pouvoir assigner les caractères des formes extérieures d'un animal mou, dont toutes les parties sont aussi faciles à détruire, et qui n'est connu qu'à l'état fossile.

M. de Munster ne mentionne qu'une seule espèce, peut-être faudra-t-il y ajouter celles qu'il désigne sous le nom de Kelœno.

Genre **OMMASTRÈPHES**. D'Orbigny.

Caractères génériques. — Animal semblable à celui des Calmars, pour tous les caractères extérieurs empruntés à la forme du corps, des nageoires, de la tête et des bras; osselet corné, allongé, étroit, un peu élargi en avant, très atténué vers l'extrémité postérieure, qui se termine en un cornet infundibuliforme, à ouverture oblique.

Observations. — Férussac et un assez grand nombre d'observateurs ont confondu ces animaux avec les Calmars, parce qu'en effet ils en ont tous les caractères extérieurs; les bras sont en même nombre, armés de ventouses. Cependant on peut dire en général que les bras pédiculés surtout sont en proportion plus courts que dans les autres Calmars; mais ce qui distingue le plus essentiellement ce genre, c'est la forme de l'osselet intérieur, il est corné comme dans les Calmars, mince, très étroit, s'élargit insensiblement vers l'extrémité antérieure, et son extré mité postérieure est terminée par une petite poche infundibuli forme, ordinairement très courte, et dont l'ouverture est trè oblique; cet osselet corné rappelle à certains égards celui de l Bélemnite, et l'on conçoit qu'il deviendrait une Bélemnite com plète si l'on ajoutait en dehors la gaîne calcaire de la Bélemnite et en dedans la série des cloisons remplissant la cavité coniqu intérieure de la Bélemnite. Il est évident, comme l'a senti d reste M. d'Orbigny, que le genre Ommastrèphes est un achemi nement des Calmars vers les Bélemnites.

Le nombre des espèces de ce genre est encore peu considéra ble, quelques-unes ont été figurées par M. d'Orbigny dans so voyage en Amérique; les autres, confondues par de Férussa et d'autres zoologistes avec les Calmars, ont été réparties dan ce genre, dans l'ouvrage sur les Céphalopodes acétabulifères.

Genre **CONOTEUTHIS**. D'Orbigny.

Caractères génériques. — Animal inconnu, probablement voisin des Calmars et des Ommastrèphes, osselet intérieur allongé, étroit, terminé postérieurement en un Cône oblique, court, rempli de cloisons transverses, percé d'un siphon ventral.

Observations. — Ce genre très intéressant a été découvert par M. Dupin, dans les argiles supérieurs du terrain néocomien des environs d'Hervies, dans le département de l'Aube. Il a été caractérisé pour la première fois par M. d'Orbigny, en 1842, dans les *Ann. des Sc. nat.* Les Ommastrèphes, comme nous l'avons dit, ont à l'extrémité postérieure de l'osselet une petite cavité infundibuliforme, simple et vide, lorsqu'elle a été détachée de l'animal. Dans les *Conoteuthis*, cette cavité de l'osselet est remplie par des cloisons transverses, nombreuses, légèrement concaves et percées, comme dans les Bélemnites, d'un siphon ventral; de sorte qu'en réalité, il ne manque plus aux Conoteuthis pour être une Bélemnite que la gaîne calcaire qui caractérise ce dernier genre. On n'a pas encore observé entier l'osselet du

Conoteuthis; l'appendice dorsal manque à tous les échantillons recueillis, mais on a la preuve de son existence par les stries d'accroissement qui remontent sur la ligne dorsale, vers une petite côte longitudinale occupant toute la longueur du cône alvéolaire. Sans ce caractère, on aurait pu confondre pendant long-temps le Conoteuthis avec l'alvéole détachée d'une Bélemnite.

Une seule espèce est mentionnée dans ce genre, elle a été nommée *Conoteuthis dupinianus* par M. d'Orbigny, *Ann. des Sc. nat.*, t. XVII (juin 1842), p. 377, pl. 12.

Genre **TEUDOPSIS.** Deslongchamps.

Caractères génériques. — Animal inconnu, probablement voisin des Sépioteuthes et des Calmars; osselet intérieur corné, mince, ovale allongé, atténué à ses extrémités, légèrement concave en arrière, soutenu au milieu par un pli longitudinal.

Observations. — On peut supposer, avec M. Deslongchamps, créateur de ce genre, que le corps fossile, décrit sous le nom de Teudopsis, a appartenu à un animal céphalopode, rapproché des Calmars par ses caractères; mais il est à présumer qu'il avait non moins de rapports avec les Sépioteuthis; et notre présomption s'appuie sur la largeur considérable, proportions gardées, de l'osselet du Teudopsis, comparé à celui des Calmars et des autres genres avoisinans. Nous rappellerons que les Calmars sont des animaux étroits, portant à l'intérieur un osselet corné, dont la largeur est proportionnée à celle de leur corps. Nous rappellerons aussi que, dans les Sépioteuthis, le corps est plus large, plus aplati, et l'osselet intérieur est proportionnellement plus large que celui des Calmars. Dans les Teudopsis, l'osselet est plus large encore, ce qui nous fait présumer que l'animal, non moins aplati que celui des Sépioteuthes, était pourvu de nageoires latérales embrassant toute la longueur du sac. Les osselets des Teudopsis découverts par M. Deslongchamps ressemblent d'une manière assez exacte à ceux des Calmars, néanmoins ils s'en distinguent avec facilité; très pointus en avant, ils vont graduellement en s'élargissant en arrière, où ils se terminent, en se rétrécissant un peu; une côte médiane qui semble un peu plus épaisse que le reste s'étend du sommet à la base; enfin vers l'extrémité postérieure, l'osselet devient convexe en dessus concave en dessous, ce qui a dû lui permettre d'embrasser et de protéger la plus grande partie des organes inférieurs, à-peu-près comme dans la Seiche.

M. Deslongchamps a distingué plusieurs espèces qui proviennent des terrains jurassiques du département du Calvados M. d'Orbigny, dans sa *Paléontologie française*, pense que les espèces doivent être réunies en une seule : opinion que nous ne pouvons contester, n'ayant sous les yeux aucun échantillon de ce genre intéressant. Le *Teudopsis Agassizi* de M. Deslongchamps nous paraît, comme à M. d'Orbigny, une partie de l'appendice postérieur d'une Bélemnite; quant aux deux autres espèces : *Teudopsis Bunellii* et *Caumontii*, M. Deslongchamps a lui-même reconnu qu'elles devaient être réunies; on en trouvera la description et la figure dans le t. v des *Mém. de la Soc. Linnéenne de Normandie*, p. 74, pl. 3.

Genre **SÉPIOTEUTHIS**, Blainv.

Caractères génériques. — Animal ayant le corps ovalaire, aplati, pourvu d'une paire de nageoires latérales, aussi longues que le corps; tête médiocre, portant huit bras sessiles et deux pédiculés, armés de ventouses charnues; osselet corné, allongé, élargi dans le milieu, atténué à ses extrémités, soutenu par un axe médian, convexe en dessus, médiocrement concave en dessous.

Observations. — Ce genre, proposé par M. de Blainville, dans sa *Malacologie*, a été adopté par tous ceux qui se sont occupés des Céphalopodes. Il offre une combinaison organique fort remarquable, dans laquelle on trouve les caractères extérieurs des Seiches et une partie de ceux des Calmars. En effet, les Sépioteuthes ont le corps plus élargi et plus aplati que les Calmars, et au lieu d'avoir une paire de nageoires triangulaires et terminales, ils ont une paire de nageoires étroites, s'étendant sur toute la longueur du corps; elles ressemblent à celles de la Seiche. L'osselet intérieur est corné, semblable à celui des Calmars, mais en proportion plus large; l'axe est occupé par une côte assez épaisse, convexe en dessus, légèrement concave en dessous. La tête est en proportion plus grosse que dans les Calmars, elle est attachée au corps par une large bride dorsale qui part de l'intérieur du sac. Les huit bras sessiles sont gros et courts, et en cela ils se rapprochent beaucoup de ceux de la Seiche; ils portent deux rangées alternes de ventouses charnues; les bras pédiculés sont assez allongés, épais et terminés par un élargissement lancéolé, sur la surface intérieure duquel les ventouses sont rangées sur trois ou quatre rangs inégaux.

On connaît aujourd'hui dix à douze espèces de Sépioteuthes qui, pour le plus grand nombre, proviennent du grand Océan-Pacifique; une seule serait propre à l'Océan-Atlantique, d'après M. d'Orbigny, et deux de la Mer-Rouge, d'après M. Ehrenberg. La plupart de ces espèces sont figurées dans les ouvrages de Férussac et M. d'Orbigny sur les Céphalopodes acétabulifères.

Genre **BELOPTERA**. Desh.

Caractères génériques. — Animal inconnu; coquille composée de deux cônes réunis sommet à sommet, soutenus de chaque côté par un appendice aliforme, obliquement incliné; surface dorsale convexe; côté ventral concave; cône postérieur terminé en rostre obtus, comparable à celui de l'os de la Seiche; cône antérieur lisse, composé d'une substance fibreuse, rayonnante comme celle des Bélemnites, creusé d'une cavité conique, dont l'ouverture circulaire a les bords minces et tranchans; cette cavité est remplie de cloisons transverses, percées d'un siphon ventral.

Observations.— Nous avons établi ce genre dans notre collection, en 1826, lorsque nous complétions les matériaux pour notre ouvrage sur les fossiles des environs de Paris, et nous l'avons communiqué en 1827 à M. de Blainville, qui l'a mentionné dans son *Mémoire sur les Bélemnites;* seulement M. de Blainville, ainsi que Cuvier, dans un mémoire publié dans les *Annales des Sciences naturelles,* sur les os de Seiches fossiles, a confondu notre Béloptère avec de véritables *Sépiostères.* Depuis, nous avons rectifié les caractères donnés par M. de Blainville, à l'article Béloptère de l'Encyclopédie, et dans le tome II de notre *Description des coquilles fossiles des environs de Paris.* Le genre Béloptère est réellement des plus intéressans, il offre une combinaison de caractères dont on ne trouve plus la moindre trace dans la nature actuelle; il semble lier les Bélemnites aux Seiches d'une manière aussi intime, que le Conoteuthis les rapproche des Calmars. En effet, dans les Béloptères, on voit en avant une cavité conique, à ouverture circulaire dans laquelle se voit de la manière la plus distincte la trace des cloisons transverses, régulières, extrêmement minces, avec une inflexion médiane et ventrale qui annonce la présence et la position de leur siphon; à l'extrémité postérieure de ce cône vient s'en ajouter un autre, gros, obtus, dont l'extrémité est irrégulièrement fendillée et rugueuse, et prenant la forme d'une grosse Apophyse qui ne manque pas d'analogie avec le rostre qui fait saillie à l'extrémité de l'os de la Seiche. Ces deux cônes, placés sur le même axe, se confondent avec deux appendices latéraux demi-circulaires, légèrement inclinés, et sur la surface dorsale desquels on remarque souvent, à partir de l'angle antérieur, des impressions qui semblent le résultat de la présence d'un système vasculaire dans l'épaisseur du manteau. Par son mode d'accroissement, il est évident que l'osselet du Béloptère était contenu de la même manière que l'os de Seiche, dans le crypte dorsal d'un animal appartenant à la classe des Céphalopodes. Après la publication de notre genre, M. Sowerby, dans le *Mineral Concology,* y a rattaché une seconde espèce qu'il a nommée *Beloptera anomala,* et qui en effet diffère de la première d'une manière assez notable, car elle est dépourvue des ailes latérales qui ne sont représentées que par de simples plis, et ce corps se rapproche par conséquent beaucoup plus des Bélemnites que du Béloptère proprement dit. A cette seconde espèce, M. d'Orbigny en a ajouté une troisième qui, semblable à celle de l'Angleterre, en diffère particulièrement par son volume plus considérable. Les appendices aliformes sont réduits à deux petites crêtes obtuses qui ne dépassent pas la largeur du rostre. Nous pensons que les deux espèces en question peuvent faire partie de notre genre Béloptère, dont les caractères principaux consistent dans la combinaison d'une cavité cloisonnée conique, comme celle des Bélemnites avec un bec de Seiche. Ce qui est fort remarquable, c'est que le genre Béloptère ne s'est encore rencontré que dans les terrains tertiaires les plus anciens, à une époque géologique où les Bélemnites avaient cessé d'exister depuis une époque relativement peu ancienne. Ainsi, ce genre offrirait un nouvel exemple de la manière dont la nature procède lentement dans ses actes, faisant succéder, dans l'espace et dans le temps, des races qui semblent provenir les unes des autres.

Le *Beloptera belemnitoidea* de M. de Blainville se trouve aux environs de Paris, dans les calcaires grossiers de Grignon, Parnes, Mouchy, etc. Le *Beloptera anomala*, Sowerby, est propre aux argiles de Londres; et le *Beloptera Levesquei* a été découvert dans les terrains inférieurs du Soissonnais, par M. Levesque.

Genre **BELEMNO-SEPIA.** Owen.

Caractères génériques. — Animal ayant le corps conique, pourvu, vers son extrémité antérieure, de deux larges nageoires demi-circulaires, comparables à celles des Sépioles; tête médiocre, portant huit bras sessiles, armés d'un double rang de crochets; deux bras pédiculés. Coquille intérieure, semblable à la Bélemnite, contenant dans une cavité conique une série de cloisons transverses percées d'un siphon ventral; cette cavité se prolongeant en avant en un bord circulaire mince et tranchant, dépourvu de prolongement dorsal.

Observations. — Il a fallu les hasards les plus heureux d'une fossilisation spéciale, pour avoir connaissance du genre curieux que M. Owen a établi sous le nom de *Belemno-sepia*.

M. Pratt, le premier, fit la découverte des empreintes de cet animal dans les argiles schistoïdes de l'Oxford-Clay, que l'on mit à découvert, à Christian-Maleford, pour le passage d'un chemin de fer. La première empreinte, donnée par M. Pratt à M. le marquis de Northampton, fait actuellement partie de la collection géologique du collége des chirurgiens de Londres. Depuis, M. Pratt, géologue instruit et paléontologiste distingué, a retrouvé d'autres empreintes plus complètes. Ces matériaux, mis entre les mains de M. Owen, sont devenus pour le savant anatomiste le sujet d'un mémoire plein d'intérêt, publié dans les *Transactions philosophiques* (1844). Déjà, dans les généralités sur les Céphalopodes, nous avons eu occasion d'entrer dans quelques détails sur les empreintes trouvées par M. Pratt et de faire remarquer l'utilité du genre *Belemno-sepia*, proposé par M. Owen. Mais M. Owen a changé d'opinion, et, d'après le mémoire que je viens de mentionner, il attribue au genre Bélemnite lui-même les empreintes de Christian-Maleford. Nous répéterons ici succinctement les raisons qui nous déterminent à accepter la première opinion de M. Owen et à rejeter la seconde. Nous rappellerons que le caractère dominant dans les Bélemnites consiste dans la présence d'un appendice dorsal, probablement cornéo-calcaire et venant se placer dans le dos de l'animal, comme la plume cornée des Calmars ou des Ommastrèphes. L'existence de cet appendice dorsal est mise hors de doute, comme nous l'avons déjà dit, par les observations de Voltz, qui en a vu les stries d'accroissement, empreintes à la surface du cône cloisonné des Bélemnites. Il me semble évident que tout animal qui n'aura pas cet appendice calcaire, ne devra pas faire partie du genre Bélemnite, quelle que soit du reste l'analogie de la coquille intérieure qu'il portait dans son manteau. D'après tout ce qui est connu du *Belemno-sepia*, il me paraît évident que, dans cet animal, l'appendice dorsal manquait complétement; ce dont on peut juger, non-seulement d'après les excellentes figures qui accompagnent le mémoire de M. Owen, mais encore d'après les fossiles eux-mêmes, que M. Pratt a généreusement répandus dans plusieurs collections. Nous avons dans ce moment sous les yeux un petit échantillon du *Belemno-sepia*, dans lequel la cavité infundibuliforme est parfaitement conservée, quoique aplatie, et les stries d'accroissement que l'on y remarque sont parfaitement circulaires, ce qui annonce de la manière la plus précise qu'il n'existait aucune trace de l'appendice dorsal. Nous concluons, d'après ce qui précède, que l'animal fossile, rapporté en dernier lieu aux Bélemnites par M. Owen, constitue en réalité un genre distinct, quoique très voisin. Nous ne pouvons nous empêcher de manifester notre admiration pour des animaux fossiles d'une aussi étonnante conservation que ceux-ci. En effet, non-seulement on a trouvé une coquille semblable à celle des Bélemnites, avec un prolongement cornéo-calcaire, infundibuliforme, mais on a trouvé également les empreintes du corps de l'animal avec sa tête, ses yeux, ses bras ses siles au nombre de huit, armés de grands crochets calcaires, et la base des deux bras pédiculés; on a également les nageoires parfaitement conservées et on a pu retrouver dans leur épaisseur des fibres musculaires, dont on a pu reconnaître la structure à l'aide des grossissemens microscopiques. Enfin, on a également vu les vestiges bien conservés d'un œil, ainsi que ceux du canal charnu, au moyen duquel l'eau était portée dans le sac branchial et rejetée au-dehors pour faciliter la natation. On comprend qu'avec de semblables élémens, il a été possible de se faire une idée aussi exacte du *Belemno-sepia*, que si on l'avait vu vivant; M. Owen, en conséquence de son travail, a proposé la restauration de l'animal complet, et il en donne une figure qui nous paraît satisfaisante, à laquelle cependant nous reprochons une tête trop enfoncée dans le sac, des bras sessiles trop courts et armés d'un trop petit nombre de crochets. On comprend, d'après ce qui vient d'être dit, qu'il a été facile de rétablir les caractères du genre; seulement il présentera une difficulté que nous devons signaler. La coquille solide que porte dans le dos le *Belemno-sepia* ne diffère en rien d'essentiel de celle des Bélemnites; ainsi on y trouve des couches concentriques superposées comme celles des Bélemnites; le tissu est rayonné dans la cassure transverse, et l'extrémité antérieure est creusée d'une cavité conique, à bords très minces, au fond de laquelle sont contenues des cloisons transverses percées d'un siphon ventral. Mais les stries que l'on trouve dans cette cavité, aussi bien que sur le cône cloisonné, sont circulaires, tandis qu'elles ne le sont pas dans les Bélemnites. Il peut arriver, comme on le comprendra facilement, une confusion entre les espèces appartenant aux deux genres; mais aussi elle est absolument inévitable jusqu'au moment où, à l'aide du caractère dont nous venons de parler, on aura pu les distinguer. L'histoire des Mollusques offre d'autres exemples de coquilles semblables, habitées par des animaux différens; c'est ainsi que la coquille du genre Patelloïde, de Quoy et Gaimard, ne se distingue pas des Patelles proprement dites, et cependant les animaux des deux genres se reconnaissent facilement par la disposition des branchies. Il en est de même du genre Tylodine, qui porte également une coquille se distinguant très difficilement de celle des Patelles. Il faut donc admettre, dans l'état actuel des connaissances sur les genres en question, qu'une coquille de Bélemnite peut appartenir à-la-fois aux genres *Belemno-sepia* et Bélemnite.

Le *Belemno-sepia* était un animal voisin du Calmar par la forme générale du corps, mais très différent des autres Céphalopodes par la forme et la position des nageoires, puisqu'au lieu d'être triangulaires et d'occuper l'extrémité postérieure du corps, elles sont demi-circulaires et occupent la moitié antérieure du sac. La coquille contenue dans l'animal est placée d'une manière probablement différente de celle de la Bélemnite, car sa cavité conique se prolongeant considérablement en avant, au-delà des cloisons, est assez grande pour contenir la plus grande partie des viscères intérieurs; et déjà l'on sait qu'elle renfermait l'organe spécial destiné à la sécrétion et à l'émission de l'encre.

On n'a jusqu'à présent mentionné qu'une seule espèce, elle est représentée dans l'intéressant ouvrage de M. Mantell, les *Médailles de la création,* t. II, p. 468, et surtout dans le mémoire cité de M. Owen.

Genre **SPIRULIROSTRA.** D'Orbigny.

CARACTÈRES GÉNÉRIQUES. — Animal inconnu, osselet intérieur terminé postérieurement en un rostre épais, conique, très pointu au sommet, et creusé d'une cavité au devant de laquelle s'élève une protubérance médiane, obtuse et rugueuse; cavité étroite, conique, courbée en portion de spirale, contenant des cloisons transverses, écartées, simples, percées d'un siphon ventral.

Observations. — Voici encore un genre des plus curieux qui vient combler, d'une manière inattendue, une lacune qui existait entre les genres Seiche et Spirule. Bien que la Spirule, d'après les observations de Lamarck et celles de M. de Blainville, se rattache indubitablement au groupe des Céphalopodes décapodes, cependant ce genre restait isolé, et l'on ne pouvait pas présumer s'il se rattacherait préférablement à l'un des types qui se font remarquer parmi ces animaux. La découverte du Spirulirostra par M. Bellardi, de Turin, est venue rattacher la Spirule à la Seiche par une combinaison fort singulière de la coquille des deux genres. M. d'Orbigny, le premier, a fait connaître ce genre curieux dans le tome XVII des *Ann. des Sc. nat.* Ce que l'on connaît de ce genre consiste en un gros rostre calcaire, très épais à la base, pointu au sommet, ayant la plus grande analogie avec le bec des Seiches fossiles des environs de Paris : ce bec est plein dans la plus grande partie de son étendue, mais antérieurement au point où il s'élargit, il est creusé d'une cavité conique, étroite, arquée sur elle-même, en demi-spirale, et elle est remplie de cloisons transverses espacées, comparables plutôt à celles de la Spirule qu'à celles de la Bélemnite. Toutes les cloisons sont percées d'un siphon ventral, ce qui rapproche encore davantage ce genre des Spirules.

Une seule espèce est connue jusqu'à présent ; M. d'Orbigny lui a donné le nom du savant qui en a fait la découverte. Elle a été trouvée aux environs de Turin, dans le terrain tertiaire moyen.

Genre **ORTHOCERAS** (Breyne).

Caractères génériques. — Animal inconnu, coquille conique droite, à tranche circulaire, cloisonnée dans la plus grande partie de sa longueur; cloisons simples, concaves d'un côté, convexes de l'autre, et percées d'un siphon central ou subventral; dernière loge grande, engaînante et pouvant contenir l'animal en entier ; ouverture circulaire, simple, quelquefois garnie d'un bourrelet et presque toujours dans un plan horizontal.

Observations. — Nous nous trouvons dans la nécessité de reproduire un genre Orthocère, autrement caractérisé que celui de Lamarck; en effet, Lamarck n'admettait parmi ses Orthocères que des coquilles microscopiques, telles que les *Nautilus raphanus* de Linné, par exemple, qui appartiennent incontestablement à la classe des Rhizopodes. Nous restituons au genre Orthocère toute la valeur que Breyne le premier lui donna. En cela, nous suivons l'exemple de Parkinson, de Sowerby, de Férussac, et de tous les autres zoologistes qui, dans ces derniers temps, se sont occupés des Céphalopodes fossiles. Les Orthocères doivent commencer la famille des Nautilacées; pour les caractériser de la manière la plus simple, on peut dire que ce sont des Nautiles droits. Ces coquilles commencent toujours par un sommet très aigu, elles s'accroissent plus ou moins lentement selon les espèces, et elles prennent la forme d'un cône plus ou moins allongé, à base circulaire, quelquefois subtriangulaire. Dans les Orthocères proprement dits, le sommet n'est jamais incliné; une grande partie de la coquille est remplie par des cloisons transverses, simples, que l'on peut comparer à celles qui se trouvent dans le cône de la Bélemnite; elles sont concaves d'un côté, et cette concavité est tournée vers l'extrémité antérieure de la coquille. La convexité est dirigée dans un sens opposé. Ces cloisons sont minces comme celles du Nautile, et toutes sont percées d'un siphon plus ou moins grand, selon les espèces; souvent il est continu, du sommet à la base, comme cela a lieu dans un certain nombre de Nautiles. Ces coquilles étaient généralement minces; on peut en juger d'après les intervalles que laisse le test dans la roche où il a été fossilisé, ou bien lorsque l'on en retrouve des vestiges sur les Orthocères mieux conservés. Souvent les coquilles sont lisses; un certain nombre d'espèces ont des stries ou des côtes transverses; les stries longitudinales ne caractérisent qu'un très petit nombre d'espèces.

On a rangé parmi les Orthocères une coquille fort remarquable qui se trouve dans les terrains inférieurs de l'Eifel; elle commence exactement comme les Orthocères, par un cône droit et assez court; mais bientôt elle se dilate en une poche régulière, ovalaire, dont le grand axe terminal présente une ouverture triangulaire, que l'on ne connaît pas encore dans les Orthocères proprement dits. M. de Munster a proposé de faire de ce corps un genre particulier sous le nom de *Gomphoceras*.

On remarque, parmi les espèces d'Orthocères des terrains anciens de sédimens, un certain nombre qui, au lieu d'avoir le siphon central, ont cette partie importante située entre le bord ventral et le centre; quelques auteurs, et entre autres M. de Castelnau, dans les terrains siluriens de l'Amérique du nord, a proposé pour ces espèces un genre qu'il nomme *Actinoceras;* mais il nous paraît que ce caractère n'a pas assez de valeur pour constater un genre particulier, et nous pensons qu'il suffira de former de ces espèces un groupe, quand on en fera la monographie.

Le genre Orthocère, tel qu'il est aujourd'hui constitué, est très naturel et ne peut se confondre avec aucun autre. Pendant long-temps on a cru qu'il était propre aux terrains de transition; mais des observations plus récentes donnent à penser qu'il existe également jusque dans les terrains jurassiques. Il y a des espèces dont la taille est gigantesque; on cite des individus qui ont dû avoir plus d'un mètre de longueur, d'autres espèces d'un volume également considérable étaient beaucoup plus courtes; on peut s'en faire une bonne idée d'après les figures que M. Sowerby en a données dans son *Mineral Concology*. Nous ne pouvons pas donner la description des espèces aujourd'hui connues; nous renverrons à l'ouvrage de Breyne, mentionné déjà, et à ceux des auteurs suivans, dans lesquels un certain nombre d'espèces ont été correctement figurées. Nous recommanderons particulièrement le beau travail de MM. Verneuil et d'Archiac, sur les fossiles de provinces rhénanes, travail publié dans le tome VI des *Transactions de la Société géologique de Londres*.

Hisinger. *Lethea suecica*, pl. 9, 10 (1837).

Murchisson. *Silurian syst.*, p. 619, 626, 631, 642.

uenstedt. *de Notis Nautil. prim.*, p. 13.

Schlotheim. *Petrefact.*, pl. 11.

Munster. *Petref.-Kunde*, t. III, pl. 17, 20.

Munster. *Petref.-Kunde*, t. IV, pl. 14.
— — — t. I, pl. 13.
— — — t. V, pl. 12.
Klipstein. *Beitrage zur geol.*, t. II, p. 143.
Rœmer. *Hartzgeb.*, p. 35 (1843).
Bronn. *Leth.*, p. 13, 99, 403, 635, 730, 1284.
Portlock. *Report*, p. 263.
Buckland. *de la Géol.*, pl. 44.
Mantell. *Medals of creation*, p. 483.
Actinoceras, Castelnau, *Syst. silur.* (Amér. septent.).

Genre **GOMPHOCERAS** (Munster).

Caractères génériques. — Animal inconnu, coquille droite, courte, conique, s'élargissant en avant en une dernière loge ovoïde, subfusiforme, pouvant contenir l'animal, et terminée au centre, par une ouverture triangulaire, rétrécie par trois lobes du bord ; cloisons transverses nombreuses, simples, percées d'un siphon, petit, subventral.

Observations. — Ce genre, particulier aux terrains de l'Eifel, a d'abord été confondu parmi les Orthocères. M. de Munster l'a distingué et caractérisé dans son ouvrage sur les pétrifications de l'Allemagne ; néanmoins, MM. Verneuil et d'Archiac, auxquels on est redevable d'un excellent travail sur les terrains de l'Eifel, ont fait figurer de très beaux exemplaires de ce genre et les ont conservés parmi les Orthocères. Il est vrai qu'il existe une espèce, le *Gomphoceras fusiformis*, par exemple, qui semble établir un passage entre les deux genres. Mais chez cette espèce on retrouve l'un des caractères génériques les plus importans, celui du rétrécissement de l'ouverture, que l'on ne rencontre pas dans les Orthocères. Tel qu'il est caractérisé, ce genre Gomphoceras doit rester dans la méthode, à moins que l'on ne constate plus tard que les Orthocères ont ordinairement une ouverture rétrécie par l'inflexion en dedans du bord découpé en trois lobes ; peut-être même, dans ce cas, faudrait-il encore distinguer les Gomphoceras, à cause de ce gonflement si remarquable de la dernière loge, dont on ne peut citer aucun autre exemple dans la famille des Nautilacées. Les Gomphoceras sont des coquilles droites d'un médiocre volume; elles commencent comme les Orthocères courtes par un cône cloisonné, parfaitement régulier qui bientôt se dilate en une poche ovoïde ou subfusiforme, au fond de laquelle se trouvent aussi quelques cloisons beaucoup plus étendues que celles du cône lui-même ; le reste de cette poche est vide et la cavité en est assez grande pour contenir l'animal tout entier. A l'extrémité antérieure se montre une ouverture rétrécie, trigone, à bords simples et renversés au-dehors; ces cloisons sont nombreuses, régulières et percées d'un siphon subventral. Les Gomphoceras ont de la peine à s'intercaler dans les classifications de la famille des Nautilacées, ils constituent pour nous un petit embranchement latéral sans issue, partant des Orthocères pour se mettre en rapport, d'une manière indirecte, avec les Phragmoceras, dont l'ouverture est modifiée à-peu-près de la même manière.

On ne connaît encore que deux espèces de Gomphoceras : *Orthoceras fusiformis*, Sow., *Min. Concol. Gomphoceras fusiformis;* Munster, *Petrefact.-Kunde*, t. III, pl. 20; l'autre est le *Gomphoceras subpyriformis*, Munster, *loco citato; Orthoceratites subpyriformis*, Verneuil et d'Archiac, *Mém. sur les Fossiles des provinces Rhénanes* (*Transact. géolog. de Londres*, t. VI, pl. 28, f. 3).

Genre CAMPULITES Desh. (*Cyrthoceras Gold.*).

CARACTÈRES GÉNÉRIQUES. — Animal inconnu; coquille conique, oblique, ou en spirale disjointe, plus ou moins enroulée dans le plan horizontal; cloisons transverses, simples, percées d'un siphon subdorsal ; dernière loge très grande, engaînante, pouvant contenir l'animal; ouverture simple, comprimée ou subcirculaire.

OBSERVATIONS. — Dès 1830, nous avons signalé ce genre à l'attention des naturalistes, dans le tableau des classifications de Céphalopodes (*Encycl. méthod.*); plus tard, M. Goldfuss le caractérisa de nouveau et d'une manière plus complète; il lui imposa le nom de *Cyrthoceras*. Quel que soit le nom que l'on adopte, ce genre est utile et doit être conservé, car il repose sur des caractères qui ne se rencontrent dans aucun de ceux de l famille des Nautilacées. M. Hisinger, et tous les auteurs anté rieurs, confondaient les Campulites avec les Orthocères, parc qu'alors on n'attachait pas assez d'importance aux deux carac tères qui les distinguent si éminemment. Les Campulites sont e effet des Orthocères courbés sur eux-mêmes, et présentant tantô la forme d'une corne plus ou moins allongée, et tantôt la form spirale, mais à tours disjoints, sans que le dernier se prolong en ligne droite, comme cela a lieu dans les Lituites de Breyn A ce caractère de la forme extérieure se joint celui plus impor tant encore de la position du siphon; ici il est subdorsal, c'est-à-dire vers la partie convexe de la coquille, tandis que dan tous les autres genres des Nautilacées, il est central ou subven tral; cependant dans les Campulites, le siphon n'est point dor sal de la même manière que dans les Ammonites; il reste inclu dans la cloison, tandis que dans la famille des Ammonées, l siphon est tout-à-fait marginal.

On connaît actuellement quelques espèces du genre Campu lite; toutes sont décrites et figurées sous le nom de *Cyrthoceras* Nous donnons ici la liste des auteurs auxquels il faut recouri pour avoir une connaissance exacte de ces espèces.

Cyrthoceratites. D'Arch. et Vern., *Foss. du Rhin,* p. 348.
Orthoceratites. Steininger, *Foss. de l'Eifel,* pl. 22, 23.
Cyrthoceras. Murchisson, *Silur. system*, p. 621.
Quenstedt, *de Notis*, *Naut. prim.*, p. 23.
Munster, *Petrefact.-Kunde*, p. 3, pl. 17.
— — — p. 1, pl. 2, 17.
— — — p. 4, pl. 14.
Orthoceratites. Schlotheim, *Petrefact.-Kunde,* pl. 8.
Cyrthoceras. Rœmer, *Hartzgeb.* (1843), p. 35.
Cyrthoceras et *Gyroceras.* Bronn, *Leth.,* p. 101, 102.
Spirula. — — p. 102.
Cyrthoceras. Portlock, *Report.,* p. 384.

Genre **PHRAGMOCERAS** (Broderipe).

Caractères génériques. — Animal inconnu; coquille comprimée latéralement, conique, régulièrement arquée dans sa longueur, mais non en spirale; cloisons transverses, simples, percées d'un très grand siphon subventral; dernière loge, grande, engaînante, terminée par une ouverture longitudinale, contractée, en fente, dont l'extrémité postérieure est dilatée en un large sinus transverse, et l'extrémité antérieure se prolonge en un sinus plus petit, subcirculaire, et formant une sorte de tube en avant.

Observations. — Ce genre très curieux a été nouvellement institué par M. Broderip, dans l'ouvrage de M. Murchisson, sur les terrains siluriens de l'Angleterre. Il présente encore une modification très remarquable du type des Nautilacées; ce sont des coquilles d'un volume assez considérable, comprimées latéralement et présentant une coupe transverse, ovalaire, plus ou moins allongée; elles sont en cône court, courbées dans leur longueur, comme certaines Campulites, mais ne se terminant point en spirale au sommet; cependant, M. Broderip a fait figurer, sous le nom de *Phragmoceras nautileum*, un fragment de coquille à spire très courte, mais rien ne prouve quant à présent que ce fragment dépende du genre Phragmoceras; aussi c'est avec doute que M. Broderip introduit cette espèce dans son nouveau genre. La position du siphon est le caractère qui distingue essentiellement les Phragmoceras des Campulites; nous avons vu que dans ce dernier genre le siphon est subdorsal, dans le premier il est toujours ventral; les cloisons dans les Phragmoceras sont transverses et simples, nombreuses, rapprochées, et la dernière est grande, engaînante et terminée par une ouverture des plus singulières; cette ouverture se rétrécit en une fente très étroite sur le milieu, par suite de l'inflexion et du rapprochement des deux lèvres qui prennent une forme arquée et presque demi-circulaire; à son extrémité dorsale, l'ouverture présente une dilatation transverse, en forme d'écusson, et dont les bords sont légèrement relevés et renversés; enfin l'extrémité ventrale ou antérieure est rétrécie en un bec saillant, de forme circulaire. Comme on le voit, les coquilles de ce genre se distinguent facilement, et ne sauraient être confondues avec aucune de celles des genres circonvoisins.

On connaît actuellement trois ou quatre espèces de Phrag moceras qui toutes appartiennent aux terrains siluriens de l'Ar gleterre et de l'Allemagne; ces espèces, mentionnées à la p. 62 du tome II de l'ouvrage de M. Murchisson, y sont figurées à l pl. 10.

Genre **LITUITES** (Breyne).

Caractères génériques. — Animal inconnu; coquill spirale, à tours conjoints ou séparés, le dernier se prolongeant en ligne droite; cloison transverses, la dernièr grande, engaînante, pouvant contenir l'animal.

Observations. — Il ne faut pas confondre ce genre de Breyne avec les Lituoles de Lamarck. En effet, les Lituoles sont des coquilles microscopiques, dont les cloisons sont perforées de six trous, tandis que les Lituites appartiennent sans aucune doute à la famille des Nautilacées, dont ils constituent l'un des genres les plus curieux. Plusieurs auteurs déjà anciens, Breyne, Klein, Knorr et Walsch, ont donné des figures de ce genre, et nous avons toujours été étonné que Lamarck ne l'ait point rétabli dans sa méthode. Il est cependant facile à distinguer. Il consiste en une coquille conique, dont le sommet est contourné en spirale, tandis que le dernier tour se projette en ligne droite. Il existe des espèces chez lesquelles les tours de spire sont disjoints, d'autres où ils se touchent et ressemblent par conséquent à certains Nautiles; aussi pour ces dernières, il faut en avoir des fragmens assez complets pour pouvoir les rapporter à leur véritable genre. Cependant, par l'observation du siphon, il serait possible de séparer les spires des Lituites et des Nautiles, puisque ceux-ci ont le siphon central, tandis que dans les Lituites, le siphon est ventral. Cette disposition explique jusqu'à un certain point l'erreur de quelques observateurs qui ont rapporté au genre Spirule des fragmens de spire de Lituites. La dernière loge est très grande et suffisante pour contenir l'animal. L'ouverture est circulaire, simple, à bords minces et tranchans.

On ne connaît encore qu'un petit nombre de Lituites. Outre les ouvrages que nous avons déjà cités, on en trouvera des figures dans l'ouvrage de Hisinger, *Lethea suecica*, pl. 8; dans celui le Murchison, *Silurian syst.*, p. 622, 626, 643, et de Bronn, *Lethea geognost.*, p. 13 et 103. M. Buckland l'a également représenté lans sa *Géologie*, pl. 44.

CLYMENIA (Munster).

Caractères génériques. — Animal inconnu; coquille discoïde, le plus souvent ombiliquée, à cloisons simples, onduleuses sur les cotés, une ou deux ondulations plus ou moins profondes; siphon ventral; dernière loge grande, pouvant contenir l'animal.

Observations. — Ce genre a été mentionné en 1832, sous le nom de Planulite, par M. de Munster. Le traducteur du mémoire dans lequel le géologue allemand a caractérisé son genre, M. Domnando, a fait observer à M. de Munster que déjà il existait un genre Planulite parmi ceux de Lamarck. M. de Munster proposa un autre nom, celui de *Clymenia*, qui a été généralement adopté. Il s'applique à des coquilles qui diffèrent peu des Nautiles; elles en ont la forme extérieure, c'est-à-dire qu'elles sont enroulées dans le plan horizontal, discoïdes, à ombilic plus ou moins grand, quelquefois entièrement caché par le dernier tour. Les cloisons ont un caractère particulier, elles présentent sur les côtés et d'une manière symétrique, une inflexion plus ou moins profonde, que l'on peut comparer à l'un des lobes des cloisons des Ammonites, mais dénuées de découpures. A ce caractère tout particulier des cloisons se joint celui de la position du siphon; dans les Nautiles proprement dits, le siphon perce la cloison à son centre, tandis que dans les Clymenia le siphon est ventral. M. de Munster a restreint son genre à des coquilles que l'on trouve dans les terrains de transition de l'Allemagne; mais il faudra y joindre quelques espèces des terrains tertiaires offrant des caractères identiques; seulement dans celles-ci le siphon est en proportion plus grand, et les sinuosités latérales plus profondes et plus étroites; mais ces légères différences n'ont pas dû apporter de changemens considérables dans la constitution du genre; et tout porte à croire qu'un animal semblable a dû vivre à deux époques géologiques, éloignées par un immense laps de temps.

Le nombre des espèces connues est assez considérable; trois sont mentionnées dans les terrains tertiaires; deux dans la période parisienne, l'autre appartient au deuxième étage tertiaire et se rencontre particulièrement aux environs de Dax et de Bordeaux; les espèces de terrains anciens ont été particulièrement décrites et figurées par M. de Munster, soit dans des mémoires publiés séparément, soit dans ses *Pétrifications de l'Allemagne*.

Genre **PTYCHOCERAS**, D'Orbigny.

Caractères génériques. — Animal inconnu; coquille conique, cylindracée ou comprimée, très allongée, composée de 2 parties droites, coudées à un certain point de leur longueur et soudées entre elles; cloisons transverses, profondément sinueuses, en 6 lobes symétriques découpés sur leurs bords; siphon dorsal.

Observations. — Dans son *Mineral conchology*, M. Sowerby a le premier, signalé à l'attention des géologistes un corps fossile très singulier, qu'il a rangé parmi les Hamites. On comprendra la forme de ce corps si, en prenant une Baculite, on la courbe en deux, en rapprochant l'une de l'autre ses deux parties restées droites. L'espèce vue par M. Sowerby était probablement mal conservée, car ce naturaliste a cru ses cloisons simples, comme celles de la famille des Nautilacées. M. D'Orbigny ayant vu d'autres espèces plus grandes et offrant les mêmes caractères, a proposé de les rassembler sous le nom générique de *Ptychoceras*, et ce nom devra être adopté. Le sommet de ces coquilles n'est jamais contourné en spirale; il est très aigu et l'accroissement se fait lentement; parvenue à un certain degré de développement, la coquille fait un coude et elle recommence ensuite à se développer en ligne droite, en soudant la deuxième partie à la première. Jusqu'à présent, on ne connaît qu'une seule courbure dans chaque coquille, et tout porte à croire qu'il n'en existe pas plusieurs, comme dans les Hamites et les Baculites. Les cloisons présentent six lobes profondément découpés sur leurs bords. Le siphon est dorsal, comme dans toutes les coquilles des Ammonées.

M. D'Orbigny, dans sa *Paléontologie française*, mentionne deux espèces de ce genre, l'une sous le nom de *Ptychoceras Emericianus*, D'Orb., *Paléont. franç.*, p. 555, pl. 137, f. 1-4; la deuxième sous celui de *Ptychoceras Puzosianus*, même ouvrage, pl. 57, f. 5 et 7. Toutes deux appartiennent aux terrains néocomiens des Alpes.

Hamites. Sow. *Min. conch.* (1814).
Hamites. Mantell. *Craie*. Pl. 19 (1822).
Mantell. *Medals of creat.*, t. 2, p. 499.
D'Orb. *Paléont. franç. Craie*, t. 1, p. 554.

Genre **TOXOCERAS**. D'Orbigny.

Caractères génériques. — Animal inconnu, coquille conique, subcylindracée ou comprimée, symétrique, très allongée, plus ou moins arquée; mais ne formant jamais la spirale, cloisons transverses, profondément sinueuses, présentant 6 lobes inégaux, profondément foliacés sur leurs bords; siphon dorsal.

Observations. — Voici encore un genre que l'on confondait avec les *Hamites*, et que M. D'Orbigny en a séparé lorsqu'il en a reconnu la forme constante, parce qu'avant lui il était difficile de s'en faire une idée, par les fragmens peu complets répandus dans les collections. On se fera une juste idée du genre *Toxoceras*, en prenant une Baculite et en lui imprimant une légère courbure du sommet à la base, de manière à ce que le siphon reste du côté de la convexité. Cette forme est variable, selon les espèces: chez les unes, elle se rapproche de la ligne droite; chez les autres, la courbure est beaucoup plus forte, sans pouvoir atteindre cependant la spirale, c'est-à-dire que le sommet ne rentre jamais en dedans de l'extrémité antérieure. Lorsque l'on examine la coupe transverse des coquilles de ce genre, on trouve des espèces où cette coupe est circulaire, et d'autres où elle devient tout-à-fait ovalaire, et par conséquent la coquille est comprimée sur les côtés. Comme dans les autres genres, les cloisons sont découpées en six lobes, mais ce qui les rend remarquables, c'est le nombre et la profondeur des petits lobes qui terminent leurs bords.

Les espèces de ce genre sont assez nombreuses. M. D'Orbigny, dans sa *Paléontologie française*, en décrit dix espèces qui toutes appartiennent aux couches inférieures du terrain crétacé.

Philips. *Yorkshire*. Pl. 1.

Hamites. Buckland. *Géolog.*, pl. 44.

Mantell. *Med. of creat.*, p. 497.

D'Orb. *Paléont. franç.* Craie, t. 1, p. 472.

Genre **HAMITES**. Parkinson.

CARACTÈRES GÉNÉRIQUES. — Animal inconnu, coquille conique, symétrique, en spirale elliptique, dont les tours peu nombreux sont largement disjoints; cloisons transverses, à six lobes symétriques, profondément découpés sur les bords; siphon dorsal.

OBSERVATIONS. — Avant les recherches de M. d'Orbigny, le genre Hamite renfermait plusieurs formes très distinctes que l'on rapprochait, parce que l'on ne connaissait que des fragmens incomplets des coquilles qui les ont. Proposé par Parkinson, dans son grand ouvrage : *Organic remains*, le genre Hamite était destiné d'abord à rassembler toutes les coquilles à cloisons découpées, dont les tours sont disjoints, et qui offrent des courbures diverses. Ce genre avait besoin réellement d'être restreint dans ses caractères, mais peut-être, M. d'Orbigny a-t-il poussé la réforme trop loin, en écartant des Hamites un genre qu'il nomme *Ancyloceras*. Pour se faire une idée satisfaisante des Hamites, il faut supposer une Baculite courbée plusieurs fois dans sa longueur et conservant des parties droites ou presque droites entre ses courbures. Il résulte de cette modification une spirale elliptique formant un tour ou un peu plus, mais dont les parties sont très écartées les unes des autres. Presque toutes les Hamites sont des coquilles comprimées latéralement, dont les cloisons sont divisées en six lobes symétriques, et dont les bords sont très profondément lobés. Malgré les réformes qu'il a subies, M. d'Orbigny dans le genre conserve encore dix-sept espèces qui toutes appartiennent aux terrains crétacés. On peut donc considérer les espèces de ce genre comme caractéristiques de la formation crayeuse.

Mantell, *Craie*, pl. 23 (1822).
Fitton, *Observ. on the Chalk*, pl. 12 (1836).
Philips, *Yorkshire*, pl. 1.
Geinitz, *Charakt. Kreidg.*, p. 41, 68.
Rœmer, *Kreidgeb.*, p. 92.
Leymerie, *Craie de l'Aube*, pl. 17.
Sow., *Min. conch.*
Geinitz, *Versteims* (1843), pl. 1, 5.
Bronn, p. 209, 561, 568, 789.
Portlock, *Report.*, p. 409.
Buckland, *Géolog.*, pl. 44.
Mantell, *Med. of creat.*, t. II, p. 499.
De Buch., *Foss. d'Amér.*, pl. 1, 2.
D'Orb., *Paléont. franç.*, *Craie*, t. 1, p. 526.

Genre **ANCYLOCERAS**. D'Orbigny.

Caractères génériques. — Animal inconnu, coquille commençant par une spire à tours disjoints, se prolongeant ensuite en une ligne droite ou médiocrement arquée et se terminant par un coude opposé à la spire; cloisons transverses, découpées en six lobes symétriques, dont les bords sont profondément foliacés; siphon dorsal.

Observations.— Ce genre, très voisin des Hamites, se distingue par un sommet constamment tourné en spirale, dont les tours sont disjoints. Le commencement de la coquille pourrait se confondre avec les Cryoceras; mais lorsqu'elle est complète, elle se distingue par un caractère qui lui est propre, car le dernier tour se projette loin de la spire, quelquefois en ligne droite, assez souvent en conservant une courbure ellipsoïde; avant de se terminer, ce dernier tour se recourbe à-peu-près comme cela a lieu dans les Scaphites, et il se termine par une ouverture arrondie ou ovalaire, faisant face à la spire, et s'en rapprochant quelquefois beaucoup; cette disposition très remarquable établit réellement un passage entre les Hamites et les Scaphites; passage qui n'était pas aussi nettement établi avant la publication de l'ouvrage de M. d'Orbigny, et des découvertes récentes qu'il contient. Les cloisons sont, comme à l'ordinaire, profondément lobées en six parties symétriques, et leurs bords sont découpés en nombreuses folioles, semblables à celles bien connues dans la famille des Ammonées. Il y a quelques espèces d'Ancyloceras qui acquièrent un volume considérable; elles dépassent sous ce rapport ce qui est connu dans la plupart des autres genres. Un autre fait, non moins remarquable, relatif à ce genre, c'est sa distribution dans les couches de la terre; il est propre jusqu'à présent aux terrains néocomiens, si ce n'est en Angleterre où quelques espèces sont citées dans les grès verts.— Onze espèces sont aujourd'hui connues; elles sont décrites et figurées dans la *Paléontologie française.*

Fitton, *Observ. on the Chalck*, pl. 15 (1836).
Philips, *Yorkshire*, pl. 1.
Hamites, Buckland, *Géolog.*, pl. 44.
Mantell, *Med. of creat.*, t. 2, p. 497.
D'Orb., *Paléont. franç.*, *Craie*, t. 1, p. 491.

Genre **SCAPHITES**. Parkinson.

Caractères génériques. — Animal inconnu, coquille symétrique, ovalaire, commençant par une spirale à tours conjoints, plus ou moins embrassans; le dernier tour détaché de la spire, se portant en avant et se courbant pour se terminer par une ouverture opposée à la spire; cloisons transverses, découpées en lobes symétriques et dont les bords sont divisés en folioles; siphon dorsal.

Observations. — Le genre Scaphite a été établi par Parkinson, et successivement adopté par tous les zoologistes; on ne connut d'abord qu'un très petit nombre d'espèces; mais des recherches récentes les ont multipliées, et l'on a vu les formes se modifier et se rapprocher à quelques égards de celles des Ancyloceras de M. d'Orbigny. Cependant les Scaphites se rapprochent des Ammonites plus qu'aucun des genres précédens. En effet, les tours de la spire sont réunis et s'embrassent les uns dans les autres, à la manière des Ammonites; aussi, il serait très difficile de distinguer d'une Ammonite une Scaphite jeune ou seulement mutilée. La spire est parfaitement régulière, le plus ordinairement elle est ombiliquée; dans un petit nombre d'espèces, la spire est comprimée et ses tours largement étalés de chaque côté; le dernier tour se projette en avant; quelquefois il est arqué sur lui-même; plus souvent il est droit, puis se recourbe vers son extrémité, et se termine par une ouverture obliquement renversée en face de la spire. Lorsque les moules intérieurs de Scaphite sont conservés, on peut juger de la forme de l'ouverture par l'empreinte qu'elle a laissée; elle est toujours plus étroite que les parties du dernier tour qui la précèdent; et il semble que pour former ces parties, l'animal se soit contracté sur lui-même et en quelque sorte amoindri, le péristome reste entier, comme dans les genres précédens, et il est garni en-dedans d'un bourrelet plus ou moins épais qui rétrécissait encore l'ouverture. Les cloisons sont tout-à-fait semblables à celles des Ammonites; les lobes qui les découpent sont symétriques, mais ils vont graduellement en décroissant, depuis le dos jusqu'au bord interne des tours; leur nombre est plus considérable que dans les genres ci-dessus, parce que le lobe ventral et l'un des derniers latéraux ont été profondément modifiés par le retour de la spire, et la manière dont les tours sont reçus les uns dans les autres. Les Scaphites sont encore des coquilles qui appartiennent aux terrains crétacés; on les rencontre depuis les couches inférieures du terrain néocomien, jusque dans la craie chloritée où elles sont abondantes; leur nombre est encore peu considérable, et on les a découvertes aussi bien dans les craies d'Amérique que dans celles de l'Europe.

Mantell, *Craie*, pl. 22 (1822).
Fitton, *Observ. on the chalch.*, pl. 12, 15 (1836).
Morton, *Descrip. of foss. shells* (1828).
Geinitz, *Charakt. kreid.*, p. 40, 67 (1840).
Rœmer, *Kreidg.*, p. 90.
Sow., *Min. conch.*
Bronn. *Leth.*, p. 209, 561, 727.
Buckland, *Géol.*, pl. 44.
Mantell., *Med. of creat.*, t. II, p. 501.
D'Orb. *Paléont. franç. Craie*, t. I, p. 512.

Genre **CRIOCERAS.** Léveillé.

Caractères génériques. — Animal inconnu, coquille discoïde régulière, à tours plus ou moins nombreux, arrondis ou ovalaires, toujours disjoints; cloisons transverses, lobées, ayant les bords profondément découpés; siphon dorsal.

Observations. — Créé par M. Léveillé, dans le 1er vol. des *Mém. de la Soc. de géolog.*, ce genre est fondé sur de bons caractères empruntés à la forme extérieure; mais M. Léveillé n'est pas le premier auteur qui en ait donné la figure; on en trouve une assez bonne sous le nom de *Rhumbus lapideus*, à la p. 424 du *Museum calceolarianum* (1622). Ce genre se rapproche beaucoup des Ammonites, il en diffère seulement en ce que tous les tours de la spire sont disjoints, tandis qu'ils se touchent ou s'embrassent plus ou moins dans les Ammonites. Ce genre ne peut donc se confondre avec aucun de ceux jusqu'à présent connus, car dans les Ancyloceras, le dernier tour se détache de la spire, tandis qu'ici il conserve constamment une même courbure. Dans la plupart des espèces la spire ne compte que quatre à cinq tours; ils sont ordinairement comprimés latéralement, et par conséquent l'ouverture qui les termine est ovalaire. Les cloisons sont rendues sinueuses par six lobes inégaux que l'on y remarque; les bords de ces lobes sont profondément découpés en folioles, de la même manière que dans les Ammonites.

On ne connaît encore qu'un petit nombre d'espèces; toutes appartiennent à la formation crétacée; elles dépendent particulièrement des couches inférieures, tant du terrain néocomien que du gault. M. d'Orbigny en signale sept espèces, les seules actuellement connues.

Calceolari, *Mus.*, p. 424.
Philips, *Yorkshire*, pl. 1.
Léveillé, *Descrip. de quelques nouv. coq. foss.*
Bronn, *Leth.*, p. 561, 726.
Mantel, *Med. of creat.*, t. II, p. 497.
D'Orb., *Paléont. franç. Craie*, t. I, p. 457.

Genre **GONIATITES.** De Haan.

Caractères génériques. — Animal inconnu, coquille discoïde, régulière, symétrique, à tours nombreux et embrassans; cloisons transverses, profondément sinueuses, à inflexion symétrique, simple, un lobe dorsal saillant; siphon dorsal.

Observations. — Ce genre a été établi par M. de Haan et adopté par la plupart des zoologistes. Il présente, en effet, des caractères fort remarquables qui le rendent facile à distinguer des Ammonites avec lesquels on pouvait le confondre, ou les Clymenia, dont il a les apparences. Par leur forme générale, les Goniatites ressemblent aux Ammonites; ce sont des coquilles discoïdes plus ou moins globuleuses, dont les tours sont plus ou moins embrassans, et dans le plus grand nombre, il existe à peine un petit ombilic, parce que le dernier tour recouvre tous les autres. Les cloisons sont nombreuses, et elles présentent sur leur bord extérieur un grand nombre de sinuosités profondes, simples, et en cela, elles se distinguent éminemment de celles des Ammonites, qui sont toujours dentelées plus ou moins profondément. Cette disposition pourrait faire confondre les Goniatites avec certaines espèces de Clymenias dont les cloisons se rapprochant de celles du genre qui nous occupe; mais il suffit pour les distinguer d'examiner le lobe dorsal qui, dans les Goniatites, est saillant, tandis qu'il est simple dans les Clymenias. Au reste, cette disposition annonce que dans l'un et l'autre genre le siphon occupe une position très différente; il est dorsal dans les Goniatites et ventral dans les Clymenias. On a cru pendant longtemps que ce genre était complétement isolé des Ammonites, et sans intermédiaires, néanmoins on connaissait déjà les Ammonites du Muschelcak qui ont quelques dentelures au sommet des sinuosités de leurs cloisons, ce qui rattachait les Goniatites aux Ammonites d'une manière très directe; mais depuis, M. de Munster, ainsi que M. de Klipstein, ont fait connaître par de très bonnes figures une série de modifications, au moyen desquelles les Goniatites se rattachent aux Ammonites par les transitions les plus insensibles.

Au petit nombre d'espèces déterminées d'abord par M. de Haan, beaucoup d'autres ont été ajoutées depuis, particulièrement par MM. de Munster, de Buch, et par MM. Verneuil et d'Archiac, dans leur beau *Mémoire des bords du Rhin ;* dans les tableaux qui résument leurs observations, ces derniers auteurs mentionnent quatre-vingt-dix-huit espèces. Ce qui est curieux à l'égard de ce genre, c'est qu'il est distribué dans les couches les plus inférieures de la terre, c'est-à-dire dans les terrains nommés aujourd'hui *paléozoïques*. Un autre fait, non moins intéressant, c'est que les modifications de ce type vers celui des Ammonites se montrent dans des terrains plus récens, de sorte que l'on voit les Ammonites sortir des Goniatites par une série de modifications qui se manifestent à-la-fois dans l'espace et dans le temps.

D'Arch. et Vern., *Mém. foss. Prov. Rhén.*, p. 337 (1842).
De Buch, *Uber ammon. and goniat.*, trad. par Domnando, *Ann. sc. nat.*, t. XXIX (1833).
Beyrich, *Goniat. in mont. Rhen.* (1837).
Munster, *Petref. kaund.*, 3, pl. 16.
Id., *id.* 4, pl. 14.
Id., *id.* 5, pl. 11, 12.
Id., *id.* 1, pl. 17, 18.
Id., *Uber planul. and goniat.* (1832), traduit par Domnando, *Ann. sc. nat.*, t. II (1833).
De Buch, *Uber goniat. and clymen.* (1839).
Kleipstein, *Beitr. zur geol.*, t. II, p. 138.
Rœmer, *Hastzgeb.*, p. 33 (1843).
Bronn, *Leth.*, p. 13, 106.
Portlock, *Rep.*, p. 407.
Buckland., *Géol.*, pl. 40.
Mantell, *Med. of creat.*, t. 2, p. 494.

Genre **HELICOCERAS.** D'Orbigny.

Caractères génériques. — Animal inconnu, coquille turbinoïde, composée d'un petit nombre de tours de spire disjoints et fortement écartés ; cloisons transverses, obliques, profondément sinueuses et découpées sur leurs bords, siphon dorsal.

Observations. — Ce genre a été proposé par M. d'Orbigny, dans sa *Paléontologie*. Pour s'en faire une juste idée, il faut prendre un Crioceras et en élever la spire d'un côté; on aurait ainsi une coquille turbinée à tours disjoints, et ce sont, en effet, les caractères qui distinguent le genre Hélicocéras. Les tours sont peu nombreux, leur section transverse est circulaire et leur ouverture devrait avoir cette forme. On s'aperçoit que les fragmens connus de ces coquilles ne peuvent appartenir à aucun des autres genres connus, à cause de l'obliquité des cloisons, ce qui n'a jamais lieu ni dans les Hamites, ni dans les Ancylocéras; aussi ce genre se rapproche plutôt des Turrilites que d'aucun autre, et l'on pourrait résumer ses caractères, en disant que c'est une Turrilite à spire très surbaissée et à tours disjoints.

M. d'Orbigny mentionne deux espèces qui appartiennent au gault.

LES ORTHOCÉRÉES.

Coquille droite ou presque droite : point de spirale.

Comme l'indique la dénomination de cette famille, les *Orthocérées* sont des coquilles allongées, tantôt très droites, tantôt légèrement courbées, et qui contiennent, sous une écorce testacée et externe, un noyau pareillement allongé, multiloculaire, qui en est plus ou moins séparable. Quelquefois le test externe qui constitue l'enveloppe du noyau est plein dans sa partie supérieure, en sorte que le noyau, multiloculaire qu'il contient n'atteint point à son sommet, et alors en est facilement séparable. Les cloisons de ce noyau sont toutes très simples, en général perforées. La plupart des coquilles que comprennent les *Orthocérées* ne sont connues que dans l'état fossile. Voici les genres que nous rapportons à cette famille : *Bélemnite*, *Orthocère*, *Nodosaire*, *Hippurite* et *Conilite*.

Par les observations qui précèdent, on a dû comprendre combien était peu naturelle cette famille des Orthocérées de Lamarck ; en effet les Bélemnites rentrent dans l'ordre des Décapodes, les Orthocères sont réduites à des coquilles microscopiques, qui vont se ranger parmi les Rhizopodes, il en est de même des Nodosaires ; les Hippurites sont des coquilles bivalves, appartenant à la famille des Rudistes, et enfin le genre Conilite reste incertain dans ses caractères.

BÉLEMNITE (Belemnites).

Coquille droite, en cône allongé, formée de deux parties distinctes et séparables.

L'*extérieure :* Fourreau solide, plein dans sa partie supérieure, et offrant une cavité conique.

L'*intérieure :* Noyau conique, pointu, cloisonné transversalement dans toute sa longueur, multiloculaire, et à cloisons perforées par un siphon central.

Testa recta, elongato-conica, in duas partes separabilis.

Externa : Vagina solida, supernè plena, infernè locula conico excavata.

Interna : Nucleus non adhærens, multilocularis, è massâ elongato-conicâ compositus, septis plurimis transversis divisus; siphone centrali septa perforante.

Observations. — Les Bélemnites, que l'on ne connaît que dans l'état fossile, et que l'on trouve le plus souvent isolées et vides, c'est-à-dire dépourvues de leur noyau, ne sont chacune que l'étui d'une masse allongée-conique, non adhérente, cloisonnée, et qui est munie d'un siphon comme les Orthocères et les Hippurites.

Ces étuis singuliers sont des corps en cône allongé, plus ou moins pointus au sommet, munis souvent d'une gouttière latérale peu profonde, solides et pleins dans leur partie supérieure et ayant dans l'autre partie une cavité conique, que l'on trouve ordinairement vide. Mais, dans cet état, la Bélemnite est incomplète; car elle renfermait dans sa cavité une masse allongée-conique, multiloculaire, ayant des cloisons un peu concaves d'un côté et convexes de l'autre, et un siphon central.

On a pris pendant long-temps l'étui isolé de la Bélemnite et la masse cloisonnée qui lui appartenait et que l'on trouvait séparément, pour des corps particuliers indépendans. Mais on a enfin trouvé des Bélemnites complètes, c'est-à-dire l'étui contenant sa masse cloisonnée, et alors le voile qui cachait la nature de ces coquilles a été levé (1).

Il ne faut pas confondre avec les Bélemnites certaines pointes d'Oursin, qui, sciées en deux dans leur longueur, offrent des apparences de concamération; apparences qui tiennent aux accroissemens divers de ces pointes. Il n'y a point en elles une masse particulière cloisonnée et séparable, distincte du fourreau qui la contient.

On dit que la Bélemnite doit son nom à sa forme, qui ressemble à l'extrémité d'un dard que les Grecs ont nommé Belos et Belemnon.

On en connaît plusieurs espèces: il y en a qui sont conoïdales, d'autres en fuseau, d'autres à sommet acuminé, etc.

[Depuis la publication de cet ouvrage, un grand nombre de recherches ont été faites sur le genre Bélemnite. Parmi les travaux sur cette matière, qui ont enrichi la science, nous devons signaler en première ligne ceux de Voltz, de MM. de Blainville et Duval-Jouve. On trouvera dans le mémoire de M. de Blainville, publié en 1827, une histoire très complète du genre et des renseignemens bibliographiques d'un grand intérêt. Déjà à cette époque, M. de Blainville, conduit par des inductions solides, a pu rapprocher les Bélemnites des Seiches. Voltz, dans un Mémoire publié parmi ceux de la Société d'histoire naturelle de Strasbourg et dans différentes notes, a ajouté un degré de plus au rapprochement des Bélemnites et des Seiches, en établissant, d'une manière incontestable, que la partie pierreuse est

---

(1) Voyez dans le *Journal de Physique* (brumaire an IX) un Mémoire sur les Bélemnites, par M. Sage.

prolongée en un appendice dorsal, comparable à celui des Calmars. Le travail de M. Duval-Jouve, résultat d'observations multipliées, a un grand mérite à nos yeux, et doit être consulté. Il démontre que dans un assez grand nombre de cas, on multiplierait les espèces outre mesure, par suite des modifications que l'âge apporte dans la forme de la coquille. Aussi pour perfectionner la détermination des espèces, il faut suivre l'exemple de M. Duval-Jouve, multiplier les sections transverses et longitudinales, de manière à retrouver par les stries d'accroissement la forme des jeunes individus dans les vieux.

Miller, dans un mémoire qui parut en 1823, examina les Bélemnites avec un grand soin et s'attacha surtout à reconstruire l'animal : il lui donna à-peu-près la forme et les caractères d'un Calmar; mais comme ce naturaliste ignorait l'existence du prolongement dorsal de la Bélemnite, il supposa que la cavité alvéolaire prolongée recevait la plupart des organes intérieurs. Depuis, les observations de Voltz, les nôtres sur le Béloptère, celles de M. d'Orbigny sur le genre Conoteuthis, ont permis de restaurer l'animal des Bélemnites d'une manière plus exacte, autant du moins qu'il est permis d'en juger par les inductions qui conduisent les observateurs.

L'espace nous manque pour pouvoir ajouter des espèces à celles de Lamarck. On en trouvera de décrites en grand nombre non-seulement dans les ouvrages dont nous venons de parler, mais encore dans les suivans :

Hisinger, *Lethea suecica*, 1837;
Philips, *Geol. of Yorkshire*;
Geinitz, *Charact. Kreidgebirge*;
Rœmer, *Kreidgebirge*;
Sowerby, *Mineral-Conchology*;
Munster, *Bemerkungen zur næhern Kenntniss der Belemniten*, 1830;
Pusch, *Polens paleont.*;
Rœmer, *Oolithen-Gebirge*, 1836;
Bronn, *Lethea geognostica*;
Buckland, *de la Géologie en rapport*, etc.;
Zieten, *Pétrif. du Wurtemberg*;
D'Orbigny, *Paléontologie française*.

ESPÈCES.

1. Bélemnite subconique. *Belemnites subconicus.* Lamk.

B. testâ parte inferiore semicylindricâ : superiore attenuato-conicâ.

Belemnites. Breynii Epist. t. 8. f. 1-6.

Nautilus belemnita. Gmel. p. 3373. n° 24.

Encycl. pl. 465. f. 1.

[b] *Var. testâ peranguslâ, gracili, ferè subulatâ.* Mon cabinet.

Habite... Fossile assez commun dans les terrains d'ancienne formation. Mon cabinet. Cette coquille, toujours très droite, tantôt munie d'une gouttière latérale, et tantôt en étant dépourvue, est semi-cylindrique dans sa moitié inférieure, où elle offre une cavité conique, presque toujours vide, et dont l'extrémité est fort éloignée du sommet du test. Sa partie supérieure, toujours pleine, est conique et pointue. Il est extrêmement rare de trouver des Bélemnites munies du noyau multiloculaire que leur cavité contenait. Ces coquilles sont quelquefois d'une longueur assez considérable. La var. [b] est des environs de Saint-Paul-Trois-Châteaux, dans le Dauphiné.

2. Bélemnite fusoïde. *Belemnites fusoides.* Lamk.

B. testâ subfusiformi, supernè basique sensim attenuatâ.

Belemnites. Breynii Epist. t. 8. f. 7-15.

Habite... Fossile de Saint-Paul-Trois-Châteaux, dans le Dauphiné. Mon cabinet. Celle-ci, encore très droite comme la précédente, est remarquable en ce qu'elle va en s'atténuant vers sa partie inférieure, ce qui la rend fusiforme, sa partie supérieure étant conique et pointue.

ORTHOCÈRE (Orthocera).

Coquille droite ou un peu arquée, subconique, striée en dehors par des côtes longitudinales nombreuses. Loges formées par des cloisons transverses perforées par un tube, soit central, soit marginal.

Testa elongata, recta aut leviter arcuata, subconica, costellis longitudinalibus extùs sulcata; loculis pluribus distinctis, ex septis transversis, tubo vel centrali vel marginali perforatis.

Observations. — Linné a placé les Orthocères dans son

genre Nautilus, ainsi que la Spirule; ce qui indique au moins les rapports qui existent entre ces différentes coquilles multiloculaires.

Les Orthocères sont de très petites coquilles marines, allongées, cannelées en dehors, et qui ressemblent à de petites cornes droites ou légèrement arquées. Leur intérieur est divisé en plusieurs loges par des cloisons transverses, toutes traversées par un siphon subcentral, interrompu, et qui souvent fait une saillie aux deux extrémités de la coquille, quelquefois à une seule.

On trouve ces petites coquilles, avec beaucoup d'autres, dans la Méditerranée, parmi le sable de ses rives.

ESPÈCES.

1. Orthocère rave. *Orthocera raphanus*. Lamk.

O. testâ rectâ, elongato-conicâ, articulatâ : articulis torosis; siphone sublaterali.

Nautilus raphanus. Lin. Gmel. p. 3372. n° 16.
Gualt. Test. t. 19. fig. L. L. L. M.
Plancus. Conch. t. 1. f. 6.
Martini. Conch. 1. p. 1. Vign. 1. fig. A. B.
Encycl. pl. 465. f. 2. a. b. c.

Habite sur les bords de la Méditerranée. Mon cabinet. Très petite coquille, toute blanche, dont les loges sont apparentes à l'extérieur par un petit renflement. Elle est très droite.

2. Orthocère obtuse. *Orthocera fascia*. Lamk.

O. testâ rectâ oblongâ, apice obtusâ, ad suturas cingulatâ; siphone centrali.

Nautilus fascia. Lin. Gmel. p. 3373. n° 19.
Gualt. Test. t. 19. fig. O.
Martini. Conch. 1. p. 1. Vign. 1. fig. DD.

Habite sur les bords de la mer Adriatique. Coquille petite, toute blanche, et qui est principalement distinguée de la précédente par la position de son siphon. Ses loges sont aussi moins renflées.

3. Orthocère ravenelle. *Orthocera raphanistrum*. Lamk.

O. testâ rectâ, subcylindricâ; articulis torosis; striis elevatis duodenis; siphone centrali regulari. Lin.

Nautilus raphanistrum. Lin. Gmel. p. 3372. n° 15.

Habite sur les bords de la Méditerranée. Mon cabinet. Celle-ci est un peu plus grande que les précédentes, encore très droite, et a ses loges renflées.

4. Orthocère oblique. *Orthocera obliqua.* Lamk.

O. testâ recto-subarcuatâ : articulis obliquè striatis; lateribus crenatis; siphone centrali.

Nautilus obliquus. Lin. Gmel. p. 3372. n° 14.

Gualt. Test. t. 19. fig. N.

Martini. Conch. 1. p. 1. Vign. 1. fig. H.

Habite sur les bords des mers Méditerranée et Adriatique. Cette Orthocère est un peu arquée et remarquable par les stries obliques de ses loges.

5. Orthocère aiguë. *Orthocera acicula.* Lamk.

O. testâ rectâ, supernè peracutâ, subaciculari; striis longitudinalibus rectâ.

Habite... dans la Méditerranée? Mon cabinet. Coquille très droite, et remarquable par sa forme articulée. Sa longueur est de 4 lig. trois quarts.

6. Orthocère gousse. *Orthocera legumen.* Lamk.

O. testâ rectâ, compressâ, articulatâ, hinc marginatâ; siphone laterali. Lin.

Nautilus legumen. Lin. Gmel. p. 3373. n° 22.

Plancus. Conch. t. 1. f. 7.

Gualt. Test. t. 19. fig. P.

Martini. Conch. 1. p. 1. Vign. 1. fig. EE.

Encycl. p. 465. f. 3. a. b. c.

Habite la mer Adriatique. Mon cabinet. Celle-ci est aplatie comme une jeune gousse de pois. Elle est extrêmement petite.

NODOSAIRE (Nodosaria).

Coquille allongée, droite ou un peu arquée, subconique, noueuse par le renflement des loges, à nodosités globuleuses, très lisses. Loges formées par des cloisons transverses, perforées, soit au centre, soit près du bord.

Testa elongata, recta vel leviter arcuata, subconica,

nodosa : nodulis lævigatis. Loculi plures, tumiduli, ex septis transversis, subcentro perforatis.

Observations. — Les Nodosaires sont très voisines des Orthocères par leurs rapports, mais elles n'offrent à l'extérieur que des nodosités lisses, d'une forme globuleuse, et sont dépourvues de ces petites côtes longitudinales qui rendent toutes les Orthocères cannelées en dehors. Voici les trois espèces que nous rapportons à ce genre.

ESPÈCES.

1. Nodosaire radicule. *Nodosaria radicula.* Lamk.

N. testâ rectâ, oblongo-attenuatâ; articulis globosis lævibus; siphone sublaterali.

Nautilus radicula. Lin. Gmel. 3373. n° 18.

Plancus. Conch. t. 1. f. 5.

Encycl. pl. 465. f. 4. a. b. c.

Habite dans la mer Adriatique. Mon cabinet. Coquille très petite, toute noueuse, très glabre, ayant environ 2 lignes de longueur.

2. Nodosaire dentaline. *Nodosaria dentalina.* Lamk.

N. testâ elongato-subulatâ, leviter arcuatâ; articulis tumidiusculis glabris.

Habite... Mon cabinet. Cette coquille, un peu arquée, et n'offrant qu'un léger renflement dans ses articulations, rappelle en quelque sorte la forme d'une très petite dentale. Longueur de la précédente.

3. Nodosaire syphoncule. *Nodosaria siphunculus.* Lamk.

N. testâ elongatâ, cylindrico-attenuatâ, rectâ; articulis cylindricis distantibus.

Nautilus siphunculus. Lin. Gmel. p. 3373. n° 21.

Gualt. Test. t. 19. fig. R. S.

Martini. Conch. 1. p. 1. Vign. 1. fig. F. FF. F.

Habite dans la Méditerranée, au détroit de Messine. Celle-ci est très remarquable par ses articulations cylindriques, écartées les unes des autres, et comme enfilées par le tube qui forme le siphon. Elle est encore très petite.

HIPPURITE (Hippurites).

Coquille cylindracée-conique, droite ou un peu arquée, multiloculaire; à cloisons transverses. Une gouttière intérieure, latérale, formée par deux arrêtes longitudinales parallèles, obtuses et convergentes. La dernière loge fermée par un opercule.

Testa cylindraceo-conica, recta vel subarcuata, intùs septis transversis in loculos plures distincta. Carinæ duæ internæ longitudinales obtusæ, convergentes, parieti adnatæ, canalem longitudinalem præstantes. Loculus ultimus operculo clausus.

Observations. — Les Hippurites, qu'on a aussi nommées Orthocérates, sont des tuyaux testacés, pétrifiés, épais, de forme cylindracéo-conique, tantôt droits, tantôt un peu courbés, et dont l'intérieur est divisé en plusieurs loges, par des cloisons transverses, qui adhèrent aux parois du tuyau.

Dans les unes, les cloisons sont traversées d'outre en outre par un siphon, qui ne communique en aucune manière avec les concamérations ou loges du tuyau. Dans d'autres, au lieu de siphon on ne trouve qu'une gouttière latérale, c'est-à-dire un canal formé par deux arrêtes longitudinales, mousses ou obtuses. Cette gouttière est quelquefois creuse, mais le plus souvent elle est remplie par les mêmes cloisons qui traversent la cavité du tuyau. Enfin, dans d'autres, on observe et le siphon qui traverse les loges, et aussi la gouttière latérale dont je viens de parler.

La dernière loge, qui est celle qu'occupait en dernier lieu l'animal, a son orifice fermé par un opercule épais, solide, et dont les bords, taillés en biseau, s'adaptent sur cet orifice avec beaucoup de justesse.

Les Hippurites à gouttière ont toujours beaucoup d'épaisseur, au lieu que celles à siphon sont bien plus minces. Ces coquilles singulières ne sont connues que dans l'état de pétrification, et ont été découvertes dans les Pyrénées par Picot de La Peyrouse.

ESPÈCES.

1. Hippurite ridée. *Hippurites rugosa.* Lamk.

H. testâ cylindraceo-attenuatâ, crassissimâ, transversìm rugosâ; basi truncatâ; foveâ duplici in truncaturâ.

Habite... Fossile des Pyrénées. Mon cabinet. Test pétrifié, cylindracé-conique, un peu courbé vers son sommet, ridé transversalement, fort épais, et conique à sa base. On aperçoit, dans la face de cette troncature, deux oreilles ou espèces de fossettes résultant de l'extrémité des deux arrêtes latérales qui constituent la gouttière. Ce corps est fort pesant et a 3 pouces 10 lignes de longueur.

2. Hippurite courbée. *Hippurites curva*. Lamk.

H. testâ conicâ, curvâ, rudi, infernè plano-truncatâ.

Habite... Fossile des Pyrénées. Mon cabinet. Celle-ci, pareillement pétrifiée, mais plus sensiblement conique et courbée que la précédente, en paraît bien distincte. Elle offre néanmoins, dans sa face tronquée, les mêmes caractères que l'autre. Longueur : 3 pouces.

Voyez la Monographie des Orthocératites de *Picot de la Peyrouse* (Paris, 1781, in-fol.), pour différentes espèces que je ne possède pas.

CONILITE (Conilites).

Coquille conique, droite, légèrement inclinée, ayant un fourreau mince, distinct du noyau qu'il contient. Noyau subséparable, multiloculaire, cloisonné transversalement.

Testa conica, recta, leviter inflexa; crustâ tenui, extùs vestitâ. Nucleus subseparabilis, multilocularis, septis transversis divisus.

Observations. — Je ne fais ici que signaler l'existence de certaines coquilles multiloculaires fossiles, qui me paraissent très différentes des Bélemnites, et qui me semblent rares et peu connues.

Le fourreau des Conilites est mince et ne se termine point supérieurement par une portion allongée et pleine, c'est-à-dire sans cavité pour le noyau, comme celui des Bélemnites. Il paraît plus difficilement séparable de son noyau. Voici l'espèce que je rapporte à ce genre.

ESPÈCE.

1. Conilite pyramidale. *Conilites pyramidata*. Lamk.

C. testâ conico-pyramidatâ; infimâ facie concavâ.

Luid. Foss. t. 2. n° 134.

Habite... Fossile pétrifié des Vaches-Noires, sur les côtes de Bretagne;

recueilli et communiqué par M. Lucas. Mon cabinet. Sa forme et ses caractères le distinguent fortement des Bélemnites, et plus encore des Hippurites. Il est dans un état pyriteux. Longueur : 2 pouces une ligne.

LES LITUOLÉES.

Coquille partiellement en spirale; le dernier tour se continuant en ligne droite.

Les *Lituolées* sont des coquilles multiloculaires contournées d'abord en spirale, et dont le dernier tour se termine en ligne droite. Les cloisons transverses qui forment leurs loges sont en général traversées par un siphon qui s'interrompt avant d'atteindre la cloison suivante. Tantôt les tours qui forment la spirale sont écartés les uns des autres, et laissent entre eux un intervalle remarquable, et tantôt aussi ces tours sont appuyés les uns sur les autres sans aucune séparation; mais, dans toutes, le dernier finit toujours en ligne droite. Il en est dont la dernière cloison est percée de trois à six trous, comme si leur siphon était multiple. Cette famille se compose des genres *Spirule*, *Spiroline* et *Lituole*.

[Famille peu naturelle, dans laquelle ne se trouvent pas les Lituites de Breyne, genre si bien caractérisé. De ces trois genres, celui de la Spirule est le seul qui doive rester parmi les mollusques céphalopodes ; les deux autres. Spiroline et Lituole, appartiennent à la classe des Rhizopodes. Le genre Spirule, comme on a pu le voir dans notre tableau de classification, se rattache aux Seiches par l'intermédiaire du *Spirulirostra* de M. A. d'Orbigny, et doit faire partie de l'ordre des Décapodes.]

SPIRULE (Spirula).

Coquille cylindrique, mince, presque transparente, multiloculaire, partiellement contournée en spirale discoïde; à tours distans les uns des autres : le dernier s'allongeant en ligne droite. Cloisons transverses, également espacées, concaves en dehors, à siphon latéral interrompu Ouverture orbiculaire.

Testa teres, tenuis, subpellucida, multilocularis, in spiram discoideam partìm contorta; anfractibus distantibus, ultimo ad extremum recto. Septa transversa, æqualiter distantia, extùs concava; siphone laterali interrupto. Apertura orbicularis.

Observations. — La Spirule est une petite coquille connue depuis long-temps des naturalistes, et qui n'est pas fort rare dans les collections. On avait ignoré quelle pouvait être l'espèce d'animal à qui appartenait cette singulière coquille; mais Péron de retour de son voyage dans les mers Australes, nous rapporta conservé dans la liqueur, l'animal même, muni de sa coquille, que j'ai montré, dans mes leçons au Muséum, pendant les dernières années de mon cours. Cet animal est un véritable Céphalopode, pourvu d'un sac qui enveloppe la partie postérieure de son corps; l'antérieure est hors de ce sac, et sa tête, qui la termine, soutient dix bras disposés en couronne autour de la bouche, dont deux sont plus longs que les autres. A l'extrémité postérieure du sac de cet animal, on voit une coquille enchâssée n'offrant au dehors qu'une portion découverte de son dernier tour. Or, cette coquille est la Spirule, que l'on connaissait depuis long-temps. D'après cette importante découverte de Péron, je me suis cru autorisé à conclure que toutes les coquilles multiloculaires étaient dues à des Céphalopodes. Voici la seule espèce de ce genre qui nous soit connue.

[Toutes les paroles de Lamarck doivent être pesées avec beaucoup d'attention, si l'on veut établir avec précision les rapports des Spirules avec les autres Céphalopodes connus. Tous les zoologistes savent que Péron est le seul voyageur qui ait rapporté un seul exemplaire complet de l'animal de la Spirule; on n'a pas oublié sans doute que cet animal a servi de modèle pour deux figures très différentes, et dont il est impossible de vérifier l'exactitude, parce que depuis bien des années il a été impossible de retrouver l'animal qui faisait partie des collections de Péron. La figure de la Spirule donnée par ce savant, dans l'atlas du voyage aux terres australes, représente un animal décapode; mais les bras sont tous sessiles et vont graduellement en décroissant. En adoptant comme vrais ces caractères, la Spirule serait un animal unique et absolument en dehors de tout ce qui est connu dans la classe des Céphalopodes; car tous les Décapodes sans exception ont huit bras sessiles et deux bras pédiculés. Comme il le dit, Lamarck a eu l'animal de la Spirule entre les mains, il l'a fait voir pendant les dernières années de son cours, et il en a donné une figure à la planche 465 de l'Encyclopédie. Cette figure au trait représente un Céphalopode décapode, conforme dans ses caractères à tous ceux qui sont connus; il a huit bras sessiles et deux bras pédiculés, ce qui le rapproche des Seiches et des Calmars. La description très incomplète confirme les caractères de la figure, et nous pensons que les documens laissés par Lamarck sont les seuls qui méritent toute confiance, et quoique depuis bien des années, les voyageurs naturalistes aient vainement cherché l'animal de la Spirule, on peut être certain que ce genre curieux appartient aux Céphalopodes. La découverte de l'animal du Nautile établit la différence considérable qui se montre dans la manière dont la coquille est en rapport avec l'animal, dans les deux genres. Le Nautile est contenu en entier dans la dernière loge de sa coquille, tandis que la Spirule, comme l'a dit Lamarck, et comme M. de Blainville l'a confirmé depuis, porte sa coquille en dedans du manteau. Aussi dans le Nautile, la dernière loge est grande et engaînante; dans la Spirule, elle est très courte et ne se continue pas par un bord corné, comme on l'a quelquefois supposé. Ces différences entre deux genres, dont les coquilles ont une analogie incontestable, suffisent pour confirmer encore davantage que chacun d'eux appartient à des groupes très différens. M. de Blainville a publié en 1837 un mémoire, au sujet de quelques individus mutilés de Spirule, qui lui furent communiqués par MM. Robert et Léclancher. Ces individus manquent de toute la tête, et néanmoins ils ont fourni à M. de Blainville le moyen d'ajouter de précieux renseignemens sur la structure anatomique de la Spirule, et de rectifier les caractères du genre. C'est ainsi, par exemple, qu'il constate : 1° l'animal de la Spirule a un corps allongé subpyriforme; 2° il a une paire de nageoires latérales et tout-à-fait terminales; 3° la coquille saisie par les flancs, par la partie épaisse du corps, est revêtue sur le dos et une partie du ventre d'une couche mince du manteau; 4° la cavité branchiale ne contient qu'une seule paire de branchies comme dans tous les Décapodes.

Le mémoire de M. de Blainville contient encore d'autres détails d'un grand intérêt, mais que nous ne pouvons rapporter ici; on les trouvera dans les *Annales françaises et étrangères d'Anatomie et de Physiologie pour l'année* 1837, t. 1, p. 369.

ESPÈCES.

1. Spirule de Péron. *Spirula Peronii.* Lamk.

Nautilus spirula. Lin. Syst. nat. éd. 12. p. 1163. Gmel. p. 3371. n° 9.
Lister. Conch. t. 550. f. 2.
Rumph. Mus. t. 20. f. 1.
Petiv. Amb. t. 22. f. 4.
Gualt. Test. t. 19. fig. E.
Klein. Ostr. t. 1. f. 6.
D'Argenv. Conch. pl. 5. fig. G. G.
Favanne. Conch. pl. 7. fig. E.
Breynii. Epist. t. 2. f. 8. 9.
Knorr. Vergn. 1. t. 2. f. 6.
Martini. Conch. 1. p. 254. Vign. 11. f. 1-3. et t. 20. f. 184. 185.
Spirula australis. Encycl. pl. 465. f. 5. a. b.
* *Nautilus spirula.* Dillw. Cat. t. 1. p. 343. n° 16.
* *Spirule australe.* Blainv. Malac. pl. 4. fig. 1.
* Bonan. Observ. circa vivent. Coq. f. 46. 47.
* Swammerdam. Biblia nat. pl. 7. f. 7 à 10.
* Lin. Syst. nat. éd. 10. p. 710.
* Lin. Mus. Ulric. p. 549.
* Brookes. Introd. of Conch. pl. 5. f. 55.
* Crouch. Lamk. Conch. pl. 20. f. 7.
* *Spirula fragilis.* Schum. Nouv. Syst. p. 256.
* *Nautilus spirula.* Born. Mus. p. 143. Vig. p. 142.
* Schrot. Einl. t. 1. p. 13. n° 7.
* Burrow. Elem. of Conch. pl. 12. f. 3.

Habite l'Océan Austral et celui des Moluques. Mon cabinet. Cette coquille, mince, fragile, blanche ou de couleur de perle, n'a guère qu'un pouce de diamètre dans sa masse discoïde.

SPIROLINE (Spirolina).

Coquille multiloculaire, partiellement en spirale discoïde; à tours contigus : le dernier se terminant en ligne droite. Cloisons transverses, percées par un tube.

Testa multilocularis; partìm in spiram convoluta; anfractibus contiguis : ultimo ad extremum recto. Septa transversa, tubo perforata.

Observations. — Les *Spirolines* ont tant de rapport avec les Spirules, que j'ai balancé d'abord à les regarder comme du même genre. Cependant, considérant que dans les *Spirolines* les tours sont contigus, comme dans les Discorbes, tandis que, dans les Spirules, ils sont toujours séparés et laissent un vide entre eux, j'ai cru devoir les présenter comme constituant un genre particulier.

Je ne connais de *Spirolines* que dans l'état fossile : ce sont de très petites coquilles multiloculaires, qui commencent d'abord en faisant un ou deux tours en spirale sur le même plan, et qui ensuite s'allongent en ligne droite, d'une quantité même considérable, proportionnellement à leur volume.

Il y a des espèces qui n'ont à leur sommet qu'un commencement de courbure en spirale, et qui, dans le reste de leur longueur, sont en ligne droite; d'autres sont tout-à-fait droites, presque comme certaines Orthocères; enfin il y en a qui ont la coquille aplatie, et d'autres qui l'ont cylindracée. Mais, dans toutes celles que je connais, les cloisons forment à l'extérieur une petite saillie qui rend la spirale partagée transversalement par une multitude de crêtes ou de stries séparées. Le sillon qui traverse les cloisons et les loges se distingue assez bien, malgré la petitesse de ces coquilles.

ESPÈCES.

1. Spirolinite aplatie. *Spirolinites depressa.* Lamk.

Sp. testâ discoideâ, demùm rectâ, subcarinatâ; striis transversis exiguis.

Spirolinites depressa. Ann. du Mus. vol. 5. p. 245. n° 1. et vol. 8. pl. 62. f. 14.
* Blainv. Malac. pl. 5. fig. 2.
Habite... Fossile de Grignon. Cabinet de M. Defrance. Petite coquille de 2 millimètres et demi de grandeur, aplatie, un peu carénée dans son contour, et ayant l'aspect d'une très petite Ammonite. La fin de son dernier tour, dans plusieurs individus, s'allonge en ligne droite.

2. Spirolinite cylindracée. *Spirolinites cylindracea.* Lamk.

Sp. testâ rectâ, apice tantùm incurvâ; aperturâ orbiculatâ.
Encycl. pl. 465. f. 7. a. b. c. et pl. 466. f. 2. a. b.
Spirolinites cylindracea. Ann. ibid. n° 2. et vol. 8. pl. 62. f. 15.
[*b*] *Var. omninò recta.*
Ann. du Mus. vol. 8. pl. 62. f. 16 a. b.
* Blainv. Malac. pl. 5. f. 1.
Habite... Fossile de Grignon. Cabinet de M. Defrance. La coquille de cette espèce est presque entièrement droite, et ce n'est qu'à son sommet qu'elle forme une petite courbure ou commencement de spirale. Elle ressemble à un très petit bâton dont l'extrémité supérieure serait un peu courbée en crosse. La var. [b] est fort remarquable en ce que la coquille est tout-à-fait droite, même à son sommet. Longueur : 3 à 4 millimètres.

LITUOLE (Lituole).

Coquille mutiloculaire, partiellement en spirale discoïde; à tours contigus, le dernier se terminant en ligne droite. Loges irrégulières; cloisons transverses et simples [sans siphon]; la dernière percée de trois à six trous.

Testa multilocularis, partìm in spiram discoideam convoluta; anfractibus contiguis : ultimo ad extremum recto. Loculi irregulares. Septa transversa, simplicia [siphone nullo] : ultimo foraminibus tribus ad sex perforato.

Observations.— Les *Lituoles,* que je ne connais que fossiles, sont de petites coquilles multiloculaires, d'abord en spirale discoïde et à tours contigus, comme dans les Nautiles, mais dont ensuite le dernier tour se termine en ligne droite.

Les cloisons qui divisent l'intérieur de la spirale paraissent

irrégulièrement espacées et inclinées les unes à l'égard des autres, et on voit sur la dernière trois à six petits trous dont elle est perforée. Néanmoins on n'aperçoit aucun siphon traversant les loges.

Parmi les espèces de ce genre, il y en a qui ont à peine un tour complet en spirale, et dont la forme ainsi que les loges sont irrégulières; enfin il y en a dont la dernière loge est tout-à-fait close, par suite sans doute de l'incrustation de quelque sédiment qui aura bouché les trous de la dernière cloison.

ESPÈCES.

1. Lituolite nautiloïde. *Lituolites nautiloidea*. Lamk.

L. testâ discoideâ, caudatâ, costulatâ; septo ultimo subsexforo.

Lituola nautiloides. Encycl. pl. 465. f. 6.

Lituolites nautiloidea. Ann. du Mus. vol. 5. p. 243. n° 1. et vol. 8. pl. 62. f. 12.

* Blainv. Malac. pl. 11. f. 3.

Habite... Fossile de Meudon. Cabinet de M. Defrance. Dans les individus jeunes ou incomplets de cette espèce, on ne voit qu'une petite coquille discoïde, régulière, semblable à un très petit Nautile, et ayant de petites côtes obtuses et transversales, dues aux renflemens des loges. Quant à ceux qui sont complets, ils offrent en outre une queue courte, tronquée, formée par la fin du dernier tour qui s'avance un peu en ligne droite. La dernière cloison est percée de cinq à six petits trous. Cette coquille, avec sa queue, n'a que 4 millim.

2. Lituolite difforme. *Lituolites deformis*. Lamk.

L. testâ curvâ, semi-spirali, extremitatibus obtusis : loculo ultimo clauso.

Lituola deformis. Encycl. pl. 466. f. 1. a. b.

Lituolites difformis. Ann. ibid. n° 2. et vol. 8. pl. 62. f. 13 a. b.

Habite... Fossile de Meudon. Cabinet de M. Defrance. Petite coquille, courbée en spirale incomplète, et partagée intérieurement en loges irrégulières. Elle est obtuse à ses extrémités, plus grosse à son sommet que vers sa fin, et a sa dernière cloison fermée. Sa grandeur est de 2 millimètres.

LES CRISTACÉES.

Coquille semi-discoïde, à spire excentrique.

Les *Cristacées* sont des coquilles multiloculaires, aplaties, presque réniformes ou en crête, dont les loges sont graduellement plus allongées à mesure qu'elles sont plus voisines du bord arqué extérieur, et qui semblent en partie tourner autour d'un axe excentrique, plus ou moins marginal. Je rapporte à cette famille les trois genres suivans : *Rénuline*, *Cristellaire* et *Orbiculine*.

RÉNULINE (Renulina).

Coquille réniforme, aplatie, sillonnée, multiloculaire; à loges linéaires, contiguës, courbées autour d'un axe marginal, les plus éloignées de l'axe étant les plus longues.

Testa reniformis, complanata, sulcata, multilocularis ; loculis linearibus, contiguis, secundis curvis : ultimis longioribus. Axis marginalis.

Observations. — Les *Rénulines*, que nous ne connaissons que dans l'état fossile, sont de toutes les coquilles celles dont la conformation est la plus particulière. Que l'on se représente des loges continues, unilatérales, étroites, linéaires, courbées en portion de cercle, toutes disposées sur un même plan et situées de manière que la première, qui est la plus petite, forme un petit arc autour d'un axe ou d'un centre qui est marginal ; toutes les autres loges, contiguës entre elles, sont placées du même côté que la première, et il en résulte une coquille plane, réniforme, sillonnée, ayant l'axe qui tient lieu de centre ou de spire, situé sur le bord opposé à la convexité des loges. Voici la seule espèce connue de ce genre.

ESPÈCE.

1. Rénulite operculaire. *Renulites opercularis.* Lamk.

R. testâ semi-lunari, planissimâ; sulcis arcuatis concentricis.

Encycl. pl. 465. f. 8.

Renulites opercularia. Ann. du Mus. vol. 5. p. 354. et vol. 9. pl. 17. f. 6.

Habite... Fossile de Grignon. Cabinet de M. Defrance. En regardant cette coquille, on croit voir une opercule mince, fragile, très aplati, semi-lunaire, et dont la surface est chargée de sillons arqués et pa-

rallèles à son bord arrondi ; mais en l'examinant bien, on s'aperçoit qu'elle est composée de deux tables opposées l'une à l'autre, et creusées en leur face interne de sillons arqués et contigus. Dans le rapprochement de ces deux tables, les sillons opposés complètent autant de loges bien séparées les unes des autres. Ce n'est point la structure d'un opercule quelconque. Cette coquille a 3 millimètres dans sa plus grande largeur.

CRISTELLAIRE (Cristellaria).

Coquille semi-discoïde, multiloculaire ; à tours contigus, simples, s'élargissant progressivement. Spire excentrique, sublatérale. Cloisons imperforées.

Testa semi-discoidea, multilocularis ; loculis contiguis, simplicibus, sensìm latioribus. Spira excentrica, sublateralis. Septa imperforata.

Observations. — Les *Cristellaires* avoisinent les Lenticulines par leurs rapports, et la plupart sont des coquilles aplaties et comme en crête. Leurs cloisons sont apparentes extérieurement ; les loges sont allongées, subrayonnantes, occupent toute la largeur du tour qui les comprend, et ont leur axe excentrique, presque latéral. On en connaît plusieurs dans l'état frais ou marin ; mais n'en ayant observé aucune, je me contenterai ici de citer celles qui ont été décrites et figurées par M. Fichtel.

ESPÈCES.

1. Cristellaire petite-écaille. *Cristellaria squammula.* Fich.

Nautilus planatus. Fichtel. t. 16. fig. A. B. C. D. E. F. G. H.
Ejusd. nautilus planatus dimidiatus. t. 16. fig. I.
Cristellaria planata. Encycl. pl. 467. f. 1. a. b. c.
Ejusd. cristellaria dilatata. f. 2. a. b. c.
Habite...

2. Cristellaire papilleuse. *Cristellaria papillosa.* Ficht.

Nautilus cassis. Fichtel. t. 17. fig. A. B. C. D. E. F. G. H. I. et t. 18. fig. A. B. C.
Cristellaria cassis. Encycl. pl. 467. f. 3. a. b. c. d.
Ejusd. cristellaria producta. fig. e. f. g.

Ejusd. cristellaria serrata. f. 4. a. b.
Ejusd. cristellaria undata. f. 5. a. b. c.
* *Linthurie casque.* Blainv. Malac. pl. 10. f. 3.
Habite...

3. Cristellaire lisse. *Cristellaria lævis.* Ficht.

Nautilus cassis. Fichtel. t. 17. fig. K. L.
Ejusd. nautilus galea. t. 18. fig. D. E. F.
Cristellaria papilionacea. Encycl. pl. 467. f. c. d.
Ejusd. cristellaria galea. f. 6. a. b. c.
Habite...

4. Cristellaire auriculaire. *Cristellaria auricularis.* Ficht.

Nautilus acutauricularis. Fichtel. t. 18. fig. G. H. I.
Cristellaria acutauricularis. Encycl. pl. 467. f. 7. a. b. c.
* *Oréade auriculaire.* Blainv. Malac. pl. 10. f. 4.
Habite...

5. Cristellaire fève. *Cristellaria faba.* Ficht.

Nautilus faba. Fichtel. t. 19. fig. A. B. C.
Habite...

6. Cristellaire scaphe. *Cristellaria scapha.* Ficht.

Nautilus scapha. Fichtel. t. 19. fig. D. E. F.
Habite...

7. Cristellaire crépidule. *Cristellaria crepidula.* Ficht.

Nautilus crepidula. Fichtel. t. 19. fig. G. H. I.
* *Crepiduline astacole.* Blainv. Malac. pl. 10. f. 8.
Habite...

8. Cristellaire auricule. *Cristellaria auricula.* Ficht.

Nautilus auricula. Fichtel. t. 20. fig. A. B. C. D. E. F.
Habite...

9. Cristellaire tubéreuse. *Cristellaria tuberosa.* Ficht.

Nautilus tuberosus. Fichtel. t. 20. fig. G. H. I. K.
Habite...

ORBICULINE (Orbiculina).

Coquille subdiscoïde, multiloculaire; à tours contigus et composés; à spire excentrique; loges courtes, très nombreuses; cloisons imperforées.

Testa subdiscoidea, multilocularis; anfractibus compositis, contiguis; spirâ excentricâ; loculis brevibus, numerosissimis; septis imperforatis.

Observations. — Par l'excentricité de leur spire, le *Orbiculines* se rapprochent des Cristellaires; mais par leurs loges courtes et très nombreuses, elles semblent tenir aux Vorticiales. Les rangées de ces loges paraissent de deux sortes, se traversent, et rendent les tours comme composés. La plupart des espèces de ce genre sont aplaties ou comprimées. Leur ouverture est étroite, en fissure arquée et transverse. Elle paraît commune aux loges de la dernière rangée. Voici l'indication des espèces d'*Orbiculines* que l'on trouve dans l'ouvrage de M. Fichtel.

ESPÈCES.

1. Orbiculine numismale. *Orbiculina numismalis*. Ficht.

Nautilus orbiculus. Fichtel. t. 21. fig. A. B. C. D.
Orbiculina nummata. Encycl. pl. 468. f. 1. a. b. c. d.
* Blainv. Malac. pl. 7. f. 4.
Habite...

2. Orbiculine anguleuse. *Orbiculina angulata*. Ficht.

Nautilus angulatus. Fichtel. t. 22. fig. A. B. C. D. E.
Encycl. pl. 468. f. 3. a. b. c. d.
Habite...

3. Orbiculine uncinée. *Orbiculina uncinata*. Ficht.

Nautilus aduncus. Fichtel. t. 23. fig. A. B. C. D. E.
Orbiculina adunca. Encycl. pl. 468. f. 2. a. b. c.
Habite...

LES SPHÉRULÉES.

Coquille globuleuse, sphéroïdale ou ovale; à tours de spire enveloppans, ou à loges réunies en tunique.

Les *Sphérulées* sont de petites coquilles mutiloculaires, sphéroïdales ou ovalaires, les unes, sans autre cavité que celles de leurs loges, et à tours s'enveloppant mutuellement, tandis que les autres, munies d'une cavité intérieure particulière, sont composées d'une suite de loges allongées, étroites, contiguës, conformées en portion de cercle, et qui, par leur réunion, forment une seule tunique qui enveloppe la cavité centrale. Je rapporte à cette famille les genres qui suivent : *Miliole*, *Gyrogone* et *Mélonie*.

MILIOLE (Miliola).

Coquille transverse, ovale-globuleuse ou allongée, multiloculaire; à loges transversales entourant l'axe et se recouvrant alternativement les unes les autres. Ouverture très petite, située à la base du dernier tour, soit orbiculaire, soit oblongue.

Testa transversa, ovato-globosa vel elongata, multilocularis : loculis transversis circà axim trifariàm et alternatìm involventibus. Apertura ad ultimi loculi basim exigua, orbiculata vel oblonga.

Observations. — Les *Milioles* sont des coquilles des plus singulières par leur forme, et peut-être des plus intéressantes à considérer, à cause de leur multiplicité dans la nature, et de l'influence qu'elles ont sur l'état et la grandeur des masses qui sont à la surface du globe, ou qui composent sa croûte extérieure. Leur petitesse rend ces corps méprisables à nos yeux, en sorte qu'à peine daignons-nous les examiner; mais on cessera de penser ainsi, lorsque l'on considérera que c'est avec les plus petits objets, que la nature produit partout les phénomènes les plus imposans et les plus remarquables. Or, c'est encore ici un de ces exemples nombreux qui attestent que, dans sa production des corps vivans, tout ce que la nature semble perdre du côté du volume, elle le regagne amplement par le nombre des individus, qu'elle multiplie à l'infini et avec une promptitude admirable. Aussi les dépouilles de ces très petits corps vivans du règne animal influent-elles bien plus sur l'état des masses qui composent la surface de notre globe, que celles des grands animaux, comme les Éléphans, les Hippopotames, les Baleines, et les Cachalots, etc., qui, quoique constituant des masses bien plus considérables, sont infiniment moins multipliés dans la nature.

Je possède des *Milioles* dans l'état frais ou marin, recueillies sur des *Fucus*, près de l'île de Corse. Aux environs de Paris, on en trouve dans l'état fossile quelques espèces en quantité si considérable, qu'elles forment presque la principale partie des masses pierreuses de certaines carrières.

Ce sont de petites coquilles multiloculaires, à-peu-près de la grosseur des graines de la plante qu'on nomme millet [*panicum miliaceum*], les unes ovales-globuleuses, les autres oblongues, subtrigones. Leur spirale tourne autour d'un axe perpendiculaire au plan des tours, et qui est beaucoup plus long que le diamètre transversal ou horizontal de la coquille; ce qui est le contraire de ce qui a lieu dans les Planorbes, les Ammonites, les Nautiles, etc. Leurs loges, par conséquent beaucoup plus larges que longues, sont transversales, enveloppent dans toute sa longueur l'axe de la coquille, et se recouvrent les unes les autres successivement et alternativement, donnant presque toujours une forme trigone à la coquille, trois loges étant un peu plus que suffisantes pour compléter un tour.

La dernière loge présente à sa base une petite ouverture qui est orbiculaire dans certaines espèces et oblongue dans d'autres.

ESPECE.

1. Miliolite grimaçante. *Miliolites ringens.* Lamk.

M. testá subglobosá; dorso latiore ventrem amplexante; aperturá appendiculo emarginato sublabiatá.

Miliolites ringens. Ann. du Mus. vol. 5. p. 351. n° 1.

Habite... Fossile de Grignon. Cabinet de M. Defrance. C'est la plus grosse et la plus remarquable des espèces de ce genre. Elle est ovale-globuleuse, bombée en dessus et en dessous, et a un peu plus de 2 millimètres de longueur.

2, Miliolite cœur-de-serpent. *Miliolites cor anguinum.* L.

M. testá obcordatá, inflatá, hinc didymá; aperturá exiguá, suborbiculatá.

Encycl. pl. 469. f. 2. a. b. c.

Miliolites cor anguinum. Ann. ibid. n° 2.

* Blainv. Malac. pl. 4. f. 3.

Habite... Fossile de Grignon. Cabinet de M. Defrance. Celle-ci, u peu moins grosse que la précédente, est comme un cœur renflé, d dyme, et médiocrement déprimé d'un côté. Son ouverture est tr petite, suborbiculaire, sans appendice saillant. Les plus gros indivi dus ont à peine 2 millimètres de longueur.

3. Miliolite trigonule. *Miliolites trigonula.* Lamk.

M. testâ inflatâ, ovato-trigonâ; loculis utrinquè acutis, alternatìm tri fariis; aperturâ exiguâ, appendiculatâ.

Miliolites trigonula. Ann. ibid. n° 3.

[*b*] *Var. aperturâ elingui vel nudâ.*

Habite... Fossile de Grignon. Mon cabinet et celui de M. Defranc Cette Miliole est renflée, ovale-trigone, comme une graine de poly gonum, et atteint à peine 2 millimètres de longueur. Chaque log fait à-peu-près un tiers de tour de la spirale, et le renflement d chacune d'elles forme dans le cours de cette spirale autant de facette ovalaires, pointues aux extrémités, et dont la dernière présente à s base une petite ouverture presque orbiculaire, dans laquelle on aperçoit un petit appendice linguiforme, qui naît de la base de l'avant-dernière facette.

4. Miliolite aplatie. *Miliolites planulata.* Lamk.

M. testâ ellipticâ, depressâ; loculis navicularibus decussatìm oppositis, aperturâ minimâ.

Miliolites planulata. Ann. ibid. p. 352. n° 4.

[*b*] *Var. turgidula.*

[*c*] *Var. planissima, margine carinata.*

Habite... Fossile de Louvres, près Paris. Cabinet de M. Defrance; et le mien pour la var. [b], que je possède dans l'état frais ou vivant.

GYROGONE (Gyrogona).

Coquille sphéroïde, creuse intérieurement, composée de pièces linéaires, courbées, canaliculées sur les côtés, offrant, par leur réunion, une surface externe cerclée transversalement par des sillons parallèles, carénés, qui tournent obliquement en spirale, et vont tous se réunir à chaque pôle du sphéroïde. Ouverture orbiculaire, quelquefois close, située au pôle inférieur de la coquille.

Testa sphæroidea, intùs cava, frastulis linearibus curvis ad latera canaliculatis composita, externa superficies costis carinatis, parallelis, in medio transversis, et ad extrema spiralibus alligata. Apertura orbicularis, interdùm clausa, polo infimo testæ.

Observations. — Les *Gyrogones*, que l'on ne connaît que dans l'état fossile, sont des coquilles fort singulières par leur conformation, qui est extrêmement difficile à déterminer. Ces coquilles sont petites, régulières, sphéroïdes, creuses comme un ballon, et paraissent être multiloculaires dans l'épaisseur de leurs parois. Le sphéroïde qu'elles forment semble composé de plusieurs pièces linéaires, courbes, un peu canaliculées sur les côtés, jointes ensemble par ces mêmes côtés, et dont les extrémités vont aboutir aux deux pôles de ce sphéroïde. Par la réunion de leurs côtés et du petit canal que j'ai cru y apercevoir, il en doit résulter des loges linéaires qui suivent la direction de ces pièces. La surface externe de cette singulière coquille est cerclée transversalement par des côtes carénées, parallèles, qui tournent obliquement en spirale, et vont toutes se réunir par leurs extrémités à chaque pôle de la coquille. A l'un de ces pôles, on voit quelquefois une ouverture orbiculaire, un peu dentée sur les bords, par les petites saillies de l'extrémité des pièces. Je ne connais qu'une seule espèce de ce genre.

ESPECE.

1. Gyrogonite médicaginule. *Gyrogonites medicaginula*. L.

G. testâ globoso-sphæroideâ; carinis transversis ad extremitates spiralibus.

Gyrogonites medicaginula. Ann. du Mus. vol. 5. p. 356. n° 1.

Habite... Fossile de Montmorency, Érappes, etc., dans les pierres siliceuses. Mon cabinet et celui de M. Defrance. On la trouve disséminée dans la masse d'une pierre dure, siliceuse, non transparente, où elle se rencontre sans abondance. Elle est à peine de la grosseur d'une tête de petite épingle, et a la forme d'un très petit fruit de certaines espèces de luzerne. Quelques personnes prétendent même que ce corps fossile n'est qu'une graine d'une plante aquatique, ce que je ne puis croire.

MÉLONIE (Melonia).

Coquille subsphérique, multiloculaire; à spire centrale: à tours contigus, enveloppans et tuniqués. Loges étroites et nombreuses; cloisons non perforées.

Testa subsphærica, multilocularis; spirâ centrali; anfractibus contiguis, convolutis, tuniciformibus. Loculi angusti numerosi; septis imperforatis.

OBSERVATIONS. — La structure des *Mélonies* est fort singulière; car leurs tours enveloppans et comme tuniqués constituent, par leur disposition, une coquille presque sphérique, dont le sommet de la spire est au centre. Les cloisons doivent être très étroites et fort allongées. Ces coquilles ne me sont connues que par les figures qu'en a données M. Fichtel. Voici l'indication des deux espèces de ce genre.

ESPECE.

1. Mélonite sphérique. *Melonites sphærica.* Lamk.

Nautilus melo. Fichtel. t. 24. fig. A. B. C. D. E. F.
Encycl. pl. 469. f. 1. a. b. c. d. e. f.
* Blainv. Malac. pl. 7. f. 2.
Habite....

2. Mélonite sphéroïde. *Melonites sphæroidea.* Lamk.

Nautilus melo. Fichtel. t. 24. fig. G. H.
Encycl. pl. 469. fig. g. h.
* Blainv. Malac. pl. 7. f. 3.
Habite...

LES RADIOLÉES.

Coquille discoïde, à spire centrale, et à loges allongées, rayonnantes, qui s'étendent du centre à la circonférence.

Il résulte du caractère des *Radiolées*, que la spirale de ces coquilles ne peut faire qu'un seul tour. Si le second tour s'accomplissait, les loges de celui-ci ne pourraient plus s'étendre du centre à la circonférence, à moins que ce second tour ne soit superposé au premier, c'est-à-dire en recouvrement. Or, puisque l'on trouve des coquilles discoïdes constamment radiolées, ce ne sont donc point des coquilles commençantes, mais des coquilles terminées, qui n'ont qu'une fausse spirale. Cette famille comprend les trois genres suivans : *Rotalie*, *Lenticuline* et *Placentule.*

ROTALIE (Rotalia).

Coquille orbiculaire, en spirale, convexe ou conoïde en dessus, aplatie, rayonnée et tuberculeuse en dessous, multiloculaire. Ouverture marginale, trigone, renversée.

Testa orbicularis, spiralis, supernè convexa vel conoidea, subtùs planulata, radiata et tuberculosa, multilocularis. Apertura marginalis, trigona, resupinata.

Observations. — Les *Rotalies* sont de très petites coquilles en spirale orbiculaire, convexes ou un peu coniques en dessus, dont les tours sont contigus et distincts, et dont la base, qui est la partie la plus large de la coquille, est aplatie, tuberculeuse ou granuleuse, et garnie de rayons onduleux. Ces rayons sont les interstices des saillies que font les loges du dernier tour de la spirale.

L'ouverture de la coquille est celle de sa dernière loge : elle est marginale, trigone, et semble renversée ou dirigée vers la base. Les cloisons transversales qui séparent les loges sont rayonnantes et se dirigent du centre ou axe de la coquille vers sa circonférence, en sorte que les loges sont légèrement coniques.

Nous ne connaissons les espèces de ce genre que dans l'état fossile.

ESPECE.

1. Rotalite trochidiforme. *Rotalites trochidiformis*. Lamk.

R. testâ conoideâ; anfractibus carinatis; latere inferiore granulato.
Encycl. pl. 466. f. 8. a. b.

Rotalites trochidiformis. Ann. du Mus. vol. 5. p. 184. n° 1. et vol. pl. 62. f. 8. a. b.
* Blainv. Malac. pl. 6. f. 3. et pl. 10. f. 1.
Habite... Fossile de Grignon. Mon cabinet et celui de M. Defranc
Très petite coquille dont la largeur n'a guère plus de 3 millimètr Elle est orbiculaire, un peu conoïde en dessus, et composée de tr à quatre tours de spire éminemment carénés. Sa base est large, apl tie, granuleuse, presque ridée, et rayonnante par la saillie des log Il y a des individus qui tournent de droite à gauche et d'autres gauche à droite.

LENTICULINE (Lenticulina).

Coquille sublenticulaire, en spirale, multiloculaire; bord extérieur des tours plié en deux, et s'étendant dessus et en dessous jusqu'au centre de la coquille. Clo sons entières, courbes, prolongées des deux côtés en form de rayons. Ouverture étroite, saillante sur l'avant-derni tour.

Testa sublenticularis, spiralis, polythalamia; anfra tuum margine exteriore complicato, ad centra utrinq extenso. Septa integra, curva, supernè infernèque radi rum instar porrecta. Apertura angusta, suprà penultimu anfractus prominens.

Observations. — La connaissance des *Lenticulines* nous d vient très précieuse pour arriver à celle des Nummulites; et l'on eût bien étudié la structure des premières, la déterminati des vrais rapports des Nummulites n'eût pas autant embarras qu'elle l'a fait jusqu'à présent.

Malgré les excellentes observations de Bruguières, qui fo voir que les Camérines ou Nummulites sont de véritables c quilles analogues aux Ammonites, on a prétendu depuis, tant que ce sont des Polypiers, tantôt qu'il faut les regarder comm l'os intérieur d'un animal marin. Bientôt il eût fallu en dire a tant des *Lenticulines*, des Rotalies et même des Nautiles.

En effet, dans les *Lenticulines*, on retrouve tellement la forn principale des Rotalies, des Discorbes, et même encore des Nautiles, que, sans le prolongement latéral des loges et des cloisons qui s'avancent en dessus et en dessous jusqu'aux deux centres de la coquille, les *Lenticulines* ne seraient pas distinctes des Rotalies et des Discorbes, et qu'on les confondrait en outre avec les Nautiles, sans la présence du siphon dans ces derniers.

Les *Lenticulines* se rapprochent davantage encore des Nummulites, car elles en ont presque entièrement la structure. Cependant elles en diffèrent : 1° parce que les cloisons de chaque tour se prolongent des deux côtés au-dessus des tours intérieurs jusqu'aux centres; 2° et parce que le dernier tour fait une saillie assez considérable sur l'avant-dernier, pour mettre en évidence la dernière loge de son ouverture.

Ces coquilles ont, en général, une forme lenticulaire comme les Nummulites, et la plupart ne se trouvent que dans l'état fossile; néanmoins j'en possède dans l'état frais ou marin, qui ont été trouvées en avant de Ténériffe, à 125 pieds de profondeur dans la mer. Voici les espèces fossiles qui se rapportent à ce genre.

ESPECE.

1. Lenticulite planulée. *Lenticulites planulata.* Lamk.

L. testâ orbiculatâ, discis centralibus convexiusculâ, versùs marginem radiatim striatâ.

Lenticulites planulata. Ann. du Mus. vol. 5. p. 187. n° 1.

* Blainv. Malac. pl. 6. f. 1.

Habite... Fossile de Senlis, de Rétheuil, près de Villers-Coterets, et de Soissons. Mon cabinet et celui de M. Defrance. Petite coquille lenticulaire, qui ressemble à une Nummulite, mais dont le dernier tour dépasse assez l'avant-dernier pour rendre son extrémité et son ouverture distinctes. Les plus grands individus ont 7 millimètres de largeur. Ils sont un peu convexes des deux côtés vers leurs centres, d'où l'on voit des stries fines en rayons un peu courbés se dirigeant vers le bord.

2. Lenticulite variolaire. *Lenticulites variolaria.* Lamk.

L. testâ orbiculatâ, discis valdè convexâ, minimâ; striis radiatis creberrimis.

Lenticulites variolaria. Ann. ibid. n° 2.

Habite... Fossile de Grignon, Betz, Chaumont. Mon cabinet et celui de M. Defrance. Elle est fort petite, n'a guère plus de 2 millimètres de largeur, et ressemble à des pustules naissantes de petite vérole ou de rougeole. L'ouverture de la dernière loge est moins anguleuse que dans l'espèce ci-dessus.

3. Lenticulite rotulée. *Lenticulites rotulata*. Lamk.

L. testâ orbiculatâ; margine acuto; discis utrinquè gibbosulis.

Encycl. pl. 466. f. 5.

Lenticulites rotulata. Ann. ibid. p. 188. n° 3. et vol. 8. pl. 62. f. 11

* Blainv. Malac. pl. 7. f. 7.

Habite... Fossile de Meudon. Cabinet de M. Defrance. Très petite coquille, qui n'a que 2 millimètres de largeur, et qui ressemble à une petite roue pleine, tranchante sur les bords et renflée des deux côtés aux centres. Elle est obscurément marquée de rayons courbes qui vont du centre de chaque face à la circonférence. Le dernier tour de la spirale s'avance de beaucoup sur l'avant-dernier.

Nota. Le *Nautilus calcar* et le *Nautilus crispus* de Gmelin, p. 3370, n°s 2 et 3, paraissent être des Lenticulines et constituer des espèces particulières, qu'il faudrait ajouter à celles que nous venons d'indiquer. Il en est de même du *Nautilus calcar* de Fichtel, pl. 11, 12 et 13.

PLACENTULE (Placentula).

Coquille orbiculaire, convexe en dessus et en dessous, multiloculaire. Ouverture oblongue, étroite, disposée comme un rayon dans le disque inférieur ou sur les deux disques.

Testa orbicularis, utrinquè convexa, polythalamia. Apertura oblonga, angusta, radii instar in disco inferiore vel in utrisque discis.

Observations. — Les *Placentules* sont des coquilles orbiculaires, discoïdes, convexes en dessus et en dessous, à spire centrale et divisées intérieurement en plusieurs loges qui s'étendent chacune du centre à la circonférence. Leur ouverture est allongée, étroite, et s'étend, comme un rayon, tantôt seulement sur le disque inférieur, et tantôt sur les deux disques. C'est par l'ouverture de la coquille que les *Placentules* diffèrent principalement des lenticulines. Je ne citerai que les deux espèces suivantes d'après les figures de M. *Fichtel.*

ESPÈCES.

1. Placentule pulvinée. *Placentula pulvinata.* Lamk.

   Nautilus repandus. Fichtel. t. 3. fig. A. B. C. D.
   Pulvinulus repandus. Encyclop. pl. 466. f. 9. a. b. c. d.
   * Blainv. Malac. pl. 7. f. 5.
   Habite....

2. Placentule rayonnante. *Placentula asterisans.* Lamk.

   Nautilus asterisans. Fichtel. t. 3. fig. E. F. G. H.
   Pulvinulus asterisans. Encyclop. pl. 466. f. 10. a. b. c. d.
   Habite...

LES NAUTILACÉES.

Coquille discoïde, à spire centrale, et à loges courtes, qui ne s'étendent pas du centre à la circonférence.

Les Nautilacées diffèrent éminemment des Radiolées, en ce que leur spirale se compose de plusieurs tours, et qu'il en résulte que les loges ne peuvent s'étendre du centre à la circonférence. Les Nautilacées offrent donc toujours une spirale complète, que les Radiolées ne présentent point. Nous rapportons à cette famille les genres *Discorbe*, *Sidérolite*, *Polystomelle*, *Vorticiale*, *Nummulite* et *Nautile.*

[Depuis les travaux récemment entrepris sur les Céphalopodes fossiles, la famille des Nautilacées a subi de si grands changemens qu'elle ne ressemble en rien à celle de Lamarck; en effet, il n'existe plus qu'un seul des genres de Lamarck, le Nautile, qui puisse y rester. Tous les autres, Discorbe, Sidérolite, Polystomelle, Vorticiale et Nummulite rentrent dans la classe des Rhyzopodes, et ils doivent être remplacés par tous les genres de coquilles cloisonnées dont les loges sont simples, le siphon ventral ou central, et la dernière loge assez grande pour contenir l'animal, comme cela a lieu pour le Nautile.

En jetant les yeux sur le tableau de classification des Céphalopodes que nous avons placé à la suite des généralités (page 232), on y remarquera une famille de Nautilacées, très différente de celle de Lamarck ; elle se compose de 7 genres qui affectent des formes très différentes, semblant cependant résulter des modifications insensibles d'un même type. En effet, depuis les Orthocères qui sont droites jusqu'aux Nautiles à tours enveloppans, on voit la coquille se courber de plus en plus, prendre peu-à-peu la forme spirale à tours disjoints; ces tours de spire se joignent enfin, mais restent largement exposés de chaque côté; il arrive même que le dernier tour se détache pour se projeter en ligne droite, et enfin la forme spirale devient invariable et les tours finissent par s'envelopper complétement. Dans toute cette famille, la dernière loge est assez grande pour contenir l'animal, et elle se termine par une ouverture qui paraît plus variable qu'on ne l'aurait d'abord supposé; elle reste circulaire dans les Orthocères et les Lituites, subtriangulaire dans les Gomphoceras, elle prend la forme d'une fente étroite, dilatée à ses extrémités dans les Phragmoceras; enfin, elle se modifie dans les Clymenias et les Nautiles, selon que les tours sont plus ou moins apparens, plus ou moins embrassans. Outre ces caractères particuliers à la famille des Nautilacées, il en est d'autres encore qui la distinguent éminemment : c'est ainsi que les cloisons sont simples dans tous les genres qui la constituent, car on peut considérer comme telles les cloisons sinueuses des Clymenias, parce que ces sinuosités sont beaucoup moins nombreuses et moins profondes que celles que l'on remarque dans un des genres de la famille des Ammonées. Enfin, et sans exception, le siphon, dans les Nautilacées, n'est jamais dorsal comme dans les Ammonées; selon les genres, le siphon occupe une place particulière; ainsi, dans les Orthocères, il est central ou situé entre le centre et le bord ventral; dans les Gomphoceras, il se rapproche du bord ventral; dans les Campulites au contraire, il se rapproche davantage du côté dorsal; dans les Nautiles, il est central ou subcentral, tandis que dans les Clymenias, il est tout-à-fait ventral.

En comparant les genres de la famille des Nautilacées avec ceux de la famille suivante des Ammonées, on pourrait établir entre elles un parallélisme presque complet. En effet, les Baculites représentent les Orthocères; les Toxoceras et les Crioceras peuvent se comparer aux Campulites; les Goniatites aux Clymenias, et les Ammonites aux Nautiles. Il est à remarquer que plusieurs des formes particulières à la famille des Ammonées telles que Hamite, Scaphite, Turrilite, ne se montrent pas dans les Nautilacées.

Il nous reste maintenant à rappeler quelques-uns des faits très remarquables, relatifs à la distribution des Nautilacées dans les couches de la terre. Il y a déjà une dizaine d'années que j'ai communiqué à la société géologique la plupart de ces observations qui, depuis, ont été confirmées par les travaux de plusieurs géologues. A l'exception du Nautile, tous les autres genres des Nautilacées sont éteints, et ce qui est fort remarquable, c'est que pour le plus grand nombre, ils ont apparu dans les premières périodes géologiques et se sont successivement éteints à la fin de ces périodes. C'est ainsi qu'à l'exception d'un petit nombre d'Orthocères qui passent, à ce que l'on prétend, dans les terrains jurassiques, tous les autres genres se distribuent dans l'ensemble des terrains de transition; il semble pendant cette longue période que la famille des Nautilacées ait subi toutes ses transformations, lorsque celle des Ammonées n'était encore représentée que par le seul genre Goniatite. Un phénomène à-peu-près semblable se montre également pour le développement de la famille des Ammonées qui, au moment de s'éteindre dans le terrain crétacé, subit toutes ses transformations en présence du seul genre Nautile, qui a persisté pendant toute la longue période séparant le terrain de transition du terrain crayeux.]

DISCORBE. (Discorbis.)

Coquille discoïde, en spirale, multiloculaire ; à parois simples. Tous les tours apparens, nus, et contigus les uns aux autres. Cloisons transverses, fréquentes, non perforées.

Testa discoidea, spiralis, polythalamia; parietibus simplicibus. Anfractus omnes perspicui, nudati, contigui. Septa transversa, crebriuscula, imperforata.

Observations. — Les *Discorbes* seraient de véritables nautiles si leurs tours de spire, au lieu d'être tous entièrement apparens et à découvert, étaient cachés par le dernier, enveloppant les autres ou le recouvrant par sa paroi extérieure, et si elles ne manquaient de siphon.

Ainsi les *Discorbes*, qui sont les mêmes que les *Planulites* de mon système des *Animaux sans vertèbres*, p. 101, sont des coquilles discoïdes, en spirale, multiloculaires, à parois simples comme les Nautiles, et dont les tours de spire sont tous à découvert et bien apparens. Les cloisons qui forment les loges sont imperforées, et peu écartées les unes des autres.

Ces coquilles sont, en général, fort petites, très multipliées dans la nature, et paraissent avoir de grands rapports avec les rotalies; mais leur ouverture ne se renverse point vers leur base, et leur spire ne s'élève point en cône.

On ne connaît les *Discorbes* que dans l'état fossile : je n'en citerai qu'une espèce qui se trouve dans les environs de Paris.

ESPÈCE.

1. Discorbite vésiculaire. *Discorbites vesicularis.* Lamk.

D. testâ discoideâ, anfractibus ad loculos nodosis, subvesiculosis; loculo ultimo interdùm clauso.

Encyclop. pl. 466. f. 7. a. b. c.
Discorbites vesicularis. Ann. du Mus. vol. 5. p. 183. n° 1.
* Blainv. Malac. pl. 5. f. 3. 22 et pl. 6. f. 2.
Habite... Fossile de Grignon. Cab. de M. *Defrance*. Petite coquille orbiculaire, discoïde, qui n'a que 2 millimètres et demi de largeur. Sa spirale ne forme que deux tours ou deux tours et demi, et offre dans toute sa longueur un renflement à chaque loge qui la fait paraître noueuse et comme composée d'une suite de globules vésiculeux. La dernière loge dans quelques individus étant entièrement fermée, je présume que cela tient à ce que l'animal a péri dès que la dernière cloison a été formée et avant que le nouvelle loge ait pu être produite.

Nota. Il faut rapporter à ce genre le *Cornu ammonis vulgatissimum* de plancus [de Conch. Arimin. p. 8. t. 1. f. 1.].

SIDÉROLITE. (Siderolites.)

Coquille multiloculaire, discoïde; à tours contigus, non apparens en dehors; à disque convexe des deux côtés et chargé de points tuberculeux; la circonférence bordée de lobes inégaux et en rayons. Cloisons transverses et imperforées. Ouverture distincte, sublatérale.

Testa discoidea, multilocularis; anfractibus contiguis, extùs inconspicuis; disco utrinquè convexo, punctis tuberculosis adsperso; periphæriâ lobis inæqualibus radiatìm prominulis instructâ. Septa transversa, imperforata. Apertura sublateralis.

Observations. — Les *Sidérolites*, que j'avais d'abord prises pour des Polypiers, ne connaissant pas leur intérieur, sont des coquilles multiloculaires, qui appartiennent, comme les Verticiales et les Nummulites, à des mollusques céphalopodes.

Ces coquilles sont fort petites, en étoile ou en chausse-trappe, à disque subgranuleux, convexe en dessus et en dessous, et à circonférence munie de plusieurs pointes grossières, inégales, divergentes comme des rayons.

Je ne connais de ce genre que l'espèce qui suit.

ESPÈCE.

1. Sidérolite calcitrapoïde. *Siderolites calcitrapoides*. Lamk.

Knorr. Petrif. vol. 3. Suppl. f. 9-16.
Nautilus papillosus. Fichtel. t. 14. fig. D. E. F. G. H. I. et t. 15.
Encyclop. pl. 470. f. 4. a. b. c. d. e. f. g. h. i. k.
* Blainv. Malac. pl. 5. f. 7.
Habite... Fossile de la montagne de Saint-Pierre, à Maëstricht. Mon cabinet. Petite coquille très singulière par sa forme étoilée, et qui est subpapilleuse, à rayons saillans, inégaux, lesquels sont émoussés à leur sommet.

POLYSTOMELLE. (Polystomella.)

Coquille discoïde, multiloculaire, à tours contigus, non apparens au-dehors, et rayonnée à l'extérieur par des sillons ou des côtes qui traversent la direction des tours. Ouverture composée de plusieurs trous diversement disposés.

Testa discoidea, multilocularis, extùs radiatìm costulata; anfractibus contiguis, externè inconspicuis. Apertura foraminibus pluribus variè dispositis compositâ.

* Observations. — Les *Polystomelles* sont rayonnées à l'extérieur par la saillie des cloisons transverses des loges, qui s'étendent du sommet à la circonférence de la coquille en traversant les tours; et ceux-ci ne sont point apparens au dehors. Ces caractères leur sont communs avec les Lenticulines; mais, dans ces dernières, l'ouverture de la coquille est simple, tandis que celle des *Polystomelles* se compose de trous diversement disposes selon les espèces. Celles du genre dont il est question ici ne me sont connues que par les figures que M. *Fichtel* en a données.

ESPÈCES.

1. Polystomelle crépue. *Polystomella crispa*. Lamk.

Nautilus crispus. Fichtel. t. 4. fig. D. E. F.
Habite...

2. Polystomelle à côtes. *Polystomella costata.* Lamk.

Nautilus costatus. Fichtel. t. 4. fig. G. H. I.
Habite...

3. Polystomelle planulée. *Polystomella planulata.* Lamk.

Nautilus macellus. Fichtel. t. 10. fig. E. F. G.
* Blainv. Malac. pl. 7. f. 8.
Habite...

4. Polystomelle ambiguë. *Polystomella ambigua.* Lamk.

Nautilus ambiguus. Fichtel. t. 9. fig. D. E. F.
Habite...

VORTICIALE. (Vorticialis.)

Coquille discoïde, en spirale, multiloculaire; à tours contigus, non apparens en dehors; à cloisons transverses, imperforées, ne s'étendant point du centre à la circonférence. Ouverture marginale.

Testa discoidea, spiralis, multilocularis; anfractibus contiguis, extùs inconspicuis; septis transversis, imperforatis, è centro ad periphæriam non porrectis. Apertura marginalis.

Observations. — Ici, comme dans les Nummulites, les cloisons intérieures qui forment les loges sont courtes et ne s'étendent plus du centre jusqu'à la circonférence. Ainsi les *Vorticiales* ne diffèrent essentiellement des Nummulites que parce qu'elles ont une ouverture distincte, et elles sont distinguées des Discorbes en ce que les tours de leur spirale intérieure ne sont pas apparens en dehors. Leur axe est central et se confond avec le sommet de leur spire. Je rapporte à ce genre les trois espèces figurées par M. *Fichtel.*

ESPÈCES.

1. Vorticiale craticulée. *Vorticialis craticulata.* Lamk.

Nautilus craticulatus. Fichtel. t. 5. fig. H. I. K.
Vorticialis strigilata. Encyclop. pl. 470. f. 1. a. b. c.

Blainv. Malac. pl. 7. f. 6.
Habite...

2. Vorticiale strigilée. *Vorticialis strigilata.* Lamk.

Nautilus strigilatus. Fichtel. t. 5. fig. C. D. E.
Vorticialis depressa. Encyclop. pl. 470. f. 2. a. b. c.
Habite...

3. Vorticiale marginée. *Vorticialis marginata.* Lamk.

Nautilus strigilatus. Var. [*b*] Fichtel. t. 5. fig. F. G.
Vorticialis marginata. Encyclop. pl. 170. f. 3. a. b.
Habite...

NUMMULITE. (Nummulites.)

Coquille lenticulaire, amincie vers ses bords. Spire interne, discoïde, multiloculaire, recouverte par plusieurs tables : paroi extérieure des tours pliée en deux, s'étendant et se réunissant de chaque côté au centre de la coquille. Loges très nombreuses, petites, alternes, et formées par des cloisons imperforées qui traversent les tours.

Testa lenticularis, versùs marginem attenuata. Spira interna, discoidea, multilocularis, tabulis pluribus obtecta : anfractuum pariete exteriore complicato, producto, discis centralibus utrinquè adnato. Loculi numerosissimi, parvi, alterni, ex septis transversis imperforatis.

Observations. — Les *Nummulites* sont des productions animales fort singulières, et qui ont jusqu'à présent beaucoup embarrassé les naturalistes pour déterminer leurs véritables rapports. On leur a donné les noms de *Camérines*, de *Pierres lenticulaires*, et de *Pierres numismales*, à cause de leur forme et de leur ressemblance avec des pièces de monnaie.

Ce sont des corps pétrifiés ou pierreux, assez réguliers, lenticulaires, plus ou moins convexes ou bombés au centre de chaque côté, selon les espèces, et insensiblement amincis vers leur bord, qui est presque circulaire.

Ces corps lenticulaires, coupés transversalement dans la direction de leur plan, présentent, en leur face tronquée, dix-huit à vingt-cinq tours fort étroits, qui, partant du centre, semblent tourner circulairement autour de ce point, et néanmoins décrivent une véritable spirale qui se termine au dernier d'entre eux; et comme chacun de ces tours est plié en deux, en son bord extérieur, il en résulte qu'il y a pour eux autant de tables en dessus et en dessous, qui vont toutes se réunir aux deux centres. Or, en toutes ces tables, chaque tour de la spirale est divisé en une multitude de petites loges formées par des cloisons transverses, imperforées, qui se prolongent un peu obliquement vers le centre de chaque disque, et se perdent ou s'anéantissent entre les tables, à mesure qu'elles se rapprochent.

En effet, la paroi extérieure de chaque tour, étant pliée en deux, et s'étendant en dessus et en dessous en une table qui recouvre tous les tours intérieurs, vient au centre, en s'unissant aux tables inférieures, augmenter de chaque côté l'épaisseur des disques.

On a méconnu long-temps la nature de ces corps. Les uns les prenaient pour des jeux de la nature qui, par une force plastique, avait la faculté de faire prendre à des portions de matière calcaire la figure de corps organisés; d'autres les prenaient pour des semences pétrifiées, d'autres pour des opercules, etc.

Breyn, en 1732, et *Jean Gesner*, en 1758, pensèrent que les Pierres lenticulaires ou numismales étaient des coquilles univalves très analogues aux Ammonites; et *Bruguières*, qui, dans son *Dictionnaire des vers*, nous donne, à l'article *Camérine*, des détails intéressans sur l'histoire et la conformation de ces productions animales, adopta entièrement cette dernière opinion. C'est aussi celle qui nous a paru la plus vraisemblable, et que conséquemment nous avons trouvé convenable d'embrasser [Voyez notre article *Nummulite* dans les *Annales du Muséum*, vol. v, p. 237.]

Les *Nummulites*, comme les coquilles des genres précédens, étant, selon nous, le produit de Céphalopodes à test multiloculaire, ont dû se trouver enchâssées tout entières dans la partie postérieure du corps de ces animaux, sans se montrer partiellement au-dehors, comme la Spirule et les Nautiles.

Ce sont des fossiles très communs et surtout très abondans

dans les lieux où la nature les a déposés. Agglutinées ensemb par des dépôts de vase qui s'est durcie et pétrifiée, elles forme souvent des amas pierreux et considérables, enfin des mass calcaires qui fournissent des matériaux pour les constructio On en trouve en Allemagne, en Suisse, en France, en Espagn en Angleterre et dans l'Égypte. *Bruguières* les regarde comn des coquilles pélagiennes. Voici les espèces observées dans l environs de Paris.

ESPÈCES.

1. Nummulite lisse. *Nummulites lævigata.* Lamk.

N. testâ lenticulari, lævi, utrinquè vix convexâ.
Hélicite. Guettard. Mém. t. 3. p. 431. pl. 13. f. 1–10.
Camerina lævigata. Brug. Dict. n° 1.
Nummulites lævigata. Ann. du Mus. vol. 5. p. 241. n° 1.
* *Nummulite lenticulaire.* Blainv. Malac. pl. 4. f. 2.

Habite... Fossile des environs de Villers-Coterets. Mon cabine Coquille lisse, médiocrement convexe au centre, des deux côtés. C en trouve de toutes grandeurs, depuis celle de la largeur d'une le tille, jusqu'à celle d'une de nos pièces de 12 sous.

2. Nummulite globulaire. *Nummulites globularia.* Lamk

N. testâ subglobosâ, lævi; anfractibus subduodenis.
Nummulites globularia. Ann. ibid. n° 2.

Habite... Fossile de Rétheuil. M. Héricart de Thury. Mon cabine Cette Nummulite est beaucoup moins large que la précédente, tr bombée des deux côtés, et a une forme presque globuleuse. Les pl grands individus que j'aie observés n'avaient que dix à douze tou de spirale. Sa superficie est très lisse. Largeur: 8 à 10 millimètre

3. Nummulite scabre. *Nummulites scabra.* Lamk.

N. testâ lenticulari, utrinquè convexâ; superficie punctis elevatis irregulariter sparsis.
An camerina tuberculata? Brug. Dict. n° 3.
Nummulites scabra. Ann. ibid. n° 3.

Habite... Fossile des environs de Soissons. Mon cabinet et celui de fe M. *Faujas.* Sa superficie n'est point unie comme celle des deu espèces ci-dessus, ou du moins elle ne l'est jamais généralement. Tantôt elle est parsemée irrégulièrement de petits tubercules ou point élevés, tantôt elle offre vers ses bords des linéoles courtes, saillante et en rayons, et tantôt on y observe à-la-fois des tubercules, de linéoles et des espaces lisses. Ses tours de spirale sont au nombre de douze à dix-huit.

4. Nummulite aplatie. *Nummulites complanata.* Lamk.

N. testâ orbiculari, latissimâ, undiquè depressâ, lævi; marginibus undosis.

Hélicite. Guettard. Mém. t. 3. p. 432. pl. 15. f. 21.

Camerina nummularia. Brug. Dict. n° 4.

Nummulites complanata. Ann. ibid. p. 242. n° 4.

Habite... Fossile de France, des environs de Soissons? Mon cabinet. C'est la plus grande Nummulite que l'on connaisse; sa largeur est à-peu-près de 1 pouce 3 lignes. Elle est en général fort aplatie, et ses bords, irrégulièrement courbés et hors du plan, paraissent comme ondés.

Nota. Voyez, dans l'ouvrage de M. *Fichtel*, les planches 6, 7 et 8, où différentes Nummulites sont figurées.

NAUTILE. (Nautilus.)

Coquille discoïde, en spirale, multiloculaire; à parois simples. Tours contigus : le dernier enveloppant les autres. Loges nombreuses, formées par des cloisons transverses qui sont concaves du côté de l'ouverture, dont le disque est perforé par un tube, et dont les bords sont très simples.

Testa discoidea, spiralis, polythalamia; parietibus simplicibus. Anfractus contigui : ultimo alios obtegente. Septa transversa, extùs concava, disco perforata : marginibus simplicissimis.

Observations. — Les *Nautiles* sont d'assez grandes coquilles, en spirale discoïde et multiloculaire, c'est-à-dire que leur spirale tourne orbiculairement sur le même plan autour de son sommet qui est au centre. Les tours sont contigus, et le dernier enveloppe tous les autres; leurs parois sont, dans toute leur épaisseur, très simples et sans suture. Les cloisons qui forment les loges de ces coquilles sont transverses, concaves extérieurement ou du côté de l'ouverture, ont leur disque perforé par un tube, et leurs bords très simples. Enfin toutes les loges sor étroites et ont beaucoup plus de largeur que de longueur; mai la dernière du côté de l'ouverture est fort grande. Elles or toutes été successivement plus grandes qu'elles ne sont restée lorsqu'une nouvelle cloison ajoutée en a fixé les bornes.

Ces coquilles sont chacune l'enveloppe, au moins partielle d'un mollusque, que, sans craindre de se tromper, on peut maintenant présumer être un véritable *Céphalopode ;* et au lieu d'envelopper en totalité l'animal, il y a apparence que chacun d'elles est enchâssée dans la partie postérieure de son corps, s trouvant en grande partie à découvert, et n'enveloppant dan sa dernière loge qu'une portion du corps de l'animal dont i s'agit.

Nous sommes autorisé à faire cette supposition par la connaissance que nous avons actuellement de l'animal de la Spirule, coquillage qui a tant de rapport avec les *Nautiles*, qu Linné l'y avait associé. En effet, l'animal dont il est question et que nous avons mentionné ci-dessus, porte sa coquille enchâssée dans la partie postérieure de son corps, où elle est u peu à découvert.

On ne saurait douter maintenant que non-seulement les *Nautiles* ne soient dans le même cas, mais que ce ne soit aussi celu de toutes les Ammonites ou Cornes d'Ammon, des Discorbes, de Lenticulines, des Nummulites, etc., etc. Ces coquilles se trouvent, sans doute, plus ou moins complétement enchâssées dans la partie postérieure du corps de l'animal dont elles proviennent, et enveloppent, par leur dernière loge, une portion de ce corps qui y adhère, soit par un filet tendineux qui s'insère à l'extrémité du siphon, soit d'une autre manière.

Dans l'animal contracté et affaissé après sa mort, que *Rumphius* a figuré comme étant celui du *Nautile* [Mus. pl. 17, fig. B], on voit encore dans la partie lisse et postérieure de son corps la portion qu'enveloppait la dernière loge de la coquille, et un reste du cordon tendineux qui en traversait le siphon. Ensuite, quant à la coquille, l'extrémité tout-à-fait blanchâtre de son dernier tour, n'offrant point ces flammes roussâtres qui existent sur le reste du tour, est un témoignage évident que cette portion de la coquille était enveloppée par la partie postérieure du sac ou manteau de l'animal, et qu'on n'en voyait au dehors qu'une crosse testacée, ornée de flammes rousses.

Selon la description que *Rumphius* a faite de l'animal du *Nautile*, et dont M. *Denis Montfort* nous a donné une traduction accompagnée du texte hollandais même, ce Céphalopode a sur la tête des bras nombreux et digités qui entourent sa bouche; un bec à deux mandibules cornées et crochues; deux yeux sessiles sur les côtés de la tête. Son corps est contenu dans un sac musculeux non ailé, ouvert obliquement par en haut, et dont le bord postérieur se prolonge en formant un capuchon au-dessus de la tête. Un filet tendineux, partant de l'extrémité postérieure du corps, attache l'animal à sa coquille. [*Montfort*, Hist. des Moll. vol. IV, p. 65, pl. 44 et 45.]

Nous ne connaissons de ce genre que deux espèces dans l'état frais ou vivant.

[Depuis que Rumphius a signalé à l'attention des naturalistes l'animal du Nautile, d'une manière malheureusement trop imparfaite pour satisfaire aux besoins de la zoologie et de l'anatomie, on a éprouvé le plus grand désir de retrouver un animal aussi singulier, dont l'histoire acquérait d'autant plus d'importance qu'elle pouvait se rattacher à celle de genres perdus qui constituent une partie considérable de la faune primitive de notre globe. Le Nautile, en effet, comme nous avons eu occasion de le faire remarquer plusieurs fois, est parmi les Céphalopodes le seul genre, qui ayant existé dans les premiers âges géologiques, habite encore les mers actuelles et s'offre à nos yeux comme l'unique débri des générations nombreuses qui se sont successivement éteintes, en traversant les âges de la terre.

Nous ne voulons pas tracer ici l'histoire du genre Nautile; notre but est de rendre compte des travaux de deux anatomistes qui, dans ces derniers temps, ont donné sur lui de précieux renseignemens. Tous les zoologistes savent aujourd'hui comment un anatomiste distingué de l'Angleterre a été mis en possession d'un individu assez bien conservé du *Nautilus pompilius*, et l'on sait aussi avec quel talent M. Owen a su tirer parti de cet individu unique, pour en faire une excellente anatomie et une description minutieuse. Un peu plus tard, M. Valenciennes a également publié un mémoire fort important, le Muséum ayant reçu pour ses collections un individu très bien conservé dans l'alcool, et l'on peut dire que M. Valenciennes a su, après M. Owen, donner beaucoup d'intérêt à un sujet qui semblait épuisé. Ces deux travaux se complétant mutuellement, nous en donnerons ici l'analyse la plus succincte, en engageant cependant le lecteur à les consulter, pour compléter un grand nombre de détails dans lesquels il nous est impossible d'entrer.

Il n'est personne qui ne connaisse la coquille du Nautile ; elle est discoïde, fort épaisse, parfaitement symétrique, de sorte qu'une ligne qui parcourt la convexité de son dernier tour la partage en deux parties égales. On sait aussi, contrairement aux coquilles des autres mollusques, que celle-ci n'a pas une cavité simple s'étendant du sommet à la base ; la plus grande partie de cette cavité contient un assez grand nombre de lames transverses se fixant par leur circonférence sur le pourtour intérieur de la cavité, et l'on a donné à ces lames le nom de cloisons. Dans une coquille à laquelle on compte trois tours de spire, les deux premiers et la moitié du troisième sont divisés régulièrement par un nombre plus ou moins considérable de ces cloisons, qui toutes sont percées, vers le centre, d'une ouverture plus ou moins grande, et qui se continue sans interruption d'une cloison à l'autre. Cette partie à laquelle on a donné le nom de siphon constitue un véritable tube qui n'a aucune discontinuité depuis la première jusqu'à la dernière cloison ; au-delà de celle-ci, la coquille présente une cavité assez grande, circonscrite d'un côté par le bord de l'ouverture, de l'autre, par la surface antérieure de la dernière cloison, et enfin par la saillie de l'avant-dernier tour qui se montre dans l'ouverture et la modifie ; cette cavité est destinée à contenir l'animal, et l'on voit à l'instant même, par ce caractère important, qu'il doit différer de la spirule, dans laquelle la dernière loge n'est pas plus grande que celle qui précède, ce qui renverse aussi l'idée que s'étaient faite plusieurs zoologistes sur la possibilité qu'aurait l'animal du Nautile de développer à l'extérieur un large manteau pour envelopper une grande partie de son test.

Aujourd'hui toutes les théories disparaissent devant la réalité telle qu'elle est apparue, depuis les travaux de MM. Owen et Valenciennes. La description de Rumphius, à laquelle on avait attaché autrefois tant de prix, devient elle-même un simple document historique que l'on ne peut bien comprendre qu'après l'étude attentive des travaux de MM. Owen et Valenciennes.

L'animal contenu dans la dernière loge du Nautile est enveloppé, comme les autres mollusques à coquille, d'un manteau revêtant l'intérieur du test, et dont le bord suit exactement le contour de l'ouverture de la coquille. Ce manteau présente aussi cette analogie avec celui des autres mollusques à coquille turbinée, que son bord antérieur est plus épais que le reste, et qu'il va graduellement en s'amincissant jusqu'à la partie postérieure de l'animal, où il devient mince et transparent, comme dans les Gastéropodes. Après avoir suivi les sinuosités du bord libre de la coquille, le manteau s'enfonce dans les angles qui viennent près de l'ombilic, et il se réfléchit sur la saillie de l'avant-dernier tour, l'enveloppe complétement, de manière à présenter un contour membraneux continu, tout-à-fait semblable à celui de l'ouverture elle-même. Ce manteau ne peut se relever pour cacher l'animal, mais celui-ci porte au-dessus, et comme une sorte de capuchon propre à fermer l'ouverture de la coquille, une partie charnue, épaisse, échancrée au bord postérieur, pour s'accommoder à la saillie de l'avant-dernier tour; cette pièce charnue est subtriangulaire, tronquée en avant, convexe en-dessus et ses angles postérieurs, un peu arrondis, se prolongent en forme d'oreille jusque dans l'ombilic de la coquille, où elle dépose de la matière calcaire; le bord postérieur de cette coiffe charnue suit exactement le contour de la tache noire que l'on remarque sur l'avant-dernier tour de la coquille du Nautile; cette tache noire est sécrétée par la partie charnue en contact avec elle, et l'on conçoit qu'elle doit en accuser exactement la forme.

Dans un Nautile que l'on a fait scier en deux ou cassé avec précaution, on reconnaît vers l'extrémité postérieure de la dernière loge des impressions musculaires assez grandes, subtriangulaires et latérales. Il y en a une de chaque côté, et c'est sur elles que viennent s'insérer deux muscles puissans qui lient d'une manière invariable l'animal à sa coquille. Par les angles supérieurs et inférieurs s'échappe une impression étroite qui se continue sur le test, de manière à rattacher l'une à l'autre les grandes impressions musculaires, et à en former aussi une seule, étroite en avant et en arrière, renflée de chaque côté.

L'on peut distinguer dans le Nautile deux parties comme dans les autres Céphalopodes : le corps dans lequel sont contenus tous les viscères et la tête qui constitue la partie la plus considérable de l'animal.

Pour bien comprendre ce que nous avons à dire du Nautile, il est nécessaire de savoir comment l'animal est contenu dans sa coquille, ce que l'on ne peut décider que par une comparaison convenablement faite avec les autres Céphalopodes. Déjà M. Owen était parti, pour décider la question, d'un point très important de l'organisation ; on connaît la disposition du système nerveux dans les Céphalopodes ; on sait, depuis les travaux de Cuvier, quelles sont les parties qui sont au-dessus de l'œsophage et celles qui sont au-dessous. En prenant ce point de départ, M. Owen a été convaincu que l'animal du Nautile n'est pas dans sa coquille, dans la position que les naturalistes lui avaient supposée. En effet, on avait toujours regardé la convexité de la coquille comme correspondant au dos de l'animal, et l'on supposait le ventre placé au côté opposé, d'où il est résulté que, dans toutes les descriptions des coquilles des Céphalopodes, on a dit : *siphon dorsal*, pour les Ammonites, parce que cette partie occupe la convexité des tours, et par opposition, on a dit : *siphon ventral*, dans les Clyménias, parce que le siphon est situé sur le bord concave des tours de spire. On avait été conduit à ces désignations de parties par la connaissance de la Spirule, dont le siphon, placé vers le côté concave des tours, est réellement ventral. Pour la famille des Nautilacées, probablement aussi pour celle des Ammonées, c'est justement le contraire qui a lieu, puisque le ventre de l'animal du Nautile correspond au côté convexe de la coquille. Tout concourt à prouver que MM. Owen et Valenciennes ont eu raison, puisque la position des mandibules, celle du cœur, de la cavité branchiale, ainsi que de l'entonnoir, viennent confirmer pleinement ce que le système nerveux lui-même indiquait déjà d'une manière décisive. Ainsi, pour nous conformer à la réalité, toutes les parties que nous rapporterons au côté ventral de l'animal se trouveront dirigées vers la grande convexité de la coquille; tout ce qui a rapport au côté dorsal sera dirigé vers la partie de la dernière loge qui reçoit l'avant-dernier tour.

Pour bien comprendre la disposition générale de la tête du Nautile, nous adopterons une idée de M. Valenciennes, rendant plus facile la comparaison des diverses parties, dont cette tête est composée. Les poulpes, comme on le sait, portent huit bras sur la tête. Ces bras ne sont pas toujours égaux, mais tous aboutissent par leur base à un centre commun, occupé par la bouche de l'animal; nous rappellerons que cette bouche des Céphalopodes est non moins symétrique que le reste de l'animal et qu'elle est armée de fortes mandibules cornées que l'on a comparées à un bec de perroquet; seulement, dans la position normale, la plus petite des mandibules est réellement la supérieure, la plus grande est l'inférieure, ce bec de perroquet se trouvant ainsi complétement renversé. Les yeux sont gros, saillans et placés sur les parties latérales de la tête; au-dessous d'eux, c'est-à-dire à la face antérieure ou ventrale, se remarque un tube charnu assez épais, entier, dont l'extrémité antérieure est portée au-dessous du niveau de la tête, tandis que l'extrémité postérieure aboutit à la cavité branchiale; ce tube remplit deux fonctions, il porte l'eau sur les branchies, et lorsque l'animal veut nager, il fait sortir avec violence l'eau contenue dans le sac branchial par le tube en question, et au moyen de l'impulsion qu'il lui donne, il nage à reculons, avec plus ou moins de rapidité. Par une heureuse idée, M. Valenciennes a cherché à ramener les diverses parties, en apparence fort compliquées, qui sont sur la tête du Nautile, aux huit bras des Céphalopodes octopodes.

Le trait principal qui différencie le Nautile des autres Céphalopodes, c'est qu'au lieu de ces longs bras musculeux armés de crochets ou garnis de ventouse à leur face interne, il porte un nombre considérable de tentacules d'une organisation spéciale contenu dans des gaînes, des étuis charnus, dans lesquels ils peuvent se cacher entièrement. Aussitôt que le manteau a été renversé en dehors et que la tête a été dégagée, on voit de chaque côté deux gros faisceaux de ces gaînes tentaculifères; elles sont jointes entre elles principalement par la base, elles sont inégales quant à leur grosseur et à leur longueur; la plupart, dans leur coupe transverse, sont subtriangulaires; les autres sont subquadrangulaires. On compte dix-sept de ces gaînes, de chaque côté; leur masse embrasse la tête presque en entier, dans une sorte d'enveloppe complétée en dessus par cette espèce de coiffe charnue dont nous avons déjà parlé, et qui, elle-même contient au-dessous d'elle deux très gros tentacules réunis en une seule gaîne. Ces deux tentacules sont isolés de ceux dont nous avons déjà parlé et complètent l'enveloppe extérieure de la tête. Lorsque l'on écarte ces masses latérales ainsi que la masse antérieure, on trouve dans la cavité, au fond de laquelle est l'ouverture de la bouche, d'autres parties analogues à celles que nous venons de citer, mais se présentant sous une autre forme; ce sont des organes quadrangulaires, aplatis, fixés par un de leurs côtés et réellement composés d'un certain nombre de gaînes tentaculifères, réunies sur un même plan, comme les doigts de la main; ces organes sont au nombre de deux, de chaque côté, et disposés de manière à former autour de la bouche une seconde enveloppe aussi complète que la première. Le nombre des tentacules portés dans ces organes est assez considérable; il y en a douze dans le groupe latéral supérieur, et treize dans le groupe latéral inférieur. Ainsi, que l'on s'imagine deux enveloppes tentaculifères, l'une interne, composée de deux paires de palmes aplaties; l'autre externe, formée de deux masses principales de gaînes tentaculifères, occupant les parties inférieures et latérales, et enfin complétée par quatre tentacules contenus dans des gaînes plus grosses que les autres, réunies entre elles. M. Valenciennes, comme nous le disions, a fait une coupe transverse de tous les organes qui sont sur la tête, et il a trouvé qu'ils pouvaient se distinguer en huit parties, parfaitement symétriques, ce qui lui a fait comparer ces organes céphaliques du Nautile à ceux des autres Céphalopodes octopodes. Au lieu des ventouses ou des crochets qui se voient en plus ou moins grand nombre sur les bras des Céphalopodes *acétabulifères*, il y a ici des gaînes charnues renfermant à leur centre des tentacules contractiles, garnis sur l'une de leur face d'un grand nombre de lamelles profondément détachées; ces organes sont certainement destinés, comme ceux des autres Céphalopodes, à saisir la proie et à la maintenir en face des mandibules redoutables qui sont destinées à la briser et à la dévorer. Cette fonction des tentacules les rapproche de celle des ventouses ou des crochets, comme l'a très bien senti M. Valenciennes, et ce n'est peut être pas sortir des bornes de l'analogie que de croire, avec ce naturaliste, que les gaînes et les tentacules qu'elles renferment sont des modifications profondes des ventouses des autres Céphalopodes. Outre ces tentacules, il y en a deux encore qui sont rapprochées de l'œil et qui ont peut-être un usage particulier; l'un de ces tentacules est antérieur et il est placé à la base de la grande paire des deux tentacules supérieurs; l'autre est postérieur, il est très court et contenu dans une gaîne à base large, implantée à la paroi postérieure du globe de l'œil. Enfin, M. Valenciennes a découvert au-dessous de l'œil, vers le milieu de son bord inférieur, un organe particulier ayant de l'analogie avec la gaîne des autres tentacules, mais qui, contenant dans sa cavité intérieure, une membrane muqueuse régulièrement plissée, est considérée par ce zoologiste comme un organe olfactif.

Les yeux sont assez gros, portés sur un gros pédicule, ils font saillie de chaque côté de la tête; en cela ils diffèrent d'une manière assez notable des yeux des autres Céphalopodes; ils sont placés en arrière des masses tentaculaires, au-dessous du bord externe de cet organe en forme de capuchon qui revêt toute la surface dorsale de la partie antérieure de l'animal.

L'entonnoir ou le tube destiné à porter l'eau dans la cavité branchiale n'est pas construit comme dans les autres Céphalopodes. Il faut se rappeler que, dans tous ceux de ces animaux qui sont pourvus d'une coquille intérieure, la paroi de la cavité branchiale est fort épaisse et composée de piliers musculaires puissans, au moyen desquels l'animal peut chasser avec une grande violence l'eau contenue dans le sac branchial. Dans le Nautile, cette structure est tout-à-fait différente; la portion du manteau qui sert à former la cavité branchiale reste mince et demeure incapable des efforts suffisans pour l'expulsion de l'eau qu'elle renferme; la structure de l'entonnoir supplée à ce qui manque de force dans la paroi du manteau. Cet organe, au lieu d'être court et d'être constitué en cylindre creux, s'étend largement de chaque côté du corps, embrasse, dans son étendue, les longs piliers musculaires qui unissent la tête au corps; il est formé de deux parties égales taillées en ailes, fixées obliquement à la base, et dont les bords libres viennent se rencontrer sur la ligne médiane et chevauchant l'un sur l'autre, de manière à présenter la forme d'un large cornet, comparable pour sa forme générale à celle des oublies; ce cornet est fixé fortement à l'animal sur une partie cartilagineuse placée à la base de la tête, à-peu-près comme dans les autres Céphalopodes. Les parois de cet entonnoir sont épaisses, musculaires, et l'on conçoit que, par leur contraction, elles peuvent chasser avec force la plus grande partie de l'eau contenue dans la cavité branchiale. Si l'on déroule ces parois, on trouve à l'intérieur, vers son extrémité antérieure, une espèce de valvule, en bec de flûte, qui doit remplir un rôle assez important pour l'entrée et la sortie de l'eau dans la cavité branchiale.

Lorsque la cavité branchiale a été ouverte, on s'aperçoit qu'elle contient quatre branchies disposées symétriquement, et non deux, comme dans tous les autres Céphalopodes connus. On observe également dans l'angle, formé par la jonction des deux grands piliers musculaires, une petite ouverture froncée, c'est celle de l'anus; dans le fond de sa cavité se trouve un grand organe lamelleux, que M. Owen considère comme dépendant de l'ovaire, parce qu'en effet il est immédiatement situé au-dessous de l'issue de l'organe femelle. Enfin, l'on voit aussi à la base des branchies, et à la partie interne de leurs pédicules, deux petites ouvertures de chaque côté, pénétrant dans des poches assez grandes, creusées dans la paroi et traversées par les veines branchiales. Ces ouvertures, qui pénètrent librement dans la cavité branchiale, sont destinées à faire venir l'eau jusque dans es poches dont il est question ; et tout porte à croire qu'elle est lestinée à suppléer pour quelque temps celle qui est nécessaire aux organes de la respiration, car elle rencontre attachés aux veines branchiales, des organes spongieux que Cuvier a déjà signalés dans les Poulpes.

La tête est rattachée au corps par deux grands piliers musculaires qui, par leur extrémité antérieure, viennent se fixer sur une grande partie du cartilage céphalique, tandis que par leur extrémité postérieure, ils s'attachent sur les parois de la coquille et produisent les impressions que nous avons citées. La plus grande partie des viscères est comprise dans cette portion du corps, en arrière des piliers musculaires. L'extrémité postérieure du corps s'arrondit, de manière à se mouler exactement sur la cavité de la dernière cloison de la coquille; on trouve dans cette portion du corps les organes de la digestion et ceux de la génération; on y trouve aussi un cœur avec son oreillette comprise dans un péricarde assez grand, qui constitue en partie la paroi séparant la cavité branchiale de la cavité abdominale. Le ventricule est unique, et l'oreillette elle-même n'est point divisée comme dans les Céphalopodes à deux branchies. Cette disposition des organes de la circulation offre une nouvelle différence très profonde entre l'animal du Nautile et les autres Céphalopodes déjà connus. Vers le centre de la convexité postérieure de l'animal, on voit saillir un organe spécial, subtendineux, allongé, étroit, et destiné à pénétrer dans le siphon. En passant d'une loge à l'autre, cet organe est étranglé, parce qu'en effet le siphon calcaire est plus étroit en traversant les cloisons que dans le reste de son étendue. On a supposé que ce siphon charnu devait jouer un grand rôle dans la vie de l'animal. M. Buckland a cru qu'il communiquait avec le péricarde, et que le péricarde lui-même avait une ouverture extérieure. En attribuant au siphon une communication avec l'extérieur, M. Buckland lui faisait accomplir une fonction qu'il ne paraît pas avoir. Les loges du Nautile sont vides, et l'on conçoit parfaitement qu'elles peuvent contrebalancer le poids de l'animal, et qu'elles remplacent par leur action la vessie natatrice des poissons. Si l'animal est trop léger par rapport à ses cloisons, il est évident qu'il restera invinciblement à la surface de l'eau; si au contraire il est trop lourd, il est évident aussi qu'il aura une continuelle tendance à tomber au fond et qu'il aura de la peine à se maintenir dans les lieux qui lui conviennent le plus. M. Buckland a pensé que le siphon, en s'emplissant d'eau et en se vidant, était destiné à maintenir l'animal dans un juste équilibre avec la partie vide de sa coquille; mais les faits ne confirment pas cette théorie, d'abord parce que le siphon ne communique pas à l'extérieur, ensuite parce qu'il est contenu dans une enveloppe calcaire qui ne lui permet aucune dilatation; de sorte que l'on peut dire, quant à présent, que l'usage de cet organe n'est point connu.

Nous avons dit précédemment comment la découverte du Nautile intéressait encore la géologie, en jetant du jour sur la nature des corps fossiles connus sous le nom de *Rycholites*. M. Owen a fait voir que le bec du Nautile était en partie calcaire et en partie corné, et que la portion calcaire de chaque mandibule présentait la plus grande ressemblance avec les Rycholites répandus dans la plupart des terrains anciens. Dans son mémoire, M. Valenciennes a dit n'avoir pas observé dans l'animal du Nautile, faisant partie des collections du Muséum, les portions calcaires du bec, et que chez cet individu le bec est entièrement corné. Il est à présumer que l'absence de cette portion calcaire dépend, soit de l'âge, soit d'un accident particulier, car nous avons depuis long-temps une mandibule inférieure de Nautile, dans l'intérieur de laquelle la partie calcaire représente très exactement le Rycholite; d'où nous sommes autorisé à conclure qu'en effet ces corps ont été produits par les Nautiles ou par quelque autre genre voisin de Céphalopodes à coquille cloisonnée.

D'après tout ce qui est connu aujourd'hui de l'animal du Nautile, on peut se faire une idée assez juste de la manière dont la coquille est construite. Comme chez tous les autres mollusques, c'est le manteau qui est chargé de créer le corps protecteur qui enveloppe l'animal. Par son bord épaissi, le manteau sécrète des lames divergentes qui s'étendent du dehors en dedans. La surface interne du manteau sécrète des lames parallèles qui, en s'appliquant sur la tranche des premières, les consolident et leur donnent une épaisseur régulière, en proportionnant le test à l'âge de l'animal; ce sont ces lames qui viennent se confondre avec la cloison, quoique celles-ci en soient indépendantes pour la grande partie de leur épaisseur. Le manteau par son bord libre sécrète aussi, comme chez les autres mollusques à coquille, une couche extérieure fort mince, non nacrée, d'un blanc jaunâtre et sur laquelle se dessinent ces belles flammes rougeâtres qui ont valu à l'espèce la plus vulgaire le nom de *Nautile flambé*. M. Valenciennes suppose que ces taches n'ont pas été sécrétées comme celles des autres coquilles par le bord du manteau, mais qu'elles ont été, pour ainsi dire, ajoutées par les bords du capuchon, de la même manière que les couches colorées sont déposées par le manteau des Porcelaines. Nous ne devinons pas sur quoi s'appuie cette opinion de M. Valenciennes; les faits connus ne semblent pas la justifier, tandis que cette coloration s'explique très bien par les procédés qu'emploient tous les autres mollusques à coquille. Il est vrai que la coloration du Nautile disparaît vers l'ouverture, et qu'elle est limitée ordinairement à la partie des tours qui est remplie de cloisons; cependant nous nous souvenons avoir vu un Nautile ombiliqué, dont la coloration remontait beaucoup plus haut, et même quelques individus du *Nautilus pompilius*, dans lesquels cette coloration atteignait le bord de l'ouverture, dans le voisinage de l'ombilic. En examinant sous des grossissemens convenables la partie colorée, nous la voyons se fondre d'une manière si intime dans l'épaisseur de la surface corticale, que nous ne conservons aucun doute sur la manière dont elle a été sécrétée; il n'en est pas de même de la couche noire revêtant la partie saillante de l'avant-dernier tour dans l'ouverture; elle est évidemment constituée par une couche vitreuse, finement chagrinée, et dont on reconnaît facilement l'épaisseur, à l'aide des lamelles superposées, et surtout parce que son accroissement se fait en sens inverse de celui de la coquille elle-même.

Comme nous le répétons, en terminant cette courte analyse des travaux relatifs à l'animal du Nautile, nous nous sommes abstenu des détails purement anatomiques qui nous auraient entraîné plus loin que ne le comporte la nature de l'ouvrage de Lamarck. Il est évident pour le zoologiste, que le Nautile, ainsi que tous les autres genres perdus de coquilles cloisonnées, terminées par une dernière loge assez grande pour contenir l'animal, appartiennent à un ordre particulier de Céphalopodes, caractérisé de la manière la plus nette, non-seulement par la modification profonde des organes de préhension et de mouvement, mais encore par le nombre des branchies. Ces caractères justifient la classification proposée par M. Owen pour les Céphalopodes en général; et par l'analogie la mieux fondée, tout porte à croire que la famille des Ammonées devra être comprise dans l'ordre des Tétrabranches, aujourd'hui caractérisé par l'animal du Nautile.

On ne connaît actuellement que deux espèces vivantes, faciles à distinguer, puisque l'une est ombiliquée, tandis que l'autre ne l'est jamais; toutes deux habitent le Grand-Océan-Indien, et se trouvent quelquefois sur des points qui sont à de très grandes distances. M. Valenciennes rapporte un fait recueilli par M. L. Rousseau, et qui n'est pas sans intérêt. Pendant un voyage qu'il fit dans l'Océan de l'Inde, M. Rousseau s'assura que le Nautile se trouve aux îles Nicobares, où il arrive en assez grande abondance pour être boucané par les habitans des côtes, et sa chair mise en réserve pour être mangée plus tard. Il paraît que c'est à l'époque de la mousson sur cet archipel, que le Nautile y est pêché en grand nombre. On ne comprend guère alors comment l'animal de ce genre est resté si long-temps inconnu des savans de l'Europe, mais on pourrait citer d'autres exemples d'animaux non moins communs, plus rapprochés de nous, et qui sont inconnus aux zoologistes. Quant aux espèces fossiles, elles sont généralement fort abondantes; on les rencontre dans les terrains de transition, et il n'y a pas de formation où l'on n'en retrouve quelques-unes. Enfin, elles ont passé à travers toutes les périodes géologiques, et deux espèces seulement subsistent, mais celles-là n'ont pas de représentant à l'état fossile. Parmi ces espèces fossiles, il y en a qui ont acquis un très grand volume, nous avons vu dans les couches du lias des environs de Metz un Nautile ayant 20 pouces de long, 15 1/2 de haut et un peu plus de 8 d'épaisseur. Cette coquille monstrueuse fait actuellement partie de la collection publique de la ville de Metz; un fragment d'une autre espèce a été recueilli aux environs de Sampigny, dans les couches du Kimeridge-Clay, ses dimensions étaient non moins grandes que celles que nous venons de donner. Il y a au moins soixante espèces fossiles connues dans les collections, mais malheureusement leur description n'a point été encore réunie en une monographie qui serait cependant d'une grande utilité à la science conchyliologique.

ESPÈCES.

1. Nautile flambé. *Nautilus pompilius.* Lin.

N. testâ suborbiculari; anfractibus dorso lateribusque lævibus; aperturâ oblongo-cordatâ; umbilico tecto.

Nautilus pompilius. Lin. Syst. nat. Éd. 12. p. 1161. Gmel. p. 3369. no 1.

Lister. Conch. t. 550. f. 1. et 3. et t. 551. f. 3. a.

Bonanni. Recr. 1. f. 1. 2.

Rumph. Mus. t. 17. fig. A. C.

Petiv. Gaz. t. 99. f. 9. et Amb. t. 3. f. 7.

Gualt. Test. t. 17. fig. A. B. et t. 18.

Klein. Ostr. t. 1. f. 1.

D'Argenv. Conch. pl. 5. fig. E. F.

Favanne. Conch. pl. 7. fig. D. 2.

Seba. Mus. 3. t. 84. f. 1-3.

Knorr. Vergn. 1. t. 1. f. 1. 2. et t. 2. f. 3.

Martini. Conch. 1. p. 222. Vign. 9. et p. 226. Vign. 10. t. 18. f. 164. et t. 19. f. 165-167.

Encyclop. pl. 471. f. 3. a. b.

* Rondelet. Hist. des Poiss. p. 63.

* Gesner. De Crust. p. 251.

* Aldrov. De Test. p. 266. et p. 266.

* Mus. Calceolari. p. 39. fig. *bona.*

* Besleri. Gazophy. nat. pl. 19. f. 12.

* Jonst. Hist nat. des exang. pl. 10. f. 3. 4.

* Terzagus. Mus. septali. p. 29. n° 2.

* Mus. Cospiano. p. 106. n°s 5. 6. 7. 8.

* Jacobæus. Mus. regium. p. 20. *Pseudo-nautilus.*

* Mercati. Metallot. Vaticana. p. 198.

* Lesser. Testaceotheologia. pl. 118. f. nº 11. et p. 123. f. nº 12.
* Gevens. Conch. Cab. pl. 1. f. 1. à 3.
* Lin. Syst. nat. Éd. 10. p. 709.
* Lin. Mus. Ulr. p. 549.
* Mus. Gottv. pl. 40. f. 271. a. a. b.
* Blainv. Malac. pl. 4. f. 8.
* Knorr. Delic. nat. selectæ. t. 1. Coq. pl. B. f. 1. 2. pl. B. I f. 1. 2.
* *Rariora*. Mus. Besleriani. pl. 19. f. 1. 3. 4.
* Herbst. Hist. Verm. pl. 42. f. 1.
* La grosse Porcelaine. Bélon. Etranges poissons. p. 55.
* *Nautilus alter*. Bélon. De aquat. p. 1382.
* Lessons on Shells. pl. 6. f. 4.
* Brookes. Intr. of Conch. pl. 5. f. 54.
* Schum. Nouv. Syst. p. 257.
* Born. Mus. p. 143. Vignette p. 142.
* Schrot. Einl. t. 1, p. 7. nº 1.
* Burrow. Elem. of. Conch. pl. 12. f. 2.
* Dillw. Cat. t. 1. p. 338. nº 1.

Habite l'Océan des Grandes-Indes et des Moluques. Mon cabinet. Grande et belle coquille, flambée de roux, transversalement dans sa partie postérieure. Les côtés de ses tours ne sont point ridés comme dans la suivante. On la dépouille pour montrer sa nacre, et souvent on la découpe, ou l'on grave sur sa surface diverses figures. Les Orientaux en font des vases pour boire, etc. Son plus grand diamètre est de 7 pouces 8 lignes. Vulg. le *Nautile chambré*. Dans les jeunes individus, le centre ou le sommet de la coquille offre une perforation qui permet d'y passer un crin et qui n'est qu'un faux ombilic.

2. Nautile ombiliqué. *Nautilus umbilicatus*. Chemn.

N. testâ suborbiculari, utrinquè umbilicatâ; anfractibus omnibus in utroque umbilico perspicuis; anfractuum lateribus obtusè rugosis; aperturâ rotundo-cordatâ.

Lister. Conch. t. 552. f. 4.
Favanne. Conch. pl. 7. fig. D. 3.
Chemn. Conch. 10. t. 137. f. 1274. 1275.
* *Nautilus scrobiculatus*. Dillw. Cat. t. 1. p. 339. nº 1.
* *Nautilus pompilius*. Var. β. Gmel. p. 3369.
* Knorr. Vergn. t. 4. pl. 22. f. 4.
* Blainv. Malac. pl. 8. f. 2.
* Crouch. Lamk. Conch. pl. 20. f. 16.
* Schum. Nouv. Syst. p. 257.

Habite... l'Océan des Grandes-Indes? Mon cabinet. Coquille fort rare, qui, assurément, doit constituer une espèce constamment distincte. Un large ombilic de chaque côté laisse voir tous les tours de sa spirale, et les côtés de chacun de ces tours offrent des rides obtuses et transverses qu'on ne voit nullement dans la précédente. Son ouverture plus courte, fort large, arrondie au sommet, est comme échancrée en cœur par l'avant-dernier tour. Par le raccourcissement de cette ouverture, la coquille est un peu plus orbiculaire que celle qui précède. Sa coloration est à-peu-près la même. Son plus grand diamètre est de 6 pouces 1 ou 2 lignes.

Nota. Le *Nautilus pompilius* se trouve dans l'état fossile, à Courtagnon, Grignon, Chaumont, aux environs de Dax, et en beaucoup d'autres lieux en France. Il conserve encore, dans cet état, sa nacre avec de belles couleurs irisées. C'est véritablement la même espèce que celle qui vit actuellement dans les mers des Indes, et qui depuis long-temps est connue des naturalistes. Ce fait, parmi beaucoup d'autres semblables, est extrêmement important pour la géologie, puisqu'il atteste, comme les autres, les révolutions subies dans les climats des diverses parties de notre globe. [Voyez les *Annales du Muséum*, vol. v, p. 179 et suiv.]

LES AMMONÉES.

Cloisons sinueuses, lobées et découpées dans leur contour, se réunissant entre elles contre la paroi intérieure de la coquille, et s'y articulant par des sutures découpées et dentées.

Les coquilles multiloculaires de cette division des Céphalopodes testacés sont singulièrement remarquables par le caractère de leurs cloisons : non-seulement ces cloisons sont onduleuses et comme tourmentées dans leur disque, mais en outre elles sont sinueuses, lobées et éminemment découpées dans leur contour. Or, comme ces cloisons viennent s'appliquer et se replier sous la paroi interne de la coquille, leurs bords sinueux et lobés forment, en se réunissant, des sutures découpées et dentées, qui imitent en quelque sorte des feuilles de persil.

Le test de ces coquilles recouvre et cache toutes ces sutures singulières. Mais, comme nous ne les trouvons la plupart que dans l'état fossile, et qu'après que le test a disparu, nous apercevons, sur ces espèces de moules intérieurs qui nous restent, les sutures découpées et dentées de leurs cloisons, nous reconnaissons facilement les caractères particuliers de ces coquilles.

Les *Ammonées* constituent évidemment une famille naturelle, qui paraît nombreuse et très variée; mais nous ne connaissons pas un seul des animaux qui y appartiennent. Puisque ces animaux ont une coquille régulièrement multiloculaire, j'ai présumé, avec beaucoup de vraisemblance, que ce sont des Céphalopodes, et qu'ils ont de l'analogie avec ceux des Nautiles, quoiqu'ils doivent en être très distincts. Il nous paraît probable que leur coquille est tout-à-fait intérieure; et nous croyons, avec Bruguières, que ces animaux vivent, pour la plupart, dans les grandes profondeurs des mers.

Les coquilles multiloculaires dont il s'agit présentent, selon les genres, de grandes différences entre elles, dans leur forme générale. Les unes sont discoïdes, à tours de spirale, soit à découvert, soit enveloppans; les autres forment une spirale en pyramide turriculée; et d'autres encore sont droites ou presque droites, sans former de spirale. Cette famille comprend les genres *Ammonite*, *Orbulite*, *Ammonocérate*, *Turrilite* et *Baculite*.

[Aucune des familles établies par Lamarck parmi les Céphalopodes cloisonnés n'est aussi naturelle que celle des Ammonées. Il était difficile au reste de ne pas réunir, dès le principe, des genres qui ont entre eux la plus grande analogie, quand on les considère dans les caractères de leur structure intime. Justement appréciés par Lamarck, ces caractères ont servi à confirmer la famille qui nous occupe et à l'accroître, comme nous l'avons vu, d'un certain nombre de genres. Ceux que Lamarck a admis sont au nombre de cinq seulement ; de nouvelles observations ont démontré que, parmi eux, il en est deux au moins qui ont besoin d'être réformés. C'est ainsi que celui nommé Orbulite fait un double emploi bien évident avec celui des Ammonites. En effet, Lamarck n'admettait dans ce dernier genre que des coquilles ombiliquées, tandis qu'il réunissait sous le nom d'Orbulites des coquilles plus ou moins aplaties, et dont le dernier tour embrasse ceux qui précèdent. Cette distinction pouvait être proposée dans un temps où l'on connaissait peu d'espèces appartenant à ces deux groupes ; mais aujourd'hui on voit un si grand nombre de passages insensibles entre eux, qu'il est impossible d'en déterminer la limite, et rien dans la structure des coquilles elles-mêmes ne peut guider l'observateur dans la séparation de ces deux genres. La forme des cloisons, les découpures de leurs bords, la position du siphon, la grandeur relative de la dernière loge, tous les caractères essentiels en un mot se montrent identiques dans l'un et l'autre genre.

Sous le nom d'Ammonocérate, Lamarck a signalé à l'attention des zoologistes un genre curieux d'une forme spéciale, mais qui malheureusement a été fondé sur un fragment incomplet d'une Ammonite accidentellement déformée. Néanmoins Lamarck avait senti la nécessité de fonder un genre d'après la forme particulière de ce corps, et ce genre, retrouvé depuis, a reçu de M. A. d'Orbigny le nom de *Toxoceras*. Les réformes que nous venons d'indiquer une fois faites, la famille des Ammonées de Lamarck se trouve réduite à trois genres qui, par leurs formes, ne paraissent avoir entre eux que des rapports éloignés ; mais aujourd'hui on voit les lacunes qui les séparent, comblées par des modifications qui font passer d'une manière insensible les Ammonites aux Baculites. Le genre Turrilite lui-même qui semblait le plus isolé de tous se rattache au type des Ammonites par des modifica tions insensibles, récemment découvertes. On a vu par l tableau de classification des Céphalopodes, que cette fa mille des Ammonées contient actuellement onze genres qui tous sont fondés sur les modifications principales de formes extérieures qu'ils affectent.

Un savant éminent, placé aux premiers rangs parmi le géologues de l'Europe, s'est occupé avec beaucoup de suc cès de la famille des Ammonées, non-seulement dans l but de mieux en caractériser les genres, mais surtout pou faire comprendre l'importance de la structure des coquilles M. de Buch, dans plusieurs Mémoires, et notamment dan celui publié en 1832, sur les Ammonites et les Goniatites traduit en 1833, par M. Domnando, dans les *Annales de sciences naturelles*, M. de Buch, disons-nous, a pour ains dire anatomisé les Ammonites, déterminé les diverses par ties dont leur test est composé, et il a conclu de ces travau préliminaires une classification méthodique, dans laquell les Ammonites sont rangées d'après les caractères de l forme extérieure. M. de Buch fait remarquer que dan toutes les Ammonites, quelle que soit leur forme, on re marque toujours six lobes principaux se modifiant ave l'âge, et qui sont souvent accompagnés de lobes accessoire que l'on voit s'ajouter non-seulement lorsque la coquill se modifie en vieillissant, mais encore d'une manière plu constante lorsque sa forme résulte de ses propriétés spéci fiques. Le savant géologue a appris aux zoologistes l'impor tance que devaient avoir pour les distinctions spécifiques la forme particulière des lobes et leurs découpures marginales Aujourd'hui que ces travaux sont connus et qu'ils ont été adoptés par presque toutes les personnes qui ont eu à s'oc cuper du groupe des Ammonites, nous ne croyons pas né cessaire d'y insister davantage, car pour en rendre l'ex posé véritablement utile, il faudrait ajouter la descriptior d'un assez grand nombre d'espèces, appartenant à chacun des groupes proposés par M. de Buch. Nous rappellerons cependant que M. de Buch partage les Ammonites en onze groupes, auxquels il donne des noms particuliers. Ce naturaliste ne prétend pas par là établir des sections nettement tranchées, mais il cherche par ce moyen artificiel à rendre plus faciles les déterminations spécifiques, dans une famille qui contient aujourd'hui un nombre très considérable d'espèces.

Nous terminerons ces observations par une dernière remarque, c'est qu'il n'existe plus dans la nature actuelle aucun représentant de cette famille, dont les débris sont si nombreux dans les couches de la terre. On a supposé pendant long-temps que si l'on n'avait pas encore vu d'Ammonites vivantes, cela provenait de ce que ces animaux habitaient les mers les plus profondes, dans des régions qui nous sont inaccessibles. Cette opinion a pris naissance à une époque où la géologie moins éclairée laissait subsister des préjugés scientifiques qu'il est impossible de conserver aujourd'hui. De ce que l'on trouvait les Ammonites dans les couches plus anciennes et plus profondes, on avait conclu que ces animaux étaient pélagiens et ne pouvaient vivre que dans les profondeurs des grands océans ; mais il est évident que ces deux idées n'ont point de rapports directs, et ce qui le prouve, c'est que les Ammonites se trouvent en abondance dans des couches remplies d'autres coquilles fossiles évidemment littorales, et rien ne peut justifier l'opinion de plusieurs naturalistes sur la manière de vivre des Ammonées. On peut même dire que cette classe d'animaux a cessé d'exister à la surface de la terre, depuis très long-temps, car on n'en retrouve plus le moindre vestige dans les terrains tertiaires ; ils ont commencé à apparaître sous une forme particulière, celle des Goniatites, dans les terrains de sédiment les plus anciens ; ils se sont modifiés en passant dans le muschelkack, et enfin ont acquis tou leurs caractères dans la succession des autres formations mais au moment de disparaître de la surface de la terre ces animaux ont subi des modifications étonnantes, dans l. forme de leurs coquilles, car c'est dans les terrains crétacé seulement que nous voyons apparaître presque tous les genres que contient la famille des Ammonées, à deux exception près, Ammonite et Goniatite. Cette famille présente don dans une époque plus récente, un phénomène tout-à-fai comparable à celui qui s'est manifesté à l'égard des Nautilacées, lorsqu'à la fin des terrains de transition, elle a été réduite aux Nautiles proprement dits, qui subsistent dans la nature actuelle.]

AMMONITE. (Ammonites.)

Coquille discoïde, en spirale, à tours contigus et tous apparens, et à parois internes articulées par des sutures sinueuses. Cloisons transverses, lobées et découpées dans leur contour, sans siphon dans leur disque, mais percées par une sorte de tube marginal.

Testa discoidea, spiralis; anfractibus contiguis, omnibus conspicuis; parietibus internis suturis sinuosis articulatim junctis. Septa transversa, ad margines inciso-lobata, in disco imperforata, at tubulo marginali hinc perforata.

Observations. — Les *Ammonites*, vulgairement connues sous le nom de *Cornes d'ammon*, ont de très grands rapports avec les Nautiles, puisque leur coquille est également chambrée ou multiloculaire dans son intérieur, et que les cloisons qui divisent leur cavité ont aussi une tubulure, quoique simplement marginale. Mais les *Ammonites* diffèrent essentiellement des Nautiles par les sutures sinueuses de leurs parois internes et par la forme pareillement sinueuse de leurs cloisons.

Ces coquilles sont véritablement discoïdes, et comme le dernier tour de leur spirale n'enveloppe pas tous les autres, leurs tours sont tous apparens. Ce caractère établit la différence entre les Orbulites et les *Ammonites.*

Ces dernières ne sont encore connues que dans l'état fossile. Lorsque leur test est revêtu de sa couche externe, les sutures sinueuses et découpées ne paraissent pas; mais il est rarement conservé, et le plus souvent les *Ammonites* que renferment nos collections n'offrent que les moules intérieurs et pyriteux de ces coquilles.

On en trouve dans presque tous les pays, et en général dans les terrains schisteux ou argileux, surtout des montagnes. M. *Ménard* en a rencontré une, dans les Alpes maritimes, à plus de 1,500 toises d'élévation. Plusieurs espèces sont fort grandes; j'en ai vu qui ont plus de 2 pieds de diamètre, et l'on assure qu'il y en a de beaucoup plus grandes encore.

La route d'Auxerre à Avallon, en Bourgogne, est ferrée avec des *Cornes d'ammon*, tant ces fossiles y sont nombreux. Obs. communiquée par M. *Dufresne.*]

[Tel qu'il est constitué aujourd'hui, le genre Ammonite est l'un des plus considérables et des plus importans pour la géologie, parce que ses nombreuses espèces se distribuent dans presque toutes les couches de la terre et qu'elles peuvent servir à les caractériser. Pour que ce genre devînt aussi utile que possible aux zoologistes et aux géologues, il faudrait en entreprendre une monographie bien complète, mais malheureusement ce travail manque encore à la science. Néanmoins, il existe de nombreux matériaux qui, pour être épars dans un grand nombre d'ouvrages, ne sont pas moins intéressans. M. de Buch, comme nous l'avons vu, a entrepris des travaux recommandables sur les Ammonites, et a fait voir toute l'importance qu'il fallait attacher à la position du siphon et à la disposition des lobes des cloisons. Le siphon est toujours dorsal, et quoique cette partie paraisse peu importante, si l'on en juge d'après l'animal du Nautile, sa position spéciale dans les Ammonites a nécessairement entraîné chez ces animaux des modifications qui ne peuvent se présenter dans la famille des Nautilacées, par exemple. C'est ainsi que la présence de cet organe sur le dos de la coquille a déterminé l'existence d'un lobe dorsal, qui n'existe dans aucun des genres des Nautilacées. Il est à présumer que cette première modification a également entraîné celle des lobes des cloisons M. de Blainville avait supposé que les découpures en forme de folioles, qui terminent les bords des cloisons, étaient dues à la forme particulière des muscles d'attache, dont les fibres irradiées et détachées en faisceaux donnaient à chaque lobe de la cloison une forme constante, régulièrement développée depuis le jeune âge jusqu'à l'état adulte; mais si l'on admet une analogie assez grande entre l'ancien habitant des Ammonites et celui du Nautile, on est obligé de renoncer à l'opinion du savant zoologiste, et d'admettre que la forme de la cloison des Ammonites est déterminée dans toutes ses parties par celle du sac membraneux, dans lequel les viscères sont contenus. Dès-lors, il faudra concevoir, dans cette partie de l'animal, des lobes membraneux et saillans, correspondant aux parties déprimées et creusées de la cloison, et enfin, il faudra admettre que le siphon tendineux qui pénètre dans celui de la coquille venait aboutir au bord ventral du sac de l'animal, et que, selon toutes les probabilités, le siphon n'avait plus aucune connexion avec la région du péricarde, et alors la fonction que M. Buckland lui attribue devient ici doublement impossible; car, pour admettre l'hypothèse du savant anglais, il faudrait que le siphon charnu pût se dilater et se contracter, se remplir et se vider, ce qui ne peut avoir lieu dans les Ammonites, pas plus que dans les Nautiles, puisqu'il est calcaire continu, et que dans les Ammonites, il est en proportion plus étroit que dans les Nautiles.

Nous avons vu précédemment que M. Meyer, M. Ruppel, et enfin M. Voltz, surtout ce dernier, avaient établi et défendu l'opinion que les *Aptycus* sont des opercules d'Ammonites. Dans son Mémoire sur les Nautiles, M. Valenciennes est revenu sur cette opinion, et sans vouloir la préjuger définitivement, il la regarde comme probablement vraie. Il suppose que ces parties calcaires ou cornées étaient fixées à la surface extérieure du capuchon, et que l'animal, en rentrant dans sa coquille, pouvait la fermer presque aussi exactement qu'un autre mollusque operculé. Il y a une objection qui doit paraître péremptoire, du moins pour un assez grand nombre d'espèces, pour celles dont l'ouverture est entièrement connue. Cette portion d'une coquille d'Ammonite est très rare, le peu qui en a été vu annonce, avec une aussi singulière conformation, que la présence d'un opercule est inconciliable. En effet, comme l'a fait voir M. Pratt, M. Defrance, dans le *Dictionnaire des sciences naturelles*, M. de Blainville dans sa *Malacologie*, l'ouverture des Ammonites est rétrécie en dedans par un bourrelet plus ou moins épais et se prolonge, de chaque côté, en une oreillette plus ou moins allongée, quelquefois spatuliforme et recourbée en avant, de manière à se rapprocher beaucoup au-dessous de l'ouverture et dans la ligne médiane. On comprend dès-lors qu'il serait difficile à l'animal de mouvoir un opercule dans le petit espace que laisse le renflement intérieur du bord et son prolongement en oreillette.

On compte actuellement plus de trois cents espèces d'Ammonites, distribuées dans toutes les couches de la terre, si ce n'est dans les couches tertiaires où ce genre manque. M. de Buch a cherché, nous l'avons dit, à distribuer ses nombreuses espèces en onze groupes principaux, auxquels il a donné les noms de 1° *Arietes*, pour lesquelles il cite, comme types, l'*Ammonites Bucklandi*, *Brocchii*, *Rotiformis*, etc.; 2° *Falciferi*, ayant pour types, *Ammonites serpentinus*, *Reineke*, *fonticola*, *radians*, etc. 3° *Amalthei*, ayant pour types l'*Ammonites amaltheus* de Montfort; 4° *Capricorni*, qui a pour type *Ammonites capricornus*, de Schlothein, etc.; 5° *Planulati*, caractérisées par l'*Ammonites Parkinsoni*, Sow.; le *Biplex* du même auteur, etc.; 6° *Dorsati*, coquilles généralement larges, comme les *Ammonites armatus*, *figulatus*, de Sowerby, en donnent l'exemple; 7° *Coronarii*, ayant le dos plus large encore, et caractérisés par l'*Ammonites Humphreysianus*, *coronatus*, etc. de Sowerby; 8° les *Macrocephali* commencent à avoir l'ombilic fort étroit et l'ouverture large, taillée en demi-cercle, comme l'*Ammonites tumidus*, *sublevis*, *inflatus*, etc. 9° Quant aux *Armati*, ils ne sont plus caractérisés par l'ensemble de la forme, mais par la manière dont se prolongent en épines ou en tubercules les parties du test, comme dans l'*Ammonites armatus*; 10° *Dentati*, peu nombreux; on les reconnaît aux dentelures qui règnent sur le dos comme dans l'*Ammonites dentatus* de Sowerby, *Duncani*, *callobiensis*, du même auteur; 11° sous ce nom d'*Ornati*, M. de Buch a fait un petit groupe pour un petit nombre d'espèces à dos étroit, comme les *Ammonites castor* et *pollux* de Reineke, etc.; 12° enfin, le dernier groupe contient des espèces à côtes flexueuses, et il porte le nom de *Flexuosi;* les *Ammonites falcatus*, *asper*, *flexuosus*, caractérisent ce groupe. Les personnes qui ont réuni un grand nombre d'Ammonites reconnaissent combien ces divisions artificielles sont utiles pour arriver au nom spécifique, qui lui-même est d'une grande importance pour déterminer l'âge géologique de la couche, d'où les espèces ont été extraites.

Comme chacun le sait aujourd'hui, les Ammonites acquièrent quelquefois un très grand volume; on en a cité de plus d'un mètre de diamètre ; il est plus ordinaire d'en rencontrer de plus petites, et il y a certaines couches qui en renferment si abondamment que l'on peut en paver des routes, comme en Bourgogne et dans quelques autres régions de la France. Nous ajoutons ici l'indication des principaux auteurs à consulter, pour trouver la plus grande partie des espèces décrites et figurées.

Mantell, *Craie*, pl. 20, 21, 22 (1822).

Hisinger, *Lethea suecica*, pl. 5, 6 (1837).

Fitton, *Observ. on the Chalk.*, pl. 14, 18 (1836).

Philips, *Yorkshire*, pl. 2, 4, 5, 6, 12, 13, 14.

Voltz, *Soc. d'Hist. nat. de Strasb.*

De Buch, *Uber ammon. and goniat.* (1832), trad. *Ann. sc. nat.* (1833), t. XXIX.

Ceratites ammonites. Munst. *Beitrage zur petref. kund.*, t. IV, pl. 14, 15.

Pratt, *On some new spec. Ammon.*

Geinitz, *Charakt. kreidg.*, p. 39, 66.

Rœmer, *Kreidg.*, p. 85.

Pusch, *Polens paleont.*, p. 150.

Faujas. *Mont. Maestricht*, pl. 31.

Leymerie, *Craie de l'Aube*, pl. 17.

Schlotheim, *Pétrif.*, pl. 9, 31.

Klipstein, *Beitrage*, t. II, p. 101.

Ceratites, *id.* p. 130.

Rœmer, *Oolithen-Gebirge*, p. 180 (1836).

Rœmer, *Suppl.* p. 48 (1839).
Bronn. *Leth.*, p. 204, 208, 214, 218, 419, 490, 561, 721.
Reineke, *Maris protog.* (1818).
Portlock, *Rep.*, p. 132 et 408.
Buckland., *Géol.*, pl. 35 — 42.
Mantell, *Medals of creat.*, t. II, p. 487.
De Buch., *Foss. d'Amér.*, pl. 1.
D'Orb., *Coq. foss. recueillies par M. Boussingault*, pl. 1, 2.
Zieten, *Petrif. du Wurt.*, pl. 1—16, 26—28, 67, 68.
D'Orb., *Paléont. franç.*, *Craie*, t. 1, p. 99.
Id., *id.* *ter. jurassique*, t. 1, p. 185.

ESPÈCES.

1. Ammonite unie. *Ammonites lævigata.* Lamk.

A. testâ orbiculari; anfractibus convexis lævigatis: ultimo latissimo, versùs periphæriam utrinquè declivi; umbilico profundo.

Habite... Fossile de... Mon cabinet. Sa croûte externe manque, et laisse voir la paroi interne de cette croûte, articulée par des sutures sinueuses. L'ombilic, étant assez profond et peu ouvert, ne montre qu'une petite portion des tours inférieurs. La coquille est dans un état un peu pyriteux. Diamètre : 6 pouces.

2. Ammonite orbule. *Ammonites orbula.* Lamk.

A. testâ orbiculari; anfractibus convexiusculis, transversìm obsoletè rugosis; centro subconcavo, vix umbilicato.

Habite... Fossile de... Mon cabinet. Celle-ci n'est pas aussi lisse que la précédente, et l'excavation de son centre est si peu profonde et si ouverte qu'on ne saurait la regarder comme un ombilic. Diamètre : 6 pouces.

3. Ammonite ridée. *Ammonites rugosa.* Lamk.

A. testâ orbiculari; anfractibus convexis, transversìm rugosis: ultimo crassiore; rugis crassis, versùs centrum elatioribus; umbilico patulo, subcrenato.

Habite... Fossile de... Mon cabinet. Cette Ammonite est remarquable par les grosses rides qui traversent ses tours et semblent rayonnantes. Son dernier tour est épais, et l'excavation du centre forme un ombilic très ouvert de chaque côté et qui est crénelé par les rides. Dans celle-ci, comme dans les deux précédentes, le pourtour est obtus. Diamètre : 5 pouces.

4. Ammonite costulée. *Ammonites costulata.* Lamk.

A. testâ orbiculari, radiatìm costulatâ; anfractibus convexiusculis, costis creberrimis dorso acutis transversìm exaratis; periphæriâ sulco circulari instructâ; centro leviter excavato.

Habite... Fossile de... Mon cabinet. Celle-ci a ses tours peu renflés, traversés par une multitude de petites côtes que le sillon circulaire du pourtour interrompt. Son centre est légèrement excavé en dessus et en dessous. Diamètre: 3 pouces 10 lignes.

5. Ammonite côtes-lâches. *Ammonites laxicosta.* Lamk.

A. testâ orbiculari, crassâ; anfractibus convexis, transversìm exquisitè costatis; costis carinatis eminentibus remotiusculis ad periphæriam continuis et elatioribus.

Habite... Fossile du département de la Sarthe. Mon cabinet. Les côtes transverses de cette Ammonite sont plus grandes et moins serrées que celles de la précédente, ne sont point interrompues au pourtour par un sillon circulaire, et y sont même plus élevées qu'ailleurs. La coquille est en outre très épaisse. Diamètre: 4 pouces 1 ligne.

6. Ammonite subépineuse. *Ammonites subspinosa.* Lamk.

A. testâ orbiculari, crassâ, utrinquè umbilicatâ, transversìm costatâ; anfractibus dorso convexis, ad latera carinato-spinosis; costis creberrimis dorso muticis; umbilicis profundis.

[*b*] *Var. anfractuum costis carinisque obtusis.*

Habite... Fossile de... Mon cabinet. Espèce très distincte par la carène épineuse qui borde ses tours de chaque côté et par la profondeur de son ombilic. Diamètre: environ 2 pouces 8 lignes; il est petit, relativement à la hauteur des tours. Sa var. n'a que 15 lignes et demie. Elle se trouve près de Saint-Jean-d'Assé, département de la Sarthe.

7. Ammonite tuberculée. *Ammonites tuberculata.* Lamk.

A. testâ orbiculari, utrinquè subconcavâ, tuberculiferâ; anfractibus convexo-cylindricis, transversìm costulatis, lateribus tuberculorum unicâ serie muricatis; tuberculis distantibus; costulis ad periphæriam sulco circulari interruptis.

Habite... Fossile du département de la Sarthe, près de Chauffour. Mon cabinet. Ses tubercules la rendent remarquable. Diamètre: 2 pouces 4 lignes.

8. Ammonite sillonnée. *Ammonites sulcata.* Lamk.

A. testâ orbiculari, planiusculâ; anfractibus convexis, muticis, transversìm sulcatis; periphæriâ obtusâ, sulco circulari destitutâ.

Habite... Fossile du département de la Sarthe, près de Tannie. Mon cabinet. Ses sillons nombreux la font paraître munie d'une multitude de petites côtes obtuses et mutiques qui traversent ses tours. Son centre est médiocrement concave et son dernier tour peu renflé. Diamètre : 2 pouces 1 ligne.

9. Ammonite tranchante. *Ammonites acuta.* Lamk.

A. testâ orbiculari, ad centrum utrinquè concavâ, subumbilicatâ; anfractibus transversìm et obliquè costatis, ad umbilicum angulato-crenatis: ultimo valdè lato, suprà infràque convexiusculo; periphæriâ peracutâ.

Habite... Fossile de... Mon cabinet. Espèce très distincte de toutes les autres par ses caractères. Ses côtes, très obliques, se courbent et s'atténuent vers son pourtour. Diamètre : 2 pouces 9 lignes.

10. Ammonite renflée. *Ammonites inflata.* Lamk.

A. testâ orbiculari, crassâ, elevatâ, muticâ, utrinquè umbilicatâ; anfractibus dorso convexis, transversìm et obtusè costatis, ad margines attenuato-angulatis; umbilicis profundis angustis.

Habite... Fossile de... Mon cabinet. Cette espèce se rapproche, pour sa forme, de l'Ammonite subépineuse, et est fort élevée, proportionnellement à sa largeur ; mais elle est tout-à-fait mutique, et ses ombilics fort étroits ne laissent voir qu'une petite portion des tours intérieurs. Diamètre : 2 pouces 2 lignes.

11. Ammonite tuberculifère. *Ammonites tuberculifera.* Lamk.

A. testâ orbiculari, utrinquè concavo-umbilicatâ; anfractibus crassis, cylindricis, transversìm costatis; costis per longitudinem tuberculiferis; periphæriâ obtusissimâ.

Habite... Fossile de... Mon cabinet. Celle-ci est fort remarquable par ses côtes transverses qui sont chargées de tubercules inégaux dans leur longueur, en sorte que les tours, en dessus et en dessous, en offrent plusieurs rangées très distinctes. Diamètre : 2 pouces 7 lignes.

12. Ammonite interrompue. *Ammonites interrupta.* Lam.

A. testâ orbiculari; anfractibus crassiusculis, lateribus planulatis, transversìm costatis; costis propè periphæriam eminentioribus et interruptis; periphæriâ carinatâ.

Habite... Fossile de... Mon cabinet. Ce qui distingue éminemment cette espèce, c'est la saillie que forment ses côtes transverses près du pourtour. Cette saillie de chaque côté laisse un espace vide au pour-

tour, au milieu duquel on voit une petite carène circulaire. L
centre est peu concave. Diamètre : 20 lignes.

13. Ammonite dentelée. *Ammonites denticulata.* Lamk.

A. testâ orbiculari, utrinquè subumbilicatâ ; anfractibus convexo-planulatis, transversìm undato-sulcatis : ultimo lato ; periphæriâ obtusa biangulatâ : angulis denticulatis.

Habite... Fossile de... Mon cabinet. La multitude de sillons qui traversent ses tours et qui ne s'interrompent point forment sur le deux angles de son pourtour de très petites dents qui la caractérisent Diamètre : 23 lignes et demie.

14. Ammonite planatelle. *Ammonites planatella.* Lamk.

A. testâ orbiculari, crebro-striatâ, ad periphæriam acutâ ; anfractibu convexo-planulatis, transversìm striatis ; striis obliquis, hinc furcatis ; centris concaviusculis.

Habite... Fossile de... Mon cabinet. Celle-ci présente un disque planulé, à pourtour tranchant, et offrant des deux côtés une multitud de stries bifurquées qui traversent obliquement les tours. La planulation de ceux-ci fait qu'ils ont peu d'épaisseur. Le dernier est assez large. Diamètre : 17 lignes trois quarts.

15. Ammonite coronelle. *Ammonites coronella.* Lamk.

A. testâ orbiculari ; anfractibus crassiusculis, transversìm et obliquè costellatis ; costellis uno latere furcatis ; centris concavis ; periphæria subacutâ.

Habite.. Fossile de... Mon cabinet. Cette Ammonite n'est point planulée comme la précédente, a ses tours plus épais, ses stries plus élevées, et son pourtour moins aigu. Diamètre : 17 lignes.

16. Ammonite rotelle. *Ammonites rotella.* Lamk.

A. testâ orbiculari ; anfractibus cylindraceis, transversìm striatis ; striis dorsi furcatis ; periphæriâ obtusâ.

Habite... Fossile de... Mon cabinet. Le pourtour de celle-ci est obtus, en sorte que son dernier tour est cylindracé. Ses deux centres sont peu concaves. Diamètre : 15 lignes.

17. Ammonite granelle. *Ammonites granella.* Lamk.

A. testâ orbiculari ; anfractibus convexis, transversìm costulatis ; costellis tuberculo graniformi instructis ; periphæriâ subacutâ, denticulatâ.

Habite... Fossile de... Mon cabinet. Son pourtour, un peu aigu, paraît dentelé par suite des petites côtes qui y aboutissent, et chacune de ces côtes est munie d'un petit tubercule graniforme qui, avec ses voisins, forme une rangée granuleuse en dessus et en dessous. Diamètre : 1 pouce.

18. Ammonite placentule. *Ammonites placentula.* Lamk.

A. testâ orbiculari, complanatâ; anfractibus planis, transversìm striatis: ultimo latissimo, ad periphæriam acuto; umbilicis angustis.

Habite... Fossile de... Mon cabinet. Celle-ci est fort remarquable par sa planulation et la largeur de son dernier tour. Diamètre : 15 lignes.

19. Ammonite monételle. *Ammonites monetella.* Lamk.

A. testâ orbiculari, planissimâ, tenui, ad periphæriam peracutâ; ultimo anfractu lato, utrinquè semistriato; striis è margine interiore ad medium porrectis, tuberculo graniformi terminatis; umbilicis obsoletis.

Habite... Fossile de... Mon cabinet. Cette Ammonite est très mince, et fort singulière par son grand aplatissement. Elle n'est pas moins remarquable par la forme et la disposition de ses stries. Diamètre : 1 pouce.

20. Ammonite glabrelle. *Ammonites glabrella.* Lamk.

A. testâ orbiculari, complanatâ, glabrâ; anfractibus depressis; lævibus: ultimo lato; periphæriâ tenui.

Habite... Fossile de... Mon cabinet. Elle est glabre, douce au toucher, et à pourtour mince, sans être aigu. Ses ombilics sont petits et étroits, mais laissent voir une portion des tours intérieurs. Diamètre : 8 lignes.

Etc., etc.

Nota. Voyez l'article *Ammonite* dans le Dictionnaire des Vers de Bruguières, où sont décrites différentes espèces observées en France.

ORBULITE. (Orbulites.)

Coquille subdiscoïde, en spirale, à tours contigus, dont le dernier enveloppe les autres, et à parois internes articulées par des sutures sinueuses. Cloisons transverses, lobées dans leur contour, et percées par un tube marginal.

Testa subdiscoidea, spiralis; anfractibus contiguis: ultimo alios obtegente; internâ pariete suturis sinuosis articulatâ. Septa transversa, ad periphæriam lobata, tubo marginali perforata.

Observations. — Les *Orbulites* ont été jusqu'à présent confondues avec les Ammonites ou Cornes d'Ammon. Elles ont, en effet, comme ces dernières, les parois articulées par des sutures sinueuses; mais le dernier tour de leur spirale enveloppe tous les autres, comme dans les Nautiles, tandis que dans les Ammonites les tours sont apparens au-dehors. Nous n'en connaissons que peu d'espèces; elles sont dans l'état fossile.

ESPÈCES.

1. Orbulite épaisse. *Orbulites crassa.* Lamk.

O. testâ suborbiculari, crassissimâ, utrinquè umbilicatâ; anfractu magno, subcylindrico: lateribus planulatis; periphæriâ obtusissimâ; umbilicis angustis.

Habite... Fossile des environs de Neufchâtel. Mon cabinet. Grosse coquille, fort épaisse, dont le seul tour apparent s'élargit rapidement vers son extrémité. Diamètre : 4 pouces.

2. Orbulite biangulaire. *Orbulites biangularis.* Lamk.

O. testâ suborbiculari, crassâ, umbilicatâ; anfractu dorso biangulari, trigono; lateribus periphæriâque planulatis; umbilicis angustis.

Habite... Fossile de... Mon cabinet. Celle-ci, bien moins grande que la précédente, s'en distingue particulièrement par les deux angles et les trois faces aplaties du seul tour qu'elle présente. Diamètre : 21 lignes.

3. Orbulite striée. *Orbulites striata.* Lamk.

O. testâ suborbiculari, umbilicatâ; anfractu tereti, transversìm striato; striis creberrimis tenuibus, dorso acutis; umbilico patulo.
An Lister. Conch. t. 1040. f. 18 b?

Habite... Fossile de... Mon cabinet. Le tour de cette Orbulite est bien cylindrique, et traversé par une multitude de stries serrées, assez fines, et à dos un peu aigu. Diamètre : 19 lignes et demie.

4. Orbulite onduleuse. *Orbulites undosa.* Lamk.

O. testâ discoideâ, complanatâ, ad periphæriam acutâ; anfractu de-

presso, striis impressis tenuissimis undatis transversìm notato, umbilicis minimis.

Habite... Fossile de... Mon cabinet. La forme aplatie de cette petite coquille, et les stries enfoncées, fines et très onduleuses, qui traversent son tour, la distinguent des autres espèces de son genre. Diamètre: 8 lignes.

5. Orbulite dorsale. *Orbulites dorsalis.* Lamk.

O. testâ subdiscoideâ, umbilicatâ; anfractu lateribus planulato, dorso subcylindrico, tenuissimè semistriato; peripheriâ obtusâ; umbilicis minimis.

Habite... Fossile de... Mon cabinet. Les stries fines de cette Orbulite ne se montrent qu'à sa circonférence et ne traversent point le tour entier. La coquille est légèrement planulée et constitue l'espèce la plus petite de notre collection. Diamètre: 7 lignes.

AMMONOCÉRATE. (Ammonoceras.)

Coquille en corne arquée, formant à peine un demi-tour; à parois articulées par des sutures sinueuses, rameuses, persillées. Cloisons transverses, sinueuses, lobées et découpées dans leur contour. Tube ou siphon marginal, ne perçant point les cloisons.

Testa corniformis, arcuata, subsemicircularis; parietibus suturis sinuosis, laciniato-ramosis, articulatìm junctis. Septa transversa, sinuoso-undata, imperforata: marginibus lobato-laciniatis; tubo vel siphone marginali, ad parietem adnato.

Observations. — Les *Ammonocérates* semblent être aux coquilles multiloculaires à cloisons découpées ce que la Spirule est aux coquilles multiloculaires à cloisons simples. De part et d'autre, la coquille tourne de manière à n'avoir aucune contiguïté entre ses tours de spirale; et même, dans les *Ammonocérates*, cette coquille paraît ne point compléter un tour. Son extrémité supérieure est aplatie sur les côtes, presque comme une langue. On ne connaît de ce genre que les deux espèces qui suivent, dont la première surtout est extrêmement rare.

ESPÈCES.

1. Ammonocératite glossoïde. *Ammonoceratites glossoidea.* Lamk.

A. testâ maximâ, crassâ, cylindraceâ, arcuatâ, lateribus planiusculâ, interno latere concaviusculâ; apice compresso, linguiformi.

Ammonocératite. Extrait du cours, etc., p. 123.

An eadem? Blainv. Malac. pl. 11. f. 1.

Habite... Fossile... Trouvé, dit-on, dans les Grandes-Indes. Mon cabinet. Cette coquille, rompue en trois morceaux, qui s'appartiennent successivement, et dont l'un d'eux offre l'extrémité supérieure de cette même coquille, est d'une assez grande taille, fort épaisse en sa partie inférieure, arquée presque en demi-cercle, et se termine supérieurement en forme de langue. Ses loges sont remplies de matière pierreuse, et leurs cloisons ne se distinguent que dans les parois où leurs contours forment des sutures lobées, laciniées, rameuses, tout-à-fait analogues à celles des Ammonites. Mais la coquille dont il s'agit en est très distincte par sa forme générale; car, malgré son arcuation, elle n'eût point formé de tours contigus, si la nature l'eût agrandie davantage. Sa longueur est de 19 pouces 2 lignes. Il paraît n'exister dans les collections aucun autre individu que celui que je possède.

2. Ammonocératite aplatie. *Ammonoceratites compressa.* Lamk.

A. testâ arcuatâ, compressâ, transversìm costatâ; costis distantibus.

Habite... Fossile de... Cabinet de M. Defrance. Celle-ci, d'une taille très inférieure à celle de la coquille précédente, est arquée, aplatie des deux côtés, et traversée de distance en distance par des côtes qui semblent indiquer, par leur écartement, l'étendue de ses loges. La longueur de ce fossile est de 5 pouces ou à-peu-près.

TURRILITE. (Turrilites.)

Coquille en spirale, turriculée, multiloculaire, à tours contigus et tous apparens, et à parois articulées par des sutures sinueuses. Cloisons transverses, lobées et découpées dans leur contour. Ouverture arrondie.

Testa spiralis, turrita, polythalamia; anfractibus con-

tiguis, omnibus conspicuis; parietibus suturis sinuosis articulatìm compactis. Septa transversa, ad periphæriam lobato-laciniata. Apertura rotundata.

Observations.— Dans les *Turrilites*, la coquille, au lieu d'être discoïde ou simplement arquée, est turriculée, allongée, droite, et forme une spirale très élevée, qui paraît devoir se terminer en pointe comme les Turritelles.

Quoique depuis long-temps des fragmens du moule intérieur de ces coquilles aient été connus, décrits et figurés sous le nom de *Turbinite*, c'est à M. Denys Montfort que nous devons la connaissance la plus précise de ce genre singulier. On aperçoit, en effet, sur les parois de ces fragmens, les vestiges des sutures sinueuses et lobées que forment les cloisons dans leurs contours. Je ne citerai de ce genre que l'espèce qui suit, dont je possède des fragmens de son moule intérieur.

ESPÈCE.

1. Turrilite costulée. *Turrilites costulata.* Lamk.

T. testâ rectâ, turritâ; anfractibus convexis, transversìm costatis; costis ad extremitates tuberculiferis.

* *Turrilite comprimée.* Blainv. Malac. pl. 4. f. 6.

* A. Passy. Géol. de la Seine inf. pl. 14. f. 1. 2. 3.

* Brong. Env. de Paris. pl. 7. f. 4.

Habite... Fossile de la montagne de Sainte-Catherine, près de Rouen. Mon cabinet. Ses petites côtes sont longitudinales par rapport à la coquille, et transverses relativement à ses tours. Il résulte des tubercules qui sont à leurs extrémités que la base de chaque tour en offre une rangée, et qu'il y en a même deux à celle du dernier.

Nota. Voyez le mémoire de M. *Denys Montfort* sur la Corne d'Ammon turbinée, lequel est inséré dans le *Journal de physique* [thermidor, an VII].

BACULITE. (Baculites.)

Coquille droite, cylindracée, quelquefois un peu comprimée, légèrement conique; à parois articulées par des sutures sinueuses. Cloisons transverses, peu distantes, imperforées dans leur disque, lobées et découpées dans leur contour.

Testa recta, cylindracea, interdùm compressiuscula, sensìm in conum supernè attenuata; parietibus suturis sinuoso-lobatis articulatìm compactis. Septa transversa, frequentia, disco imperforata, in ambitu lobato-laciniata.

Observations.— Les *Baculites*, dont on ne connaît encore que le moule intérieur, offrent, comme dans les genres précédens, des parois articulées par des sutures sinueuses et lobées. Ce sont des coquilles droites, cylindracées, quelquefois un peu comprimées, légèrement coniques vers leur sommet. Les loges de ces coquilles sont étroites, plus larges que longues, et diffèrent en cela de celles des Turrilites, qui sont aussi longues ou plus longues que larges, les cloisons qui les forment étant plus écartées. De part et d'autre, néanmoins, ces loges sont remplies de matière pierreuse.

Depuis long-temps des portions de *Baculites* étaient représentées dans l'ouvrage de Langius [*Petrif.*, pl. xxi], et l'on n'y faisait aucune attention, lorsque M. Faujas, dans son Histoire naturelle de la Montagne de Saint-Pierre, près de Maëstricht, en a fait connaître une belle espèce. On en a observé depuis quelques autres, et ce genre remarquable est maintenant bien constaté. Il termine notre division des Céphalopodes polythalames.

ESPÈCES.

1. Baculite de Faujas. *Baculites Faujasii.* Lamk.

B. testâ rectâ, cylindraceâ, lateribus oppositis leviter depressâ; suturis lobatis denticulatis.

Baculite. Faujas. Hist. nat. de la mont. de Saint-Pierre. p. 140. pl. 21. f. 2. 3.

Habite... Fossile de la montagne de Saint-Pierre, près de Maëstricht. Mon cabinet, pour quelques articulations séparées.

2. Baculite gladiée. *Baculites anceps.* Lamk.

B. testâ rectâ, compressiusculâ, ancipiti, lævi; uno latere subacuto, altero crassiore, obtuso; siphone marginali ad latus acutum.

* *Baculite vertebrale.* Blainv. Malac. f. 1. 2. 3.

Habite... Fossile d'Angleterre. Mon cabinet. Elle atteint jusqu'à 15 pouces de longueur.

3. Baculite cylindrique. *Baculites cylindrica.* Lamk.

B. testâ rectâ, cylindricâ, carinis transversis creberrimis annulatâ.

Habite... Fossile d'Angleterre. Mon cabinet. Celle-ci est cylindrique, et un peu rude au toucher par la saillie de ses carènes annulaires et très fréquentes. La longueur de l'exemplaire fruste que je possède n'est que de 19 lignes.

DEUXIÈME DIVISION.

CÉPHALOPODES MONOTHALAMES.

Coquille uniloculaire, tout-à-fait extérieure, et enveloppant l'animal.

Les *Céphalopodes* de cette division nous présentent dans leur coquille et dans les facultés qu'ils nous paraissent posséder, des choses si extraordinaires, que d'abord nous n'avons pas osé y croire, et qu'à présent même que nous sommes en quelque sorte forcés de les reconnaître, nous ne le faisons encore qu'avec une sorte de répugnance.

Comment un animal, dont le corps n'est point du tout en spirale, a-t-il pu former une coquille qui l'est évidemment? comment, ensuite, dans un ordre où l'on trouve tant d'animaux testacés, et qui ont tous une coquille multiloculaire, plus ou moins complétement enchâssée dans leur extrémité postérieure, s'en trouve-t-il d'autres qui soient munis d'une coquille tout-à-fait extérieure et uniloculaire?

Malgré la difficulté de répondre à ces questions, nous sommes entraîné par ce que l'observation nous montre à leur égard; et, en effet, outre que les animaux dont il s'agit ont été vus dans leur coquille, que nous les avons vus nous-même, et que nous avons remarqué les impressions que leurs parties ont laissées dans cette coquille, il paraît que la courbure de celle-ci tient à la manière dont l'animal replie et roule certains de ses bras, lorsqu'il est en repos dedans. Ce que l'on est fondé à dire, relativement à ces deux divisions si tranchées dans leurs caractères, c'est que, dans les *Céphalopodes polythalames*, la portion du corps de l'animal que renferme la coquille est contenue dans sa dernière loge; tandis que, dans les *Céphalopodes monothalames*, le corps entier de l'animal est renfermé dans la coquille.

Ainsi les *Céphalopodes monothalames* ont une coquille univalve, uniloculaire, tout-à-fait extérieure, au moyen de laquelle ils se soutiennent et naviguent à la surface des eaux. Cette coquille, qui est mince et fragile, semble avoir des rapports avec la carinaire; mais l'animal de celle-ci n'est point un Céphalopode.

Je ne connais encore qu'un seul genre dans cette division : c'est celui de l'*Argonaute*. Peut-être faudrait-il y ajouter le genre *Ocythoé* de M. Leach.

ARGONAUTE. (Argonauta.)

Coquille univalve, uniloculaire, involute, subnaviculaire, très mince; à spire bicarénée, tuberculeuse, rentrant dans l'ouverture.

Testa univalvis, unilocularis, involuta, tenuissima; spirâ bicarinatâ, in aperturam immersâ; carinis tuberculatis.

Observations. — De même que l'animal de l'Hélice a dû être distingué de la Limace, de même encore que celui de la *Spirule* n'est ni une Seiche ni un Calmar, de même aussi l'on ne doit pas confondre avec les Poulpes l'animal de l'*Argonaute*. En effet, quoique de part et d'autre les animaux cités, qui s'avoisinent, se ressemblent beaucoup par leur conformation générale, ils offrent cependant entre eux des différences constantes qui les distinguent.

L'animal de l'*Argonaute* présente, comme les Poulpes, un corps charnu, obtus inférieurement, et en grande partie contenu dans un sac non ailé, formé par le manteau. Sa tête, munie de deux yeux latéraux, est terminée par la bouche, autour de laquelle sont rangés, comme des rayons, huit bras allongés, terminés en pointe, et garnis de ventouses sans griffes. Cependant deux de ces bras sont singuliers en ce qu'ils offrent, dans les deux tiers de leur longueur, une membrane mince, ovale, que l'animal étend ou resserre à son gré.

Cet animal diffère donc du Poulpe, puisque deux de ses bras portent chacun une membrane particulière, et qu'il forme et habite une coquille.

Il paraît n'être pas attaché à cette coquille, et l'on prétend, en effet, qu'il la quitte quand il lui plaît. On assure, en outre, que lorsqu'il veut nager ou voguer à la surface des eaux, il vide l'eau contenue dans sa coquille, pour se rendre plus léger, qu'il étend ensuite ses deux bras munis de membranes qui lui servent de voiles, et qu'il plonge les autres dans la mer, pour faire l'office de rames. Survient-il du mauvais temps ou un ennemi? dans l'instant même tout rentre en dedans; l'animal retire ses rames, ses voiles, et fait chavirer son frêle navire qui se remplit d'eau et s'enfonce dans la mer. Mais, dès que le danger est passé, il revient à la surface des ondes et vogue tranquillement.

On a long-temps douté que cet animal soit réellement celui qui a formé la coquille dans laquelle il habite; et l'on a pensé que c'était un étranger qui, après en avoir dévoré le véritable propriétaire, s'emparait de son habitation, et y vivait, comme l'on voit des Pagures, connus sous le nom de *Bernard l'Hermite*, vivre dans des coquilles qu'ils n'ont point fabriquées. Cela paraissait d'autant plus vraisemblable, que l'animal dont il s'agit n'a point le corps en spirale, et n'adhère pas à la coquille.

Néanmoins plusieurs observations récentes, outre celles des

anciens, attestent que l'*Argonautier* est le véritable auteur de la coquille qu'il habite; on reconnaît même sur cette coquille les impressions formées par les bras et les ventouses de ce mollusque, en raison de la manière dont ces parties sont rangées, lorsqu'elles sont retirées dans l'intérieur avec l'animal.

La coquille de l'*Argonaute* donne l'idée d'une petite nacelle construite sur le modèle le plus élégant. Elle ressemble par sa forme extérieure à celle du Nautile; aussi la nomme-t-on vulgairement le *Nautile papyracé*. Mais elle en diffère essentiellement en ce qu'elle est uniloculaire. D'ailleurs, elle est toujours très mince, ridée ou tuberculeuse en dehors, et munie, sur le dos, d'une carène double et tuberculifère. Dans cette même coquille, qui est involute, c'est-à-dire dont le dernier tour enveloppe les autres, la spire rentre toujours dans l'ouverture.

On trouve des *Argonautes* dans la Méditerranée et dans les mers des Indes-Orientales.

[Depuis une vingtaine d'années, les zoologistes se sont préoccupés d'une question d'un grand intérêt, relative à l'Argonaute et au constructeur présumé des élégantes coquilles connues sous ce nom générique. Nous ne pouvons retracer ici l'histoire détaillée de ce genre curieux, on la trouvera dans tous ses détails dans l'ouvrage des Céphalopodes cryptodibranches, par Férussac. Depuis que la question est pendante dans la science, les zoologistes sont partagés en deux camps; les uns prétendent que le Poulpe trouvé dans la coquille dé l'Argonaute en est le constructeur; les autres affirment qu'il l'habite en usurpateur, en parasite. Comme on le pense, bien des faits ont été allégués pour ou contre; il s'agit actuellement, non de les examiner en détail, mais seulement de les exposer, pour pouvoir en tirer quelque conclusion. Il faut rappeler d'abord l'opinion de Lamarck, prononcé en faveur du parasitisme, dans ses premiers travaux, et se décidant contre, dans cet ouvrage. En effet, dans ses premières méthodes, Lamarck entraîne les *Argonautes* et les Carinaires dans un groupe de coquilles dépendant des Gastéropodes, tandis qu'ici, se conformant à l'opinion de Cuvier, il place les Argonautes parmi les Céphalopodes. D'autres zoologistes ont partagé l'opinion de Lamarck ; nous aurons occasion de les mentionner un peu plus tard.

En examinant les pièces du procès, M. de Blainville arrive à cette conclusion, que le Poulpe trouvé dans l'Argonaute est un parasite, et s'appuyant sur les principes de la zoologie et particulièrement de la malacologie, il combat, par une argumentation solide, l'opinion de ses adversaires. Dans une lettre adressée aux rédacteurs des *Ann. d'anatom. et de physiol.* (1837), M. de Blainville résume tous les faits connus, les discute, met ses adversaires en contradiction avec eux-mêmes sur les faits principaux, et finit, comme nous le disions, par conclure en faveur du parasitisme. Depuis plus de quinze ans, nous partageons l'opinion de M. de Blainville, en l'appuyant de quelques observations consignées aux articles *Argonaute* et *Mollusque* de l'*Encyclopédie méthodique*. Plus récemment, M. Rang, étant directeur du port d'Alger, eut occasion d'avoir vivant, pendant quelques jours, un animal d'Argonaute dans sa coquille, et il fit à son sujet des observations pleines d'intérêt, d'après lesquelles il concluait en faveur de l'opinion de Lamarck et de Cuvier ; enfin, madame Power, ainsi que M. Maravigna, guidés par des observations sur les Poulpes de l'Argonaute au sortir de l'œuf, apportèrent aussi quelques élémens de plus à la discussion dans laquelle sont également intervenus Poli, de Férussac, M. Delle Chiaje, l'abbé Ranzani et plusieurs autres zoologistes.

Nous présenterons d'abord les faits tels que les défenseurs du non-parasitisme les admettent pour appuyer leur manière de voir. Ils disent que, depuis la plus haute antiquité, on n'a jamais vu autre chose qu'un Poulpe à bras palmés, dans les coquilles de l'Argonaute. Ils ajoutent que si la coquille n'a point la forme exacte du sac de l'animal, les bras palmés, rentrant à l'intérieur, en peuvent garnir les parois et la fixer à l'animal, d'une manière très solide. Ils aperçoivent du reste une conformité remarquable entre l'échancrure médiane et antérieure de la coquille et la position de l'entonnoir qui se place en effet dans cette échancrure. Lorsque la première partie du 3e volume du grand ouvrage de Poli parut, on y trouva des détails, d'après lesquels l'observateur italien aurait vu le petit Poulpe dans l'œuf déjà muni de son rudiment testacé, et devant ce fait, la discussion devait cesser, s'il avait été établi d'une manière irrévocable. Malheureusement, plusieurs observateurs, tant en France qu'en Angleterre, malgré leurs soins, ne trouvèrent jamais le moindre vestige de coquille dans l'œuf du Poulpe de l'Argonaute. La discussion resta donc ouverte, et il fallait chercher de nouveaux argumens en faveur du non-parasitisme du Poulpe de l'Argonaute. On allégua que l'on trouve constamment une espèce de Poulpe déterminée dans une même espèce de coquille ; on ajouta que la position de l'animal dans sa coquille est constamment la même, ce qui malheureusement ne s'est pas vérifié. On a également allégué que, lorsque l'animal était pris dans sa coquille et qu'il était conservé dans la liqueur, son corps prenait assez exactement la forme du test, et que l'on trouvait imprimés à sa surface les sillons ou les tubercules, dont la coquille est garnie à l'intérieur. Les mêmes personnes ont dit : il est vrai que l'animal de l'Argonaute se termine par un sac comme la plupart des Céphalopodes nus, il ne peut donc être lié à sa coquille par une impression musculaire, aussi on n'en trouve aucune trace, quoiqu'elle dût exister, si cette coquille eût appartenu à un animal Gastéropode.

La première objection est de peu de valeur, en présence de ce qui se passe dans la science. Le Nautile, dont la coquille a été connue des anciens, est un exemple de la lenteur avec laquelle se font les observations sur certains animaux, puisque son animal n'a été découvert que depuis un petit nombre d'années. On peut également citer la Carinaire, dont l'animal resté inconnu pendant bien des années, a été découvert récemment, et cependant il vit en grande abondance dans les mers qui baignent nos côtes. On ne peut donc point argumenter de l'ignorance où l'on est aujourd'hui, car elle peut cesser demain, comme cela se voit chaque jour dans les fastes de la science.

La seconde objection ne nous semble pas avoir plus de solidité que la première. En effet, il faut se rappeler qu'il n'existe aucun mollusque dont la coquille n'accuse exactement la forme du corps, et surtout celle du manteau qui est son organe sécréteur. Le corps du Poulpe et son manteau n'ont aucun rapport, quant à la forme, avec celle de l'ouverture dans laquelle il se trouve, et, ce qui est plus remarquable, c'est qu'il n'existe sur ce corps ou sur ce manteau, nulle trace d'un organe sécréteur propre à produire une coquille. Quoique l'on ait remarqué une certaine coïncidence entre les tubercules de la coquille et les ventouses des bras palmés, rentrés à l'intérieur, on ne peut évidemment en conclure que cette portion du test ait été produite par des organes de succion et de mouvement qui, selon toute probabilité, ne peuvent accomplir à-la-fois plusieurs fonctions en apparence si opposées. Lorsque l'on a sous les yeux ces coquilles, si admirables de régularité, connues sous le nom d'Argonautes, on ne peut se défendre de l'idée qu'elles sont produites par un animal non moins régulier, et par un organe de sécrétion formé d'une seule partie, puisque l'on voit les stries d'accroissement passer régulierement d'un côté à l'autre, ce qui n'aurait pas lieu, dans le cas où cette coquille serait produite par des organes locomoteurs. Pour ce qui est relatif à la position de l'entonnoir, dans la dépression médiane et antérieure du test, on trouve là une conformité comparable à ce qui se passe dans l'habitation des Pagures, qui savent choisir des coquilles dont la cavité a une forme analogue à celle de leur corps.

De Férussac, intéressé dans la question de l'Argonaute, donna à la découverte de la coquille du Poulpe dans l'œuf, faite par Poli, un grand retentissement, au moyen du journal scientifique dont il était le directeur. Lorsque l'on eut enfin le travail lui-même d'un savant aussi recommandable que Poli, on s'aperçut que son opinion résultait d'observations incomplètes, car toutes les tentatives faites pour en vérifier l'exactitude échouèrent aussi bien en France qu'en Angleterre, et cela a été expliqué depuis par madame Power qui, ayant à Palerme un observatoire pour les animaux marins, y conserva des Argonautes portant des œufs, vit les œufs éclore et les petits en sortir sans porter la moindre trace de coquilles; mais après quelques jours, dit madame Power, les embryons commencent à avoir un rudiment testacé qui serait sécrété par l'extrémité du sac, sous la forme d'une calotte membraneuse, très mince, très évasée, subpatelliforme, d'où il faudrait conclure que toute la coquille a été successivement sécrétée par cette partie de l'animal; et cepen dant, on peut l'affirmer, rien n'annonce dans la structure de l peau du sac, qu'il y réside un organe sécréteur, de même que quand cet organe existerait, la coquille ne pourrait prendre l forme qu'on lui connaît, puisque cette forme, définitivement, n répond en rien à celle du corps de l'animal qu'elle est destinée contenir. Nous ferons remarquer que les partisans du non-para sitisme se trouvent en opposition les uns avec les autres, puisqu les observations de madame Power contredisent celles de Pol et d'un autre côté, il est impossible d'admettre avec madame Po wer, que la coquille est produite originairement par le sac d l'animal.

On a prétendu qu'il arrivait assez souvent que le corps d Poulpe de l'Argonaute remplissait assez exactement la coquill pour en conserver les empreintes, et que, par conséquent, cett réciprocité dans les formes annonce que la coquille appartien bien au Poulpe. Cette allégation est réellement sans valeur Quand bien même le fait serait vrai, la conséquence qui en es tirée est beaucoup trop étendue, car on peut dire : qu'import que les sillons de la coquille soient empreints sur le corps d l'animal? il faut prouver d'abord, non-seulement l'existence d l'organe de sécrétion, mais encore l'adhérence de l'animal à sa coquille. On a même dit qu'il existait parfois dans certains indi vidus, qui avaient conservé l'empreinte de leurs coquilles, une adhérence faible avec elle; mais cette adhésion se manifest entre des objets très différens, conservés dans la liqueur et pres sés les uns contre les autres. C'est ainsi que j'ait fait adhérer une Aplysie à une coquille d'Argonaute, en la comprimant dans l'intérieur de la coquille, autant que celle-ci le permettait, et en plongeant la préparation dans un alcool faible.

Le dernier argument des défenseurs du non-parasitisme n'a pas plus de valeur que les précédens. Si la coquille de l'Argonaute, disent-ils, est sécrétée par un animal gastéropode, on doit y trouver une impression musculaire; or, cette impression ne se trouvant pas, ils affirment que la coquille appartient aux Céphalopodes. En général, dans les coquilles minces et transparentes, comme les Vitrines et les Argonautes, l'impression musculaire est très superficielle et impossible à apercevoir; il faut savoir où elle existe, dans les Carinaires, lorsque l'on trouve la coquille sur l'animal, pour pouvoir en trouver des vestiges sur la coquille seule; il y a aussi des coquilles bivalves dont l'extrême ténuité ne permet pas aux muscles et au manteau d'y laisser une impression perceptible, quelque soin que l'on y apporte. On pourrait donc conclure de ces exemples, que la coquille de l'Argonaute a été attachée à l'animal qui l'a construite, mais que cette impression est trop superficielle pour être aperçue. Le seul examen des faits allégués par les partisans du non-parasitisme peut déjà conduire à cette conséquence, que cette opinion n'est point fondée sur les principes de la zoologie, et qu'elle repose sur des observations que l'expérience n'a pas suffisamment justifiées; il faut donc rejeter cette opinion et voir si, du reste, il n'y a pas d'autres raisons qui la rendent chaque jour moins admissible.

Les personnes qui défendent l'opinion du parasitisme, s'appuient, comme nous l'avons dit, sur un grand nombre de faits; M. de Blainville, dans la lettre que nous avons citée, les résume d'une manière très abrégée; nous choisirons parmi eux ceux qui nous paraissent de la plus grande importance.

Le Poulpe de l'Argonaute est un animal qui se distingue très nettement de tous les autres Céphalopodes, il appartient au groupe des Octopodes, son corps est allongé, bursiforme, et la peau qui le recouvre est colorée de la même manière que ceux des autres animaux de la même famille. La tête est médiocre, elle porte de chaque côté de grands yeux; au-dessous d'elle se voit l'entrée du sac ou de la cavité branchiale; à cette ouverture est annexé, comme à l'ordinaire, l'entonnoir qui ici est plus allongé que dans la plupart des autres Poulpes, car le bord libre dépasse un peu l'extrémité antérieure de la tête. Les bras sont disposés en couronne; cependant on peut les diviser en deux parts, car les uns sont portés vers la partie antérieure, tandis que les deux grands bras, qui sont aussi les postérieurs, sont dirigés en arrière; il arrive même souvent que lorsque l'animal est rentré dans sa coquille, on lui voit quatre bras en avant et quatre en arrière. Ces organes, comme dans les autres Céphalopodes, sont armés d'un double rang de ventouses alternes qui vont graduellement en décroissant, de la base vers le sommet. Le caractère le plus éminemment distinctif de cet animal consiste en de larges expansions membraneuses, ovalaires, sur le bord desquelles se contourne la plus grande partie de la paire postérieure des bras. Ces organes ressemblent à de grandes palmes membraneuses, dont l'usage a été dévoilé plus tard, comme nous le verrons, par M. Rang. La bouche armée d'un bec corné, comme dans tous les autres Céphalopodes, se trouve au centre des bras. On ne voit rien, d'après ce que nous venons de dire, qui, de prime abord, puisse justifier l'opinion que l'on s'est faite au sujet du non-parasitisme du Poulpe de l'Argonaute. Le sac, comme nous le disions, est tout-à-fait semblable à celui des autres Poulpes; il n'est point attaché à la coquille, et il n'a aucune expansion membraneuse venant se développer sur cette coquille, pour la maintenir et la sécréter; le corps de l'animal ne peut même pas la remplir; la forme de bourse qu'il affecte n'a aucun accord avec une coquille cymbiforme, aplatie latéralement, armée de deux carènes tuberculées, et ayant un commencement de spire. La seule partie qui ait quelque accord entre l'animal et la coquille est celle qui correspond à l'entonnoir; là, en effet, se trouve dans le test une dépression médiane, dans laquelle l'entonnoir se trouve placé; mais on ne peut supposer que cette portion de la coquille a été sécrétée par la partie correspondante de l'animal. Dans cette hypothèse, ce serait une portion du sac qui sécréterait, tandis que le reste de la coquille, en adoptant l'opinion de Lamarck, serait produite par les bras ou les organes de préhension et de locomotion.

Ainsi, pour résumer cette question du parasitisme, il suffit de rappeler que, contrairement à ce qui existe dans les autres mollusques, l'animal contenu dans une coquille n'est point adhérent à cette coquille, il n'a point de rudiment testacé dans son œuf, quoique, sans exception, dans les autres mollusques, la coquille se trouve dans l'œuf, même chez ceux qui, plus tard, n'ont plus la moindre trace de coquille; et cependant le Poulpe de l'Argonaute a toujours avec lui une coquille proportionnée à son volume. On a donc été en droit de conclure que le Poulpe de l'Argonaute habite sa coquille, de la même manière que les Pagures, et que par conséquent il est incapable de la construire.

Lorsque M. Rang publia les observations pleines d'intérêt qu'il fit à Alger, il crut avoir trouvé la preuve du non-parasitisme du Poulpe de l'Argonaute. Ayant eu sous les yeux un animal vivant, pendant plusieurs jours, il répéta cette expérience de Cranch, qui consiste à ôter la coquille au Poulpe, mais il constata que cette ablation lui nuit, et qu'il n'abandonne sa coquille qu'au moment de mourir. M. Rang vit aussi comment le Poulpe fixe la coquille et se l'approprie, observation échappée à ses devanciers; le premier, il découvrit que les larges membranes, dont les grands bras postérieurs sont armés, viennent s'appliquer exactement sur les parois extérieures de la coquille, et simulent ainsi le manteau que ces organes semblent destinés à remplacer. Lorsque l'animal a développé ces membranes, les grands bras sont portés en arrière, et les ventouses forment une rangée de tubercules correspondant exactement aux carènes de la coquille; il y a plus, c'est que le bord antérieur de la membrane brachiale correspond, dans sa forme, à celle du bord antérieur de la coquille, de sorte que l'on pourrait considérer les membranes, dont il s'agit, comme un manteau comparable à celui des Porcelaines, par exemple, sécrétant la coquille par un procédé inverse en quelque sorte à celui des mollusques gastéropodes. Conduit par cette idée, nous nous sommes fait ce raisonnement bien simple : Si les membranes du Poulpe sont destinées à maintenir la coquille en contact avec l'animal, par leur forme, elles semblent destinées à sécréter la coquille elle-même; s'il en est ainsi, on doit trouver dans ces membranes des organes de sécrétion particuliers; d'un autre côté, si la coquille appartient à un Gastéropode, elle doit avoir tous les caractères de structure que présentent ces corps, ou bien si elle est sécrétée par le Poulpe, elle doit présenter dans sa structure des caractères propres à la faire distinguer; par conséquent les observateurs auraient depuis long-temps dans les mains les moyens de résoudre la question qui agite les zoologistes. Les faits que nous allons rapporter brièvement nous prouvent que nous ne nous étions point trompé, car dès nos premières recherches, nous avons trouvé un organe spécial de sécrétion dans toute la par antérieure de la membrane brachiale du Céphalopode. Agissa ensuite sur la coquille, nous avons reconnu de prime abord, la dissolvant dans un acide affaibli, qu'elle contenait une pl grande quantité de matière animale qu'aucune autre coquille mollusque; nous avons reconnu que cette coquille est le rés tat de deux lames appliquées l'une sur l'autre; la matière a: male est si abondante que la coquille brûle avec flamme, en r pandant une odeur de corne brûlée, lorsqu'elle est jetée s des charbons ardens; souvent au moment où la combusti s'opère, des éclats se détachent avec pétillement, et ils donne la preuve qu'en effet cette coquille si mince est cependant coı posée de deux lames appliquées l'une sur l'autre. Ainsi prépa par la combustion, le test est fibreux tranversalement, et il présente aucune trace de la structure lamellaire qui caractéri les coquilles des Gastéropodes. En soumettant à l'observati microscopique la partie parenchymateuse, restant après la d solution de la matière calcaire, on s'aperçoit qu'elle est form de deux parties comme le test, et qu'elle consiste en des vé cules comparables à celles que l'on obtient par la dissolution l'os de Seiche; ces vésicules sont du reste en rapport, pour grandeur et le nombre, avec les organes sécréteurs dispers dans la membrane brachiale, et dont le volume correspond ass exactement à celui des vésicules de la coquille. Il me seml que ces faits importans donnent la solution définitive de la qu tion du parasitisme du Poulpe de l'Argonaute, et quoique penda quinze années, je me sois rangé à l'opinion de M. de Blainvil je l'abandonne aujourd'hui en présence des faits que je vie de rapporter.

Nous n'avons rien dit de l'organisation de l'Argonaute; c animal rentre pour sa structure anatomique dans ce qui e connu déjà depuis long-temps dans le Poulpe. Nous recon mandons néanmoins aux personnes qui voudront se faire u idée exacte de l'organisation de l'Argonaute, le grand ouvra de Poli, dont le tome IIIe commence par l'Histoire de genre. De Férussac a reproduit les figures de Poli, dans so grand ouvrage sur les mollusques céphalopodes. Le travail

Poli a été complété par M. Van Beneden ; ce naturaliste distingué, dans le mémoire publié en 1839, s'est particulièrement attaché à faire connaître le système nerveux, dont plusieurs parties importantes avaient été un peu négligées par Poli.

Le nombre des Argonautes est peu considérable; quelques auteurs en ont cité autrefois des espèces fossiles ; mais l'examen plus attentif des pièces sur lesquelles cette opinion était appuyée, a démontré que l'on avait pris des fragmens d'Ammonites pour des Argonautes. Cependant, récemment un observateur italien a annoncé qu'il avait découvert une coquille d'Argonaute (*Argonauta argo*) dans les terrains tertiaires du Plaisantin ; et ce fait rentrant dans un ordre d'observations bien connues peut être accepté sans difficulté.

ESPÈCES.

1. Argonaute papyracée. *Argonauta argo*. Lin.

A. testâ magnâ, involutâ, tenuissimâ, albâ; lateribus transversìm costatis; costis creberrimis, hinc furcatis; carinis approximatis, tuberculiferis, partìm rufo-nigricantibus; tuberculis parvis, frequentissimis.

Argonauta argo. Lin. Gmel. p. 3367. no 1.
Lister. Conch. t. 556. f. 7. et t. 557. f. 7. +.
Bonanni. Recr. 1. f. 13.
Rumph. Mus. t. 18. fig. A.
Petiv. Amb. t. 10. f. 1.
Gualt. Test. t. 11. fig. A. B. fig. 1. pl. 1re. pl. 1, 2. 3.
Klein. Ostr. t. 1. f. 3.
D'Argenv. Conch. pl. 5. fig. A. et Zoomorph. pl. 2. f. 2. et Anim. f. 3.
Favanne. Conch. pl. 7. fig. A. 2.
Seba. Mus. 3. t. 84. f. 5-7.
Knorr. Vergn. 1. t. 2. f. 1.
Martini. Conch. 1. t. 17. f. 157.
* *Argonauta argo. Pars*. Lin. Syst. nat. Éd. 10. p. 708.
* *Id*. Lin. Mus. Ulr. p. 548.
* *Id*. Lin. Syst. nat. Éd. 12. p. 1161.
* Rondelet. Des poissons. Éd. franc. p. 374.
* Gesner. De mollibus. p. 192.
* Aldrov. De testac. p. 260.

* Mus. Calceolari. p. 36. *Fig. optima.*
* Mus. Moscardo. p. 198.
* Jonst. Hist. nat. exsang. pl. 10. f. 8. et 7.
* Terzagus. Mus. septalia. p. 28. n° 1.
* Mus. Cospiano. p. 105. n° 2.
* Jacobœus. Mus. regium. p. 20. *Nautilus.*
* Lesser. Testaceotheo. pl. 88. f. n° 6.
* Gevens. Conch. Cab. pl. 2. f. 4. 5.
* Belon. Etranges poissons. p. 52. Verso.
* *Nautilus.* Belon. De aquat. p. 378.
* Mus. Gottv. pl. 40. f. 273.
* Murray. Ind. Test. in Amæn. acad. t. 8. p. 142. pl. 2. f. 8.
* *Poulpe de l'Argonaute.* Blainv. Malac. pl. 1. f. 1. pl. 1 *bis.*
* Knorr. Delic. nat. Select. Coq. pl. B. 1. f. 3.
* *Rariora.* Mus. Besleriani. pl. 19. f. 2.
* Herbst. Hist. Verm. pl. 41.
* Poli. Test. utri. Sicil. t. 3. pl. 40. a. 43.
* Lessons on Shells. pl. 6. f. 5.
* Perry. Conch. pl. 42. f. 4.
* Brookes. Intr. Conch. pl. 5. f. 53.
* Schum. Nouv. Syst. p. 260.
* *Argonauta argo.* Var. a, Born. Mus. p. 140. vignette. p. 139.
* Schrot. Einl. t. 1. p. 4. n° 1. pl. 1. f. 1.
* Olivi. Adriat. p. 129.
* Burrow. Elem. of Conch. pl. 12. f. 1.
* Dillw. Cat. t. 1. p. 333. n° 1.
* *Var. a.* junior. *Argonauta haustrum.* Dillw. Cat. t. 1. p. 333. n° 5.
* Ginnani. Oper. post. t. 2. pl. 3. f. 29.

Habite dans la Méditerranée. Mon cabinet. Grande et belle espèce. extrêmement mince, fragile, très blanche, sauf la partie postérieure

(1) Sous le nom d'*Argonauta Argo,* Linné, dans la dixième édition du *Systema naturæ,* comprenait les trois espèces qui sont ici dans l'ouvrage de Lamarck, et il a conservé la même opinion dans les autres ouvrages où il a traité de ce genre, comme on le voit dans le *Museum Ulricæ,* et la douzième édition du *Systema.* Dans ce dernier ouvrage l'opinion de Linné est encore plus manifeste, car il complète la synonymie, ce qu'il n'avait pas fait jusqu'alors.

de sa carène, qui est d'un roux brûlé. Elle est garnie sur les côtés d'une multitude de rides ou côtes serrées, transverses, très lisses, et fourchues du côté de la carène. Cette coquille est commune dans les collections, et se nomme vulgairement le *Nautile papyracé*. Son plus grand diamètre est de 7 pouces 3 lignes.

. Argonaute tuberculeuse. *Argonauta tuberculosa*. Lamk.

A. testâ magnâ, involutâ, tenui, albâ; lateribus rugis transversis per longitudinem tuberculiferis; carinarum tuberculis eminentioribus; conicis, laxiusculis; aperturâ basi biauriculatâ: auriculis divaricatis.

Rumph. Mus. t. 18. f. 1. 4.
Gualt. Test. t. 12. fig. B.
D'Argenv. Conch. pl. 5. fig. C.
Favanne. Conch. pl. 7. fig. A. 7.
Seba. Mus. 3. t. 84. f. 4.
Knorr. Vergn. 6. t. 31.
Martini. Conch. 1. t. 17. f. 156. et t. 18. f. 160.
* *Argonauta argo. Pars.* Lin. Syst. nat. Éd. 10. p. 708.
* *Id.* Lin. Mus. Ulric. p. 548.
* *Id.* Lin. Syst. nat. Éd. 12. p. 1161.
* Martini. Conch. t. 1. vignette. p. 221.
* Perry. Conch. pl. 42. f. 1.
* Mus. Gottv. pl. 40. f. 274. avec l'animal (le Poulpe).
* Schum. Nouv. Syst. p. 260.
* Dillw. Cat. t. 1. p. 334. n° 2.
* (Var. a.) *Auriculis lateralibus prœlongis acutis.*
* *Argonauta gondola.* Dillw. Cat. t. 1. p. 335. n° 4.

Habite l'Océan des Grandes-Indes et celui des Moluques. Mon cab. Espèce très distincte de celle qui précède, ayant ses rides latérales chargées de tubercules dans toute leur longueur, et ses carènes écartées, garnies chacune d'une rangée de tubercules élevés, coniques, bien séparés les uns des autres. Son ouverture d'ailleurs offre à sa base deux oreillettes divergentes, plus ou moins développées. Vulg. le *Nautile papyracé à grains de riz*. Plus grand diamètre de notre individu : 6 pouces.

Le Céphalopode qui habite cette coquille, et que j'ai observé dans la coquille même qui lui appartenait, a ses bras noueux dans toute leur longueur, ce qui n'a pas lieu dans celui de l'espèce précédente. Or, c'est aux nodosités de ses bras que sont dus les tubercules des rides de sa coquille.

3. Argonaute luisante. *Argonauta nitida*. Lamk.

A. testâ parvulâ, involutâ, tenui, nitidâ, albido-fulvâ; rugis latera-

ralibus lævissimis; carinis remotis tuberculis crassis utrinquè marg natis; apertura lata.
Lister. Conch. t. 554. f. 5. a.
Rumph. Mus. t. 18. fig. B.
Petiv. Amb. t. 10. f. 2.
Gualt. Test. t. 12. fig. C.
D'Argenv. Conch. pl. 5. fig. B.
Favanne. Conch. pl. 7. fig. A. 6.
Seba. Mus. 3. t. 84. f. 9-12.
Knorr. Vergn. 1. t. 2. f. 2.
Martini. Conch. 1. t. 17. f. 158. 159.
Argonauta argo. Pars. Lin. Syst. nat. Éd. 10. p. 708.
* *Id.* Lin. Mus. Ulric. p. 548.
* *Id.* Lin. Syst. nat. Éd. 12. p. 1161.
* Mus. Gottv. pl. 40. f. 272.?
* Knorr. Delic. nat. select. t. 1. Coq. pl. BI. f. 4.
* Gevens. Conch. Cab. pl. 2. f. 6. 7.
* Crouch. Lamk. Conch. pl. 20. f. 17.
* *Argonauta argo. Var.* β. Born. Mus. p. 140.
* *Id. Var.* δ. Gmel. p. 3368.
* *Argonauta hians.* Dillw. Cat. t. 1. p. 334. n° 3.
*Habite l'Océan des Grandes-Indes et des Moluques. Mon cabine
Bien moins grande que les deux qui précèdent, cette espèce s'e distingue par ses deux carènes fort distantes, garnies chacune d gros tubercules peu serrés et à base large, par ses rides latéral obtuses et très lisses, par un aspect luisant, enfin par sa teinte jau nâtre ou fauve. Son ouverture n'a point d'oreillettes. Diamètr 2 pouces 7 lignes.

TROISIÈME DIVISION.

CÉPHALOPODES SÉPIAIRES.

Point de coquille, soit intérieure, soit extérieure. Un corp solide, libre, crétacé ou corné, contenu dans l'intérieu de la plupart de ces animaux.

Parmi les Céphalopodes, les *Sépiaires* constituent un famille bien distincte en ce que les animaux qui en fon partie n'ont point de coquille. Ces animaux sont, de tous les mollusques de leur ordre, ceux que l'on connaît le mieux. Linné les réunissait tous sous une seule dénomination générique, et en constituait son genre *Sepia*.

J'ai transformé ce genre *Sepia* de Linné en une famille particulière que j'ai divisée en plusieurs genres très distincts; et, dans le premier volume in-4° des *Mémoires de la Société d'histoire naturelle de Paris*, j'ai établi les genres Seiche, Calmar et Poulpe, à chacun desquels plusieurs espèces fort remarquables se rapportent.

Les *Sépiaires* sont des Céphalopodes marins, tous sans coquille, toujours plongés dans le sein des eaux, les uns se traînant au fond, tels que les Poulpes, et les autres pouvant s'élever et nager au milieu des eaux, tels que les Seiches et les Calmars, à l'aide des membranes ou nageoires dont leur sac est garni.

Ces animaux ont le corps charnu, à demi enfoncé dans un sac musculeux, hors duquel sortent leur partie antérieure et leur tête. Cette tête est couronnée par des bras tentaculaires, disposés en rayons autour de la bouche, et qui ont des ventouses en leur côté intérieur.

La forme générale des *Sépiaires*, et leur organisation intérieure bien connue, nous ont servi à caractériser l'ordre entier des Céphalopodes, quoique nous ignorions si tous les animaux de cet ordre sont réellement embrassés par les caractères établis; et le défaut complet de coquille caractérise aussi suffisamment la division de ces mêmes *Sépiaires*, dont nous nous occupons ici.

Les branchies de ces mollusques, et probablement de tous les Céphalopodes, sont cachées et renfermées dans le sac de ces animaux, hors du péritoine qui entoure leurs viscères. Elles sont au nombre de deux, une de chaque côté du péritoine, et ont une forme pyramidale. La cavité qui les contient communique au dehors par l'entonnoir qu'on aperçoit sous le col, à l'entrée du sac. C'est par ce entonnoir que l'eau parvient aux branchies et en ressort [Voyez G. Cuvier, *Anat. comp.*, vol. 4, p. 428.]

Nous rapportons à cette division les genres *Poulpe*, *Calmaret*, *Calmar* et *Seiche*.

POULPE. (Octopus.)

Corps charnu, obtus inférieurement, et contenu dans un sac dépourvu d'ailes. Osselet dorsal intérieur nul ou fort petit. Bouche terminale, entourée de huit bras allongés, simples, munis de ventouses sessiles et sans griffes.

Corpus carnosum, infernè obtusum, vaginâ nudâ exceptum; osso dorsali interno subnullo vel minimo. Os terminale, brachiis octo elongatis simplicibus circumdata; cotyledonibus brachiarum sessilibus muticis, uno latere dispositis.

Quelque grands que soient les rapports des *Poulpes*, soit avec les Calmars, soit avec les Seiches, on peut néanmoins les considérer comme constituant un genre particulier qui est même très distinct des deux autres. En effet, les *Poulpes* n'ont que huit bras, tous allongés et à-peu-près égaux, et n'ont jamais leur sac garni d'ailes ou de nageoires; tandis que les Seiches et les Calmars ont constamment dix bras, dont deux sont plus longs que les autres, et ont leur sac toujours ailé sur les côtés, dans toute ou seulement dans une partie de sa longueur. D'ailleurs, on ne rencontre dans l'intérieur des *Poulpes*, ni l'os crétacé et spongieux des Seiches, ni la lame cornée et transparente des Calmars; mais on y a découvert à leur place un ou deux corps allongés, extrêmement petits, et qui avaient jusque-là échappé aux observations des naturalistes.

Si les *Poulpes* n'ont que huit bras, tandis que les Seiches et les Calmars en ont dix, en revanche les huit bras des *Poulpes* sont beaucoup plus allongés que les huit bras courts des Seiches et des Calmars. Les bras des animaux du genre dont il est question sont garnis d'un côté de ventouses sessiles, simplement charnues et dépourvues de cet anneau corné et dentelé, qui constitue les griffes des Calmars et des Seiches.

Les *Poulpes*, n'ayant point d'ailes ou nageoires qui bordent leur sac, ne peuvent nager, ni par conséquent se diriger dans le sein des eaux ; c'est, en effet, ce qui m'a été confirmé par les observations de feu M. Péron. Ils se traînent donc dans le fond des mers, et sur les rochers, près des rivages. Les naturalistes n'ont encore aucune idée fixe sur le terme de grandeur où certaines espèces de *Poulpes* peuvent parvenir; mais on est maintenant à-peu-près sûr qu'il y en a qui acquièrent 6 à 8 décimètres de longueur. Ce sont les plus grands animaux de la division des Sépiaires.

ESPÈCES.

1. Poulpe commun. *Octopus vulgaris*. Lamk.

O. corpore lævi ; cotyledonibus biserialibus distantibus.
Sepia octopus. Lin. Gmel. p. 3149. n° 1.
Muller. Zool. Dan. Prodr. 2813.
Polypus. Gesner. Aquat. p. 870.
Aldrov. de Mollib. p. 15. 16.
Polypus octopus. Rond. Pisc. p. 513.
Jonst. Hist. nat. 2. Exang. 5. t. 1. f. 1.
Ruysch. Theatr. 2. Exang. t. 1. f. 1.
Kœlreut. Act. Petrop. 7. p. 321. t. 11. f. 2.
Seba. Mus. 3. t. 2. f. 1.
Octopus vulgaris. Lam. Mém. de la Soc. d'Hist. nat. in-4°. p. 18.
Encyclop. pl. 76. f. 1. 2.
* Blainv. Malac. pl. 2. f. 1.
* Belon. De aquatilibus. p. 332.
* *Sepia octopodia.* Lin. Syst. nat. Éd. 10. p. 658.
* *Id.* Lin. Mus. Ad. Frider. p. 93.

Habite les mers d'Europe, où il est très commun. Collection du Mus.

Cette espèce est la plus commune, la plus anciennement connue, et en même temps celle qui devient la plus grande, puisqu'elle acquiert jusqu'à 5 décimètres de longueur et même plus, en y comprenant celle de ses bras étendus. Son corps est ovoïde, obtus postérieurement, un peu déprimé en dessus, petit, proportionnellement à la grandeur de la tête et des huit bras qui la couronnent. Le sac qui le contient a son bord supérieur libre et détaché du côté du ventre; mais du côté du dos, il est adhérent et confondu avec la peau de l'animal. Les huit bras sont garnis, dans toute leur longueur, du côté interne, de deux rangées de ventouses sessiles, mutiques, et un peu écartées les unes des autres. Chaque ventouse présente un mamelon à double cavité et ouvert en soucoupe. La première cavité, ou l'antérieure, offre un limbe concave, rayonné par des plis en étoile. Au fond de ce limbe, on voit une cavité intérieure, arrondie, entourée par un rebord annulaire, saillant et crénelé. C'est à l'aide de ces mamelons creux, faisant les fonctions de ventouses, que les bras de l'animal s'attachent fortement aux objets qu'ils embrassent. On prétend que ce mollusque, par l'application de ses suçoirs sur quelque partie du corps humain, peut y occasionner de l'inflammation, et par suite de grandes douleurs. On dit en outre qu'il répand quelquefois une lumière vive et phosphorique dans l'obscurité, particulièrement lorsqu'on l'ouvre.

2. Poulpe granuleux. *Octopus granulatus.* Lamk.

O. corpore tuberculis sparsis granulato; cotyledonibus crebris biserialibus.

An sepia rugosa? Bosc. Act. Soc. Hist. nat. p. 24. pl. 5. f. 1. 2.

Octopus granulatus. Lam. Mém. id. p. 20.

Habite... Collect. du Mus. Ce Poulpe a de si grands rapports avec le précédent, que peut-être n'en est-il qu'une variété. Il paraît néanmoins qu'il ne devient pas aussi grand, et comme sa peau dorsale est toute chagrinée ou granuleuse, ce caractère semble suffire pour le distinguer. Le *S. rugosa* de M. Bosc, au lieu d'être réellement ridé, a le corps chagriné ou parsemé de grains ou tubercules, ainsi que l'expriment les figures et la description qu'il en a données lui-même. Ce naturaliste lui attribue pour patrie les mers du Sénégal.

3. Poulpe cirrheux. *Octopus cirrhosus.* Lamk.

O. corpore rotundato, læviusculo; brachiis compressis spiraliter convolutis; cotyledonibus uniserialibus.

An. Seba. Mus. 3. t. 2, f. 6.?

Octopus cirrhosus. Lam. Mém. id. p. 21. pl. 1. f. 2. a. b.

Habite... Collect. du Mus. Espèce bien distincte et peu commune, qui a à peine 1 décimètre de grandeur, à cause de l'enroulement en spirale de ses bras. Son corps est petit, globuleux, presque réniforme, long de 2 centimètres et demi, sur une largeur de 3 et même un peu plus. La tête, qui est du double plus grande, va en s'élargissant supérieurement comme un coin, et s'épanouit en huit bras comprimés sur les côtés, roulés en manière de vrille, et n'ayant chacun qu'une seule rangée de ventouses sessiles et pressées les unes contre les autres. Le bord supérieur du manteau ou sac est libre et détaché tout autour, tandis que dans les autres espèces il se confond avec la peau du dos, à laquelle il adhère. La peau de ce Poulpe est presque lisse, finement chagrinée, d'un gris bleuâtre sur le dos, et blanchâtre du côté du ventre. Le seul individu de cette espèce que j'aie observé fait partie de la collection du Muséum d'histoire naturelle, et provient de celle du Stathouder.

4. Poulpe musqué. *Octopus moschatus.* Lamk.

O. corpore elliptico, lævi; brachiis loreis prælongis; cotyledonibus uniserialibus.

Polypus tertia species. Gesner. Aquat. p. 871.

Rond. Pisc. 516. et ed. gall. p. 373.

Eledona. Aldrov. de Mollib. p. 14 et 43.

Octopus moschatus. Lam. Mém. id. p. 22. pl. 2.

* Jonst. Hist. nat. De aquat. pl. 10. f. 1.

* Mart. Conch. t. 1. vignette. p. 215.

* Blainv. Malac. pl. 2. f. 2.

* Mus. Besleriani rariora. pl. 19. f. 1.

* *Eledona.* Belon. De aquat. p. 333.

Habite la Méditerranée. Collect. du Mus. Il est étonnant que Linné n'ait point mentionné cette espèce, qui était déjà connue des anciens, et qu'ils avaient même caractérisée d'une manière assez précise. Ils lui avaient donné différens noms, tels que *Bolitæna, Ozolis, Ozæna* et *Osmylus.* On l'appelait en Italie *Muscardino* et *Muscarolo*, à cause de sa forte odeur de musc. Ce Poulpe a la peau lisse comme le Poulpe commun; mais il ne devient pas si grand, et on l'en distingue aisément par ses longs bras grêles, qui n'ont jamais qu'une rangée de ventouses. L'individu que j'ai sous les yeux a environ 3 décimètres de longueur, en y comprenant celle de ses bras étendus. Son corps est un peu déprimé, elliptique, obtus à sa base, et à-peu-près de même grandeur que la tête. Ses huit bras, longs d'environ 2 décimètres, ressemblent à des lanières grêles, effilées, et presque filiformes à leur sommet. Les ventouses de ces bras sont sessiles, serrées les unes contre les autres, et disposées sur une seule rangée, dans la longueur de chaque bras. Partout la peau de ce mollusque est blanche, fine et très lisse; elle est, en outre, adhérente, du côté du dos, avec la peau de la tête. Tous les auteurs attribuent à cette espèce une forte odeur de musc ou d'ambre, que les individus conservent même après leur mort et étant desséchés.

CALMARET. (Loligopsis.)

Corps charnu, oblong, contenu dans un sac ailé inférieurement, et légèrement pointu à sa base. Bouche terminale, entourée de huit bras sessiles et égaux.

Corpus carnosum, oblongum, vaginâ basi subacutâ et infernè alatâ exceptum. Os terminale, brachiis octo sessilibus et æqualibus circumvallatum.

Observation.—Le *Calmaret* constitue un genre particulier, qui paraît intermédiaire entre les Poulpes et les Calmars. Il n'a effectivement sur la tête que huit bras sessiles et égaux qui entourent la bouche comme dans les premiers; mais il se rapproche des Calmars en ce que son sac est muni inférieurement de deux ailes ou nageoires, dont les Poulpes sont généralement dépourvus. Cet animal singulier est d'une petite taille, comme le *S. sepiola* de Linné; mais celui-ci a dix bras, huit sessiles et deux pédonculés, plus longs que les autres. D'ailleurs la forme des deux nageoires de notre *Calmaret* diffère un peu de celles du *S. sepiola* en ce qu'elles sont semi-rhomboïdales et non arrondies, comme dans le *Sepiola*. Ce Céphalopode a été observé par MM. Péron et Le Sueur dans leur voyage aux terres australes. Il est encore le seul connu de son genre.

ESPÈCE.

1. Calmaret de Péron. *Loligopsis Peronii*. Lamk.

Habite les mers Australes. MM. Péron et Le Sueur. Ce petit animal a ses huit bras aussi courts que ceux des Seiches, proportionnellement à la longueur de son corps; ils sont même plus courts que son sac.

CALMAR. (Loligo.)

Corps charnu, contenu dans un sac allongé, cylindracé, pointu à sa base, et ailé inférieurement. Une lame allongée, mince, transparente et cornée, enchâssée dans l'intérieur du corps, vers le dos. Bouche terminale, entourée de dix bras, garnis de ventouses, et dont deux, plus longs que les autres, sont pédonculés.

Corpus carnosum, vaginâ elongatâ, cylindraceâ, basi acutâ et infernè alatâ exceptum. Lamina elongata, tenuis, cornea, pellucida, in dorso inclusa. Os terminale, brachiis decem cotyledonibus instructis circumvallatum : brachiis duobus longioribus pedunculatis.

Observations.— Quelque rapport qu'aient les *Calmars* avec les Seiches, puisque, de part et d'autre, le nombre et la forme des bras se ressemblent assez, néanmoins ils en sont éminemment distingués en ce que leur sac, plus étroit, n'est garni de nageoires qu'à sa partie postérieure, tandis que celui des Seiches, beaucoup plus large, est muni, de chaque côté, d'une aile ou nageoire étroite qui commence au bord supérieur du sac et se continue jusqu'à sa base. Ainsi les *Calmars* présentent, dans la forme de leur sac, des caractères qui les distinguent essentiellement des Seiches, avec lesquelles on ne saurait les confondre, même au premier aspect. D'ailleurs le sac ou manteau des *Calmars*, allongé et cylindracé, est presque toujours pointu inférieurement, partout libre à son orifice, et garni, vers sa base, de deux ailes membraneuses, communément rhomboïdales, et toujours proportionnellement plus larges et plus courtes que celles des Seiches, ce qui fait un caractère distinctif très remarquable, ainsi que je l'ai dit plus haut.

Mais la différence principale, celle qui ne permet pas, selon moi, de confondre les *Calmars* avec les Seiches, est celle que l'on tire de la considération de l'espèce d'épée ou de lame simple, en forme de plume, cornée, transparente et dorsale, que contiennent les mollusques dont il est question. Ce corps mince est, en effet, si différent, par sa structure et ses autres qualités essentielles de l'os opaque, lamelleux et spongieux des Seiches, que sa seule considération suffirait à la distinction des *Calmars*, quand même la forme de leur corps, et surtout celle de leurs ailes ou nageoires, n'offrirait pas déjà de bons caractères distinctifs extérieurs.

Ces mollusques ont l'organisation intérieure à-peu-près semblable à celle des Seiches, et ils contiennent pareillement une liqueur noire qu'ils répandent à leur gré, et vraisemblablement dans les mêmes circonstances. Ils nagent vaguement dans les mers, et se nourrissent de crabes et autres animaux marins. Leurs œufs sont disposés en une multitude de grappes qui se réunissent toutes et s'attachent à un centre commun, formant une masse orbiculaire.

On connaît plusieurs espèces de *Calmars*, parmi lesquelles nous signalerons les suivantes.

ESPÈCES.

1. Calmar commun. *Loligo vulgaris*. Lamk.

L. alis semi-rhombeis, extremitati caudæ distinctis; limbo sacci trilobo; laminâ dorsali anticè angustatâ.

Sepia loligo. Lin. Gmel. 3150. n° 4.

Loligo magna. Rond. Pisc. 506. et ed. gall. p. 369.

Loligo. Belon. Pisc. p. 342. Ic. p. 343.

Salvian. Aquat. p. 169.

Loligo major. Aldrov. de Mollib. p. 67. [*gladius*]. 69. 70 et 71. *fig. animalis.*

Gesner. Aquat. p. 580 et 583.

Ruysch. Theatr. 2. Exang. t. 1. f. 4.

Jonst. Hist. nat. 2. Exang. t. 1. f. 4.

Lister. Anatom. t. 9. f. 1.

Pennant. Zool. British. pl. 27. no 43.

Loligo vulgaris. Lam. Mém. de la Soc. d'Hist. nat. in-4°. p. 11.

* Belon. De aquat. p. 339.

* Lister. Exercit. anat. de cochleis et limac. etc. pl. 7. f. 6. [*gladius*].

* Jacobæus. Mus. regium. pl. 6. f. 1.?

* Needham. Observ. microsc. pl. 1. et 2.

* *An eadem spec.?* Poutoppi. Voy. t. 2. p. 288. f. 1.

* *Sepia loligo*. Lin. Sys. nat. Éd. 10. p. 659. n° 4.

* *Id.* Lin. Mus. Ad. Frid. p. 93.

* Blainv. Malac. pl. 3. p. f. 2.

Habite les mers d'Europe. Collect. du Mus. Cette espèce, fort connue des naturalistes, est une des plus grandes de ce genre: et c'est sans doute aussi la plus commune, puisque l'on ne connaissait qu'elle et le Calmar subulé, et que jusqu'à ce jour les deux espèces suivantes, figurées par Séba, étaient encore confondues avec elle. Il est vraisemblable que Linné ne l'avait pas observée lorsqu'il en a fait mention dans ses ouvrages; car autrement il n'en aurait pas confondu la synonymie avec celle de la suivante qu'il y rapporte. En effet, ce qui distingue principalement cette espèce d'avec le *L. sa-*

gittata, c'est la forme et la position de ses ailes ou nageoires : elles ont chacune la forme d'un demi-rhombe, et s'insèrent de chaque côté vers le milieu du sac ; en sorte que leur bord supérieur, qui est très oblique, vient s'attacher un peu au-dessus du milieu du sac, tandis que l'inférieur se prolonge et se rétrécit insensiblement vers la pointe du corps de l'animal, laquelle se trouve libre entre les deux nageoires. Les bras pédonculés de ce Calmar sont à-peu-près de la longueur du corps. Sa lame cornée et dorsale est rétrécie antérieurement, et ressemble à une lame d'épée dont la pointe est tournée vers la queue de l'animal, et au lieu d'être bordée sur les côtés par un cordon brun, comme dans la suivante, elle a ses bords amincis et transparens.

2. Calmar sagitté. *Loligo sagittata.* Lamk.

L. alis triangularibus caudæ adnatis ; limbo sacci integerrimo ; laminâ dorsali anticè dilatatâ.

[*a*] *Corpore oblongo, crassissimo ; brachiis pedunculatis prælongis.*

Loliginis species maxima. Seba. Mus. 3. t. 4. f. 1. 2.

[*b*] *Corpore gracili ; brachiis pedunculatis perbrevibus.*

Seba. Mus. 3. t. 3. f. 5. 6. et t. 4. f. 3-5.

Loligo sagittata. Lam. Mém. id. p. 13.

Encyclop. pl. 77. f. 1. 2.

* *Loligo minor.* Jonst. Hist. nat. de Exang. pl. 1. f. 5.

* *Calmar flèche.* Blainv. Malac. pl. 1. f. 3.

Habite l'Océan européen et américain. Collect. du Mus. pour les deux variétés. Cette espèce est bien distinguée de la précédente par la forme et la position de ses ailes, par le bord entier ou comme tronqué de son sac, et par le caractère de sa lame dorsale. La var. [a] est remarquable par sa taille gigantesque, l'épaisseur de son corps, et les griffes de ses suçoirs. L'individu que j'ai observé au Muséum a près de 4 décimètres de longueur, sans y comprendre celle de ses bras pédonculés. Son corps est épais, oblong, cylindracé, pointu à sa base, où il est garni de deux grandes ailes triangulaires. Le bord supérieur de ces ailes est perpendiculaire à l'axe du corps, et ne s'insère pas de biais, comme dans le Calmar commun. Tous les suçoirs de ce grand Calmar sont pédicellés et munis chacun d'un anneau corné, dentelé d'un côté, très saillant, et qui forme l'espèce de griffes, dont les ventouses de ce mollusque sont armées d'une manière très remarquable. La var. [b] est bien moins grande, a le corps plus grêle, plus en cylindre, et a toujours ses deux bras pédonculés tellement courts, qu'à peine dépassent-ils la moitié du corps. J'avais été tenté de la distinguer comme espèce, à cause surtout de la différence dans la longueur des bras cités; mais les caractères que assignés à l'espèce étant absolument les mêmes dans l'une et l'au variétés, j'ai cru convenable de ne les point séparer. Je dois dire pendant que la var. [b] a toujours la peau moins blanche que la p mière ; elle est d'une couleur cendrée sur le ventre, et bleuâtre : le dos par le grand nombre de petits points pourprés dont elle tachetée.

3. Calmar subulé. *Loligo subulata.* Lamk.

L. alis angustis caudæ subulatæ adnatis; laminâ dorsali trinervi utr què subacutâ.

Sepia media. Lin. Gmel. p. 3150. no 3. Syst. nat. éd. 10. p. 659. n°

Loligo parva. Rond. Pisc. 508. et ed. gall. p. 370.

Aldrov. de Mollib. p. 72.

Gesner. Aquat. p. 581.

Ruysch. Theatr. 2. Exang. t. 1. f. 5.

Jonst. Hist. nat. 2. Exang. t. 1. f. 5.

Encyclop. pl. 76. f. 9.

Loligo subulata. Lam. Mém. id. p. 15.

Habite la Méditerranée et l'Océan européen. Collect. du Mus. Cet espèce est toujours plus petite que les deux précédentes. Elle est r marquable par la partie postérieure de son sac, qui est garnie deux ailes plus étroites que dans les autres Calmars, et se prolon en une pointe subulée. Les huits bras courts de celui-ci ont à pei 2 centimètres de longueur, se roulent en queue de scorpion, et so garnis chacun de deux rangées de ventouses semi-globuleuses pédicellées. Les bras pédonculés sont fort longs. Le mollusque do il s'agit n'excède guère 12 cent. de longueur.

4. Calmar sépiole. *Loligo sepiola.* Lamk.

L. corpore basi obtuso; alis subrotundis; laminâ dorsali lineari min tissimâ.

Sepia sepiola. Lin. Gmel. p. 3151. n° 5.

Sepiola. Rond. Pisc. 519. et ed. gall. p. 575.

Aldrov. de Mollib. p. 63.

Gesner. Aquat. p. 1205.

Ruysch. Theatr. 2. Exang. t. 1. f. 8.

Jonst. Hist. nat. 2. Exang. t. 1. f. 8.

Encyclop. pl. 77. f. 3.

Loligo sepiola. Lam. Mém. id. p. 16.

* *Sepia sepiola.* Lin. Syst. nat. éd. 10. p. 659. no 5.

* Blainv. Malac. pl. 2. f. 3.

..la Méditerranée. Collect. du Mus. Le Calmar sépiole est la plus ..t des espèces connues de ce genre. Il n'a guère plus de 3 ou 4 ..mètres de longueur, sans y comprendre les deux bras pédon- | il est extrêmement remarquable par l'extrémité postérieure . n sac très obtuse, et par ses deux nageoires qui sont fort .rlies. Sa lame dorsale est très petite, cornée, noirâtre li- .., un peu dilatée antérieurement, longue de 7 ou 8 milli- ..es, sur 1 millimètre au plus de largeur.

SEICHE. (Sepia.)

.iarnu, déprimé, contenu dans un sac obtus pos- .nt, et bordé, de chaque côté, dans toute sa lon- .ne aile étroite. Un os libre, crétacé, spongieux .enchâssé dans l'intérieur du corps, vers le dos. .rminale, entourée de dix bras garnis de ven- .dont deux sont pédonculés et plus longs que les

.carnosum, depressum, vaginâ posticè obtusâ, .ere, per totam longitudinem, alâ angustâ mar- eptum. Ossis liberum, cretaceum, spongiosum, .rso inclusum. Os terminale, brachiis decem co- . instructis circumvallatum : brachiis duobus . pedunculatis.

..IONS. — Je conserve le nom de *Seiche* aux seuls Sé- .ent leur sac bordé de chaque côté, dans toute la lon- .une aile ou nageoire étroite qui part du bord antérieur .t se prolonge sans interruption jusqu'à son extrémité .Conséquemment le genre des *Seiches* est ici très réduit .st dans Linné, et ne comprend plus, soit les Poulpes, cune nageoire à leur sac, soit même les Calmars, .que dans sa moitié ou partie inférieure. Les *Seiches* nt singulièrement distinguées des Poulpes et des la nature et la forme du corps solide qui se trouve .s leur intérieur, vers le dos. Ce corps est crétacé, .paque, friable, léger, blanchâtre, d'une forme elliptique ou ovale, un peu épars dans sa partie moyenne, aminc et tranchant sur les bords. Il est composé, selon M. Cuvier, de lames minces, dans les intervalles desquelles on voit une multitude de petites colonnes creuses, perpendiculaires à ces lames Ce même corps est donc très différent de l'espèce d'épée ou de plume cornée qui se trouve dans les Calmars, et surtout du très petit corps allongé, et quelquefois double, qui est dans l'intérieur des Poulpes. Relativement au nombre et à la forme de leurs bras, les *Seiches* ont de grands rapports avec les Calmars; mais en considérant la forme de leur sac, celle de ses nageoires, et surtout la nature du corps solide que l'animal contient, on verra que ces mollusques sont extrêmement distingués de ceux dont nous les avons séparés.

Les *Seiches* parviennent jusqu'à une assez grande taille: il y en a qui ont 6 décimètres, et même plus, de longueur. Ces animaux mollasses, en quelque sorte laids et difformes, sont enveloppés inférieurement, de même que les Calmars et les Poulpes, par le manteau commun à tous les mollusques, mais qui a ici, comme dans les autres Sépiaires, ses bords réunis par devant dans toute leur longueur, et fermés par le bas, ce qui le transforme en un véritable sac. La partie supérieure du corps de l'animal sort de ce sac, et présente une tête munie sur les côtés de deux gros yeux très remarquables, qui sont les plus perfectionnés de ceux des animaux sans vertèbres, et paraissent l'être autant que ceux des vertébrés, sauf le défaut de paupières. Cette tête est couronnée de dix bras, dont deux sont beaucoup plus longs que les autres, nus dans la plus grande partie de leur longueur, comme pédonculés, dilatés et munis de ventouses seulement à leur sommet, et qui servent à l'animal pour se tenir comme à l'ancre, pendant qu'il emploie les autres à saisir sa proie. Les huit autres bras sont plus courts, coniques, pointus, un peu comprimés sur les côtés, et garnis en leur face interne de plusieurs rangées de verrues concaves, qui leur servent à s'appliquer et à se fixer contre les corps que l'animal veut saisir, et qui agissent comme des suçoirs ou des ventouses. Au centre des bras, sur le sommet même de la tête, est située la bouche de l'animal, dont l'orifice circulaire, membraneux, et plus ou moins frangé, offre intérieurement deux mâchoires dures, cornées, semblables pour la forme et la substance à celles d'un bec de perroquet, auxquelles Rondelet les a en effet comparées. Ces mâchoires sont crochues et s'emboîtent l'une dans l'autre. On observe au-dedans de la cavité du bec une membrane garnie de plusieurs rangées de petites dents inégales; c'est avec cette arme redoutable que la *Seiche* dévore les crabes, les écrevisses, les coquillages même, qu'elle brise par le moyen de cette espèce de bec, et qu'elle achève de broyer dans son estomac musculeux, qui ressemble presque à un gésier d'oiseau.

Dans le ventre, près du *cœcum*, est une vessie qui renferme une liqueur très noire, à laquelle on donne le nom d'encre de la *Seiche*. Un petit canal qui part de cette vessie va joindre l'extrémité du canal intestinal, et se terminer à l'anus, dont l'issue aboutit à l'entonnoir qu'on observe dans la partie antérieure de l'animal. C'est par ce canal que la *Seiche* répand la liqueur noire contenue dans la vessie dont je viens de parler, probablement lorsqu'elle se voit poursuivie ou menacée par un ennemi quelconque; car alors cette liqueur répandue dans l'eau y produit une grande obscurité, à la faveur de laquelle la *Seiche* se dérobe et parvient à éviter le danger qui la menaçait. On prétend que c'est avec la liqueur dont il est question, ou peut-être avec celle de quelque espèce voisine de ce genre, que les Chinois préparent leur encre de la Chine.

Les *Seiches* ne sont pas hermaphrodites comme la plupart des autres mollusques, mais elles ont les sexes séparés sur des individus différens. Les femelles font des œufs mous, réunis et disposés en grappes comme des raisins. On croit que ces œufs sont d'abord jaunâtres, et que, lorsqu'ils sont fécondés, ils deviennent noirâtres.

On ne connaît encore que deux espèces de ce genre.

ESPÈCES.

1. Seiche commune. *Sepia officinalis*. Lin.

S. corpore utrinquè lævi; brachiis pedunculatis prælongis; osse dorsali elliptico.

[*a*] *Cotyledonibus brachiorum breviorum multiserialibus.*

Sepia officinalis. Lin. Gmel. p. 3149. n° 2.
Gesner. Aquat. p. 1024.
Belon. Pisc. p. 338. f. 341.
Salvian. Aquat. p. 165.
Rond. Aquat. p. 498. et ed. gall. p. 365.
Aldrov. de Mollib. p. 49 et 50.
Ruysch. Theatr. 2. Exang. t. 1. f. 2 et 3.
Jonst. Hist. nat. 2. Exang. t. 1. f. 2 et 3.
Seba. Mus. 3. t. 3. f. 1-4.
Encyclop. pl. 76. f. 5. 6. 7.
Sepia officinalis. Lam. Mém. de la Soc. d'Hist. nat. in-4°. p. 7.
[*b*] *Cotyledonibus brachiorum breviorum biserialibus*.
Montfort. Hist. nat. des Moll. p. 265.
* Blainv. Malac. pl. 3. f. 3.
* *Rariora*. Mus. Besleriani. pl. 16. *Sepia*.
* Belon. De aquat. p. 336.
* Swammerd. Biblia nat. pl. 50.
* Balk. Mus. Ad. Frideric. p. 47. n° 63.
* Lin. Sys. nat. éd. 10. p. 658. n° 2.
* *Sepia officinalis*. Lin. Mus. Ad. Frid. p. 93.
* Hérissant. Mém. de l'Acad. des scien. 1766. p. 540. pl. 17.

Habite dans l'Océan de la Méditerranée. Collect. du Mus., ainsi que pour sa variété. Espèce très commune, la plus anciennement connue, et la plus grande de son genre. Son corps est ovale, déprimé, lisse des deux côtés, et a l'épiderme de couleur blanchâtre, mais parsemé de petits points pourprés ou bleuâtres qui lui donnent une teinte grisâtre ou plombée. Son manteau a son orifice libre et légèrement trilobé. Ses bras pédonculés sont presque aussi longs que le corps, et sont munis dans leur partie dilatée, c'est-à-dire vers leur sommet, de suçoirs pédicellés et nombreux. L'os dorsal de cette Seiche est grand, elliptique, et très connu du public, parce qu'il est un objet de commerce.

On prétend que cette espèce est la proie des baleines et de divers poissons. Elle acquiert jusqu'à 1 pied et demi de longueur. La var. [b] a ses bras courts étroits antérieurement, et munis seulement de deux rangées de suçoirs.

2. Seiche tuberculeuse. *Sepia tuberculata*. Lamk.

S. dorso capiteque tuberculatis, brachiis pedunculatis breviusculis ; osse dorsali spatulato.

Sepia tuberculata. Lam. Mém. id. p. 9. pl. 1. f. 1. a. b.

* Blainv. Malac. pl. 1. f. 2.

Habite la mer des Indes. Collect. du Mus., et provenant de celle du Stathouder. Cette espèce, jusque-là inédite, est beaucoup moins grande que celle qui précède, et fort remarquable par sa forme, les proportions de ses parties, la surface de sa peau, son os dorsal, etc.; sa longueur totale, en y comprenant celle de ses deux bras pédonculés, est d'environ 1 décimètre. Son corps est elliptique, un peu aplati, large à-peu-près de 5 centimètres, légèrement ridé sur le ventre dans sa longueur, et parsemé de toutes parts, sur le dos et sur la tête, ainsi que sur la face dorsale des bras courts, de quantité de tubercules conoïdes, serrés et inégaux. Ses huit bras coniques ont à peine 2 centimètres de longueur ; ils sont garnis, dans toute la longueur de leur face interne, de quatre rangées de ventouses sessiles, semblables à celles de la Seiche commune, mais plus petites. Ses bras pédonculés ont un peu plus de 4 centimètres de longueur, c'est-à-dire n'égalent pas entièrement celle de la moitié du corps: ils sont lisses, presque cylindriques, et munis de suçoirs sessiles sur la face interne de la partie dilatée de leur sommet. Les deux ailes qui bordent le sac de chaque côté sont fort étroites. Toute la couleur de l'animal, dans l'état où je l'ai observé dans la liqueur, est d'un gris brun.

Son os dorsal présente des caractères assez remarquables: il est épaissi et dilaté en spatule dans sa partie antérieure, rétréci en pointe postérieurement, et recouvert en sa face externe d'une demi-tunique coriacée, mince, presque membraneuse, et qui le déborde sur les côtés en sa partie postérieure. Cette espèce d'os est composé d'environ quarante lames, en forme de croissant, ondées en leur bord interne, imbriquées les unes sur les autres, et qui vont en diminuant graduellement, depuis la plus antérieure jusqu'à celle qui termine postérieurement.

ORDRE CINQUIÈME.

LES HÉTÉROPODES.

Corps libre, allongé, nageant horizontalement. Tête distincte; deux yeux. Point de bras en couronne sur la tête; point de pied sous le ventre ou sous la gorge pour ramper.

Une ou plusieurs nageoires, sans ordre régulier, et non disposées par paires.

Si l'on considère la conformation irrégulière des mollusques hétéropodes, leur position horizontale en nageant, leurs nageoires sans ordre, en nombre variable et jamais disposées par paires, enfin la singulière situation du cœur et des branchies de ces animaux, qui sont placées sous leur ventre et en dehors dans la plupart, il sera difficile de croire que ces mollusques aient avec les Ptéropodes des rapports qui puissent autoriser à les réunir dans la même coupe. Je suis persuadé au contraire qu'ils s'en éloignent considérablement, et que les mollusques de ces deux ordres n'ont de commun entre eux tout au plus que d'avoir, les uns et les autres, des parties propres à nager, mais qui sont bien différentes par leur nature et leur situation. En effet, il n'est pas même certain pour moi que les deux ailes opposées des Ptéropodes soient véritablement des organes natatoires; car la position de ces ailes ne serait favorable à la natation qu'autant que le corps de l'animal serait dans une situation horizontale. Or, comme il paraît que les Ptéropodes conservent une situation verticale, soit au sein, soit à la surface des eaux, ce qu'on nomme leur natation pourrait être aussi bien considéré comme une manière de flotter particulière.

Les *Hétéropodes* semblent se rapprocher davantage des Céphalopodes; néanmoins ils en sont singulièrement distincts, puisqu'ils n'ont jamais de bras sur la tête, qu'ils manquent de manteau, que leurs organes de mouvement sont différemment disposés, et que leur bouche n'offre point deux mandibules cornées et crochues, imitant un bec de perroquet.

Si, dans la nature, les Céphalopodes terminaient réellement les mollusques, il est évident qu'il y aurait entre ceux-ci et les poissons un hiatus considérable; ce qui n'est pas probable, d'après ce que l'on observe ailleurs. Or, puisque les *Hétéropodes* avoisinent les Céphalopodes par leurs rapports, que plusieurs ont une coquille qui se rapproche de celle de l'Argonaute, qui ne sent qu'il convient de les ranger après eux plutôt qu'avant, en un mot, de les placer à la fin de la classe des mollusques !

Ainsi les *Hétéropodes* peuvent être considérés comme les premiers vestiges d'une série d'animaux marins intermédiaires entre les Céphalopodes et les Poissons; animaux probablement nombreux et très diversifiés, mais dont l'observation a été jusqu'à présent négligée. Je les regarde donc comme devant être rangés vers la limite supérieure des mollusques, et comme faisant partie de ceux de ces animaux qui forment une transition avec les poissons. Effectivement, ces mollusques, gélatineux et transparens, ont précisément la consistance la plus appropriée aux changemens que la nature a eu besoin d'exécuter dans l'organisation, pour amener le nouveau plan des animaux vertébrés.

Voici les noms des genres que je rapporte à l'ordre des Hétéropodes, le dernier de la classe des mollusques : *Carinaire*, *Firole* et *Phyllirvé*.

[Depuis que Lamarck a publié son *Histoire des animaux sans vertèbres*, les faits nouveaux acquis à la science n'ont pas permis de conserver dans la méthode le 5ᵉ ordre des mollusques, celui auquel il a donné le nom d'*Hétéropodes*. Lamarck, comme on le voit par ce qui précède, était préoccupé de la pensée que la nature ne laissant nulle part d'hiatus avait préparé la classe des Poissons par un certain nombre de mollusques, supérieurs aux Céphalopodes par leur organisation. Lamarck ne connaissant point alors l'organisation profonde des animaux dont il fait l'ordre des *Hétéropodes*, avait cru voir dans la liberté de leur natation, dans la disposition irrégulière de leurs nageoires, en un mot dans l'ensemble de leurs caractères extérieurs, une transition entre les premiers invertébrés et les derniers des animaux à vertèbres. Mais, les faits sont venus démontrer surabondamment combien Lamarck s'était laissé préoccuper par une idée théorique, puisque en effet les animaux, nommés *Hétéropodes*, sont d'une organisation moins élevée que ceux des Céphalopodes. Par un entraînement presque involontaire, Lamarck était porté à rapprocher les Carinaires des Argonautes, et pour maintenir les rapports si bien indiqués par les coquilles, il voulut faire de cette Carinaire et de quelques autres genres un groupe voisin, mais supérieur à celui des Céphalopodes. Les travaux des naturalistes ont prouvé que les *Hétéropodes* sont pour la plupart des Gastéropodes modifiés pour la natation et très voisins des *Ptéropodes*, avec lesquels ils ont des points de contact multipliés. Ainsi, dans une méthode naturelle, les Carinaires et les Firoles doivent se placer non loin des Cymbulies et des Atlantes.]

CARINAIRE. (Carinaria.)

Corps allongé, gélatineux, transparent, terminé postérieurement par une queue, et muni d'une ou de plusieurs nageoires inégales. Le cœur et les branchies saillans hors du ventre, réunis en une masse pendante, qui est située vers la queue et renfermée dans une coquille. Tête distincte; deux tentacules; deux yeux; une trompe contractile.

Coquille univalve, conique, aplatie sur les côtés, uniloculaire, très mince, hyaline; à sommet contourné en spirale, et à dos muni quelquefois d'une carène dentée. Ouverture oblongue, entière.

Corpus elongatum, gelatinosum, pellucidum, posticè caudâ terminatum, alâ natatoriâ vel alis pluribus inæqua-

libus instructum. Cor branchiæque in massam unicam coaliti, extrà ventrem pendulam, versùs caudam positam, testâque inclusam. Caput distinctum, tentaculis duobus instructum. Oculi duo. Os proboscideum, contractile.

Testa univalvis, conica, lateribus compressa, unilocularis, tenuissima, hyalina; apice in spiram convoluto; dorso carinâ dentatâ interdùm prædito. Apertura oblonga, integra.

Observations. — M. Bory de St.-Vincent est le premier qui, dans son voyage aux principales îles des mers d'Afrique, ait fait connaître l'animal singulier des *Carinaires*, et l'ait figuré avec la coquille qui enveloppe ses organes suspendus. MM. Péron et Le Sueur ont parlé de l'animal du même genre, et ont donné à son égard différens détails, qui se trouvent consignés dans les *Annales du Muséum* [vol. xv, p. 67]. A l'aide des observations de ces naturalistes, nous savons maintenant que le mollusque dont il s'agit a le corps allongé, gélatineux, hérissé de très petites aspérités, et muni d'une ou plusieurs nageoires inégales, avec lesquelles il nage horizontalement. Sa tête, un peu relevée, est tuberculeuse sur le vertex, porte deux tentacules qui chacun ont un œil à leur base, et se terminent par une espèce de trompe rétractile. Mais ce qu'il y a de plus remarquable dans la conformation de l'animal des Carinaires, c'est la situation singulière du cœur et des branchies, qui sont en saillie hors du corps même de cet animal, pendans en dessous, et renfermés dans une coquille très mince, pareillement suspendue.

Quoiqu'on ne connaisse de cet Hétéropode que l'espèce décrite par M. Bory de St.-Vincent, on ne saurait douter qu'il n'y en ait d'autres que l'on n'a pu encore observer, ainsi que le prouvent différentes coquilles de ce genre qui sont dans les collections. Voici l'indication des principales, dont la première est la coquille la plus rare, la plus curieuse, et à-la-fois la plus précieuse de toutes celles du Muséum d'histoire naturelle.

[La coquille du genre Carinaire a été connue long-temps avant l'animal qui l'a construite. Linné en avait fait une Patelle, et cette opinion a été acceptée par un assez grand nombre de naturalistes, jusqu'au moment où Lamarck, appréciant les différences considérables qui se montrent entre les Carinaires et les Patelles, créa le genre, qui, bientôt après, fut accepté dans toutes les méthodes. Lorsque M. Bory de St.-Vincent fit connaître le premier l'animal d'une espèce de Carinaire, les naturalistes furent bien surpris de le trouver si différent de tous les autres mollusques, et ses caractères mieux connus par les observations de Péron et Lesueur déterminèrent ces voyageurs à le comprendre parmi les Ptéropodes. On crut long-temps que les Carinaires étaient propres à l'Océan de l'Inde ou aux mers chaudes de l'Afrique, mais Poli en avait trouvé une dans la Méditerranée, et à-peu-près en même temps, M. Delle-Chiaje la faisait connaître dans ses mémoires sur les animaux sans vertèbres. Enfin plusieurs autres naturalistes eurent occasion de revoir cet animal et de compléter successivement les connaissances anatomiques, et à cet égard, nous devons mentionner les précieuses observations de M. Milne Edwards, au moyen desquelles le système nerveux a été connu dans son ensemble. D'autres découvertes étaient nécessaires pour rattacher les Carinaires aux autres mollusques ptéropodes. Déjà, M. A. d'Orbigny, dans son *Voyage en Amérique*, avait décrit des animaux réellement intermédiaires entre les Carinaires et les Atlantes. Ce qui fut démontré bien plus clairement encore par les beaux travaux de M. Souleyet, dans la partie zoologique du *Voyage de la Bonite*. Il est évident que, d'un côté, les Carinaires se rattachent aux Firoles par des nuances insensibles, et de l'autre, aux Atlantes, plutôt par l'ensemble de l'organisation que par des modifications dans les formes extérieures. Il est à remarquer cependant que la coquille de la Carinaire commence par un sommet tourné en spirale qui, étant détaché, offre la plus grande ressemblance avec le sommet d'une Atlante; aussi, on pourrait considérer la Carinaire comme une Atlante à coquille trop petite, et réduite à contenir seulement une partie des viscères.

Les Carinaires sont des animaux éminemment gélatineux; le corps est allongé, un peu comprimé latéralement, et il est composé presque entièrement d'une substance molle et d'une grande transparence. La tête se prolonge en trompe, se termine en avant par une troncature, au centre de laquelle se montre une fente longitudinale qui est celle de la bouche. Cette bouche est armée de plaques cornées, symétriques, sur lesquelles s'implantent de forts crochets servant à déchirer la proie. En arrière et sur le sommet de la tête, s'élève une paire de tentacules coniques, à la base desquels se montrent des yeux assez grands auxquels on voit se rendre un nerf spécial, grâce à la transparence de l'animal. Cette tête est en grande partie rétractile, et lorsque l'animal la contracte, il la fait rentrer sous une espèce de bourrelet, produit par l'enveloppe générale. Vers le milieu de la face ventrale et dans la ligne médiane, est attachée une large nageoire formée d'un tissu fibreux, très solide, placée dans le sens longitudinal; son bord est tranchant dans la plus grande partie de son étendue; cependant vers le bord postérieur, elle se dédouble pour former un petit disque en forme de ventouses, et qui ne manque pas d'analogie avec le pied des Gastéropodes. Cette disposition a fait considérer depuis long-temps cette nageoire comme une modification du pied des Gastéropodes. L'animal a son extrémité postérieure terminée en pointe, garnie en dessus et en dessous, d'une nageoire verticale, étroite, comparable à celle de certains poissons. Enfin sur le dos, et à l'opposé de la nageoire ventrale, se montre un nucleus porté sur un pédicule assez gros, et dans lequel sont contenus tous les viscères; c'est ce nucleus qui est constamment renfermé dans cette coquille mince et vitrée, connue sous le nom de Carinaire. Il contient, avec le foie et une grande partie des intestins, les organes de la génération et de la circulation; l'estomac ne s'y trouve point, il est situé vers l'extrémité antérieure du corps, communique avec la bouche par un œsophage grêle et d'une médiocre longueur, et au côté opposé, à l'entrée de l'œsophage, il se continue en un intestin grêle, se rendant au nucleus, en passant par le centre du pédicule.

Lamarck a mentionné deux espèces de Carinaires; depuis, on a ajouté aux catalogues, celle qui vit dans la Méditerranée; M. d'Orbigny en a fait connaître une des mers de l'Amérique, et enfin M. Souleyet en a ajouté une très curieuse par l'étendue de la carène qui règne sur le dos de la coquille.]

ESPÈCE.

1. Carinaire vitrée. *Carinaria vitrea.* Lamk.

C. testâ tenui, hyalinâ, transversìm sulcatâ; dorso carinâ dentata instructo; spirâ conoideâ, attenuatâ; apice minimo involuto; aperturâ versùs carinam angustatâ.

Patella cristata. Lin. Syst. nat. éd. 12. p. 1160. Gmel. p. 3710. n° 96.

D'Argenv. Conch. Append. pl. 1. fig. B.

Favanne. Conch. pl. 7. fig. C. 2.

Martini. Conch. 1. t. 18. f. 163.

Argonauta vitreus. Gmel. p. 3368. n° 2.

* Perry. Conch. pl. 42. f. 2.

* D'Acosta. Hist. nat. des Coq. pl. 4. f. 19.

* Schrot. Einl. t. 1. p. 6. n° 1. *Argonauta.*

* *Patella vitrea.* Schrot. Einl. t. 2. p. 421.

* *Argonauta vitreus.* Dillw. Cat. t. 1. p. 336. n° 6.

Habite l'Océan austral. Collect. du Mus. Cette coquille, précieuse et très rare, et qui est la plus grande comme la plus belle de son genre, fut donnée au Muséum par M. de la *Réveillère-Lépaux*, de la part de M. *Hion*, qui, après la mort d'*Entrecasteaux*, commanda l'expédition envoyée à la recherche de *Lapeyrouse*. M. *Hion*, avant de mourir, recommanda soigneusement la conservation de cette coquille, destinée au Cabinet d'Histoire naturelle de Paris. Elle est extrêmement mince, transparente, conformée en bonnet conique, mais aplatie sur les côtés, et diffère essentiellement de l'Argonaute en ce que son sommet, contourné en spirale, ne rentre jamais dans l'ouverture, et en ce qu'il règne dans toute la longueur de son dos une seule carène aiguë et dentée. D'ailleurs l'animal auquel elle appartient ne s'enferme jamais dedans, et il est probable qu'elle ne lui sert qu'à protéger son cœur et ses branchies en les enveloppant, ainsi qu'on le sait maintenant à l'égard de l'espèce suivante.

2. Carinaire fragile. *Carinaria fragilis.* Lamk.

C. testâ tenui, hyalinâ, longitudinaliter striatâ; carinâ dorsali nullâ.

Carinaire fragile. Bory de St.-Vincent. Voy. aux îles d'Afr. tom. 1. p. 143. pl. 6. f. 4.

Encyclop. pl. 464. f. 3.

Ann. du Mus. vol. 15. pl. 2. f. 15.

* Crouch. Lamk. Conch. pl. 20. f. 19.

Habite les mers d'Afrique. Cette espèce, que nous ne connaissons que par l'ouvrage de M. *Bory de St.-Vincent*, est beaucoup plus petite que la précédente, et s'en distingue en outre par les stries longitudinales très fines qui partent de son sommet et viennent se terminer au bord de l'ouverture en divergeant, enfin surtout parce qu'elle paraît dépourvue de carène dorsale. L'animal de cette coquille a la tête un peu dure, teinte de violet, le corps oblong, cylindrique, aminci postérieurement, se terminant par une queue relevée. Il est enveloppé par une tunique lâche très diaphane, où l'on distingue un réseau vasculeux fort blanc; cette tunique est musculeuse et hérissée de très petites aspérités. Vers la queue, le dos de l'animal est surmonté par une nageoire roussâtre, sans cesse agitée par un mouvement d'ondulation; et c'est sous le ventre, à l'opposé de la nageoire, que sont suspendus le cœur et les branchies, enveloppés par la coquille.

3. Carinaire gondole. *Carinaria cymbium*. Lamk.

C. testâ minimâ, subconicâ, tenui, albido-cinereâ; apice obtuso, curvo; rugis transversis strias longitudinales decussantibus.

Argonauta cymbium. Lin. Syst. nat. p. 1161. Gmel. p. 3368. n° 3.

Gualt. Test. t. 12. fig. D.

Favanne. Conch. pl. 7. fig. C. 1.

Martini. Conch. 1. t. 18. f. 161. 162.

* Poli. Testac. Utr. Sicil. t. 3. p. 36. pl. 40. f. 4.

* Schrot. Einl. t. 1. p. 5.

Habite dans la Méditerranée. Cette coquille, de la taille d'un grain de sable, ne peut être observée dans ses détails qu'à l'aide d'une loupe.

FIROLE. (Pterotrachea.)

Corps libre, allongé, gélatineux, transparent, terminé postérieurement par une queue, et muni d'une ou plusieurs nageoires. Branchies en forme de panaches, flottant librement en dehors, et groupées avec le cœur sous le ventre, vers l'origine de la queue. Tête distincte; deux yeux; des mâchoires cornées; point de tentacules.

Corpus liberum, elongatum, gelatinosum, pellucidum,

posticè caudatum, alâ natatoriâ vel alis pluribus instructum. Branchiæ pennaceæ, extùs prominentes, infrà ventrem cum corde coalitæ versùsque caudam perspicuæ. Caput distinctum; oculis duobus; maxillis corneis. Tentacula nulla.

Observations. — Les *Firoles* sont des mollusques que Forskaë a le premier découverts, décrits et figurés, mais incomplétement selon Péron, et dont nous présentons ici les caractères rectifiés par le naturaliste français.

Ces animaux, très nombreux, nagent vaguement dans les mers pendant les temps calmes. Ils sont gélatineux, transparens, ornés de vives couleurs, et s'offrent sous une forme allongée, un peu cylindrique, et en général irrégulière.

Mais ce qu'il y a de plus singulier et de plus remarquable dans les *Firoles*, c'est d'avoir les branchies groupées avec le cœur et placées sous le ventre, en dehors de l'animal. La situation extraordinaire de ces parties essentielles rappelle celle des mêmes parties dans les Carinaires, et montre qu'il y a de grands rapports entre les animaux de ces deux genres. Mais le groupe du cœur et des branchies des Carinaires est renfermé dans une coquille, tandis que celui des *Firoles* est toujours à nu.

La transparence des animaux, dont il est ici question, est si grande, que souvent on a de la peine à les distinguer de l'eau dans laquelle ils nagent. On en connaît quatre espèces.

[Les règles d'une bonne nomenclature exigeraient que l'on rendît au genre Firole son premier nom de *Pterotrachæa*, qui lui a été imposé par Forskal. Bruguières, on ne sait pourquoi, changea le nom générique, dans les tableaux et dans les planches de l'Encyclopédie. Le nom de Bruguières, adopté ensuite par Lamarck et un très grand nombre d'autres naturalistes, a fini par prévaloir, quoique Cuvier ait voulu maintenir le nom de Ptérotrachée; il est vrai que ce dernier avait contesté la valeur des caractères génériques, parce qu'il avait pris pour une véritable Ptérotrachée, une Carinaire mutilée. L'erreur de Cuvier a jeté pour quelque moment de l'incertitude, non-seulement sur le genre qui nous occupe, mais même sur celui des Carinaires. Actuellement les observations sont assez avancées sur ces genres, non-seulement pour en établir les rapports zoologiques, mais même pour asseoir une opinion sur l'organisation anatomique de ces êtres. Les travaux de Péron et Lesueur, surtout de ce dernier, plus tard quelques observations de M. d'Orbigny, et plus particulièrement celles de M. Souleyet, ont complété ce que l'on savait déjà sur les Firoles, et l'on s'est convaincu, en effet, que ces animaux ont les plus grands rapports avec les Carinaires. L'ensemble de leur organisation est exactement le même; la principale différence consiste en ce que, dans les Firoles, le nucleus est dépourvu d'une coquille, mais ce nucleus contient les mêmes organes; la forme de la tête, la disposition de la bouche, la position des tentacules et des yeux sont conformes à ce qui existe dans les Carinaires; le canal digestif lui-même est disposé de la même manière, et le système nerveux offre une disposition tout-à-fait analogue. Les mœurs de ces animaux sont semblables; ils se tiennent en général éloignés des côtes, nagent au milieu de l'eau, se rapprochent quelquefois de la surface pendant le calme, et souvent ils échappent à l'observateur par leur extrême transparence. Leurs mouvemens de natation sont assez lents; nous en avons vu plusieurs fois nager renversés, c'est-à-dire portant en dessus la nageoire ventrale.

On ne connut d'abord qu'un petit nombre d'espèces du genre Ptérotrachée; à mesure que leur nombre s'accrut, on s'aperçut que quelques-uns de ces animaux présentaient des modifications organiques, à l'aide desquelles ont été proposés les genres *Firoloïde* et *Carinéoïde*; M. D'Orbigny a même ajouté un troisième genre sous le nom de *Cardiapoda*. Ces trois groupes ont des tendances à se joindre par des nuances insensibles, et tout porte à croire que, dans un petit nombre d'années, une petite famille pour les Carinaires contiendra un certain nombre de petits genres, enchaînés par les rapports les plus naturels.]

ESPÈCES.

1. Firole couronnée. *Pterotrachea coronata*. Forsk.

Pt. ventre caudâque pinniferis; capitis proboscide tereti perpendiculari; frontis coronulâ aculeis decem. Forsk.

Pterotrachea coronata. Forsk. Faun. arab. p. 117. n° 41. et icon. t. 34. fig. A.

Pterotrachea coronata. Gmel. p. 3137. n° 1.
Encyclop. pl. 88. f. 1.
Habite dans la Méditerranée. Cette Firole est la plus grande des espèces connues de son genre. Elle est principalement remarquable par les dix pointes qui couronnent sa tête, et par la trompe cylindrique et comme pendante qui termine cette dernière. Son corps est muni de deux nageoires, et sa queue, qui est verticale et triangulaire, est garnie de chaque côté de quatre lignes chargées de petits piquans. La longueur de cet animal, suivant *Gmelin*, est presque de 1 palme, et l'épaisseur de son corps d'environ 1 pouce

2. Firole hyaline. *Pterotrachea hyalina.* Forsk.

Pt. capite elongato porrecto lævi ; pinnulâ centrali. Forsk.
Pterotrachea hyalina. Forsk. Faun. arab. p. 118. n° 42. et icon. t. 34. fig. B.
Encyclop. pl. 88. f. 2.
Habite... Cette espèce n'a guère plus de 1 pouce de longueur, et son corps, selon Forskaël, est muni d'une nageoire centrale arrondie. Sa tête est mutique et prolongée.

3. Firole à grande-gorge. *Pterotrachea pulmonata.* Forsk.

Pt. capite obtuso hyalino ; intestino respiratorio plumis ciliato. Forsk.
Pterotrachea pulmonata. Forsk. Faun. arab. p. 118. n° 43. et icon. t. 43. fig. A.
Pterotrachea pulmonata. Gmel. p. 3137. n° 3.
Encyclop. pl. 88. f. 3.
Habite... Sa tête est courte et obtuse, à peine distincte du tronc; sa gorge est double et pendante. Une seule nageoire arrondie et longitudinale.

4. Firole à piquans. *Pterotrachea aculeata.* Forsk.

Pt. ventre aptero, caudâ trunco longiore : lineis aculeatis pinnâque terminali horizontali. Forsk.
Pterotrachea aculeata. Forsk. Faun. arab. p. 118. n° 44. et icon. t. 34. fig. C.
Pterotrachea aculeata. Gmel. p. 3137. n° 4.
Encyclop. pl. 88. f. 4.
Habite dans la Méditerranée. Celle-ci a le ventre aptère, la queue allongée, chargée de cinq raies de piquans, et terminée par une nageoire horizontale.

Nota. Voyez l'histoire du genre Firole, par *Péron*, insérée dans les *Annales du Muséum*, vol. 15, p. 70, et la description de six nouvelles espèces de ce même genre, par M. *Le Sueur*, dans le *Journal de l'Académie des Sciences naturelles de Philadelphie*, mai 1817, n° 1.

PHYLLIROÉ. (Phylliroe.)

Corps oblong, très aplati sur les côtés, presque lamelliforme; une seule nageoire formée par la queue. Branchies en forme de cordons granuleux et intérieurs. Tête distincte; deux tentacules; deux yeux; une trompe rétractile.

Corpus oblongum, lateribus valdè compressum, sublamelliforme; caudâ natatoriâ. Branchiæ internæ filis granosis æmulantes. Caput distinctum; tentaculis duobus. Oculi duo. Os proboscideum, contractile.

Observations. — Le *Phylliroé*, que MM. Péron et Lesueur ont découvert et fait connaître, est un mollusque gélatineux, transparent, très aplati sur les côtés, et dont la tête, s'avançant antérieurement comme un museau, est surmontée de deux tentacules qui ressemblent à des cornes, et qui lui donnent en quelque sorte l'aspect de celles d'un taureau. Cet animal nage vaguement dans les eaux, et a une transparence si grande qu'on n'aperçoit guère que sa tête et ses branchies qui paraissent au travers de son corps. Sa nageoire caudale paraît coupée verticalement comme celle de beaucoup de poissons. Quoiqu'il diffère assez considérablement des autres Hétéropodes, puisque ses branchies sont intérieures, et qu'il n'a aucun autre organe natatoire que sa queue, il m'a paru plus convenable de le placer à leur suite que de le ranger parmi les Ptéropodes. Voici la seule espèce connue de ce genre.

[Quoique la description donnée par MM. Péron et Le Sueur du Phylliroé bucéphale qui vit dans la Méditerranée ait laissé bien des doutes sur l'organisation de cet animal singulier, il n'en a pas moins été rangé parmi les mollusques ptéropodes; mais Lamarck, trouvant dans sa forme générale quelque ressemblance avec les Carinaires et les Ptérotrachées, a rapporté ce genre à la famille des Hétéropodes. Tous les naturalistes sont d'accord pour admettre les Phylliroés parmi les mollusques; ils en présentent les caractères principaux; cependant des organes essentiels sont encore inconnus, notamment ceux de la respiration. On doit à MM. Quoy et Gaimard des observations précieuses, consignées dans le 2e volume *de la partie zoologique du voyage de l'Astrolabe*. D'après ces naturalistes, le Phylliroé est un animal gélatineux, d'une telle transparence qu'i échapperait complétement à l'observateur, si l'on n'apercevait quelques organes colorés de l'intérieur. La tête est proboscidiforme, fendue en avant et verticalement par une bouche garnie de plaques cornées; en arrière et en dessus de la tête sont fixés deux grands tentacules coniques, pointus, mais ne portant aucune trace des organes de vision, qui manquent apparemment à ces animaux. Le corps est aplati latéralement et il se termine en arrière par une nageoire caudale qui ne manque pas de ressemblance avec celle des poissons. Dans l'intérieur du corps, on voit, à l'aide de la transparence du parenchyme, que de la bouche part un œsophage très grêle, aboutissant à un estomac ovalaire, ou plutôt subquadrangulaire; de chacun des angles part un cœcum fort grand; deux de ces cœcums se dirigent en avant, et les deux autres en arrière. L'intestin est court et vient aboutir directement sur le côté droit, vers le tiers postérieur de la longueur totale. Entre les deux cœcums qui règnent le long du dos de l'animal, MM. Quoy et Gaimard ont remarqué un cœur, dont les mouvemens sont assez réguliers et assez précipités, mais ils n'ont pu suivre la distribution des vaisseaux qui en partent, à cause de leur transparence et parce que le sang est parfaitement incolore. Les observateurs dont nous parlons ont vu sortir vers le milieu de l'animal et vers son bord ventral un organe excitateur bifurqué, appartenant à l'appareil mâle de la génération. Dans presque toute la longueur du corps et vers le dos, on voit un canal sur lequel s'insèrent de petites grappes verdâtres, que MM. Quoy et Gaimard regardent comme appartenant à l'ovaire. Le système nerveux est considérable, l'œsophage est embrassé par quatre ganglions, d'où partent un grand nombre de branches très fines, que l'on voit se distribuer à toutes les parties du corps. Quant aux organes de la respiration, les mêmes observateurs n'en ont point aperçu la moindre trace; aussi ils soupçonnent que toute la surface cutanée tient lieu d'organes respiratoires, et cette opinion aurait besoin d'être confirmée par des observations subséquentes.

On ne connut d'abord qu'une seule espèce du genre Phylliroé. MM. Quoy et Gaimard en ont fait connaître trois autres, et M. D'Orbigny en a découvert une, qu'il a décrite et figurée dans son *Voyage de l'Amérique méridionale*; de sorte que ce genre contient actuellement cinq espèces.]

ESPECE.

1. Phylliroé bucéphale. *Phylliroe bucephalum*. Pér.

Phylliroé bucéphale. Péron. Ann. du Mus. vol. 15. p. 65. pl. 1. f. 1-3.

Encyclop. pl. 464. f. 2. a. b. c.

Habite dans la Méditerranée. Je ne connais de cet animal singulier que ce que m'en ont appris MM. Péron et Le Sueur.

FIN.

TABLE DES MATIÈRES

CONTENUES DANS LE ONZIÈME VOLUME.

FIN DE LA TABLE DU TOME ONZIÈME ET DERNIER.

TABLE GÉNÉRALE

ALPHABÉTIQUE

DE L'HISTOIRE NATURELLE DES ANIMAUX SANS VERTÈBRES.

A

Nota. Le chiffre romain indique le tome et le chiffre arabe la page.

B

C

D

E

G

H

I

J

K

L

M

N

O

R

S

U

V

X

Y

Z

FIN DE LA TABLE GÉNÉRALE ALPHABÉTIQUE.

IMPRIMÉ CHEZ PAUL RENOUARD,
rue Garancière, n. 5.

www.ingramcontent.com/pod-product-compliance
Lightning Source LLC
LaVergne TN
LVHW011937220826
846092LV00001B/15

* 9 7 8 2 3 2 9 3 9 2 1 8 9 *